U0308345

男孩，你要学会
保护自己

社会篇

周舒予 著

北京理工大学出版社
BEIJING INSTITUTE OF TECHNOLOGY PRESS

图书在版编目（CIP）数据

男孩，你要学会保护自己. 社会篇 / 周舒予著. --
北京：北京理工大学出版社，2022.5 （2022.8 重印）

ISBN 978-7-5763-0935-5

Ⅰ. ①男… Ⅱ. ①周… Ⅲ. ①男性－安全教育－青少
年读物 Ⅳ. ①X956-49

中国版本图书馆CIP数据核字（2022）第023834号

出版发行 / 北京理工大学出版社有限责任公司
社　　址 / 北京市海淀区中关村南大街5号
邮　　编 / 100081
电　　话 / （010）68914775（总编室）
　　　　　 （010）82562903（教材售后服务热线）
　　　　　 （010）68944723（其他图书服务热线）
网　　址 / http://www.bitpress.com.cn
经　　销 / 全国各地新华书店
印　　刷 / 唐山富达印务有限公司
开　　本 / 880毫米×1230毫米　1/32
印　　张 / 30　　　　　　　　　　　　　责任编辑/李慧智
字　　数 / 545千字　　　　　　　　　　　文案编辑/李慧智
版　　次 / 2022年5月第1版　2022年8月第4次印刷　责任校对/刘亚男
定　　价 / 152.00元（全4册）　　　　　　责任印制/施胜娟

前言

谨慎能捕千秋蝉，小心驶得万年船。

人要成事，要多些谨慎，多加小心，保证自己不陷入任何一种危险，才可能将更多的心思投入要做的事情中，才可能获得成功；但凡人身安全有受到威胁的可能，都不得不分出一丝心思去提防，就会影响"成事"。

我们人生中要做的很多事其实都是财富，不论是学习、工作方面的，还是生活、休闲方面的，每件事都可以标注为0，而居于首位的安全就是1，有安全在，我们的人生财富就是10000000……（不可限量）；而如果安全这个1不在了，再多的0，也都不过是虚无。

这就是安全对于我们的重要性。

但并不是所有人都能理解这一点，尤其是男孩对安全问题的关注可能都会少一些。因为大部分男孩都认为，"我很勇敢""我是了不起的男子汉""我什么都不怕"……体内的激素也促使男孩表现得更易冲动，这会让男孩误以为：自己可以应对各种事，不会有什么危险，所以不用特意关注安全；即便遇到了危险，自己也有能

力战胜它。

可实际上，危险并不会因为你是男孩就对你"礼让三分"，也不会因为你自认为"勇敢""了不起""不怕"而真的对你"退避三舍"，更不会调整自己的"级别"。

危险面前人人"平等"，如果你没有足够的安全意识，缺乏足够的应对危险的能力，不懂得趋利避害，不会保护自己，那么危险可能就会毫不犹豫地"光顾"你。

所以，先学会保护自己，顾好自己的安全，牢牢抓住这个1，然后才有机会去实现人生财富的那些0。

安全问题涉及我们生活、学习的方方面面，甚至与我们的一举一动都息息相关。具体来说，和我们密切相连的安全问题，包括身体安全、心理安全、校园安全、社会安全，这也正是这套书所对应的几个主题。

身体安全——

其实说到安全问题，身体安全可谓"最最重要"，这是"革命的本钱"。保证了身体安全，我们的人生才有多姿多彩的可能。

保护好身体，可谓男孩的"安全第一课"。如何保护？比如，要懂点生理常识，别让错误的知识害了自己；面对各种性信息，坚决不受其误导与干扰；青春期有禁忌，没熟的"涩苹果"不能吃；男孩也需要注意防范性侵害；改掉坏习惯，拯救男孩的体质危机；善待生命，这是男孩对身体的"最高级"保护……对身体的保护，再重视都不为过。

对男孩而言，千万不要仗着自己身强体壮就放松对身体的

保护，不仅要从思想意识上重视起来，更要从方式方法上行动起来！

心理安全——

男孩的自我保护，外在的身体安全固然重要，但内在的安全也不能忽视，很多时候，内在的不安全反而比外在的不安全对男孩的威胁更大。这里所说的内在安全，其实就是心理的安全。

所谓"心理安全"，就是保护心理不受威胁与伤害的一种预先或适时应对性的心理机制。只有保证心理的安全与自由，才能最终实现自身与他人、社会及世界的和谐统一。

心理安全，也可以称为心理健康。对男孩而言，心理健康非常重要，千万不要让心灵受伤。不妨从以下几方面做起：远离"早恋"的烦恼与冲动，让青春更美好；拒绝网络诱惑，不要试图让游戏填补心灵的空虚；学会安抚失控的情绪，让自己做个阳光少年；青春叛逆要不得，要多与父母沟通交流；学习的压力，并非跨不过去的"坎"，要学会化解；走出心理阴霾，从容应对常见的各种问题……越重视，越安心。

心理安全，是一种更深层次的自我保护。健康从心开始，心理健康，才有机会让生命精彩绽放。

校园安全——

校园作为一个由众多人参与的公共场所，虽然有各种涉及安全的规章制度，也有老师和其他工作人员反复监督强调安全

问题，但关键还是要我们自己具备足够的安全意识，积极配合学校的安全教育，才能保证我们安全度过校园生活，让父母放心。

校园安全包罗万象，如课上课下、教室内外、校园情感、各种意外、劳动运动、男女相处、结交朋友等方面的安全，还有被重点关注的校园霸凌问题。如果没有足够的安全意识，没有强大的自我保护能力，即便身体健壮也恐怕没有用武之地。

我们要好好了解校园安全问题，学习与安全有关的各种内容，懂得如何应对不同的危险……每个问题、每项细节都值得认真对待。

社会安全——

虽然我们现在还是学生，但当下在校园所学其实都是在为未来顺利进入社会打基础。况且，即便是我们当下的生活，也离不开社会。所以，我们也必须重视社会安全。

社会涉及更广泛的交际，所以，社会安全不可小视，做好防范才能远离隐患：要擦亮眼睛，识别形形色色的坏人；远离网络背后的各种诱惑和骗局；拒绝烟酒、黄赌毒，坚决不沾染恶习；不加入各种"小团体"，也不要试图"混社会"；上学放学路上，要小心各种圈套与陷阱；学会正确自助与求助……这些都是需要我们重点关注的。

实际上，社会安全不仅在当下对我们很重要，其中涉及的很多内容对我们未来的社会生活也有很大的警示作用。所以我们要通过学习这些内容，养成良好的社会安全习惯，提升自我

保护的能力，从而保证我们当下及未来参与社会生活时，最大限度地保障自己的安全。

安全问题无小事，安全防范无止境。关于安全，远不止这套书中提到的身体、心理、校园、社会等方面内容。作为男孩，我们去了解、学习这部分内容，为的是能让自己从中受到启发，通过这些文字意识到安全问题不容忽视，必须时刻牢记心间，必须主动培养安全意识，必须积极提升自我保护能力，将其化为一种"习惯成自然"的自身素养。

希望这些文字可以帮你为自身的安全筑起一道"防火墙"，助你穿上一套保护自我的铠甲，从而成长为一名带着理性与智慧勇闯天涯的真正勇士。加油！男孩们！

目 录

Contents

第 一 章

社会安全不可小视，做好防范远离隐患

有人觉得学生应该是属于校园的，但实际上，我们不仅属于校园，同样也是社会中的一分子。而身处社会，我们面临的安全问题比校园中的安全问题要更多、更复杂，如果我们无法保证自身在校园外的安全，也就无法继续校园生活。所以，我们要意识到自己的这一重身份，对社会安全也重视起来，积极做好防范，远离来自社会的各种安全隐患。

擦亮眼睛，学会识别形形色色的坏人

在校园中我们面对的大都是同龄人或者教书育人的老师，所以我们对人的认知会相对单纯一些。但在社会中就不是这样了，我们生活在社会中，如果用看待校园中人的眼光去看待社会上的人，就很容易被坏人迷惑，从而给自己带来麻烦。所以，我们也要擦亮眼睛，练一练"眼神"，学会识别各种各样的坏人，及时躲避坏人的伤害。

第 三 章

警惕！远离网络背后的各种诱惑和骗局

在当今时代，网络已经成为我们生活中必不可少的存在。网络可以为我们提供学习、娱乐、生活上的种种便利，但同时网络也是一把"双刃剑"，在让我们的生活变得更便捷的同时，它也为诸多罪恶的行径提供了"场地"。所以，我们不能只顾着享受网络带来的便利，还要提高警惕，远离网络中的种种诱惑与骗局，确保自己不上当受骗。

远离烟酒，拒绝黄赌毒，不要沾染恶习

　　青春年少，正是培养各种好习惯的关键时期。少成若天性，习惯成自然，若是自年少时养成的习惯是坏习惯，那么这种好像天生一样的恶习，日后总会带来各种麻烦，且难以更改。所以，不沾染恶习，是青少年时期需要牢记的一项内容，比如，需要远离烟酒，拒绝黄赌毒，因为这样的恶习伤身又伤心，只有不沾染才可能保护好自己的身心健康。

第 五 章

不加入各种"小团体"，不去"混社会"

身处校园的男孩可能会逐渐羡慕校园外的社会生活，但如果自己一个人走进社会又显得很孤单且会不知所措，所以，他们有时候会选择加入一些社会小团体，也就是"有人带着进社会"。殊不知，有些小团体本身性质就有问题，比如毫无道德底线可言，所以不要试图通过小团体来"混社会"，想要了解社会并顺利融入社会，还需要一步步学习成长。

外出途中，要小心各种圈套与陷阱

相对于较为封闭的家庭和学校，外出途中就是开放的环境，因为这样的环境属于公共环境，人多事杂，所以，遇到意外状况的概率就会大大增加，比如上学放学途中就是学生意外状况的高发期。而在诸多意外状况中，来自他人的各种圈套、陷阱特别值得警惕。只有我们具备足够的防范能力和应对能力，才可能让自己做到安全脱身。

第 七 章

正确自助与求助，才能更好地保护自己

遇到危险的确可怕，但更可怕的是，遇到危险了只能盲目哭喊，甚至是"坐以待毙"，却不知道应该怎么帮助自己脱险，更不知道应该向谁求助、什么时候求助，以及如何正确求助。所以，遇到各种危险的情形，我们还是需要学会自助和求助，这样才能在关键时刻，为自己或者他人赢得足够多的营救时间，才能更好地保护自己，从而避免受到伤害。

第一章
Chapter 1

社会安全不可小视，
做好防范远离隐患

有人觉得学生应该是属于校园的，但实际上，我们不仅属于校园，同样也是社会中的一分子。而身处社会，我们面临的安全问题比校园中的安全问题要更多、更复杂，如果我们无法保证自身在校园外的安全，也就无法继续校园生活。所以，我们要意识到自己的这一重身份，对社会安全也重视起来，积极做好防范，远离来自社会的各种安全隐患。

绷紧"自保防范"弦——天下没有免费的午餐

2020年10月19日凌晨3点半，广西壮族自治区南宁市的李女士被12岁的儿子小杰摇醒，迷迷糊糊之间对着手机进行了刷脸操作。李女士眼看着小杰拿着手机跑进了卫生间，这才清醒过来连忙追过去，发现小杰是在用刷脸验证支付一笔钱给网友。

李女士一番询问才得知，小杰在18日刷短视频时看到一则消息说，"某游戏用户扫码便可领取福利"，小杰接着就扫码进入了一个"福利QQ群"。群主说只要将微信或支付宝的余额截图发过来，就能得到余额10倍的福利。群主还贴出了其他人拿到10倍余额回款的截图以证明真实性，并提醒群内成员，这个福利需要用父母的手机来操作。

小杰信以为真，私下联系了群主，群主建立了讨论群来一步步教他操作，因为平时无意间看见过妈妈输入支付密码，他就记住了密码，所以操作起来也没遇到阻碍。

18日晚上，因为没有得到返还的钱，小杰就联系对方要求兑现承诺，哪知道再次被"连环套"，将妈妈的花呗和绑定的5张信用卡全部刷爆。19日凌晨，小杰在诱导之下又试图从借呗刷款3.4万元，只是因为人脸识别不成功才不得不终止。

事发后，李女士通过支付宝投诉中心追回1万多元钱，但包括刷信用卡在内的7万多元却难以追回。而小杰因为这次事件，也是"压力山大"，李女士还生怕他会因此想不开。

李女士已向警方报案，案件正在侦办中。

一群可恶的骗子和一个试图通过捷径去"挣钱"的孩子"相遇"了。最终，骗子的确"得了手"，孩子却丢了大笔钱财，也因后悔自责而产生了巨大的心理压力。骗子固然有错，但小杰这种对骗子完全不设防的状态也值得我们警惕。要知道，天下没有免费的午餐，如果我们自己没有自保防范的意识，就很容易落入社会上各路骗子的圈套。

有人认为，我现在还是学生，还没有进入社会，为什么还需要防范社会危险？但看看小杰的遭遇，是不是就有所感悟了呢？

实际上，我们每个人都是这个社会的一分子。而且，也正因为我们是学生，身上也就不可避免地具有单纯、幼稚、阅历浅、应对能力不足、心理承受能力低下等种种弱点，而这些弱点无一不是心怀不轨之人想要伤害我们的突破口。

对于学生，这些有邪恶意图的人最常用的就是"诱惑"，他们可以向我们提供各种各样的"免费午餐"，如果我们警惕心不强，没有自我防范之心，就很容易被那些恶意满满的人所攻破，势必要付出足够的代价。

其实我们行走于社会中，许多安全问题都不过是我们对于自身欲望不能掌控，妄想获取超越自身能力所追求的东西，许多悲剧便也是以此为起因而产生。

所以我们要牢记，除了父母、亲人之外，这天下没人会奉上免费的午餐，你的所得与你的付出终究要成正比。学会防范突如其来的好处，学会看透玫瑰之下的尖刺，才可能让自己躲得开种种危险，保自己一生平安。

要实现真正的自我防范，需要从两方面来下功夫：

第一，要建立良好的"保护自我"意识。

对我们每个人来说，自我保护意识应该都是一种随时随地可以被"调用"的东西，就像是汽车的安全气囊，一旦遇到撞击，它会自动弹出。我们的自我保护意识也应该如此，一旦遇到危险，就能自动启动自我防御机制，帮助我们抵御各种危险。

要培养这种意识，我们先要对可能遇到的各种危险有一个明确的认知，也就是要明白自己在生活中是有很大概率遭遇危险的，包括被人以各种名目欺骗、被不良信息或坏人所引诱、被天灾人祸所波及……我们应该拿出足够的时间去了解这些危险发生的原因、形式，去认识危险所造成的影响，做到心里有数，从而学会防范、应对这些危险。

对危险越是了解，我们的自我保护意识越能更清晰深

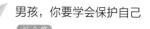
刻。有了自我保护意识，也就更能帮助我们培养保护自我的能力。

第二，要培养足够的保护自我的能力。

在危险面前我们能做什么？是干等着救援，还是只能无助地呐喊哭泣？这显然都不能令我们这些男子汉们甘心，绝大多数男性可能更愿意自己去勇敢应对各种困难危险。那么为了满足这样的要求，我们也要提升自我保护的能力。

比如，要锻炼身体，让自己有一个强健的体魄，这样不论遇到什么，至少我们还有足够的力气去跑；还要学习各种保护自身安全的方法，不论是逃生的方法、保护身体不受伤害的动作，还是包扎伤口的技能，我们都需要掌握；也要跟着书本、老师或父母掌握一些具体的逃生本领，像如何拨打求救电话，如何正确求助，如何在危险地带利用工具，如何能让自己在危险之中尽量保证全身而退；等等。

自我保护能力是需要日积月累、经常练习才可能变成我们随时随地都用得上的能力，所以不能放松学习，更不能放松练习。能力的具备也需要时间和毅力，为了保证安全，我们不要吝啬必要的时间和精力，只有足够的投入才能换来足够的收获。

建立正确的自保观——生命第一，财产第二

2020年12月18日晚上，家住上海市金山区某小区的9岁男孩麻文博被一股烧焦味惊醒，待他下床后发现客厅着了火。麻文博赶紧喊醒爸爸和外公，原本3人已经跑出了家门，但爸爸想着拿手机报警就又转身回去了，没想到回到家里短短十几秒，大火就完全封住了大门，爸爸再也出不去了。

而此时麻文博已经跑下了楼，在下楼的过程中，他依次敲响了2楼和1楼邻居的房门，通知大家逃生。不仅如此，在逃到楼下之后，他又对着整栋大楼大喊"着火了，大家快走"，邻居们在他的呼喊声中纷纷迅速打开房门疏散撤离。

接着，他当街拦下车辆，请司机帮忙拨打119报警。几分钟后消防员赶到，救下被困的麻文博爸爸和另外一名居民，及时疏散了被困人群。

事后，消防工作人员称赞麻文博"非常勇敢，在保证自己安全的前提下，帮助邻居们疏散逃离，为救援赢得了时间"。相比较父亲返回家中取手机报警的做法，他当街拦车请人帮忙报警的做法堪称"经典"。

不得不说，很多人在这种危急时刻可能都容易做出错误选择，麻文博的爸爸就是如此，他的选择就给我们敲响了警钟——危险面前，一定要先顾及自己的生命安全，在此前提下，再去考虑财产安全。而麻文博的做法的确值得称赞，他冷静机智，逃生之后再寻求其他方法报警，不仅保全了自己，也保护了更多的人。

通过这件事，我们应该明白，只有建立正确的自保观，才能在危险来临时帮助自己做出正确的选择，以最大限度地保全自身安全。

正确的自保观，是要把自己的生命放在第一位，财产放在第二位。因为生命安全才是我们做一切事情的最基础的基础，如果没了生命，那才是真的什么都做不成。而实际上，就算是普通的身体受伤，也会给我们的身心带来不同程度的伤害和影响，使得我们在一段时间里无法正常学习与工作。所以只有在健康、安全的情况下，我们才可能做更多的事。

要知道，生活中各种各样的危险大都是突如其来的，而我们的反应也将是一种下意识反应，这就是正确自保观的重要所在。

所以，在日常生活中，我们不如多这样提醒自己：

关于"生命第一"：

首先，安全健康地活着是做一切事情的保证，不管遇到什么事，都要先考虑自己的安全问题。在各种环境之下，要尽可能保全自身安全，毕竟"留得青山在，不愁没柴烧"。

其次，一般来说，没有什么财产是需要未成年人舍命去救的。在绝大多数情况下，任何东西都不会比生命更重要。

再次，不要有侥幸心理，麻文博的爸爸给我们做了一个负面"示范"，返回家拿手机也就是十几秒的事，但大火就在这十几秒封锁了逃生出路，不要觉得"我跑得快""我个子高"，这些在危险面前都没用，你永远不知道下一秒可能发生什么。所以，在有时间脱离危险的时候，一定要抓住时机，保证自己置身于安全范围之中。

最后，多锻炼身体，提升自身的反应能力，保证自己在危险来临前可以如壁虎"断尾求生"一般，迅速地做出反应，暂时丢掉一些东西以换取自身平安。

关于"财产第二"：

首先，遇到"生命与财产"之间的抉择不要犹豫，舍财保命是正确的做法。

其次，"财产第二"并不是说不顾及财产，而是在平时应该妥善保管财产，减少不必要的损失。比如背包的时候，尽量放在胸前及远离路边的一边；平时手机、身份证、钱财等可以分开来装；在家门口的鞋柜或靠近门口其他可置物的地方，以及外套的口袋里放些可以随时取用的钱财物品；等等。

再次，危险当前要会冷静判断，不是说一遇到危险就先扔掉财产，如果有能力也可以一起带走。当然在面对危险时，应该选择适合未成年人的办法，比如就近求助、及时报警，或者是能跑则跑，财产如果刚好在手头或者顺手可护，我们也不妨二者兼顾。

最后，"千金散尽还复来"，不要因为危险面前丢掉了财产就过分沮丧，父母家人不会因此愤怒，他们会更关心我们的安全，所以没必要背负心理压力。

不要轻易相信陌生人，提防知面不知心的坏人

2017年7月的一天，14岁的小曾在四川省成都市的地铁2号线人民公园站被两个陌生人搭讪。这两人衣着得体，手里还拿着时下流行的新潮手机，言谈话语很有礼貌，两人很着急的样子，说自己钱包丢了需要路费，小曾便毫不犹豫地拿出5元纸币递了过去。

看小曾给钱如此爽快，两个陌生人便花言巧语缠着他一起坐地铁，其间又变换各种花样，哄着小曾分3次给他们转了2 200元钱。但转了钱之后，两人随即拉黑小曾，也消失在地铁站中。

好在小曾及时报了警，警方迅速将嫌疑人抓获，追回了小曾的损失，而嫌疑人则被处以行政拘留15天的处罚。

小曾同学对于陌生人可以说是毫无防备心了，只是简单的几句交谈之后，他就完全相信了对方的说辞，甚至在涉及金钱时，也毫不犹豫，这不能不引起我们的重视。

在面对陌生人时，我们应该把握一个原则，"防人之心不可无"。也许有的人认为"这世上不会所有人都是坏人"，我们的确是要相信世界的美好，可是该有的防范却不能就此

丢掉。倒不如说，我们只有学会有效防范，提升自我保护意识，让自己可以安全地生活、学习和工作，才有可能体会到世界的美好。

面对陌生人，不要轻易放下戒备心，知人知面不知心，彼此相熟的人都有可能让我们摸不透，更别提和我们刚见了一面、说了几句话的人。

所以，和陌生人相处，我们也要把握好这几点：

第一，不要依靠外表来判断对方是否是坏人。

坏人没有标签，他也不会真的如小说、影视剧中所描述的那样"一眼看去就像是个坏人"，很多人会伪装在某些平凡普通或者看上去很好的面貌之下，却做着伤害他人的勾当。案例中的小曾就犯了"以貌取人"的错误，他只因为对方"衣着得体、言谈礼貌"和"手拿时下最新款的手机"，就判断对方可以信任，结果没想到这样的人也一样可能是骗子。

所以，我们不能简单地以貌取人，不论对方如何表现，他于你而言都是一个陌生人，面对陌生人的态度就应该是疏离一些的，不要几句话就掏心掏肺。

第二，学会巧妙应对对方的种种"搭讪"。

心怀不轨的陌生人通过和我们达成交流来实现他的目的，那么对于对方的搭讪，我们就要巧妙应对。

如果是求助，我们要意识到，有能力的成年人向能力不足的未成年人求助，这本身就是不合理的，此时引导他们去向"正确的人"求助才是正途。所以，你不妨告诉他们"最近的服务台""最近的派出所"在哪里，给他们指一指保安、民警所在的地方，提醒他们去找那些人求助会更好。

如果是套话，你可以牢记一点，"对面是陌生人，我不能展示与自己有关的任何信息"，对于他问的关于"你在哪儿上学""你几岁了""你家在附近吗""你坐哪趟车"这样的问题，都要提高警惕，除了不回答，还要尽量躲远一些。

如果是聊天，你也可以这样来想，"贸然和陌生人聊天是一件很奇怪的事情"，所以你可以不回答对方，或者摇摇头表示你不想继续任何话题，或者你干脆假装没听见。

同时，不论是怎样的应对，我们都应记得一点，最好能立刻远离与你搭讪的陌生人，或者走入人群之中躲避。

第三，掌握"两点一线"和"不招摇"的行路原则。

很多与陌生人有关的案件多发生在偏僻地段，这些"陌生人"也会选择那些看上去就对一切好奇、很单纯的人作为坑蒙对象。所以，我们要保证自己每天上学放学就是"两点一线"，也就是"学校和家"这两点，每天上学放学路上，不随便跑到没去过的地方，不被朋友引诱就偏离上学或回家路线。当然，你可以设定几条不同的路线，不定期地更换上学放学路线（要保证是行人多的大路），这样也能在一定程度上保证安全。

另外，我们也要做到"不招摇"，就是要保持自己平凡普通的学生模样，少用名牌，别总戴着耳机四处跑，低调上学放学，低调做事，少去引人注目。

网络骗局超乎你想象，再多小心也不为过

2020年4月，有报道称，浙江省仙居县一名16岁初中生小沈在扩充QQ好友列表时，添加了一名叫"月儿"的朋友。月儿将小沈拉进了一个名为"抖音网红新学期福利大派送"的聊天群，群中有一条广告，说只要参与转账就能得现金返现，游戏规则是"转账100元返888元、200元返1888元、300元返2888元，以此类推"。

小沈犹豫了一下就选择了第三种，在与"月儿"私聊之后将300元钱转给了对方。但随后他被告知，第一次参加活动要转账488元激活账号，怎奈小沈账户余额不足，对方竟然强迫他出示银行卡余额不足的截图以证明，最后他还是支付了200元激活费，但却没有得到返现。此时小沈已经意识到自己被骗了。

在这之后，又有昵称为"客服"的号码添加小沈好友，并告知他"月儿是骗子"，而"客服"才是活动主办方。小沈为了追回自己的500元，在"客服"的指导下重新参加了红包返现活动，又向"客服"转账200元。可支付成功后，客服也没有返现，并忽悠他说，他的账户存在问题需要被激活。这时小沈再次意识到，他又被骗了。

此时已经被骗走700元的小沈担心不已，第一时间上网搜索"追回被骗钱财的办法"，找到了标注"网络警察"的QQ号并立即添加，结果对方没有通过他的请求，他只得去派出所直接求助。

在民警的提醒下，小沈意识到，所谓的"网络警察"帮忙追回诈骗钱财同样是诈骗手段，他差点又进入第三个诈骗圈套。

看着小沈接连进入网络诈骗的圈套，我们是不是也感到揪心呢？很多网络诈骗分子就是利用学生的单纯，且抓住了学生"遇事容易头脑发昏"的特点，一而再、再而三地展开骗局，达到自己不可告人的目的。

如今网络越来越发达，网速的提升、各种便捷操作的开发，都使得我们的生活越来越方便。可是，很多事都有其两面性，这种操作方便也被很多网络诈骗分子钻了空子。

2021年1月25日，最高人民检察院举办的新闻发布会提到：监察机关办理网络犯罪案件正以年均近40%的速度攀升。

而据不完全统计，当前网络诈骗手法多达6大类300多种，而且还在不断地"推陈出新"。

所以，我们一个不小心，就容易中招，遭受巨大的经济损失和心理伤害。而从小沈的经历来看，这简直就是"防不胜防"。

由此可见，在网络世界中，面对任何摸不到、看不见、不了解的对话者，我们都应该提高警惕，真的是再多小心都不为过。

也许有人会说了，我不接触网络不就好了吗？在科技飞速发展的时代里，网络的存在是必不可少的，很多事情都需要在网络上来完成，这也是当下生活的一种现状，因为网络上会有诈骗分子存在就彻底不触碰网络，这就有些矫枉过正了。

正确的做法应该是：我们要学会安全地使用网络，从而安心地享受网络带来的便利。那么怎么才能实现这一点呢？

第一，提高网络安全防范意识。

网络有其虚拟性的一面，摆在面前的文字内容、图片内容都不一定是真的，也就是眼见也不一定为实。所以对于网络上展现出来的各种内容，我们最好都不要完全相信。而当你不那么相信一件事的时候，也就不会轻易付诸行动，从而减少被骗的可能。

同时也要提醒自己：天上不会掉馅饼，世上没有免费的午餐，你想要获得什么，就势必要付出什么，只要不想着贪小便宜，就基本能避开那些打着"你可以得到高回报"的幌子而来的种种骗术。

第二，认识并了解不同形式的网络诈骗。

随着网络发展，网络诈骗的形式也在不断地变化。

比如，有冒充微信好友、QQ好友等诈骗，向你借钱或对你进行邀约；有网络购物诈骗，用极高的价格骗你购买山寨品；用"发财""美女"等信息进行诱惑，骗取你的金钱与各种信息；用"中奖""返利"等字眼引诱你，让你为了获得奖励而点击不明链接，并额外交付更多的钱；网络交友、网络游戏、兼职刷单等种种活动也存在诈骗行为。

毫不夸张地说，网络诈骗在我们日常的生活中几乎无孔不入。我们只有认识并了解它们在哪里出现、以怎样的形式出现、可能造成怎样的后果，才可能做到最基本的防范。

第三，提升自己的防范能力。

网络诈骗分子固然十恶不赦，但另一方面被骗的我们若是自身防范能力不强，自然也很容易受到伤害。对于我们来说，网络的确有极大的诱惑力，但我们也要学着控制自己，所以从开始接触网络时，就要同步提升防范网络诈骗的能力。

比如，安排好上网时间，不过度沉迷网络；控制自己的好奇心，不随意点击网络上的小页面；及时在自己的电子设备上安装防护软件，减少不良信息的侵入；等等。

控制好自己，不对网络过分依赖，正常使用网络，让网络发挥它应该发挥的作用，我们也就基本能免于受到诸多网络诈骗的影响。

避免沾染各种恶习，远离不良社会青少年

2017年4月，就读于湖北省沙洋县某高中三年级的小杜，经早已辍学的初中同学介绍，认识了社会人员刘某。因为辍学的初中同学和刘某经常在一起混，小杜也跟着一起出去了几次。但经历过几次吃喝玩乐之后，小杜觉得这样做很耽误学习，便想要和刘某断绝关系，刘某察觉到小杜的心思之后就想要敲诈他一笔钱。

5月10日，刘某约小杜去吃饭，其间要求他补偿此前的开销。小杜说自己没有钱，刘某便掏出刀子进行威胁，还从小杜身上搜走400元，并逼他写下1万元的欠条。

小杜回家后，便和母亲一起去报了警。但在这之后，刘某便开始威胁他，并带人趁其不备将其挟持。之后小杜遭到了刘某的殴打，还被强迫吸食冰毒。

5月19日，刘某等人向警方投案自首，并被检察机关移送法院起诉。

社会不良青少年之所以"不良"，是因为他们没有道德底线，且身上恶习满满，看看小杜交的"朋友"刘某就知道了，他整日不思进取，只想吃喝玩乐，为人自私蛮横，且还有吸

毒的不良嗜好，与这样的人相处，当然就容易受到伤害。相信小杜经此一事，也应该长了教训，知道要躲避这些社会青少年，远离各种恶习了。

不过从另一个角度来说，男孩对于"社会"的理解可能会很理想化，有的人也许是受到影视剧、小说的影响，认为那些抽烟喝酒泡吧甚至是吸毒，就是很"洒脱"的表现，所以就慢慢沾染了恶习；同时也会误以为"混社会"是一种很"洒脱"的行为，因此会想要接触社会人，但就如刘某这样，很多社会人往往不学无术却有各种恶习，而且为人奸诈，一旦与这样的人交往，就好像被毒蛇咬上，哪怕不死也要中毒受伤。

我们还是未成年人，还有着大好的未来，为了更好地成长，要远离恶习，远离不良社会青少年。可以从以下两方面入手：

第一，收起不恰当的好奇心。

在绝大多数情况下，是不是会染上恶习，其实也是一个主观的选择，我们掌握着主动权，决定着自己要不要接触这些恶习。

对男孩来说，抽烟、喝酒、泡吧、吸毒、偷盗、抢劫、打架、群殴、威胁等行为，从某种角度来说可能是"酷"的另类解读，一旦起了这样不正确的好奇心，就容易被这些恶习吸引而做出错误的选择。而若是真的沾染上了这些恶习，那么按照"臭味相投"的原理，我们身边必然也会吸引来一些不良青少年。

所以，要从源头开始解决这个问题，也就是收起不恰当的好奇心，不要因为好奇就去尝试，要有明确的是非分辨能力，知道什么行为是不好的，从德行方面约束自我。多培养正确的、良好的行为习惯，这样才能吸引志同道合的真正的好朋友，从而实现共同进步。

第二，尽量不与不良社会青少年建立联系。

小杜的遭遇如果要论责任划分，他自己也有一部分责任在其中，那就是他对不良社会青少年的不排斥，并还和对方友好相处了一段时间。要知道，不良社会青少年本就没有道德底线，你的接近和离开都可能成为他们伤害你的借口，也就是说一旦与这样的人建立联系就相当于留下了隐患。

所以，对于这样的人，最直接的处理方式就是不与其建立联系，如果有过去的朋友已经深陷其中，我们也要尽可能与其划分界限，比如，可以慢慢冷淡下来，减少与其接触的时间和次数，直到最终再也不来往。当然，也可以找父母、老师或亲自劝说朋友远离他们。

远离"小团体"——不做"混社会"的"社会人"

2017年的一段时间里，北京某中学有15名学生每日白天上学，晚上就集合在一起出来当劫匪。他们中有的人是因为没有生活费又不好向家里人要，就参与到抢劫中来，甚至不知道这是违法行为；有的则是觉得抢劫有意思，并不觉得这是违法。

这15名学生在北京的繁华地区多次实施抢劫，而且分工明确，每次作案都只出五六个人，一拨人得手后会躲避一段时间，换另一拨人出来作案，作案目标也选择的是年岁较小、身材瘦弱的年轻人。他们一般在晚上作案，少则抢到几百元，多则上千元，一旦得手就立刻去迪厅、酒吧吃喝玩乐，等钱花没了就继续寻找作案目标。

这些学生最小的才13岁，最大的也不过17岁，但这个小团伙终究没有逃过警方的视线，最终都因为涉嫌抢劫而被警方刑事拘留。

有的男孩并不甘于"寂寞"地成长，学校忙碌的学习生活也似乎并不能给他带来"激情"，社会中形形色色的人好像才能给他带来刺激。案例中的这15名学生，便想要通过小团伙行动来实现这样的刺激，抢劫、泡吧、蹦迪，没有一样是这个年龄的孩子应该做的事情，他们试图去做"社会人"，却浪费了自己的大好年华，着实可惜。

从这起小团伙案件可以发现，他们犯了3方面错误：

第一，形成了具有不良行为的小团体。

这样的小团体相当于创造了一个封闭的不良环境，身处其中的人，会不自觉地被同化。

比如说抢劫，可能一开始只是一个人试探性的提议，然后有人响应，也有人害怕，还有人摇摆不定。提议者看有人响应，于是就有了信心，所以就会再次鼓动，如此几次下来，附和响应的人可能就多了，而团体中的其他人也就只能顺从，否则就是"背叛"团体。而且，小团体中很容易出现"洗脑"的说辞，哪怕那件事不对，但团体中的其他"兄弟"说得多了，众人也就觉得没问题了。而一旦开始行动，他们也就成了"一条绳上的蚂蚱"，既然是一起吃喝玩乐，也就是"一荣俱荣"，一旦犯错被抓也会是"一损俱损"。

所以，从这个角度来看，形成小团体并不是人与人相处的好的发展，更何况是有不良行为的小团体，那就更是错上加错。

第二，沾染上了不良恶习。

这些学生刚好处在青春期，却不学无术，只想吃喝玩乐，可能也有盲目模仿的原因在其中。他们选择的"吃喝玩乐"方法就是泡吧、蹦迪，但这些地方需要钱，他们没有经济来源，就只能走歪门邪道，却不想把自己送上了犯罪的道路。由此可见，正是因为沾染了恶习，这15名学生便也从此走上了"不归路"。

第三，误解了"社会人"的真正含义。

"社会人"的概念来源于管理心理学中著名的霍桑实验，在社会学中指具有自然和社会双重属性的完整意义上的人，即通过社会化，使自然人在适应社会环境、参与社会生活、学习社会规范、履行社会角色的过程中，逐渐认识自我，并获得社会的认可，取得社会成员的资格。

"社会人假设"是行为科学奠基人乔治·梅奥等人依据霍桑实验的结果提出来的。这一假设认为，人们最重视的是工作中与周围人友好相处，而物质利益是相对次要的因素，与经济人假设（假定人思考和行为都是目标理性的，唯一试图获得的经济好处就是物质性补偿的最大化）相对。

可见，真正的社会人是要在社会中有积极表现的，而不是"混社会"的人，从某种角度来讲，人们调侃"社会人"，也许强调的正是"混"这个字，有"混"的想法的人，自然也就不会对社会有贡献，他们只是横行霸道、给人带来伤害而已。

正是这3方面问题，使有的人不能摆正自己的成长态度，反而走了歪路。所以，随着不断成长，我们可以这样来做：

第一，正确掌握与人交往的主动权。

与人交往就一定要和一些人抱团吗？答案是否定的。正确的交往应该是你可以实现与绝大多数人的和谐相处，也可以找到与自己志同道合的朋友，但你首先是独立自由的个体。

这其实是要求我们掌握一定的主动权，比如，要主动提升包括学识、能力、德行等在内的综合素养，这样，你才能和周围人建立良好的关系，并在更广、更好的范围内找到朋友；要主动去观察、思考自己的朋友关系，而不是被动地加入某些团体；要主动选择合适的交往对象，远离损友，亲近益友；等等。

也就是说，我们自己才是交往的主体，自己的主动性选择也将决定交往的结果。可见，正确掌握主动权，在我们与人交往的过程中发挥着重要的作用。

第二，建立正确的是非观。

要判断一种行为、一些事物是否是正确的、是值得发展的，我们就要有正确的是非观，否则就会像案例中的学生一样，错误地以为泡吧、蹦迪就是"享受"，就是"混社会"。

正确的是非观来源于学校与家庭的教育，在长辈和老师的耳提面命中，在书籍中，在积极正向的视听节目中，我们都可以学到如何明辨是非，从而建立起基本的原则底线，避免被乌七八糟的东西扰乱心神。而有了正确的是非观，好习惯也会很容易建立起来。

第三，脚踏实地，认清并专心做好自己该做的事。

从另一个角度来看，这15名学生之所以选择"混社会"，也是想要融进这个成年人的社会罢了。但这样的强行融入却并不合适，既浪费时间精力，又影响身心健康，更何况最终还可能会触犯到法律道德底线。

所以，在什么时候做什么事，现在我们的身份是学生，那就认清自己该做的事情就是好好学习，然后专心去学习就可以了，到社会中去做什么事是以后要考虑的问题，而且现在若是不打好基础，以后能不能顺利进入社会都无法确定。所以，做好眼前的事情，一步一个脚印，踏实前行，未来总能有机会获得自己想要的发展。

上学路上、外出旅行时，都要注意安全

2017年2月13日，陕西省安康市某中学读初二的小佐在上学路上被5名社会青年拦住了。这几人都是他认识的人，原本都在一个学校上学，后来他们都辍学不读了，成为社会青年。

小佐与他们本没有任何过节，不过他也听说他们曾在学校附近拦住学生要钱，所以当几个人凑过来时，小佐觉得他们不怀好意便没有多理会，准备进入学校。哪知道，他却被5个人抓着头发拉到了学校对面，挣扎的小佐头部挨了一砖头，腹部也被一把10多厘米长的弹簧刀扎伤。

好在警方很快就对此事介入调查，这些疯狂的社会青年也得到了应有的惩罚。

生活中我们会经历各种"在路上"的时刻，如果不多加注意，路上也会有很多危险。比如像小佐，就经历了上学路上的抢劫。

此外，在路上还可能会遇到各种其他情况，像是旅行时经历被骗、被抢等，还有交通事故、迷路、食物中毒等。

所以外出时，我们要特别重视路上的安全，学会辨别、

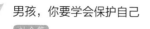
躲避危险，学会在危险关头自护自救，以最大限度地保证出行安全。

以下几点，需要我们好好注意一下：

第一，出发前做好充足的准备。

军事上讲"不打无准备之仗"，其实做任何事都是如此，我们出行也不例外。要出门了，不管是上学也好还是旅行也好，穿什么衣服、鞋子，背什么包，包里要装什么东西、如何归类，重要的物品怎么妥善保管好，这些都要考虑好。

除了物品的准备，思想上也要做准备，比如，遇到突发情况怎么办？要提前考虑好对策，想好如何保护自己、如何处理情况、如何解决问题……以期最大限度地降低突发情况带来的不良影响。

另外，出行前最好也让周围的人知道自己的动向，比如上学前要和家人说一声，旅行前也可以和好朋友说一声，也就是让你的行动不会变成只有你自己知道的"秘密"，这样万一出现你自己不好处理的突发情况，也能让其他知晓你动向的人及时应对。

第二，对路上遇到的事要学会"看情况行事"。

小佐之所以会受到如此严重的伤害，其实也与他不会看情况行事有一定关系，面对对方人多势众的局面，如果他能审时度势，适当服软，待自己安全逃脱之后再考虑别的解决方法，这样可能更合适。

这也就是前面提到的"生命第一，财产第二"的道理，不管是上学还是旅行，出行路上不论遇到何种情况，都应该先以安全为第一要务，若是情况允许，再去保护身外的其他东西也不迟。

同时，还要学会合理求助，路上的人尽管都是陌生人，但必要时候也要借助他人的力量来帮助自己摆脱困境。另外，要牢记110、120、122等求助电话，并且知道如何清晰表达。

第三，路上遇到事要及时告知父母，并从中吸取教训。

有的男孩觉得自己在路上被抢了、被打了是很没面子的事，若是丢了钱或贵重物品，也生怕会被父母责骂，所以不敢告诉父母。这样处理是欠妥当的。

其实，你要把这些经历告知父母，让他们知道你经历了什么，他们会教你如何避免这样的事情再发生。尤其是一些比较严重的事情，像是小佐这样的遭遇，父母就可以从法律层面来帮助他讨回公道，所以及时把自己的遭遇告知父母很有必要。

另外，如果经历过一些不好的事情，比如路上丢了东西、因为自己的疏忽被抢、因为准备不足而遇到困境等情况，就要分析导致这些不良状况的原因，然后下次就要长记性，记得弥补漏洞，及时完善出行计划和过程，以保证后续出行的安全。

第二章
Chapter 2

擦亮眼睛，学会识别
形形色色的坏人

　　在校园中我们面对的大都是同龄人或者教书育人的老师，所以我们对人的认知会相对单纯一些。但在社会中就不是这样了，我们生活在社会中，如果用看待校园中人的眼光去看待社会上的人，就很容易被坏人迷惑，从而给自己带来麻烦。所以，我们也要擦亮眼睛，练一练"眼神"，学会识别各种各样的坏人，及时躲避坏人的伤害。

遇到坏人的自保秘诀——四喊三慎喊

2016年3月7日下午放学后，湖南省衡阳市某小学五年级学生小松放学回家路上遇到了一名陌生男子，男子突然走过来问小松要不要吃棒棒糖，小松当下拒绝，男子却没有放过他，而是从他背后一把抱住，小松当下大喊"救命"。

看到小松不停大声喊叫，男子就假装是他的爸爸，开始打骂他说："你这个不孝子！你这个不孝子！"小松受了打骂，又发现周围没有人在意他，便停止了喊叫。

男子抱着小松继续往前走，刚绕过一条街道，小松一眼看见另一名男子路过，趁走近的时候对着对方大喊一声"爸爸"。听见这一声，抱着小松的男子连忙放下他逃走了。

人在受到惊吓时，肾上腺素飙升，条件反射引发尖叫，有时候这种尖叫可能会有作用，比如有人来袭击你，你一声尖叫，反倒吓退了对方；但有时候，大喊大叫可能就没什么作用了，比如像案例中小松最开始的喊叫，因为无人在意，反倒是浪费自己的体力。但小松还是机智的，在有人经过时他再次喊叫，吸引了他人的注意，也吓退了坏人。

由此可见，遇到危险情况时，选择合适的时机喊叫很重要。有一个"四喊三慎喊"原则，值得我们好好学习。

四喊原则：

第一，朋友在时要喊。

男孩们凑在一起时其实是很有威慑力的，所以如果你不小心招惹到了什么人或者遇到了什么危险，若是附近有朋友，就赶紧高声喊叫，朋友听到后过来就能给你一些底气。

另外朋友在一起还有一种情况，就是几人同时遇到某一危险，那么几人凑在一起也可以齐心协力喊一喊，这样喊出来的更显得声势大，没准儿还能给自己壮壮胆。而且几人一起喊的动静也许会招来更多人的注意，可能就会让事态出现转机。

第二，有人经过时要喊。

案例中的小松就使用的这种喊叫方法，在遇到他人经过时，他趁机大喊，才得以顺利逃脱。这种喊叫的目的也是为了吸引过来人的注意，借助旁人的力量来帮助自己解决问题。

不过，要注意到一个细节，那就是小松对着陌生人喊了一声"爸爸"，这一声可能才是最让劫持他的人害怕的。也就是说，有人经过时我们除了大喊"救命"或者干脆就只是"啊啊啊"地叫，也应该控制好自己的情绪，让自己的脑子转起来，想到更合适的喊叫内容，以帮助自己更快脱困。

第三，白天和有光亮时要喊。

某些罪恶行为往往见不得光，所以，光天化日之下和光亮之下若是遇到了坏人，就要尽量喊叫，吸引他人注意。因为白天和有光亮的时候，活动的人也多，通过喊叫获得帮助的概率会更大一些。

第四，遇到军警保安时要喊。

危险当前，军人、警察、保安等身穿制服的人最能给我们安全感，并能提供给我们最需要的帮助。所以，若是你能瞥见周围有这样的人或者你跑到了派出所、保安室等附近，就可以大声呼救。

三慎喊原则：

第一，孤独无助谨慎喊。

如果就自己一个人，遇到了危险，周围没有相熟的人，也没有人可以伸出援手，这时可以减少喊叫的频次，留着足够的精力，到更合适的时机再呼叫求援。

第二，天黑人少谨慎喊。

月黑风高夜，很多坏人就会抓这种实际行动，而且这种时候行人也稀少，所以也不必要浪费精力大喊大叫，待到有光亮的地方或者遇到人的时候再行动。

第三，直觉危险谨慎喊。

有时候看影视剧，你会看到有的人感觉到有危险或者刚看到什么突发事件就一声大喊，结果喊声引来了坏人，反倒自己遭殃。这就提醒我们，有时候如果你感觉到有危险，倒不如先后退一步，让自己远离危险，而不要原地不动大喊大叫，否则反倒给了坏人动手的机会。

总体来看，"四喊"的原则就是，要在有可求助机会的时候出声喊叫，要抓住这个机会，及时发声，如果有可能还要有效发声，也就是要让周围人意识到你出了问题，才能吸引他人过来询问和帮助；而"三慎喊"的原则就是，不要浪费自己的体力，同时也要节约使用嗓子，以免喊得太多导致嗓音嘶哑，遇到真的需要喊的时候反倒发不出声音了。

面对被抢劫，智慧应对是关键

2017年3月的一天晚上，江苏省淮安市某中学高二学生小陈晚自习放学回家，路上他骑着电瓶车戴着耳机听着音乐，突然一名戴口罩的男子蹿上来，一手搂住他的脖子，另一手用坚硬的物体抵在了他的腋下，威胁他把手机交出来。

小陈立刻意识到自己遭遇了抢劫，就在他不断思考要怎么对付歹徒时，对方又威胁他马上交出手机，否则就送他进医院。

这时，小陈想起以前学校请警方来讲过遇到歹徒的处理方法，也想到老师和警方都曾教育过他们，遇到紧急情况时保证生命安全最重要，于是他从容地将手机递给了歹徒。

歹徒拿了手机跑远了，直到看不见他的踪影，小陈才向路人借了电话报了警。根据小陈提供的线索，犯罪嫌疑人很快就被警方抓获并刑事拘留。

小陈之所以能全身而退并最终帮助警方抓住嫌疑人，就是因为他的冷静以及智慧，冷静帮助他保住了自己的人身安全，智慧则帮助他记住诸多线索从而锁定犯罪嫌疑人。他的这种应对抢劫的态度和方法，值得我们参考。

没人希望自己遭遇抢劫，但我们要知道万一有此不幸，自己应该怎么做。就像小陈这样，让平时学习到的知识在关键时刻发挥作用，这才能帮助我们平安脱险。所以，我们现在就应该多了解一些应对方法：

第一，尽快镇定下来，可以假意服从。

小陈的表现就是镇定地服从对方的要求，用一部手机换取自己的人身安全，这很划算。所以，遇到抢劫时不要太过惊慌，镇定一点，也可以听得清他的要求，方便我们自己思考。

如果对方只是要你的随身之物，比如手机、手表，或者钱包里的钱，面对威胁，假意服从给他就可以，不要强硬反抗。尤其是面对成年劫匪和多人劫匪时，你和对方的实力相差很大，服从对方可能会降低对自己的伤害。

第二，根据实际情况来选择逃脱方法。

如果对方人很多，手里还有凶器，暂时服软就是不得已的选择，毕竟我们还是要先保全自身；如果对方人不多，或者也没有凶器，就可以试试喊"警察来了"，然后朝人多的方向跑。或者是像前一节提到的，根据环境和时机来进行有效呼救。

还有一点要注意，就是有的劫匪会要求你带路回家去拿钱，这时尽量不要什么都说，拖延一下，或者谎称家里有父母在，或者假意表达，"只知道在哪儿，但地址到底是什么不太清楚"。

第三，加强身体锻炼，学几招防身术。

相比较女孩，男孩理应拥有更强壮的身体，而如果你身高马大，有很大的力道，可以跑，可以跳，那么一来劫匪也会掂量一下自己的身体素质能不能打得赢你，二来你在对方有行动时，也可以快速反应过来，如果有反抗机会就试着在保护好自己的前提下反抗，或借助强壮的身体逃跑来脱身。另外，也可以找机会学几招防身术，关键时刻也能派上用场。

第四，逃脱后及时报警，并准确描述。

被抢劫并不是你的错，也不是什么丢人的事。在逃脱之后要及时报警，尽量详细地描述劫匪的样子，如果你能记住一些细节就更好了，并把自己遭遇抢劫的时间、地点，以及被抢走的物品都一一说清楚，方便警方尽快出动。

同时，也要把自己的经历告知父母，通过父母的帮助来挽回损失，加强自身防护或请他人来保护，避免再遇到同类危险。

被绑架、劫持、拐骗，要智取而不要蛮干

2021年1月22日17时许，云南省昆明市云南师范大学附属实验中学门口，有一名男子持刀伤害7人之后，劫持了一名男生作为人质。

有群众报警后，警方迅速赶到现场，对犯罪嫌疑人开展情绪疏导工作，还有警察向其喊话愿意用自己替换男孩做人质。但是被劫持的男孩却向警察摆摆手，示意他不要过来。

劫匪拿着刀架在男孩的脖子上威胁他要求他哭喊出声，但男孩却很理智地跟劫匪谈判，提醒他冷静下来，并告诉他："人质死了，你就没有跟警察提条件的资格了。"

其间劫匪还问男孩要喝什么，男孩要了可乐。而当时劫匪曾让他举着镜子对着警察，以干扰警察的视线，但男孩平时自己就喜欢玩一些射击类的游戏，便趁着喝可乐的机会放下了镜子，给警方制造了瞄准的机会。

18时40分许，现场处置的特警果断开枪击毙了犯罪嫌疑人，男孩也被安全解救出来。

日常生活中，我们很难预料自己会遭遇什么。有些人可能会因为各种各样的原因而心生不轨，选择好下手的未成年人实施绑架、劫持、拐骗等罪恶行径，来换取自己想要的利益。

在这种情况下，我们虽然身处弱势，但却并非不能从这些坏人手中保全自己，看看案例中这名男孩的做法，就很值得学习。他"调取"各种可能用到的知识，并冷静地加以利用，最终帮助自己脱困，这就是通过智取来解救自己的例子。

我们也应该在平时积累一些逃生常识，以备不时之需。

第一，被强行带走时，尽可能找机会呼救。

不论是绑架、劫持，还是拐骗，不法分子都可能会使用简单粗暴的手段——直接抱走、强抢来达到目的。如果遇到被强行带走的情况，就尽可能让周围人知道自己的遭遇，如果旁边有人，就大声呼救，喊"我不认识他""我不要跟他走"，以引起旁人的注意，对于对方的"我是他爸爸（妈妈）"的说辞，我们也可以用事实否定，大声喊"你知道我生日吗""你知道我几岁吗"等问题，如此一来，旁人就能迅速做出判断来伸出援手。

当然，如果没有旁人在场，或者被迅速地丢进了车里，就要暂时假装服从，寻求更合适的时机来呼救。

第二，停止哭泣，冷静地应对对方的行动。

对于未成年人来说，被陌生人带走是一件很恐怖的事，所以，很多人第一时间可能只是不停地哭，但哭闹会显得动静太大，一旦激怒对方，后果不堪设想。

案例中的男孩，配合劫匪的要求去做、提醒劫匪要保全人质生命、喝可乐过程中机智地放下镜子等行为，都是他冷静应对的表现。所以，我们在惊慌害怕之后也要努力镇定下来，迅速判断自己的处境，以安静顺从来保存体力并暂时保护自己的安全。

对方也许会捆绑、蒙眼、堵嘴，我们一方面假意顺从，一方面也可以趁其不备偷偷为逃脱努力。比如，被捆绑时，你要尽可能地让自己不被绑得那么紧，你可以装装可怜，对准备把你的手绑在身后的绑匪说："叔叔可以把我手绑前面吗？绑在后面太疼了。"因为手绑在前面会更方便做其他动作，也可以绷紧肌肉或者做个深呼吸。这两种做法都会让你的身体占用更多空间，一旦你放松或呼出气体，绑绳会变得更松一些。那么在对方不注意的时候，就可以转动手腕或用牙齿咬，如果能找到小铁片之类的工具就更好了，可以在暗中悄悄地给自己松绑。

同时，你也要冷静地观察周围的环境，看看自己如果挣脱绳索之后可以怎么逃脱，是跳窗还是从门口溜出去，这些都要在头脑中计划好再行动，而不要莽撞地瞎跑。

如果有可能，你可以留下一些线索，比如偷偷丢下自己的书包，或者丢下写有"救命"的字条，这都会给旁人以帮助你的机会。

第三，牢记重要信息，学会正确报警。

这里所说的重要信息包括两部分内容：

一部分是指坏人的信息，你在被带走的过程中，要尽量收集他们的口音、性别、气味等信息，若是能看到就牢记一些他们的身体特征，比如身高、肤色。尤其是一些很特别的特征，像是"脸上有颗痣""手上有块疤""说话声音沙哑"等。同时，也要收集环境信息，比如，如果是在车里被带走，那经过了什么地方，听到了什么声音，像是敲钟声、报站声、叫卖声等，以及闻到了什么特定的味道，像汽油味、鱼腥味、蛋糕甜味等。

另一部分是与我们自身相关的信息，包括家庭住址、父母姓名和电话、熟悉的人的电话等，要尽量靠自己的头脑记住这些重要信息，而不只是记在手机电话簿中，毕竟被绑架的时候手机不会还留在你身上，只有头脑中记得，才可能有效求救。

一旦找到机会报警或求助，那么上面这两部分的重要内容就都是给予我们最需要的帮助的关键依靠。所以，我们除了冷静地帮助自己逃脱，也要冷静地收集重要信息。

第四，学习"四不"做法来躲开危险。

绑架、劫持、拐骗这样的事，并不是不可避免的，我们要提高自身警觉性，通过"四不"的做法来帮助自己尽可能地躲开这样的危险。

一不要接近、理会陌生人。陌生人可能会利用各种手段来吸引你的注意，那么你要禁得住诱惑，不轻易靠近，更不要理会突然而来的搭讪、赞美。

二不单独长时间在外逗留。上下学的路上可以快走的时候就快些走，如果想要外出玩耍，要么叫上父母，要么叫上朋友，并在熟悉的环境中玩耍。

三不因好奇而独自去陌生环境。想要去陌生环境，最好让父母带着去，不要自己偷偷去，陌生环境本就容易带来心理压力，而陌生人也会因为你不熟悉环境更容易得手。

四不悄悄远离父母。不论是要做什么，都要和父母打好招呼，出门前说声"我上学去了"，在商场一起购物时知会一声"我要去厕所"，在外游玩说一句"我去买个糖"。也就是你最好让父母知晓你的所有动向，万一遇到危险，他们也能明确去哪里寻找线索。

第五，请把这些内容告诉爸爸妈妈。

关于应对和防止被绑架、劫持、拐骗，我们自己可能势单力薄，尤其是有些罪犯会选择年龄较小的男孩下手，所以，我们也要提醒爸爸妈妈多加注意：

一是不要只顾着看手机，出门在外，盯紧孩子的行动，拉好孩子的手。尤其是买东西、与人交谈时，也要分神注意一下孩子。

二是被抢孩子的时候，不要只是哭着说"我不认识他

（抢孩子的人）"，而是要大声问他："孩子生日哪天你知道吗？""我叫什么？你说出来！"等问题，以免对方用"我老婆想带走孩子，所以故意胡闹""我男人就是想把孩子抢走"之类的说辞来迷惑众人。

三是平时多注意生活小区、上学放学路上、学校附近等周边环境的变化，看看有没有突然频繁出现的陌生人或车辆，及时加强防范。

四是孩子丢失后要第一时间报警，并尽快到户籍所在地派出所采集血样入库。如有特殊情况，也可以携带身份证，就近在公安机关申请采集血样，为快速查找孩子打下基础。

被坏人跟踪尾随，如何巧妙逃脱

　　2017年6月5日下午，广东省东莞市一名8岁小男孩放学后独自回家，路上被一名陌生男子尾随。男子突然伸手抓住了他的领子，男孩大声喊"救命"，结果男子却说，只是帮他擦一下汗，但之后男子却继续跟随男孩往前走。

　　后来，男孩发现这名男子还与后面一辆车上的司机打了声招呼。于是男孩径直走到了警民联防执勤点，男子这才放弃了跟随。

　　回家之后，男孩把自己的遭遇告诉父母，父母也在第一时间报了警。警方和校方随即提醒父母，上下学最好接送孩子，而不要让孩子独自回家。

　　在实施真正的行动之前，坏人往往会采取尾随的方式来做准备。一旦时机成熟，说不准他们会对被尾随者做出什么来。

　　显然，不论对方想要做什么，被陌生人尾随终究会令人感到不舒服，而且感觉很不安全。所以，案例中男孩的做法是值得肯定的，他选择直接走向有警察在的地方，借此吓退坏人，而在安全之后又将事情如实告知父母，通过报警来让警方了解到这一情况。不论是警方加强防范，还是父母加强防范，都会给他的上下学之路提供更安全的保障。

通过这个案例可以发现，虽然被尾随的确会给人心理带来压力，但也不要太过恐慌以至于不知道该如何做。

第一，在熟悉的环境中，可以及时改变行进路线。

发现自己被尾随，不要频繁回头看，最好装作不知道，也不要盲目奔跑，而是继续前行，只不过要临时改变一下行进路线。比如，可以向派出所、保安室、消防队等方向走去，这些地方会对坏人产生震慑力；也可以向超市、商场、医院等地方走去，向工作人员说明情况或者借电话通知家人来接；还可以向穿制服的人走去，如交警、军人等，他们都可以向你提供保护。

平时上下学或者出门可以在手边准备一个哨子，遇到危险时吹响哨子，既能引人注意也能吓退某些坏人。如果你有手机，那就在发现尾随的第一时间赶紧发消息或打电话通知家人，若是确定有人跟踪也可以直接报警，说明自己的位置和尾随人的样子，一边找机会逃脱一边等待警方的救援。

第二，在不熟悉的环境中，要向人多的地方走。

如果在不熟悉的环境里感觉被人跟踪尾随，最好不要擅自改变行进路线，否则就很可能走进人少的巷子或者死胡同里，这反而增加了危险系数。当然如果不小心进入了死胡

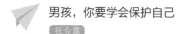

同，也可以就近敲击胡同两侧的窗户或门，并大声呼救。

其实，在这种相对陌生的环境里，我们可以往人多的地方走，在人群中也能更方便摆脱跟踪。同时，一边走也要一边注意周围的环境变化，只要发现有警务室、保安室等，或者是发现有穿制服的人，就可以立刻过去求助。

另外，如果摆脱不掉尾随者，暂时也没有其他办法，也可以到路边去打正规出租车，上车后请司机帮忙报警或和家人联系。

第三，摆脱尾随者后，要及时向父母反映情况。

不要觉得逃脱了某次尾随以后就高枕无忧了，有些尾随跟踪可能会反复踩点和选择时机，也许并不只是这一天尾随，可能在之前已经尾随你好久了，或者之后还会继续尾随，所以一旦发现自己被尾随，就要立刻向父母反映情况。

这个时候，不要觉得"我是男子汉，我不怕"，你并不知道坏人尾随你想要干什么，你应该高度警惕。而父母通过你的描述，也能及时采取相应的措施，或是寻求警方帮助，或是加强对你以及对自己安全的防范，以免日后发生其他意想不到的危险。

陌生人搭讪你，对你各种"赞美"，怎么办

2020年8月3日下午，上海市一名10岁男孩小程拿着装有200元左右零钱的零钱罐去一家小店的扭蛋机扭蛋，然后又独自一人在小区里玩耍。

没一会儿，一名男子靠近小程搭讪了起来，说起了扭蛋玩具的玩法。小程发现这个叔叔和自己有共同语言而且也愿意陪他玩就非常开心。两人聊了一会儿扭蛋玩具之后，男子说："前面还有个地方可以买更好的玩具，我可以带你去。"小程便开心地跟着他走了。而这名男子则一边带着小程往路口走，一边并顺手拿过了他的零钱罐。

可就在零钱罐到了男子手中后，他趁小程不备就快速离开了。小程发现人没了，零钱罐也没了，回家后便把这件事告诉了妈妈。小程描述，男子和他一起待了一个多小时，虽然零钱罐里的钱不多，但妈妈生怕男子除了要钱还会有其他不良动机，于是便报了警。

警方很快锁定了犯罪嫌疑人，并在一家网吧将他抓获。原来，这名男子因为没有工作，没钱吃饭，看到独自一人的小男孩还抱着零钱罐，就想要骗走这些钱，而拿到钱之后他除了吃饭就是去网吧上网，倒也没有别的想法。

最终，小程被骗走的零钱被追回，涉案男子也被行政拘留。

这个搭讪的陌生人只是要走了小程的零花钱，但实际上很多搭讪引发的罪恶可能要比小程的遭遇更为严重。因为有些搭讪的人会用花言巧语来蒙蔽你，比如他会赞美你本人，"长得真帅，完全可以去做明星"，然后就会伪装成星探来骗取你的钱财或者意图对你不轨；他可能也会赞美你的随身物品，"这手机真好，用着怎么样？速度快吗？我能试试吗？"一旦你回应了，甚至回一句"可以"，那你的手机可能也就跟着没了。

可见，对于陌生人的搭讪，我们也要多一个心眼，不能因为他说的内容吸引人，他的话让你听着很愉快，就对他放松了警惕。而实际上小程就是因为对方的花言巧语以及玩具的诱惑，才没意识到自己交出零钱罐有什么问题。

那么，面对陌生人的搭讪、赞美，我们应该怎么应对呢？

第一，对于陌生人的搭讪可以明确拒绝或不予理会。

比如，有陌生人向你问路，你告诉了他，他就应该谢过你后直接奔他的目的地而去，但如果他不走，还上前貌似很亲密地对你说很多话，尤其是很多恭维你的话，你是完全可以明确拒绝的，说一句"谢谢"，然后转身离开也不为过。若是他一直追着你要说更多的话，那你也可以明确说"谢谢，我还有事"，接着尽快远离对方。或者如果你真的不知道如何应对，当作没听见，不理会对方，并尽快离开他。

有人可能担心这样会不会错过"万一"的机会，但我们要想清楚：是不确定的"机会"重要，还是自己的人身安全重要？在你不能确定自身是否安全的前提下，最好不要冒险考虑其他的事情。

第二，对自己有比较清醒的认知，不盲目幻想。

有些人"听不得"他人的赞美，一旦被赞美就飘飘然了，立刻觉得自己很了不起了，殊不知这只不过是对方的话术而已。但如果你能对自己有清醒的认知，不去做无聊的幻想，相信你的头脑也不会轻易被赞美冲昏。

所以，还是先好好了解一下自己，知道自己有多高、长什么样子，有什么优点和缺点，有哪些能力……更要知道，想要成长进步就必须踏实努力。这样一来，再有外人想用夸奖、赞美来迷惑你时，你就能屏蔽掉这些华而不实的内容，避免让自己被花言巧语骗走。正如《弟子规》所言，"闻誉恐，闻过欣"，意思是听到他人对自己的赞誉就恐慌不安，而听到对自己的批评就欣喜接受，这样才能保证头脑是更清醒，也能交到更好的朋友，而远离坏朋友。

我们现在还是未成年人，学习知识、培养能力、发展思想、建立德行都是现在要做的事。我们还远远达不到优秀的程度，所以，不要想太多，一步一个脚印地向前走就好。

第三，涉及金钱问题，要格外提高警觉性。

突然上来搭讪的陌生人，大多数都带有某种目的，不怀好意的人可能会涉及金钱问题，比如借钱，比如需要你"交一笔钱就能成为练习生（当下演艺娱乐圈对正在培养中的新人的一种称呼）"，这个时候我们就更要提高警惕了。

如果说之前他的夸奖赞美可能会让你一时不察，被赞美之词冲昏头脑，但当他提及金钱时，你头脑中的警铃最好立刻拉响，因为陌生人跟你一个未成年人提金钱的问题，这是不合理的，这时你也要立刻拒绝他的要求，可以回应他"我没钱""我不需要这样的机会"。如果他执意要借，你可以给他指路"警民服务站""人工服务台"等地方；如果他百般劝说你"交钱做明星"，那你不如直接回应他"我不想做"，然后尽快离开。

坚决不被陌生人诱惑而上他的车

2018年3月的一天，山西省太原市某小学11岁学生洋洋坐校车到校门口，下车后他走进了学校附近的书店，买完书出来后，他发现路边一辆停着的黑色汽车车窗摇了下来，里面的人问他："小朋友，你们学校的分校在哪里，怎么走？"

洋洋把路线告诉了他，可他却说没听清楚，让洋洋上车带着他们去。洋洋说自己还要上课，司机就用"上车就给你50元"为诱惑，再次要求洋洋带路。

但洋洋牢记学校和父母提醒过的不和陌生人走，更何况对方还要给他钱，而且车上只有副驾驶是空的，后座上还坐着3个大人。他觉得这事很蹊跷，便没再多说，扭头进了学校。

洋洋把自己的经历告诉给了校车司机，司机也在校车上对孩子们进行了教育，提醒大家对陌生人多加注意，不要跟陌生人说话，更不要上陌生人的车。

洋洋的警觉帮他躲开了一场可能的伤害。校车司机对孩子们的教育，同样也告诉我们，如果有陌生人用各种方式诱惑你上他的车，一定要拒绝。

其实，从很多影视剧或现实新闻中我们应该也能意识到，陌生人的车往往是案件的高发地，一旦被骗上对方的车，那就相当于你进入了对方的"笼子"，他可能会有各种各样的招数来对付你。比如，有的车里会有刀具、胶带等作案工具，有的车里释放使人昏迷的气体，而且车里坏人往往不止一个，等等，可能真的上车容易下车难。

所以，要想不受到开车的陌生人的伤害，最简单直接也最有效的办法，就是拒绝诱惑，不上对方的车。

第一，不随意接近任何招呼你的陌生车辆。

还是那句话，真的遇到困难、有了问题，未成年人应该知道向谁求助，所以任何随意招呼你的陌生司机，你都可以直接拒绝，甚至可以不去靠近，这也是为了防止车里的人直接把你拖拽进车里带走。

如果有陌生车辆突然停在你身边，你要先让开一个安全距离，这个距离要保证你有足够的空间跑开，还不会被轻易追上。不论对方说什么，你都可以当作没听见，立刻远离就好。对于陌生车辆，谨慎小心一些是对的。

第二，想要的东西可以找父母要，不需要陌生人给。

陌生人可能用各种东西来诱惑你，比如像案例中的金钱，还有男孩可能感兴趣的枪炮、坦克、汽车、飞机等玩具，以及各种美食。有的男孩禁不住诱惑，或者平时被"管控"得比较严而接触不到这么多金钱、玩具或美食，就会接过东西转而上车。

我们想要某种东西就去跟父母说，父母不给，自然有他们的道理。想想看，父母都不给我们，陌生人能给我们吗？如果能，一定有问题。同时我们也要体谅父母的苦心，他们也是为了我们的身体健康和学习着想，所以，不要想当然地、叛逆地试图通过陌生人的给予来得到补偿，否则一旦出了事，那就后悔莫及了。

第三，不要盲目接受陌生人的"上车邀请"。

"小朋友，下雨了我送你回家吧！车上暖和，还淋不着雨。"

"天太黑了，上车我送你。放心，我是你爸爸的同事。"

"路有点远啊，上车，一起走。你看你是个孩子，自己走太累了。"

……

除了前面提到的实物诱惑，陌生人还可能会用到这种感觉上的另类"诱惑"来引诱你上车，我们也要提高警惕。尤其是在雨天、黑天、自己累了的时候，不要轻易被这种"安逸舒适"引诱。我们应该坚定一点，那就是"我不认识你，所以我不会跟你走"，当然遇到下雨、天黑、路远的情况，我们最好也不要单独行动，要么等父母来接，要么和朋友一起走。哪怕你误解了陌生人的好意，也比你因为贪恋这种"好意"而被骗好得多。

警惕，不轻易给"上门"的各种陌生人开门

2020年1月，某社区工作人员在对小区住户做入户登记调查工作中，一共走访了54户人家，结果竟有10户都是七八岁的孩子来开的门。这些孩子开门前都没有询问外面的人是谁，都是听到敲门声或门铃声直接就把门打开了，而家里的成年人也没有跟着出来或者听见动静的迹象，需要工作人员问一句："小朋友，你家大人在吗？"并提醒他："叫你爸爸妈妈出来，有些信息要登记一下。"然后，孩子回屋再叫出家里的成年人。

这位工作人员忍不住感叹："可能是因为我们去走访时大多是中午或晚上的做饭时间，家长在屋里听不到，也可能是他们真的没注意到敲门声，但每次看到孩子独自开门面对我们这几个陌生人，就觉得很担心。我们的确是正常的工作人员，但万一有不法分子呢？这太危险了！"她也想要提醒各位家长，不论什么时候都要对孩子做好安全教育，要反复向孩子强调，千万不能随便给陌生人开门。

回忆一下，你之前或者说现在是不是也有过类似案例中这些孩子的行为呢？听到有人敲门，毫不犹豫地就直接打开。若门外是熟悉的人，你可能还会很开心地和对方聊天；若门外是不熟悉的人，你似乎也没有表现得多么害怕。

这种听见动静就必须要"亲眼得见"的行为，有一部分是源于我们的好奇心作祟，好奇什么人、什么事，也只有亲眼得见才能解惑。而另一部分原因，则是我们对很多人和事的不设防，容易轻信他人的花言巧语。比如，就曾经有人假装是孩子爸爸的同事，以"你爸爸出车祸需要用钱"，骗放假在家的孩子开门，并根据孩子的指引，拿走了放在家中的大额钱财。

不论是好奇心还是盲目听信，都很容易就将我们置于危险之中，家门就是我们在家安全的一道屏障，一旦这道屏障打开，我们很可能完全防不住坏人的侵袭。所以，若想要避免这种危险，就应该牢记"不随便给陌生人开门"这一点。

如果有陌生人敲门，我们可以这样来做：

第一，核实对方身份，但也不要开门。

听见敲门声，第一反应先询问是谁，对方说自己是任何身份都不要立刻就相信，可以要求对方出示自己的工牌、证件，透过猫眼来观察。

对于对方提到的各种事，不论是查煤气、填表，还是检查漏水、网线，都不要答应他们现在就做。因为对于未成年的我们来说，我们的能力不足以应对这些事。所以，即便对方出示了证件，说明了来意，我们也可以用"现在不方便，请换个时间再来"的说辞来推脱掉。

在核实对方身份、确认对方来意的过程中，我们应该隔着门与对方对话，不要轻易打开门，哪怕对方说的是真的，你也要意识到这不是"孩子该管的事"，而在推脱掉之后，就要及时通知父母，如果是真的有事，父母也可以再次核实并尽快处理。

另外，若是对方说是父母的朋友或同事，那就请他们自己去找父母，而不要开门让他们进来，一切应以安全为上。

第二，不要开门缝，也不要频繁看猫眼。

有的人会说，"我开一条门缝，如果不妥再关上"，这其实也不合适。门锁不打开，门就是安全的屏障，开锁总要费一番功夫的；可门锁一旦打开，对方就完全可以硬闯进来，凭借我们的力量可能是挡不住的。所以，哪怕是门锁有安全链，也不要轻易打开，因为我们没法确定到底是几个人，对方若是人多力量大，安全链也防不住。

也有的人会通过猫眼去确定对方到底在不在、有几个人。实际上，对于正常的工作人员，像是前面案例中的社区工作人员、正常工作的外卖员、快递小哥，他们可以大方地让你看，或者说他们会特意站在猫眼前，以让你看清楚自己的样子，方便他们的工作。但不法分子就不一定了，他们或者躲着猫眼，或者还可能利用猫眼作案，比如，曾有歹徒破坏了很多住户的猫眼，透过被破坏的猫眼就可以看到屋内的一切。尤其是有的坏人会使用反猫眼工具，你频繁看猫眼的时候，他就会知道屋内可能只有你一个人，这就增加了他动手的概率。

所以，如果遇到陌生人敲门，不要开门缝，只需要透过猫眼确定一下对方所说的话就可以了，不要频繁去观察。

第三，独自在家时，可以制造"家中有人"的假象。

如果我们是自己一个人在家，可以打开电视或音响，放出一些声音来，这样，想要去家里没人的屋子偷盗的不法分子就会绕道。若是听到门口有什么其他动静，我们也可以假装大喊一声："爸爸，好像有人找。"这样也能吓走一些心虚的坏人。

另外，当门外一切声音都停止后，我们也要想办法尽快通知父母，告知他们有人敲了家里的门，也要把自己的应对说一说，或是提醒父母尽快回家，或是等待父母寻求其他帮助。

陌生人给的食物、饮料，不要吃、喝

　　家住江西省南昌市的15岁男孩小鹏，自从放寒假后便经常夜不归宿。家人连续跟踪几天之后，才发现他晚上就去一家网吧上网，困了就在网吧的包厢里睡觉。

　　但家人同时还发现，小鹏不知道从什么时候起精神状态远不如从前，整日都恍恍惚惚的样子，有时候还会浑身哆嗦甚至冷汗直冒。

　　在家人反复劝说下，小鹏终于说出了实情。原来在前段时间上网的时候，他突然收到旁边人递过来的一张水站"送水"的小广告，当时刚好感觉口渴，他便拨打了上面的热线电话，让对方给他送一瓶饮料过来。

　　很快，一名陌生男子拿着一瓶可乐和一瓶叫"新泰洛其"的液体找到了小鹏，并告诉他："两种饮料兑着喝更好喝，也能消除上网疲劳。"小鹏深信不疑，就按照对方所说将两种液体混合喝了下去。哪知道从此之后，小鹏开始对这种叫"新泰洛其"的东西上了瘾，后来他才意识到自己喝的正是俗称的"摇头水"，也就是一种管制类药品，大量或长期服用会产生依赖性和成瘾性，过量服用会令中枢神经短期兴奋引起失控。

小鹏对陌生人拿来的饮料以及他未曾见过的属于药品的溶液并没有任何戒心，而是"乖乖"地按照对方的指示混合后喝了下去。虽然从医学上看，服用"摇头水"并没有被界定为吸毒行为，可若是不及时进行治疗，它对身体带来的伤害和吸毒并没有区别。

从小鹏的经历可见，陌生人递过来的"饮料"有多危险。而还有更多的青少年也同样是对陌生人没有任何防备之心，对他们递过来的饮料零食也来者不拒，但却不知道对方递过来的可能是被动了手脚的"毒"饮料、"迷魂药"饮料、"毒"零食等，结果导致自己深受其害。

在面对陌生人时，我们自始至终都应该保有最基本的防范意识，不轻易相信对方看似热情大方的"分享"。

要时刻牢记：凡是陌生人给的要入口的东西，不论是食物还是饮料，都不要轻易入口。具体来说，可以这样做：

第一，陌生人递来的食物饮料，即使未开封也不要入口。

陌生人出于热情，出于对你指路帮忙或者临时借钱的感谢，可能会给你食物或饮料，你可以表示"没事儿，不客气"等，但不要随便接过来，尤其是有些人热情过了头，帮你拧开了饮料盖子、打开了食物袋子，这时就更不要伸手了，礼貌地拒绝就好。

有人可能觉得，对方若是递过来未开封的零食饮料是不是就可以吃喝了？其实也不然，看上去像是未开封，但对方

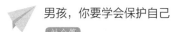
还是会有多种方法动手脚的。我们若是因为未开封就放心吃喝，也很容易中招。所以，哪怕未开封，也一样礼貌拒绝。

同时，也不要对他人的推销过分好奇，尤其是路边的推销。曾经有人被推销后喝了一种可以"提神"的饮料，结果有了第一次尝试，之后便一而再、再而三地对这种饮料产生了依赖，而这饮料正是毒品。所以，有人突然走到你面前说"这款新饮料有提神醒脑功能""这款新小吃可以让你体会不同的味道"……这时你要多加小心，不好奇、不尝试就是你要坚守的底线。

第二，不要让自己的食物、饮料离开自己的手和视线。

有的时候出去玩，我们会把自己没吃完的食物、没喝完的饮料随手放在一旁，这种行为很危险，可能在你不注意的时候，你的食物上、饮料里就会被放入某种东西。所以，不要让这些入口之物随便离开自己的手和视线。同时，也不要把它们交给陌生人看管。

另外，与新朋友在外就餐，或者与不熟悉的人一起吃饭，离席再回来后，最好换新的杯盘碗碟，以免有不怀好意的人在杯盘碗碟中放置不明物品。

第三，对所有来自陌生人的需要入口的东西都要谨慎。

对有些男孩来说，偷偷抽一口烟也是好奇心的一种表现，但是有些坏人就会在香烟上做文章，一口抽下去，要么是昏迷，要么是"中毒"，也就是摄入了毒品，致使男孩就此走上吸毒的道路。除了香烟，吹气球也同样很危险，有的犯罪分子会把笑气打进气球里，让人不知不觉中就中了毒。

所以，要明确一个原则，对所有需要入口的东西都要谨慎，哪怕不是吃的，是其他需要放进嘴里的东西，也同样要存一分警惕。对于旁人劝说的"你试试""这个可好玩了"的说法，不要全盘相信，不要轻易尝试。有人可能会嘲讽你，说你是"长不大的宝宝""这么大了还听妈妈话，真幼稚"，但你要明白，保证自己的身体健康、生命安全最重要，被嘲讽两句也不过是坏人的激将法而已。

学会识别助学贷款、奖学金发放诈骗

　　2017年9月18日上午11时许，刚到福建省漳州市某学院报到的大一新生小代接到一个陌生电话，对方自称是"贵州省教育局"，问其是不是代某，还说出了小代的一些个人信息，随后告知其之前申请的4 000元助学金已通过审批。

　　因对方说的信息准确无误，小代就相信了对方。

　　对方声称："之前把4 000元助学金寄到你贵州老家，没有人收款，今天是办理的最后一天，你尽快与'财政局'联系。"对方还提供了财政局的电话号码。

　　小代一听也心急了，连忙联系"财政局"，"热情"的工作人员说要把这笔4 000元的助学金转到小代的银行卡上。小代告知其银行卡信息。几分钟后，对方来电，称小代的银行卡存在问题，转不了账，需要把卡上的余额转到指定账户，然后他们再将4 000元助学金及余额转回小代银行卡上。

　　信以为真的小代就去了一家农业银行网点，将其银行卡上8 900元余额全部取出，再用现金转账的方式存到对方指定的账户上。转完账后，小代再拨打"教育局"电话，对方拒接，打"财政局"电话，也无法接通。这时，小代才意识到被骗，于是报警。

经过一番周折，警方到银行调取了小代汇入8 900元的银行账号，并将对方账户冻结，帮小代成功止付，挽回了经济损失。10月3日，诈骗嫌疑人落网。

小代刚离开高中校园踏入大学校门，就遇到了诈骗。骗子的手段可谓花样百出，也可谓无孔不入。而被骗的学生往往家庭困难，需要靠助学金、奖学金来维持学习和生活，所以被骗走大笔钱财，对于这些学生可谓是沉重的打击。

我们国家建立了完整的学生资助政策体系，只要上学有经济困难，国家都可以提供帮助，以保证各个教育阶段的家庭经济困难学生能够顺利完成学业。但就有骗子在这上面"做文章"，他们通过非法渠道获取学生资料，然后再实施种种诈骗行径。

所以，如果有助学金需求的学生，一定要提升自我防范意识，学会识别此类诈骗事件。

可以从这样几个方面来进行判断：

第一，时间方面。

一般来说，此类诈骗多出现在开学前后。因为很多学校的助学金申请、补助发放、奖学金发放都会集中在这段时间里，骗子们也会在这段时间里"发力"。

所以，若是此时忽然接到类似于"你的助学金发不出来"的电话或信息，我们就要多一些考虑，这个时间段属于诈骗高发期，凡是这个时间段打来的与此有关的电话、发来的与此有关的信息，我们都不要轻信。

最好是在收到电话或信息时，去向老师核实。最好不要问一同申请助学金的同学，因为有可能他也收到了和你一样的信息。所以，哪怕彼此信息相同，也要去向老师问个清楚，而不是毫不犹豫地就按照对方说的去做。

第二，心理方面。

很多学生尤其是新生，第一次办理助学贷款，流程走得都很"生涩"，因为涉及金钱，所以也很紧张，若是再遇到像案例中骗子提到的"助学金发不出来"的情况，就更不知所措了。而且对于这些申领助学金的学生来说，他们对助学金会格外看重，生怕有什么闪失。

所以，若是收到电话或信息，听到那些令你感到紧张的内容，反而需要你淡定下来，不妨仔细想想："这么重要的信息，为什么不是老师通知我的？"还要想一想："教育局怎么可能会直接给我打电话？还让我再联系财政局？"多一分谨慎，就多一分安全，就可以避免在紧张状态下，被诈骗分子"牵着鼻子走"。

第三，信息方面。

很多学生之所以会受骗，就是因为对方可以准确地说出学生姓名、地址、电话号码、学校等个人信息，尤其是他能说出银行卡信息、申请款项信息，这就很容易让人误以为是真的。

但实际上，犯罪分子往往会采取多种手段来获取学生的个人信息，而且在生活中，你不经意间登录网站或进行信息登记时，都可能会泄露信息，也就是说，犯罪分子知道你的个人信息并不是难事。所以，哪怕他报出了你的详细信息，也并不意味着他说的事情就是真的。那么，对于他进行的所谓跟你"核实"有关事项，你就不要再相信了。

而且，只要是走了正规的助学申请或其他款项申请，无论是哪个单位或个人提供资助，也无论是什么样的款项发放，都不会单独联系你个人，更不会要求你自己直接去银行存取款机上去操作。所以，当对方给你的信息中包含有"请去ATM机存取""转到指定账户（安全账户）"等内容时，你就要意识到这是诈骗信息，要么不理会，要么找老师或报警处理。

另外，如果你已经遭遇了诈骗，像是案例中小代的经历，那么你就要第一时间拨打报警电话，提供骗子的手机号、银行账户等信息，便于公安机关及时处理。

第三章
Chapter 3

警惕！远离网络背后的
各种诱惑和骗局

　　在当今时代，网络已经成为我们生活中必不可少的存在。网络可以为我们提供学习、娱乐、生活上的种种便利，但同时网络也是一把"双刃剑"，在让我们的生活变得更便捷的同时，它也为诸多罪恶的行径提供了"场地"。所以，我们不能只顾着享受网络带来的便利，还要提高警惕，远离网络中的种种诱惑与骗局，确保自己不上当受骗。

"发财""美女"等极具诱惑性的网页，坚决不点

2020年6月的一天，家住黑龙江省齐齐哈尔市某小区的学生小赵在网上观看娱乐视频时偶然看到了一则广告留言，广告发布者称当天是自己的生日，所以要随机抽取幸运网友发放福利。

看到留言后，小赵好奇地加了微信与对方聊了起来。这名广告发布者网名为"超酷少年"，他告诉小赵，这个活动是幸运抽奖10倍返现，也就是只要网友给他的微信转账资金庆生，他就给网友返还10倍的钱款。小赵立刻心动了，当下就给对方转账1 314元，哪知道钱转出去之后，对方就再没了消息。

之后，小赵把这件事告诉了家人，并在母亲的陪同下报了警。警方迅速抽调警力成立反诈骗专班，经过缜密侦查，专案组奔赴广东、江西、安徽三省，陆续将涉案的9名犯罪嫌疑人全部抓获。

经审讯，团伙首要成员交代，他们通过社交软件平台广泛发布幸运抽奖等诈骗信息，抓住中小学生思想单纯且防范意识薄弱的特点，实施电信诈骗犯罪20余起。他们的这种诈骗形式被称为"杀鱼盘"，就是以青少年为主要作案目标的新

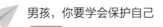

型电信诈骗形式。

等待这9名犯罪嫌疑人的，将是法律的严厉制裁。

看似送福利，但其背后却隐藏着罪恶。针对青少年为主要作案目标，认准的就是中小学生思想单纯、防范意识薄弱，这可以说就是在考验我们是否能禁得住诱惑。显然小赵同学被诱惑俘虏了，毫不犹豫地大手笔掏钱，也让他吃了苦头。

而除了这种送"福利""发财"之类的网页，还有一些"美女"的诱惑。尤其是对很多青春期的男孩来说，美女的诱惑可能更难以抵抗，想要探究、了解以及好奇的心会促使他们点开这样的网页。但"美女"的背后可能是病毒，会让你的电脑或手机被控制，你的各种信息也就随之被泄露；还可能是陷阱，诱惑你"想要看更多就要充值"，不仅骗走你口袋里的大笔金钱，还可能会因"上贼船"而让你颜面扫地、精神恍惚甚至"身败名裂"。

实际上，面对"发财""美女"等信息，若想不被骗，就只能"绕行"，而要"绕行"就需要我们有定力，能扛得住这些诱惑，那要怎么做呢？

第一，认清自己的身份，去做该做的事情。

有的男孩想发财，有的男孩想看美女，可我们只不过是未成年人，不论是发财还是美女，显然都不是我们当下这个年龄应该考虑的事情。

再看到这样的网页，你要想到"我没有经济来源，还要靠父母养育，即便是有零花钱也是父母给的，我暂时还不具备创造财富的能力""我的身心发育还未成熟，还在关键的求学期，不能被所谓的'美女'耽误了大好的人生前程"，通过这样的自我提醒，让自己避开对这类网页的关注。

第二，浏览正规网站，控制网络使用时间。

如果我们经常上网，就可以发现这样一个规律：常用的大型网站、门户网站、视听学习类网站等，一般不会有"发财""美女"这样的小广告，反倒是那些烂俗小说网站、图片网站、视频网站等，这样的小广告会抖个不停。

所以，这就需要我们规范自己的上网行为，不论是搜索查找资料还是简单浏览信息，我们都应该注意辨别，远离不良网站，如果点开后就弹出类似"发财""美女"的小广告，那你的第一动作就是立刻关闭它，以后也不再点击、浏览、使用。

有时候，你可能也是在浏览正规网页，但是做完该做的事之后可能就会在网上闲逛，一不小心就会"误入歧途"。所以，我们也要控制好使用网络的时间，一旦完成任务，那就尽快下线，回到现实中来，一是休息，二是减少自己被诱惑的可能。

第三，严控手机使用，防止群发不良信息。

相比较电脑网页上"发财""美女"类信息的显示，手机端对这类信息可能更加难以屏蔽。随着科技发展，未成年人拥有手机量也直线上升，而手机端的诸多App软件，都为这类不良信息提供了更为隐秘的传播与存储渠道。比如微信群、QQ群中就会有"发财""美女"等链接出现，一旦一个人好奇看到了，可能就会传播给群里其他同学，而一个人又可能有很多群，这样这种信息也就会迅速传播开来。

2021年1月15日，教育部办公厅发布《教育部办公厅关于加强中小学生手机管理工作的通知》指出："原则上不得将个人手机带入校园。学生确有将手机带入校园需求的，须经学生家长同意、书面提出申请，进校后应将手机交由学校统一保管，禁止带入课堂。"而实际上很多学校也并不支持学生使用手机，尤其是在校学习时都会要求学生禁用手机，那么我们一方面要遵守校规，一方面也要提高自控力。如果在群中看到类似信息，首先自己不点，然后可以劝发信息的同学撤回，如果群里大部分人都"热衷"于这类信息，你也可以退群，以免自己受到污染。

另外，放学之后对手机的使用也不要那么随意，最好在手机上安装一些防护软件，或者多使用软件的"青少年功能"，以保证自己使用手机时能一片"清净"。

小心网页、App 的各种"领奖""红包"弹窗

2020年12月的一天，12岁的小李在家用妈妈的手机刷抖音，忽然被陌生人邀请加入了一个QQ粉丝福利群。

进群后，小李发现群主在发有人中奖的消息，小李心动了，便也参与了一下，并将抽中5 888元红包奖励的截图发给了群主。群主说只需要消费满100元就可以立刻发5 888元的红包，接着发了一个收款二维码给小李。小李也没犹豫，直接微信支付100元。但在这之后，对方却并没有给他红包，而是又以各种理由让小李去返更多的钱，从"转账500返还6 388"，到"转账800返还7 188"，如此连续6次，小李共转账8 100元。就在最后一次要付款5 000元时，妈妈手机微信提示余额不足，刚好此时妈妈来要手机，小李此时也意识到自己受了骗，便把事情如实告知了妈妈，母子二人连忙报了警。

警方迅速展开调查并抓获犯罪嫌疑人陈某。原来，陈某从2020年4月至7月底期间，找人制作了一个抽奖网站，并购买了50个QQ靓号，设定了一个抽奖圈套。他通过短视频平台发布进群领取福利的消息，一旦有被害人发送中奖截图，他就会以"第一次领奖需要支付一定费用"为由，收到转账后又以支付未备注、支付超时、只有大笔金额可兑奖、操作失

误等一系列理由引导对方不断提高支付金额，一旦被害人再无钱转账，他就立刻解散QQ群。

陈某用这样的方式骗取12名被害人共计75 405元，其中就有10名被害人是11~13岁的孩子，他们都是在用家长的手机刷社交App的过程中被骗的。

最终，陈某的行为已构成诈骗罪，鉴于其认罪认罚，综合其犯罪性质、情节，依法判处被告人陈某有期徒刑4年，并处罚金7万元，诈骗所得赃款发还被害人。

陈某充分利用了被害人"想要获利"的贪婪心理，这才屡屡得手，而12名受害者中竟然有10名都是未成年人，这也不得不引起我们深思。这些孩子为了获得更多的利益，而轻信骗子的种种鬼话，并毫不犹豫地将父母的血汗钱白白给了骗子。

这个案例也给我们敲响了警钟，要小心网页、App的各种"领奖""红包"等弹窗，这其实就像是另类的赌博，骗子用高额的奖励诱骗你入套，然后又用"投入越多回报越多"来让你越陷越深。

那么，我们应该如何应对这种弹窗呢？

第一，不要随意点击各种中奖、红包的链接。

那些中奖或红包的链接，其实就相当于骗子在"广撒网"，看上去很诱人的"中奖内容""红包金额"就是鱼饵，如果你禁不住诱惑去点击这些链接，就相当于鱼上钩，但如果你能控制好自己的手，绕开这些看着好看的诱饵，自然也就不会被骗了。

而且，有些链接可能还会有病毒，毫不犹豫点击之后，用户的各方面信息就会被骗子所盗取，姓名、手机号、银行卡号一旦落入坏人手中，将会后患无穷。

想想看，忽然弹出来的这些链接本身就很蹊跷，就如前一节提到的，你什么都没做，却出现了让你领奖、给你发红包的链接，这世上可没有这样的好事，多想一两分钟，不让自己一遇到这样的链接就兴奋不已，也许就能不那么容易被欺骗。

第二，要辨识某些中奖、红包信息中的异样。

中奖、发红包，都是一种施与行为，比如微信红包，发过来之后你只要点击就能直接领取，根本就不需要你付什么手续费、押金。所以，但凡有要求你"先支付押金才能领取奖金"的，那必然就是骗子了，所以对于这样的"中奖""红包"可以完全不用理会。

如果不小心中了招，你支付了第一次，他第二次又要钱的时候，你就要及时止损，而不要奔着眼不见摸不到的利益继续使劲砸钱。

还要注意，若是中奖金额超乎你想象（几千、几万甚至几十万元），红包金额超过了微信红包的金额上限，那它们多半都是假的，就可以不用理会了。

第三，远离父母或其他成年人的手机。

从案例来看，10名未成年人都在用父母的手机，花着父母的血汗钱满足骗子的私欲。其实，我们与父母都有责任。

对我们来说，意识到父母的手机就是父母的，不是我们的，不能随便拿来玩，要不要花钱、怎么消费，做主的是父母，不是我们，否则就是对父母的不尊重。

对父母来说，应该收好手机，管好手机的各种密码，手机支付时密码不要被孩子看到。此外，还有爷爷奶奶、外公外婆的手机，其他亲戚的手机，父母同事朋友的手机，也不要随意交给孩子玩儿。换句话说，手机不是孩子的玩具，也不是孩子的保姆，所以，不要把自己的手机给孩子打发时间。这些内容，我们可以提醒父母等人注意。

网络直播、各类小视频，或明或暗藏"黄"毒

2018年年初，浙江省松阳县公安局接到高中生小明父母的报警说，孩子最近对学习越发不感兴趣，后来发现他是在一个QQ群里因为好奇点了一个直播链接，结果直播平台中有大量淫秽表演，小明越看越入迷，而为了能看到更"劲爆"的视频，他就欺骗父母要到了四五百元钱，这些钱全都被他打赏给了主播。父母认为这并不是小事，这才报了警。

接警后，公安局迅速抽调网警、治安等部门的警力成立了专案组开展侦查。经过一个月的艰苦奋战，专案民警转战黑龙江省、江苏省两省三地，逐渐摸清一个以刘某为首，成员众多、组织严密的涉黄、涉赌违法犯罪团伙。当年3月，16名主要嫌疑犯落网，警方捣毁4个涉黄直播平台，冻结500多万元资金，并将所有作案工具扣押。

最终，犯罪嫌疑人中的10人被依法批准逮捕、3人依法取保候审、2人刑事拘留。

这起跨省大案被破获真是大快人心，但也不得不说，网络色情视频的确害人不浅，看看高中生小明，因为沉迷其中而不再关注学习，还欺骗父母，拿他们的血汗钱"打赏"色情

主播。好在父母够警觉，及时报警，否则，真不知道小明日后还会再投入多少金钱和精力，甚至做出怎样更加过分的举动。曾有新闻报道说，某初中男生就因为观看色情视频后犯了强奸罪。

一些网络视频、直播，为了能够吸引更多人来看，会有一些刺激性的黄色内容。随着网络监管力度的加大，有些视频、直播也许在明面上看不到什么黄色内容，但却会在暗中隐藏，有的是打擦边球，有的则是在一段正常视频中插播一小段黄色内容，有的是深夜直播黄色内容，还有的是以弹幕、口播等方式为其他涉黄视频、直播平台"引流"……如果不小心看到并深陷其中，都会对我们的身心带来伤害。

不仅如此，也有像案例中这样，不仅用美色来诱惑你，还要引诱你掏钱来继续"欣赏"美色，所以，我们应该远离带有色情内容的网络直播、小视频，不仅要管住自己的眼睛，还要管住自己的手不"投资"，更要避免自己的思想精神受其刺激而过分冲动。

那么，具体来说我们应该如何做呢？

第一，选择正规网站的正规直播与视频去观看。

越是正规网站的正规内容，越不会出现乱七八糟的东西，所以，我们应该选择正规的网站去观看直播与视频。有时候，老师可能会向我们推荐一些可供学习的视频或者直播讲课，我们就可以跟着老师的推荐走。

有一些视频网站或直播网站涉及非常多的种类，我们应该专注于自己要学习的内容，而不要被其他"五光十色"的视频所吸引。

第二，不随意点开社交群发布的任何视频链接。

很多色情视频链接都并不会在明面上传播，而是通过各种各样的社交群传播，所以我们可能会在QQ群、微信群中看到有些人发的视频链接，他们对这种视频的描述可能会很神秘或者很隐晦，"好看的视频""给大家分享个好东西""速看，秒删""有福利"……对于这样的内容，最好不要立即点开，而是要问一下这到底是什么，如果没人回应，那就不要去点了，因为如果是重要内容，肯定有人通知，有人回应。

如果有必要，你也可以劝阻发布这些无聊甚至有害内容的人，希望他们不要再发。如果他们不听，那就管好自己，不点不看。如果群里经常发这些乱七八糟的内容，而这个群又不是你必须要关注的，那直接退群就好。

第三，坚决远离打黄色"擦边球"的直播或视频。

现在网络主播以及视频制作者自然知道不能明目张胆地涉黄，但是他们却会将这些带有性暗示的内容藏在自己的直播或视频中。比如，有的女主播故意穿着暴露，看似不经意间做出挑逗的举动，或者言语间含有一些不可描述的内容，等等。

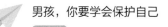
　　对于这样的直播或视频，我们也要有一定的分辨能力，发现之后要立刻关闭，如果有举报功能也可以举报以避免让更多人受害。

不能沉湎于网络聊天、网络交友、网络游戏

12岁的阿聪是福建省莆田市人，在爸爸换新手机后，旧手机就成了他的玩具，没多久他就学会了用手机上网打游戏。但是爷爷奶奶发现，阿聪有时候会跑去别人家蹭网玩游戏，因为怕发生意外，老人干脆拿出积蓄给他买了一台电脑。

2016年放暑假后，阿聪没再往外跑。可是奶奶却发现，阿聪每天都玩一款网络枪战游戏，玩得非常投入，白天家里人都外出有事，没人管他，他能在电脑前玩10多个小时。

几天后的7月15日，阿聪起床洗漱吃饭后又开始打游戏，到上午11点多的时候，奶奶回家做饭，他已经连续打了5个小时游戏还是没有离开电脑。奶奶喊阿聪吃午饭，阿聪却说自己头非常疼，便一头栽在沙发上休息，半天都没起来。

奶奶觉得不对劲，当时阿聪的父亲刚出门，她就喊来阿聪的姐姐带他去村里卫生所看病，村医觉得事态严重不敢诊治，姐姐就赶紧拨打了120，待医护人员赶到看到阿聪的状态立即实施了抢救，可是阿聪却还是停止了心跳。

从阿聪喊头痛，到他最终离世，中间间隔不到1个小时。

就因为沉迷于网络游戏，阿聪竟然搭上了自己的性命，这是一个令人悲痛的结局。而这并非个例，因为沉迷网络而发生在未成年人身上的悲剧还有很多。

浙江省宁波市妇儿医院小儿神经外科的一位医生曾经发过一条朋友圈，讲述了自己晚上接诊的经历：一晚上接到两个想不开的孩子，一个14岁的孩子因为爸爸不让玩网络游戏，就去厨房拿菜刀砍了自己手腕6刀，好在抢救及时；但另一个10岁的孩子却因为姑姑不让玩手机就直接跳了楼，最终抢救无效死亡。

对于这些孩子来说，似乎网络世界才是他们生活的全部，没有了网络，没有了可以让网络运行的电脑、手机，他们就仿佛失去了全世界。

这些孩子的经历应该给我们敲响警钟，不要让网络毁了自己的生活，尤其是网络聊天、网络交友、网络游戏这些具有极大诱惑的行为，我们需要更理智地对待。

第一，务必严格控制网络使用时间。

案例中的阿聪之所以身体出了严重问题，就是因为他完全放弃了对时间的掌控，让自己彻底投入游戏中，而医生讲的其他两个孩子的情况也是如此，对上网时间不能掌控，才使周围的成年人不得不干涉，同时也因为干涉而引发了悲剧。

所以，我们要拿到掌控时间的主动权，但是这个主动权不是为了让我们放任自己任意消耗时间，而是要让我们能够合理分配时间，尤其是严格控制网络使用的时间。

比如，我们可以制订每天的行动计划，将上网时间控制在"1小时之内"，同时安排上网计划，也就是这1个小时不是全用来玩的，包括查找资料、完成作业、休闲娱乐在内的所有行为一共1个小时。

要实现这一点，需要我们提升自我约束能力，要有"我在为未来规划"的意识，时刻警醒自己：切勿沉迷网络。

第二，让自己的真实生活丰富起来

沉迷于网络世界的人生活都很单调，他们除了上网似乎就再没有其他事可做了。如果他们有很多其他的选择，就不会只顾着钻进网络世界而难以自拔了。

所以，不妨先暂时离开网络，看看还能做些什么，比如为了让自己长高一点，可以多锻炼身体；为了让自己的气质看上去更好一些，那就多读读书，因为"腹有诗书气自华"；为了让自己更有能力，可以多动手实践；为了让自己能更受欢迎，可以多学礼仪知识，多掌握各类常识，会倾听，能言之有物；等等。

这不仅会让我们的生活丰富起来，也会让我们意识到，网络世界很精彩，真实生活也很美好。

实际上，除了一些必要的需要靠网络来解决的问题，比如视频沟通、上网课等，生活和学习的其他事情，依旧需要在现实生活中完成，真实网络也是我们真实生活的一部分，没有什么特殊、神秘的，所以，又何必对网络这么痴迷呢？当我们能有这样的认知时，也就能更理性地看待网络世界了。

第三，不对网络世界投入过多情感。

从某种角度来说，这些对网络过分沉迷的孩子，也意味着他们对网络世界投入了过多的情感。比如网络聊天，有的人会觉得这是可以倾诉心声的绝佳地点；网络交友，也有人认为这要比真实世界的朋友贴心得多；网络游戏，也因为可以仿真模拟诸多现实生活中到不了的世界，而显得令人向往。

但网络世界所显现出来的这些终究都是虚拟的，都可能是戴着面具的，是被包装出来的，所以不要将过多情感投入虚拟世界中，如果觉得现实生活中自己交不到朋友、没有感兴趣的东西，就应该多从我们自身找原因，多读读书、培养多样兴趣，积极展现自我，去寻找现实生活中更真实的友谊，以及更真实可触摸的美好，在情感上摆脱对网络的过度投入。

陌生人的微信、QQ 等社交账号，要慎"加"

2020年4月，湖北省随州市的初中生小陈在家里上网课期间，被一名陌生人添加为了QQ好友。小陈查看对方的QQ空间时，发现里面有低价苹果手机的售卖信息，只要400元就能买一部苹果手机，这让小陈很心动。

小陈和对方联系上之后，对方发来一个二维码，小陈毫不犹豫地扫码支付了400元，之后对方却以激活为由要求小陈再扫码付一次款，并说明后面会退还，小陈也没怀疑就又支付了400元，然而对方却又告诉小陈，因为订单没有备注电话号码导致被锁定，还需要重新支付来解锁，此时小陈身上已经没有钱了，便又去借了400元给对方打了过去。

可是小陈依然没有收到可以发货的信息，对方又告诉他，因为他是未成年人，还需要有家长的认证，需要他提供家长的银行卡和微信、支付宝的支付密码，为了打消小陈的疑虑，对方又再次告诉小陈前面他支付的钱财都可以返还。

就这样，小陈一步步陷进对方设好的圈套中，前后一共被诈骗了4万多元。

对于与陌生人建立关系，很多男孩觉得这是一件很无所谓的事，还可能觉得"多个朋友多条路"，小陈就是如此，不仅没觉得有个陌生人加好友有问题，还兴致勃勃地去看对方的空间，并被其中的内容所吸引，由此一步步入套。

可能很多人都收到过这个人的好友添加申请，有的人需要验证，可能就会多一重限制；而也有人允许陌生人随意添加好友，于是轻易就与他接上了线。诈骗分子就用这种"广撒网"的方式来"钓鱼"，他们会在自己的社交账号上列出一些诱人的内容当"鱼饵"，来诱骗单纯的人上钩。小陈是个涉世未深的未成年人，防范意识又不强，所以才会上当。

那怎样避免类似小陈这样的情况发生在我们身上呢？

第一，给社交软件设定"添加好友的条件"。

有的男孩很想广交朋友，于是就将自己的社交账号设定成他人可以随意添加的不需验证模式，这就给那些心怀不轨的人以可乘之机，对方可以随意添加好友，并发送包括病毒链接、各类广告、诈骗信息等各种内容。不论是哪个信息让你产生了兴趣，只要你动了手指，就有可能中招。

所以，要给自己的社交软件设定好"添加条件"——需要验证，你验证的过程就是防范风险的过程。只要是陌生人添加，你就要格外小心，能不加就不加，从而减少上当受骗的可能。

第二，谨慎对待"加好友方便联系"的请求。

有时候，陌生人可能也不是通过社交软件找到你的，也许是路边搭讪闲聊，若是你没有设防和他聊得很开心，他可能就会提出"加好友方便联系"的请求，和你建立一个基本的联系，之后他可能就会向你推销、拉你传销或者干脆直接骗你。

我们应该始终都要有"防人之心不可无"的意识，不要随意与陌生人聊得太投入，不要轻易加对方为好友。否则，对方会以"我们是朋友"为借口，或是欺骗你，或是引诱你做坏事，哪怕当下没有做什么，但这种不知根也不知底的人在你的好友圈中，也是后患无穷的。

第三，及时清理不小心被动或无意主动添加的陌生人。

千防万防总有防不住的时候，你可能不小心就通过了陌生人的申请，或者因为软件问题而莫名其妙关注了一些不认识的人。这时候，你可以遵循"只要不认识就删除好友"的原则，及时清理那些不小心被动添加的或者是无意主动添加的陌生人。其实，你也不必太担心误删重要的人，他如果真想跟你建立友谊，以后也会再联系你的。

别被"钓鱼"——远离来路不明的二维码、链接

2020年7月28日晚，广东省广州市越秀区六年级小学生小胡同学刷抖音时看到一条视频，视频中一名女子说："加入QQ群，私信叫我一声姐姐，零花钱我包了。"视频中显示了一个QQ群的号码，小胡便申请加入了进去。

进群后，群主先是发了一个小视频，接着就叫群成员识别视频里的二维码，然后跟着视频指引操作，就可以获得5 888元的红包。小胡扫码之后按照视频要求输入234.01，结果发现这是向对方付款的操作，群主立刻解释说，这就是对流程的一个演示，并不会真扣钱。

小胡便很放心地输入了支付密码，可是微信钱包的钱却真的被扣除了，群主连忙说会帮其退款，于是让小胡添加了一个工作人员的QQ号，工作人员称系统检测到小胡是未成年人，退款需要用父母手机扫码确认。于是小胡用"作业要用手机"为由要到了爸爸的手机，按照对方的指示，通过微信和支付宝借呗，向对方提供的二维码账号多次转账共计1万多元。

看到转了这么多钱对方都没有退还，小胡立刻慌张不已，连忙把情况通知了父母，并在父母陪同下报了警。警方随即展开立案调查。

小胡的被骗很明显是被对方"钓鱼"了，对方用"进群发红包"的说辞将小胡骗进群，又用二维码骗他扫码支付，还骗他用父母手机继续支付，可以说小胡是被对方用几个二维码和"会退钱"的假话骗得团团转。

移动支付越来越便捷，让骗子找到了新的骗钱渠道，他们将付款二维码、支付链接藏在"送红包""送零花钱"这样颇具诱惑力的"鱼饵"之下，一旦有人被这些诱惑所吸引，就容易被他们"钓"走大笔钱财。

小胡的经历也应该给我们敲响警钟，那就是面对诱惑要有分辨力，尤其是出现需要你扫二维码、点击链接的情况时，不要毫不犹豫地就动手。

应对这样的"钓鱼"骗术，可以这样来做：

第一，不理会不明来历的"二维码支付""付款链接"

一般而言，超市、商店以及其他需要消费的场合，以及在正规购物网站上进行的支付行为，是相对安全的。除此之外的其他场合，尤其是社交群中突然出现的"二维码支付"或"付款链接"，并催促你支付的，都可以不理会。

第二，对熟人发的二维码、链接也勿全然信任

有人认为，陌生人发的二维码和链接不能随便点，但熟人发过来的，应该可以信任。其实，这种认知也很单纯。因为有的骗子会直接盗取各种社交账号，然后伪装成你的朋友

甚至是亲人，然后让你扫码支付或点击链接进行转账，或者是他们也没有认真识别，也是被骗的，无意间做了坏人的帮凶。可见，若是不多加防备，我们也同样会上当受骗。

所以，如果有熟人发来这样的消息，也不要立刻就做，尤其是遇到对方说"现在情况紧急，拜托"等类似的话时，你最好打对方电话确认一下，以免一时慌乱而中了骗子的圈套。

另外，只要对方说"需要用父母的手机扫码确认"时，你就更要提高警惕，因为这样的人，往往都是骗子。

第三，设定支付密码，慎用"免密支付"等方式。

有时候好奇心会促使我们忍不住去扫码、点击链接，但几乎所有的支付都是需要输入密码的，如果我们能够在输入密码前犹豫一下，只要不输入密码，钱就不会被转走。

平时我们尽量不设定"免密支付"，以免因为跳过了输入密码的操作，使钱财毫无障碍地"消失"，风险还是比较大的。对指纹支付、人脸识别支付等设定，我们也要考虑清楚，虽然这些设定会使支付更加便捷，但同时也增加了钱财被更快转出的风险。所以，无论是现在还是未来，都要有足够的防范意识，不必追求这些超便捷的支付方式。

再次强调，我们在手机钱包中不要存太多的钱，不要绑定大额银行卡，减少大额损失的出现。若是一时没防住真的转了钱过去，就要及时报警。

遇到冒充"公检法"机关诈骗，怎么办

2019年1月5日下午14时30分，广东省深圳市一名初中男孩阿伟向警方的"微信警务室"发布了一条求助信息说："警察叔叔，我妈妈正在与一个反诈骗的警察通话，那个警察说我妈妈被骗了，要了我妈妈的银行卡号和密码，因为老师说过有诈骗分子假扮警察打电话，所以我和弟弟妹妹劝妈妈告诉爸爸，让爸爸来处理，但是妈妈不相信，我不知道那个是不是真正的警察，所以问问你们。那个人还让我妈妈去银行办一个东西，还让我妈妈在办的时候不要慌张，要保密不告诉任何人，妈妈现在已出发去银行了。"

原来，阿伟的妈妈彭女士接到一个自称是"深圳通信局王科长"的电话，说她涉嫌武汉的一起非法洗黑钱案件。接着对方立刻将电话转接到了一名陈警官那里，陈警官要求彭女士配合调查，并通过添加QQ好友，发来一份"武汉市人民检察院刑事逮捕冻结命令"。彭女士当时就吓蒙了，再加上看到对方QQ空间里放有很多警察的工作照片，当下就信以为真，于是按照对方的要求提供了银行卡号和密码，并急匆匆出门要去银行。

儿子阿伟就在妈妈旁边，听到妈妈接到的这通电话后，他根据平时在学校里学到的反诈骗知识，怀疑妈妈可能遇到了诈骗。尽管他反复劝说，但妈妈并没有理会他，而是直接去了银行。阿伟这才通过"微信警务室"发布求助信息。

民警通过信息内容，初步判断这是一宗典型的冒充公检法人员进行诈骗的行为，随即迅速组织队员赶到辖区银行及柜员机排查，并根据阿伟提供的线索明确了其母亲彭女士的体貌特征和基本信息。

约半小时后，民警们终于找到了正在某银行准备转账的彭女士，紧急拦下了她的操作，并当场向她宣讲反诈骗知识，这才让她醒悟过来，停止了转账，挽回了33 400元损失。

阿伟的做法值得称赞，他牢牢记住了老师对诈骗的介绍，并建立了足够的防范意识，同时也能机智地选择合适的方式向警方提供足够多的信息，从而使警方迅速帮妈妈挽回了损失。

所以，不要认为自己涉及不到什么洗钱、犯罪的事，就认为冒充公检法诈骗离我们这些未成年人太远，所以就对此没有安全防范意识。阿伟的经历给我们提了个醒，这类诈骗可能就在我们身边，如果我们能和阿伟一样，掌握足够的防诈骗知识，就可以正确应对，防止被骗。

所以，要对冒充"公检法"的诈骗有所了解。

第一，了解冒充"公检法"与真公检法做法的差异。

冒充"公检法"，指的是"骗子通过冒充公安、检察院、法院等国家执法、司法机关工作人员，打电话给受害人，声称受害人的身份被冒用或涉嫌各类犯罪，要求配合执法、司法机关工作，进而诱骗受害人将钱财转到嫌疑人提供的账户"。

在这类案件中，骗子一般会发送包括有受害人照片、身份信息的虚假通缉令、法律文书，并通过虚假证件及其他公检法工作场景照片来增加可信度。正是这一点，很容易让被害人感到慌张恐惧，从而上当受骗。

而真正的公检法机关办案不会通过电话、QQ、传真、网页等形式，而是会当面向涉案人出示证件或相关法律文书。而且，公检法机关并没有安全账户或核查账户，更不会让公民提现转账汇款。而电信、医保、公安、检察部门之间也并不会相互转接电话。

有了这样的对比，我们也就能基本分辨出什么样的行为就是在诈骗了。

第二，提醒家人或自己，不要听信"保密"说法。

一般公检法诈骗都会提醒受害人"你的行为要保密，不能告诉任何人"，这样做的目的是让受害人一直处在"被骗"的状态下，好方便操控其转账。

那么对于对方说的"你要保密"的说法，我们就要引起警惕，不论对方告知什么情况，都不能只是自己一个人扛着，而是要把这件事讲出来，和家人商量一下，听听家人的意见。在这种情况下，就算是年龄小，我们也要把自己学到的安全知识讲出来。

第三，如果遇到了这类诈骗，要记得向警方核实。

很多人都会把公检法机关当作权威，所以，只要对方说自己是公安、检察院、法院的，就会很轻易相信对方说的事。阿伟向真正的警方询问实情这一点，也值得我们学习。不要对方说自己是警方你就直接相信，而是在对方表明身份后，及时通过110电话报警核实，然后由真正的警方来判断这件事的性质，从而给出处理意见。

如果在网上被"人肉"了，怎样正确应对

2017年11月的一天，广东省肇庆市一则视频在网络热传：一名穿着校服的中学男生对自己的母亲拳打脚踢，只因身患精神分裂的母亲对他过分关注便总是跟着他，心智未成熟的他觉得母亲这样的行为让他丢面子，于是开始打骂她。

经过记者调查，发现这名14岁的男生家里是低保户，父亲因意外身亡，母亲患有语言残疾及障碍，家庭生活并不是很轻松。

男生打母亲的视频在网上传开后，不仅引发众多网友指责他，更是有网友开始对他人肉搜索，并很快曝光了他的信息，甚至已经有人找到了他的家，说要教训他。而男生则因此不敢离开学校。

男生已经意识到了自己的错误，记者也咨询了心理治疗师，对方表示，社会各界也应该留一些空间给这名男生和他的家庭，他认为男生这种情绪的爆发源自于他性格的缺陷和内心的巨大压力，殴打母亲是一种不适当的释放。

医生认为，真正能帮助男生的方式不是恐吓或者更严重的惩罚，否则会更加让他觉得社会是冷淡的，自己是被人抛弃的。大众应该换一个角度，通过正面教育引导他，从而解决问题。

对于男生的这种错误做法，我们当然不能认同。不过，也正如心理治疗医生所说，采取"人肉"这种方法，试图通过这样的恐吓和惩罚来给予他"教训"，是另一种形式的暴力应对，不仅起不到好的教育作用，还会导致新问题。

一般来说，很多被"人肉"的人，可能都做过一些不好或是比较出格的事情，有些网友就会借机选择"人肉曝光"的方式，试图去"教育"他，或是让更多的人去围观与唾骂他。但也有一些人可能是被人恶意"人肉"，从而导致自己的个人信息在网上泛滥，给生活带来无尽的烦恼。

实际上，"人肉"这种行为本身就是一种违法行为。

《中华人民共和国网络安全法》《最高人民法院、最高人民检察院关于办理侵犯公民个人信息刑事案件适用法律若干问题的解释》中明确规定，人肉搜索泄露他人信息是违法刑事犯罪行为。而自2020年3月1日起开始实行的《网络信息内容生态治理规定》明确指出，网络信息内容服务使用者和生产者、平台不得开展网络暴力、人肉搜索、深度伪造、流量造假、操纵账号等违法活动。

既然这是一种违法行为，那么我们如何去应对呢？

第一，及时保留相关证据。

如果不幸遭遇人肉搜索，应该及时截图、录像，保留网站侵权页面、侵权者曝光信息的页面、侵权者的联系方式等相关信息，尽量保留完整原始的证据，以免对方将这些内容删除后导致无法取证，保留这些证据才能在日后进行维权。

第二，发"停止侵权通知"。

可以以个人名义或委托律师向网络信息内容服务使用者、生产者等侵权个人或单位发出"停止侵权行为通知函"，其中应写明：通知人的姓名及联系方式，足以准确定位侵权内容的相关信息，通知人要求删除相关信息的理由等内容，以维护自己的合法权益。

第三，不要去"反向人肉"。

有些人遭遇人肉搜索之后，还可能会通过了解爆料人信息来进行"反向人肉"的操作，也就是你"人肉"了我，那我也反过来"人肉"你，这其实是个没完没了的处理方式，以暴制暴并不能解决问题，反而会触犯法律，受害者变为加害者，加害者变为受害者，可谓两败俱伤。

所以，还是应该积极采取法律手段，从而更快地阻止你的信息被扩散得更广，尽可能减少对自己的伤害。

第四，加强保护个人隐私。

"人肉"就是将我们的个人信息曝光的一个过程，那些"人肉"者自有法律去惩罚，但作为受害者来说，我们也要加强对自己个人信息的保护。"人肉"过后，很多人可能会更换一些信息，比如手机号码、家庭住址、学校班级等，那对于新信息的保护就要更加注意了。

一般来说，我们应该尽量少对公众公布自己的肖像、手机号码、家庭住址、学校班级等信息，尤其要注意在社交平台不要用照片、文字等方式来让自己的真容显露无遗。

另外，在网络上要做到谨言慎行，不给对方留下"想要'人肉'一下你"的把柄，尽可能地保护自己的身心安全。

第四章
Chapter 4

远离烟酒，拒绝黄赌毒，
不要沾染恶习

青春年少，正是培养各种好习惯的关键时期。少成若天性，习惯成自然，若是自年少时养成的习惯是坏习惯，那么这种好像天生一样的恶习，日后总会带来各种麻烦，且难以更改。所以，不沾染恶习，是青少年时期需要牢记的一项内容，比如，需要远离烟酒，拒绝黄赌毒，因为这样的恶习伤身又伤心，只有不沾染才可能保护好自己的身心健康。

务必远离荼毒生命的"杀手"——香烟

20岁的小安是湖南省怀化市沅陵县人，2019年8月，他因为胸痛按肺结核治疗了两个月，但疼痛却没有改善，于是他便去湖南省人民医院呼吸与危重症学科求诊，医生在仔细阅读过他的CT结果之后，发现在他的肺部有一个不足1厘米的结节。后来，经过支气管镜取活检，医生这才确诊小安实际上患了肺腺癌。

经过医生了解，不过20岁的小安却是一个"老烟枪"，从13岁开始吸烟，已经连续吸了7年之久。专家表示，这正是导致小安染病的主要诱因之一。他怎么也没想到，年少时染上的烟瘾，最终给他带来了肺癌。

好在发现及时，癌症的分期较早，经过积极治疗，小安已经可以出院继续社会生活，只不过他后续依然需要呼吸与危重症医学科的全程管理。

年少便开始抽烟，慢慢长大之后，自年少便养成的习惯却带来了沉重的代价。小安年少时种下了开始吸烟的"因"，不过短短7年，便结下了肺癌的"果"，想来令人唏嘘。

香烟就是一个残酷的杀手，它不会一刀致命，而是慢慢渗透，在你的身体上留下种种难以治愈的伤害，然后任由那些伤害折磨你的余生，所以说它是"荼毒生命"也并不为过。

其实男孩年少接触香烟，无非是三种原因：

一种是好奇。"为什么爸爸、叔叔、哥哥们总是离不开香烟呢？""那是什么好吃的东西吗？"好奇想要尝试，便会忍不住自己偷偷拿来吸一口，尽管呛，但却还是觉得"既然爸爸他们能一直抽，那肯定是感觉好，我没抽习惯，习惯了就好了"，然后就真的成了习惯。

一种是模仿。"影视剧里抽烟的男人真帅""做大事前和做大事的时候都会抽烟"，不具备分辨能力的时候，对影视剧中的某些行为便会盲目模仿，错以为那样做才是帅和酷。

一种是从众。"是不是朋友？是不是哥们儿？大家都抽，你不抽好意思？""我要是不抽，就会被排挤，会被骂胆小鬼！"朋友们都在做的事情，若是只有你没做，就会变成不合群。错误的从众心理，被反复怂恿甚至是逼迫，都会导致男孩沾染恶习。

既然知道了原因，我们也就可以对症下药了：

第一，自始至终明确一点，"吸烟有害健康"

不论是好奇、模仿还是从众，你之所以会因为这些原因而沾染吸烟恶习，其实无非都是因为你对吸烟这件事没有一个很明确的认知，也就是你可能并不觉得它是错误的。

香烟的化学物质主要是干烟草，再加上经过化学处理和其他成分的添加，其中便含有诸多的有毒物质。在全世界排名前8位的死因中，有6种死因与烟草使用有关。吸烟可以引发肺、喉、肾、膀胱、胃、结肠、口腔和食道等部位的肿瘤，以及白血病、慢性支气管炎、慢性阻塞性肺病、缺血性心脏病、脑卒中、流产、早产、出生缺陷、不孕等其他疾病。

烟盒上也都印着"吸烟有害健康"的字样，这实际上就已经提醒了我们，不要随意去触碰这样东西。吸烟的习惯一旦养成，要戒除是很难的，非常考验个人的意志力和忍耐力，不是每个人都有毅力坚持下来的。

所以，从这个角度来说，我们既然知道吸烟有害，就不要非得把这个有害的习惯揽在自己身上，过后还要再想办法将它戒除，而是要从一开始就因为它有害而远离它，让自己不会因为它的影响而导致身心受损。

第二，用更多积极向上的兴趣战胜吸烟的兴趣。

长辈们可能有很多优秀的表现，但你没看见，就只注意到了他抽烟；影视剧原本立意深远，可你没关注，也只看见了里面人物在抽烟。这可能也意味着你头脑中可以关注、想象的东西太少，除了这些能刺激眼球的东西能够让你关注，其他的都不能吸引你的注意。

那如何让自己对吸烟不那么感兴趣呢？那就是用各种积极向上的兴趣来填充你的生活，从而发现生活中更多有意思的事。比如，培养各种兴趣爱好，音乐、体育、美术等都可以；学习新的技能，电脑绘图、编程、手工制作等；磨炼生活技巧，洗衣、做饭、打扫卫生等。

吸烟并不是男性的"标配"，健康的身体、良好的兴趣等，才更有助于你感受生活的美好。

第三，建立明确的是非观，不受怂恿，不从众。

不论何时，我们都应该牢记一点，"吸烟有害健康，未成年人更不该吸烟"。我们应该具备明确的是非观，不对的事，坚决不做。

至于说怂恿你去伤害身体、破坏校规校纪的人，那就算得上是损友了，应该坚定是非观，不接受其怂恿，也不必"从他们的众"。如果有必要，也可以劝说他们不要吸烟，如果劝说不了，那就先管好自己。要知道，不是说你陪着朋友一起损害身体就是好哥们儿了，你坚持自己的原则，好好生活，好好学习，就是好样的。在做好自己的同时，还可能会正面影响他们，那当然是再好不过了。

年方少，勿饮酒——尽可能不尝试喝酒

2019年2月的一天，辽宁省大连市16岁的小刚和几名要好的同学聚在一起吃了一顿饭，要为一名春节在外地过的同学"接风"。

一起聚餐的一共有4个孩子，他们从下午5点多开始吃，其中一个吃完饭便先走了，剩下的小刚和另2名同学开始开怀畅饮，3人一直喝到了晚上9点多，一共喝了22瓶125mL装的白酒，加起来要有5斤多。

3个人都喝多了，刚从饭店出来，小刚就醉倒在了路上，意识全无，怎么呼唤都不醒。小刚的手机处于锁屏状态，旁人无法解锁拨打电话，另外两个孩子本也醉意熏熏，也就没法通知小刚的家人。

两个孩子带着小刚找了一家旅馆，本想把他带到那里去醒酒，可是旅馆的人担心出事就没敢收。就在他们束手无策的时候，有路人发现了他们的情况，好心拨打了报警电话。

民警联系了小刚的父亲，父亲立刻带他去了医院。经过检查，小刚属于重度酒精中毒。医生先是给他洗了胃，又将他送进重症监护室输液、观察。好在第二天一早，小刚清醒过来。

医生说幸亏送到医院及时，否则后果不堪设想。

小小年纪便如此开怀畅饮，伤害的不仅是自己的身体，更是父母的心。想想看，如果没有路人发现这3个孩子，没有警察的帮助，先不说两个也满是醉意的孩子，仅就昏迷的小刚来说，到底会有什么样的结局也真不好说。

　　相比较香烟的完全危害性，对于酒，人们似乎宽容一些，认为"酒也是一种药，喝一点没关系"。从科学角度来说，酒的确是一种中药，有通血脉、行药势之功效。然而，这却并不是开怀畅饮的理由，南朝医药学家陶弘景在《本草经集注》中说："人饮之，使体弊神昏，是其有毒故也。"也就是说，酒的确是药，可也是有毒的。而明代医药学家李时珍在《本草纲目》中也曾告诫："面曲之酒，少饮则和血行气，壮神御寒，消愁遣兴。痛饮则伤神耗血，损胃亡精，生痰动火。若夫沉湎无度，醉以为常者，轻则致疾败行，甚则丧邦亡家而殒躯命，其害可胜言哉。"可见，并不能因为酒具有一定的药用价值就肆无忌惮地随意喝。

　　成年人尚且如此，未成年人身体尚在发育中，肝脏的发育和代谢功能并不完善，对乙醇（酒的化学成分是乙醇）的耐受力和分解力较差，而且未成年人的神经系统发育也不完善，对酒精的毒性更为敏感，所以未成年人绝对不要轻易拿自己"试毒"，能不喝酒便不要轻易尝试。《弟子规》也告诫我们："年方少，勿饮酒；饮酒醉，最为丑。"

　　更何况，青少年时期的男孩本就好动且容易冲动，一旦喝酒便更加坐不住，且更容易出现热血上头做错事的情况，所以，我们更要懂得严格自控。

具体来说，我们可以这样来躲开酒精的影响：

第一，不对酒有好奇心，至少在成年前不碰酒。

不妨建立这样的一种认知，把酒看成是"成年之后再关注"的内容，那么在成年之前，就不要给它过多的关注。也就是说，不太过好奇成年世界才可能会碰的东西，把精力专注在自己当下年龄该做的事情——学习成长上。

另外，这个"不碰酒"也包括含酒精饮料，不要觉得它叫饮料就可以随便喝，里面同样包含有酒精，尽管低度，但也需要我们小心。

第二，不要夸大酒可能发挥的正面作用。

武侠小说里可能会提到一句"酒壮怂人胆"，人们熟知的武松之所以敢打虎，也是因为喝了酒，于是有的人就误以为喝酒可以提升自己的勇气，也能让自己变得精神起来；同样，小说里常写"一醉解千愁"，曹操也说"何以解忧，唯有杜康"，也有人认为酒是可以帮助自己缓解情绪的东西；至于说欢庆的时候喝酒，就更是很多人深信不疑的认知。

然而实际上，这些内容可能都会夸大酒的作用，同时酒在这些场景中也不过起到了一个"助兴"的辅助作用，而且酒精因为会让人的头脑兴奋，甚至是"一时脑热昏了头"，所以很多时候人们在酒精刺激下出现的行为举动都是"失控"的。

所以，不要过分相信小说、影视剧或旁人口中所说的酒如何如何好，一切都应以我们学到的科学知识和对自己成长健康负责的态度为准，那就是，酒不一定会为你壮胆、提神、解忧以及让你感到欢乐，但只要喝了，你的身体健康就会或多或少地受到影响，有时候这种影响还是巨大的，所以，未成年人不饮酒也是对自己的一种保护。

第三，礼貌拒绝亲戚长辈"试一试"的喝酒邀请。

很多男孩都经历过这样的场景：一家人坐在一起吃饭，尤其是亲戚朋友多的时候，总会有那么一两位成年人要么是指着酒杯对你说"尝尝看"，并告诉你"男人就得会喝酒"，要么是拿着筷子或勺子让你尝一点，然后被你辣到的样子逗得哈哈笑。

亲戚长辈可能对这件事并不在意，他们也的确是这样想的，"男人应该喝酒"，但你作为未成年人却要对自己的身体负责，不能亲戚长辈让你干什么你就干什么，对于这种损伤身体的行为，要记得礼貌拒绝，可以说："谢谢您，不过我现在还不能喝，长大后再说吧！"

好奇心害死猫，务必当心毒品，一定远离不沾染

西部贫困地区一户农民家庭里有一个名叫阿勇的少年，中学读书的学校在县城，每逢双休日才回家。初三快结束时的一个星期五，与阿勇同村的两名同学都回来了，却没见阿勇回来。母亲先是问了同学，无果后又去了学校，学校老师却说阿勇早就回了家，但就在母亲要离开学校时，县城派出所打来电话，说阿勇在迪吧吸毒被抓了。由于初犯加上吸食量少，派出所让学校把人领走，不予处罚。

但听闻吸毒这件事，母亲还是震惊极了。接回阿勇后，母亲问他原因，他说就只是看别人吸毒好玩，就想试试。母亲一番劝说，阿勇也表示再也不吸毒了。

可是再回到学校之后，阿勇却憋不住了，晚自习结束后他溜出学校，又找到那家迪吧，用伙食费买了毒品。在那之后，为了筹到买毒品的钱，阿勇偷过同学的钱，还偷过学校小商店的钱。

学校一再丢钱，便报了警，警方一番调查，又查到了阿勇身上，然而最终没有找到他偷盗的证据，反倒是又在那个迪吧里将正在吸毒的阿勇抓到了。学校犯了难，阿勇去留的问题成了难题，便决定先将他交给家长看管一段时间再说。

回家之后的阿勇很快犯了毒瘾，吵闹着要钱去买毒品，本来家里条件就不好，看母亲不给钱，阿勇竟然将菜刀架在了母亲脖子上，母亲只得将给他准备的200元生活费拿出来，阿勇拿了钱又跑去吸毒了。

舅舅听说了这件事，觉得不能再这样下去了，否则阿勇可能会出大事，便和阿勇的母亲一起将阿勇送进了戒毒所进行强制戒毒。

只因为看别人吸毒好玩，就把自己的大好青春年华也搭进去，为了能吸毒，不要学业甚至对母亲挥刀相向，足见毒品给人带来的危害。

《2019年中国毒品形势报告》中指出，"中国现有吸毒人员214.8万名，其中，35岁以上109.5万名，占51%；18岁到35岁104.5万名，占48.7%；18岁以下7 151名，占0.3%"。虽然报告中明确，"全年新发现吸毒人员中青少年占比下降"，但不能否认的是依然有一些青少年还会因为各种原因而被毒品拉进深渊。

而且随着吸毒方式的改变，很多人吸毒不再那么明目张胆，而是有各种花样，给排查增加了难度；新型毒品也随之增多，从而给识别查处带来了难度。这就让青少年的吸毒问题也随之变得隐蔽起来，一旦有好奇心重的同学接触到了毒品，很可能都没人知道他已经与毒品这个恶魔建立了"良好"的关系。

鉴于此，我们只能寄更多希望在自己身上，也就是从自己做起，远离毒品，一定不去沾染毒品。

第一，不结交有吸毒、贩毒行为的人

自己吸毒、贩毒的人，会忍不住"分享"他吸毒之后的感受，他还可能会用"吸了毒头脑清醒""吸毒可以减肥"等谎话来诱骗你跟他一起堕落，也有人会谎称某种毒品是"聪明药""帅气药"，让你误以为是在提升自我，结果却是吸毒。

从阿勇的经历我们也可以发现，吸毒的人在某些时候是非常危险的，与这样的人结交，我们要么是会被他带入吸毒的歪路上，要么就是因为他吸毒而受到伤害，比如，他如果想贩毒，可能就会诱骗你帮他带毒，你在不知情的情况下就成了他的帮凶，反被他所害。

所以，我们要远离损友，吸毒贩毒的人更是我们需要远离的重点对象。如果有亲友吸毒，我们可以劝阻，也可以举报；如果你喜欢的偶像吸了毒，那么你也要意识到"吸毒之人不配成为偶像"，要坚守自己的原则底线。

第二，远离毒品从禁烟酒和不去娱乐场所开始

很多诱惑他人吸毒的人，都会从递给你一支烟、给你拿来一杯酒（饮料）开始，毒品就藏在他拿来的烟和酒中。所

以，我们禁烟禁酒其实也是在为远离毒品做预防。

尤其是在KTV包房、迪吧这种娱乐场所，当有人神神秘秘地给你拿来不知道什么牌子的烟和一杯酒的时候，这烟和酒最容易有问题。所以，除了要警惕这样的殷勤请客行为，我们最好也要远离这类娱乐场所。

总之，就是要养成不抽烟不喝酒的好习惯，同时远离可能接触到毒品的任何一种环境，用这样的"里应外合"来帮助自己远离毒品。

第三，对网络贩毒提高警惕。

随着网络越来越发达，网上支付越来越便捷，网络贩毒活动日益突出。通过网络支付毒品费用，然后用寄送快递的方式运送毒品，这就给追踪查控毒品带来了难度。

青少年时期好奇心重，看到很多稀奇古怪的东西也想要尝试一下，这就给那些贩毒的人留下了可钻的空子。所以，我们要把好网购这一关，不因为好奇就轻易尝试性质不明的东西。

不浏览各种"黄色"书、报、杂志等

　　某天中午，准备去书店买书的高中生小波看到一个4岁小女孩准备去厕所。小波一开始并没在意，但是随着继续往前走，他的大脑中开始出现刚才看见的小女孩的身影。突然，小波想起了之前看过的"黄书"上的文字和画面，他的大脑中也开始随之出现邪念。

　　于是，小波回转身走近小女孩，谎称要带她去玩，接着就把她骗到一处公共厕所进行猥亵。很快，小女孩的母亲来找她，并将公厕内来不及逃跑的小波抓获。

　　原本在校表现良好的17岁少年小波，终因猥亵4岁女童而被检察院以猥亵儿童罪批准逮捕。

　　就因为看了黄书，小波才会心生邪念。不得不说，这些内容对青春期男孩的影响实在太大，以至于让他不管不顾地对年仅4岁的小女孩下手。

　　虽然现在是网络时代，很多人看文看图都在网上完成了，但不能否认的是，纸质书还是有市场的。相比较于网络图文还需要打开手机、电脑才能看的情况，纸质书可以说是随手就能翻到，不管是文字还是图片，都可以更直观地映入眼帘。比如，有的男孩可能会在床头、书柜、抽屉里藏着封面是衣着暴露的女性的杂志，随时翻阅；有的非正规出版物中可能隐藏着一些见不得光的露骨的色情描写……在有的人看来，这些直接展示出来的文字或图片都要比隔着屏幕的文字图片更能刺激身体的欲望。

虽然很多青少年都有手机，但原则上讲在学校是不允许使用的，就算回了家，有的父母也会限制对手机的使用，这也就相当于我们大部分时间都可能是远离网络的，而纸质书报、杂志无疑会成为我们接触到这类色情信息的一种重要渠道。

这样一来，我们就要对这些书报、杂志提高警惕了。

第一，通过正当渠道了解正常的生理卫生知识。

青春期前后，我们会开始对自己身体的种种变化产生好奇，当然有时候也会产生焦虑，同时还会对异性产生朦胧的好感。这种身心变化是正常发育过程中必然会出现的，那么要想了解这种变化、要想对自己的身体有一个明确的认知，就要通过正当渠道学习了解。否则，那些黄色书刊、杂志或报纸，只会勾起人的欲念，更可能引发人的邪念，再加上青少年本就判断能力不佳、自控力弱，就更容易因为这些文字或图片内容而犯下大错。而只有通过正规的渠道学习了解的知识，才会对我们真的有帮助。

比如，认真听老师讲的生理卫生课，有困惑可以向父母或老师咨询；请父母准备适合青春期男孩阅读的正规出版物（比如本套书的"身体篇"）；在父母的帮助下上网搜索或浏览与青春期生理卫生知识相关的内容。

第二，多看一些更有正向价值和意义的书籍

青春期会产生性的冲动这是正常成长变化，不过我们可不要借助那些淫秽色情的文字和图片来释放冲动，否则可能会因为这种冲动而做出不可挽回的事情来。我们应该要借助其他积极正向的内容来帮助自己不再过分关注冲动，让自己的注意力都投向其他更有意义的文字或图片内容上，比如装帧设计精良的各种科普图文书。

我们可以丰富自己的阅读种类、扩大阅读范围，积极汲取各种类的知识，欣赏各式各样有积极意义的故事，感受文字和图片传递的正向美，通过博览群书来丰富自己的头脑。比如，可以从自己的兴趣入手，不论是军事科技、体育运动，还是自然科学、天文历史、文学名著，又或者是中华传统文化经典等，这些都能让我们的心灵得到净化、思想得到升华。所以，如果有时间，不妨多看看这方面的书。

第三，不参与男生之间各种涉黄内容的传阅

有时候，我们自己可能不会主动去找、去看黄色的书籍，但是班里或认识的人中间却会偷偷传阅这样的书籍、文字、图片等。

对于这种情况，首先我们自己不要好奇，不要主动去寻找、去要求看；其次，就是要冷静对待传阅到自己手中的情况，如果书被同伴塞到了我们手里，那最好能让这种传阅在我们这里断掉，比如偷偷撕烂丢掉，谎称不知道去哪里了，让它自然消失，从而班里或同伴之间减少这种污秽信息的传播；最后，我们也可以尝试一下和朋友进行积极正向的沟通，比如关于家国天下的大事、关于古今各路英雄豪杰的故事等，从而让大家获得更多正能量，而自觉不再关注那些乌七八糟的负面内容。

不被各种网络"黄毒""反动信息"污染心灵

案例一：

2020年4月，初三学生小旺一直在家上网课，原本他应该积极准备中考，但最近家里人发现他的精力好像变得不如以前旺盛了。不仅如此，小旺这几天晚上一直熬夜，可学习效率却直线下降。家人一番观察这才发现，借着上网课的便利，小旺频繁浏览一些黄色网站。

父亲因此对小旺进行了教育，虽然当时他保证自己以后不再看，可没过几天却又自己偷偷上网继续看。不仅如此，小旺还经常手淫，因为担心他人发现，他整日精神都显得很紧张，成绩也下滑得厉害，小旺自己也很是苦恼，明知不对却怎么也控制不了自己。

案例二：

2019年10月，河北省承德市警方破获了一起利用互联网多次浏览观看"反华""仇华"信息的案件。案件的主角是15岁的中学生小李，他因为受到其他"精日"分子的蛊惑，整日登录某网站，并多次观看刻意歪曲中国历史，曲解国内外热点新闻、事件的信息。

后来，在公安机关和所在学校严肃批评教育之后，小李深刻认识到了自己的错误。

青少年时期刚好处在各方面都不定性的时期，如果此时经历一些不正常信息的冲击，就很有可能给我们的身心带来伤害。

尤其是现如今网络如此发达，很多不良信息可能就会钻网络空子而出现在我们面前，如果不加以防范识别，就可能会和案例中的两个男孩一样，要么身体健康有损、精神焦虑，要么是触碰到了法律的红线，险些给自己的人生留下难以抹去的污点。

所以，我们要提防这样的网站给自己带来的不良影响，具体来说可以这样做：

第一，树立积极正确的"三观"。

所谓"三观"，就是人生观、世界观、价值观，良好的"三观"会有助于我们树立责任感和使命感，散发正能量，积极进取，为社会做出贡献，实现自己的人生价值。

显然，当我们树立积极正确的"三观"时，我们即便是好奇，也只会好奇那些积极正向的内容，会对可以提升自我的事物产生极大的兴趣，并想要投身其中好好研究，而不会对那些歪门邪道有什么感觉。因为歪门邪道显然与我们正确的"三观"不合，所以它们从一开始就不会进入我们的视线范围内，哪怕看见了也能做到视而不见。

因此，我们要提醒自己多接触积极正向的文字、图片、视频内容，多听老师和父母关于良好德行的讲解与示范，提升自己的是非观、道德观，给生活划定原则底线。

第二，给手机、电脑设置有效的"防护盾"。

"防护盾"之所以要加上引号，是因为它包括两种意思：

一是字面意义上的防护盾，也就是类似于功能强大的手机管家或电脑管家，比如手机可以开启"青少年模式"，电脑安装绿色上网软件等，这会帮助我们阻止各种网络病毒、不良网站、反动信息的出现，以免我们不小心被"污染"。

二是源自我们内心的"防护盾"，也就是一种自控力，是在上网前提醒自己"干干净净上网"，主动远离这些可能污染心灵的内容，更不要去主动搜索。

第三，对浏览中不小心点开的不良内容，坚决立即关闭。

有时候，我们可能不是主动去搜索黄色网站、反动信息的，但它们可能会以邮件、网页广告、微博私信等各种形式出现，有的人在看到这些内容后会产生好奇，进而想要看得更多，但这种操作无疑会增加我们与此类信息接触的机会，也会增大"被污染"的概率。

所以，如果不小心打开了含有不良信息的网页，就要立刻关闭，像是邮件、私信等形式的不良内容，我们也要及时删除。如果方便，也可以随手举报，防止它们继续祸害他人。

坚决不参与任何有赌博性质的"娱乐活动"

2019年，15岁少年小韩还在湖北省襄阳市某职校就读，同学介绍他安装了一款"能挣钱"的游戏App，通过玩德州扑克、斗地主、炸金花之类的游戏，小韩一天竟然赚了几百元，这让他欣喜不已，并沉迷其中无法自拔。

然而在赢了几次之后，小韩便开始接二连三地输钱，在手机绑定的银行卡上的钱都输光之后，他就去偷家里的现金，现金再次输光之后，他又偷偷记下父母的支付密码，继续在游戏App上充值，一个月之内他就在游戏里输掉了8万元，这几乎相当于从事早餐生意的父母一年的收入。

父母很快发现了小韩偷钱的事，但是出于对孩子的爱护，父母只是卸载了游戏软件、断绝了他的经济来源，而并没有选择报案处理。结果，深陷赌博难以自拔的小韩为了筹钱开始盗卖手机，之后又借用同学的手机继续赌博。

没过多久，小韩被公安机关抓获。因为是未成年人，他很快就被取保候审，可是就在这段时间里，他再次作案又被抓获。最终小韩就读的学校也将他开除。

父母为了帮助小韩，向湖北省襄阳市襄城区检察院求助。检察院经过案件调查发现，小韩使用的这款App，每次充值账号不同，服务器设置在境外，难以追回赌资，而这起案件也并非个例，当地有很多未成年人都参与过出自这款手机App的赌博，仅就小韩所在的班级中，就有三分之一的同学都在玩，而且班里还建有赌博微信群。

最终经过检察院、经信局等相关部门与辖区内三大运营商的共同协作，阻断了网络赌博等有害信息，并建立了由网络安全员和志愿者搜集线索、司法机关进行鉴别和标记、本地网络运营商进行技术阻断上报的三方联动工作机制，让这款赌博App在当地再也无法下载。

2020年，这起案件作为全国首例未成年人网络权益保护公益诉讼案件，入选"最高人民检察院第九检察厅典型案例汇编"。

本以为不过是简单的手机游戏App，结果哪知道却是暗藏的赌博平台，小韩因为年少定力不足，为了拿到赌资而屡次犯错。更严重的是，还有很多孩子也在这样的赌博平台上挥霍父母的血汗钱。如此看来，但凡沾"赌"，自控能力差的未成年人恐怕都难逃被这样的黑手所操控。

正如检察院的调查显示的，很多赌博平台服务器都设置在境外，很难追回赌资，所以就连检察院也只能联系运营商来阻断网络赌博的有害信息，那么对于能力不足的我们来说，要杜绝被赌博这个"恶魔"缠身，最有效的办法恐怕就是

"坚决不参与"了。

那么具体来说我们应该怎么做呢？

第一，明白赌博到底有哪些危害。

不论是对谁，赌博都是有风险的，哪怕是成年人，都会因为赌博而倾家荡产甚至家破人亡，更何况未成年的孩子。对于我们来说，赌博的危害一般表现为以下几点：

一是赌博的利益诱惑容易促使青少年产生贪欲，久而久之他们会对追求利益产生极端想法，以至于不惜触碰法律界限。

二是赌博占据青少年大量时间，既耽误学习又影响休息，不仅身体吃不消，性情容易变得暴躁，学习能力也会因此而下降，出现成绩退步、留级甚至被退学。

三是赌博会促使青少年产生不劳而获的错误心理，并容易引发他产生好逸恶劳、尔虞我诈、投机侥幸等不良心理品质。

四是赌博恶习难以更改，而且赌博还容易沾染上抽烟、酗酒甚至吸毒等恶习，也容易出现说谎、打架、偷盗、抢劫等更严重的行为。

这样来看，赌博有百害而无一利，所以坚决不要沾染。

第二，识破赌博背后的阴暗操作。

可能有人会说，我玩的只是手机（电脑）上的小游戏，不过就几块钱而已，但赌博就是有这样的魔力，一开始看似只需要你投入几块钱，可随着赌博的展开，你的定力就不足以掌控它了，而是会被它掌控。因为如果你赢得越来越多，你会希望下一把你继续赢；如果你输得越来越多，你则会想要投入更多以赚回老本。

几乎所有设赌局的人都能很清晰地摸准参与赌博的人的心理，而且他们所设定的赌博内容往往都有自己的一套措施，也就是不管你怎么赌，最终，都不可能赢得过设赌局的人。

还有就是，赌博势必要有赌注，你想要得到什么，就必须要付出与之同等价值的东西，你想要的越多，付出的也就越多，而且对方会以各种方式来榨干你身上的每一分钱，甚至有很多人为了支付赌资或还债，不惜压上家人性命。

所以，最好的应对方法，就是从一开始便不入赌局，不参与任何具有赌博性质的娱乐活动，哪怕只是简单地玩一玩都不要有。

第三，多参与健康的文体活动。

也有人认为："不是还有扑克比赛、麻将比赛吗？"比赛的确存在，但一般来说都是成年人参与比赛，而且比赛也是在严格条件限制下来进行，不能涉及金钱交易。

而对于我们青少年来说，还有很多其他可以参与的文体活动，比如三五个朋友凑在一起进行球类对抗赛，一起下下棋、逛逛书店、去图书馆看看书。我们的生活本就丰富多彩，有很多健康的文体活动，只要我们积极参与，就都能感受到其中的快乐。

第五章
Chapter 5

不加入各种"小团体"，
不去"混社会"

身处校园的男孩可能会逐渐羡慕校园外的社会生活，但如果自己一个人走进社会又显得很孤单且会不知所措，所以，他们有时候会选择加入一些社会小团体，也就是"有人带着进社会"。殊不知，有些小团体本身性质就有问题，比如毫无道德底线可言，所以不要试图通过小团体来"混社会"，想要了解社会并顺利融入社会，还需要一步步学习成长。

男孩争强好胜，容易被坏人盯上并利用

2019年3月22日，湖北省孝感市的龙某给一个15岁少年小舒打了一通电话，要求小舒去云梦县某中学找一个13岁男孩小武，打他一顿并把打人现场情况拍成视频发给他。

小舒毫不犹豫地就同意了，当天晚上8点多，小舒又叫上了同为15岁的小谭，按照龙某的指使，一起在下晚自习回家的路上堵住了小武。

接着，龙某在电话里指使小舒对小武拳打脚踢，并要求小武下跪认错。这场殴打持续了半个多小时，造成小武身体多处软组织损伤。而小谭则在一旁负责拍摄殴打视频，并通过微信将视频传送给龙某。之后，龙某又把视频发到了一个微信群中，很快这段打人视频便在网络上传播开来，引发一众学生和家长的紧张，造成恶劣的社会影响。

最终，龙某被捉拿归案，经法院依法判决，龙某指使、教唆未成年人随意殴打未成年的在校学生，且将暴力现场录制的视频发送到微信群进行传播，给被害人的心理造成重大创伤，其行为已构成寻衅滋事罪，被判处有期徒刑1年10个月。

男孩体内的激素决定了他本性容易冲动，在很多事上都容易表现出争强好胜的状态来。有些坏人就是抓住了有的男孩易冲动、讲义气的特质，会在一旁教唆、怂恿，利用他们来帮自己做坏事，比如打群架。

　　"指使人"这种情况一般多出现在"社会大哥"身上，他们对自己管辖下的小团体颐指气使，如果我们一个不小心进入了这样的团体，就很容易出现被指使的情况，再加上我们自己本就血气方刚，当然也就容易被利用做一些不好的事情了。

　　显然龙某就利用了这个15岁少年，指使他做出殴打他人的暴力举动，甚至还要求拍摄暴力视频给他看。要知道，为人不能这样去显示自己所谓的"强"，真正的有勇气、有能力也并不体现在给他人做帮凶之上。

　　所以，我们要面对的是两个问题，一是要学会控制自己时不时就想要证明"我很强"的冲动，二是要坚守自身原则，不轻易受人指使或蛊惑。

　　那么，可以这样来做：

　　第一，远离社会闲杂人等，不给他们可利用的机会。

　　我们对"社会大哥"的好奇要适可而止，就算不甚了解具体情况，但也应该知道社会大众普遍对"混社会"的人没有好感。所以，如果你知道或见过这样颇具有"社会气质"的人，最好敬而远之，尽量不靠近，不与他们打交道，远离是非。

如果有人说要帮你介绍，你也可以礼貌地回绝，就是要避免与任何"混社会"的人结识，因为你的阅历并不足以应对他们，稍有不慎就可能会被利用，所以，不接触才是最好的应对方式。

第二，遇事多想想，不给人留下"爱冲动"的印象。

其实有时候不一定是我们去接近"社会大哥"才会被对方看中，可能平时我们容易冲动、脾气火暴的样子已经给周围人留下了深刻的印象，然后经由他人的介绍，反倒让我们在那些有预谋做各种坏事的"社会大哥"那里有了"名声"。而那些人就需要这样的人，因为这样的人非常好怂恿、煽动，所以，若是我们不加以控制，很容易就会被"盯上"。

我们要学着多思考，不论遇到什么事，不会一下子就先"爆炸"，而是花一定的时间去思考，想想这件事是什么性质、自己应该怎么做，然后选择合理的处理方式来对付问题，要能给周围的人留下一个沉稳的好印象。

第三，将"争强好胜"的个性用到对的地方。

有人一遇到"他打我了""他故意给我使坏"等类似的事情就表现得争强好胜，这无疑会给他人留下"易冲动、好怂恿"的印象。所以，我们不是不能争强好胜，只不过也要把这种个性用到对的地方。

比如，在学习和能力培养等方面，我们不妨"争强好胜"，一些，如果学得不如人、成绩表现不如人，那我们不如给自己鼓鼓劲，提醒自己"我下次一定要有进步"。不过，这种"争强好胜"也应该是一种良性的竞争，不要钩心斗角、甚至想靠歪门邪道去战胜对方，而是要把对方的良好表现作为对自己的激励，让自己充满前进的动力。

不去当"大哥"，也不要去做"小弟"

2020年5月7日晚上，江苏省南通市发生了一起故意伤人案件。

14岁的初中生小范和同是初中生的15岁的小盛两人闹了矛盾，但是年轻气盛的两个人谁也不让谁，小范联合了所谓的"社会大哥"——19岁的青年蔡某，两人一起对小盛进行殴打，小盛因伤势过重而脑死亡。

最终，打人的小范和蔡某被警方控制，等待案件的进一步调查。

因为彼此闹矛盾，就选择武力解决，自己解决不了就找"社会大哥"帮忙，小范这个"大哥的小弟"不仅害了自己也害了他人。这就是与"社会大哥"相处的弊端，因为他们并不会在意你说的是不是符合道德标准，是不是有违法律，他们的确是会维护你，可是维护的却是你的错事，和你一起做错的事，并且让你因为有人"维护"而变得更加肆无忌惮。

而除了跟着"社会大哥"做"小弟"，还有的人会自己想办法做"大哥"，也就是认为自己能力很强，但却不是学习能力或其他正向能力，而是打架、做坏事的能力，并且学着"很酷、很帅、很社会"的样子去收"小弟"，一句"以后我罩着你"就想要"作威作福"。

不得不说，有些人对于"社会性"的理解真是太肤浅了，"社会性"并不是"为所欲为"的代名词。不论是参与还是建立一个"大哥小弟"只知道打架、斗殴、抢劫、霸凌的小团体，并不能体现你的社交能力和在社会上"行走"的能力，反而是让你陷进犯罪的旋涡越发不能自拔。

所以，我们应该远离这样的"小团体"，远离这种类型的"大哥小弟"关系。

第一，遇事用头脑解决而不是用暴力解决。

如果遇到事情之后，多思考，多用智慧去解决问题，而不是一言不合就动手，可能后续的打架、找人帮忙干坏事等情形也就都不存在了。

青春期男生的确容易冲动，但冲动并不能解决问题，如果我们动脑思考，能够"兵不血刃"地解决问题，大家都得到满意的结果，省时又省力，不是很好吗？

而且，学会控制自己的情绪也是青春期成长过程中很重要的一项内容，我们就不妨在这一次次的实战中去磨炼自己的忍耐力，对有些问题还是尽可能采取沟通的方式来解决。通过沟通来把问题说开，找到合适的应对办法，其实也意味着我们的真正成长。

第二，努力做自己的"靠山"，不依附任何人。

遇到自己解决不了的事，一句"你等着，我去叫人来，看你还能嚣张多久"，然后就跑去找"大哥"，这样的表现其实很容易被人看不起。有的男孩总想要找个"靠山"，可实际上，只有自己才是自己最有力的"靠山"，依附他人，相当于求人，而求人就要付出某种代价。不要觉得找个"社会大哥"是什么好事，很多时候他们不仅不能保护你，还会给你惹祸。

所以，我们要好好努力，好好学习，掌握知识，习得本领，在为人处世中积累经验教训，学会与人和谐相处，遇事不慌，懂得思考，让自己逐渐变得可靠起来，不论是对他人还是对自己，都有责任心，也有自主的能力，这样一来，我们就是一个具有独立气质的人，那些乱七八糟的事也就不会那么容易找过来了。而这也正是成为自己"靠山"的真正意义。

第三，不炫耀自己的能力，不强为人出头。

很多强壮的男孩尤其爱炫耀自己的力量，再加上受到一些影视作品的影响，就想成为别人的"保护伞"，并认为这样显得自己很"英雄"。但是，这种做派本身就是不正常的，很容易招来没事找事的人的骚扰。更何况，这样一来你无疑就拉出来一个小团体，"以你为尊"，却只是帮人打架，没有任何积极意义。

再退一步讲，靠这样的表现吸引来的"小弟"，可能都是懦弱的、无能的，长期与这样的人接触，你要么会变得狂妄自大，要么就是能力停滞不前甚至倒退，当然，也就顾不上正常的读书学习了，这对于你个人的发展有百害而无一利。

所以，我们还是要把注意力放回到自己身上来。一是要知道自己的强项在哪里，不仅保持住优势，还要继续把优势发扬光大；二是要意识到自己是有缺点的，也要积极努力、进步成长。总之，不要想着给别人做什么"靠山"，先顾好自己才是最重要的。即便是别人找你"帮忙"，你也应该用智慧来应对，而不要试图用拳头去应对。

公共场所肆意挑衅、争强斗狠、持械斗殴要不得

2017年4月的一天，湖北省武汉市某高中学生李某放学后叫上3名同学一起来到了某初中校园。原来，李某的弟弟说自己在初中学校里被其他同学欺负，所以李某就带着人在学校里围堵欺负弟弟的初中生王某等人。两拨人在校园内相遇后好一番互相殴打，后来老师及时出面制止了斗殴，李某等人随即逃离了学校。

然而被打的王某等人却并没有咽下这口气，他纠集了一众同学追了出去，在学校对面的小区内发现了和李某同一高中的黄某，他们误以为黄某和李某是一伙的，便打了黄某一顿。

如此打斗，自然吸引来了警方。在民警处理这起案件时，王某也和同学商量好，将自己后续殴打黄某的责任都推到李某身上，说黄某也打了他们所以他们才反击的。

而调查中民警也发现，王某等人虽然是初中生，但其实也都很不好"惹"，他们一直都时刻准备要打架，还在书包里准备好棒球棒等工具，为了防止被父母发现，王某就把工具放在其他同学书包里。

由于参与这次殴打事件的当事人都不足16岁，民警将事

情调查清楚后对当事人进行了严厉的批评教育，并提醒当事人父母要严加管教孩子。最终，打架双方和解。

校园本是读书学习的地方，却被这些满脑子"打架""为同伴出气"的男孩变成了斗殴场所，一边是只听说弟弟被欺负就不问青红皂白要去打架，一边是为了打架对旁人也不分青红皂白地直接上手就揍，这种公共场所中的打架斗殴着实要不得。更何况，王某等初中生还整日随身携带棒球棒"期待"着打架，这更是将自己的血性用错了地方。

除了要父母严加管教，我们自己也应该意识到，这种公共场所里动不动就肆意挑衅、争强斗狠甚至是持械斗殴根本要不得。

我们是正在读书学习的学生，不是毫无原则的打手，男孩的确要有血性，但对于很多事情也要有自己的判断，不能动不动就选择武力解决。

需要强调的是：2020年12月26日，《中华人民共和国刑法修正案（十一）》通过，法定最低刑责年龄降至12周岁，规定已满14周岁不满16周岁的人，犯故意杀人、故意伤害致人重伤或者死亡、强奸、抢劫、贩卖毒品、放火、爆炸、投放危险物质罪的，应当负刑事责任。已满12周岁不满14周岁的人，犯故意杀人、故意伤害罪，致人死亡或者以特别残忍手段致人重伤造成严重残疾,情节恶劣,经最高人民检察院核准追诉的,应当负刑事责任。2021年3月1日起施行。所以,千万别再以为自己年龄小,就不用承担刑事责任,这种侥幸心理,一定要避免。

作为有血性的男孩,我们可以这样来做:

第一,尊重公共场合的公众使用权。

这种尊重其实意味着我们要懂得每个处在公共场所的人都享有自由享受公共场所的权利,而如果我们随意去打架斗殴,尤其是持械斗殴,无疑就是在破坏众人的这种权利,这是一种不尊重他人更不尊重自我的表现。

也就是说,在公众场合中,要懂得克制自己,不因为自己的鲁莽表现而给众人带来困扰。更何况,你只不过是一时暴怒,就惹来众人围观,若是周围人有录下视频发出去,你其实也更容易陷入大众的议论之中。

所以,尊重公共场合中的所有人,懂得收敛自己的言行,其实也是从另一个侧面对自己的保护。

第二,遇事学会理智地"偃旗息鼓"。

俗话说"一个巴掌拍不响",不论是挑衅还是争强斗狠还是持械殴斗,这显然都是双方互相碰撞才可能出现的情况。

但如果我们学会忍耐,学会躲开那些气势汹汹的争斗来势,以平静应对对方的跳脚,我们可以躲避、忍让,不与对方一般见识，不轻易接招对方的挑衅，也可能会让对方"一拳打在棉花上"，很多争斗可能也就斗不起来了。这并不是软弱的表现，而是一种保存自我实力与维护自我安全的智慧。

当然面对对方的凶狠来势，我们也不能站在原地不动，否则就是一种被动挨打的状态。我们要有理性，比如及时正确地向周围的人求助，或者提前告知父母、老师，或者如果你觉得危险也可以及时报警，不和对方硬碰硬，不与对方胡搅蛮缠，迅速躲避也是必要的。

第三，在公共场合中要懂得彼此谦让。

有时候，有些冲突可能也是一时而起的。比如，有的人只不过是排队的时候被踩了脚或撞了一下，就开始不依不饶，并最终发展为斗殴，彼此记恨。这显然是令人遗憾的。

所以，身处公共场合时，要懂得谦让，不能因为一点小事就瞬间"爆炸"。踩了别人的脚便及时道歉，别人踩了你的脚则摆手表示宽容，这是很简单就能化解的事，没有多么大的矛盾，真的不需要发展到斗殴的地步。"退一步，海阔天空"，这是真理。

避免错误的"团体意识"导致群体性犯罪

有这样一件案子：一名叫小贝的男生与同学小万因为"交女朋友"的事发生了矛盾，小贝气不过就想要报复小万，于是便找到了平时交情好的一众哥们儿，准备给小万一次教训。

小贝和这群哥们儿在学校里号称"好汉帮"，听到小贝的提议，"好汉帮"的人都表示要帮着小贝，除了教训小万，还想要从他身上要点儿钱。

当天，小贝和其他几人把小万叫出了学校，没说几句就开始对小万拳打脚踢。后来因为有人经过，他们就把小万带到了更隐蔽一些的小花园里。小万禁不住打，开始求饶，"好汉帮"中的一人就要求小万拿出100元钱，小万说没有，对方便又开始对他拳打脚踢，最终导致小万身上多处受伤。

法院在审理这起案件时认为，小贝及同学众人结伙滋事，随意殴打他人并勒索他人财物，情节恶劣，其行为已构成寻衅滋事罪，根据法律规定，对该4人依法分别判处不同刑罚。

小贝和小万之间的矛盾，本属于同学之间的问题，青春期的情感本就因为不成熟而变得不确定，这样的问题引发矛盾也很正常。但小贝却去寻求团体帮助，且帮助的方式竟然是要教训小万一顿，而他所在小团体的众人，竟然也认为，关键时刻就应该帮助哥们儿，甚至还提出了"顺便要点钱"的更过分要求。正是这种错误的"团体意识"，才使得这件事发展成了群体性犯罪。

由此可见，不能随便与他人组成"小团体"，或者不能擅自加入"小团体"，因为你并不知道这个"小团体"的人到底是什么样的人，某些"小团体"本身就没有道德底线，里面的人的恶劣程度可能超乎你想象。你在这样的"小团体"中产生的"团体意识"，只会带着你走向犯罪的深渊。

但我们总会身处一些团体之中，比如几个同学一起玩得比较好，在外人看来，你们就是一个团体；一个小组、一个小队、一个班集体等都是一个团体。这就要求我们避免出现错误的"团体意识"，不要因为做了错误的选择而导致群体性犯罪。

第一，通过合理途径解决个人之间的矛盾。

青春期的男生彼此之间可能会因为各种事而闹矛盾，情感问题可能是引发彼此矛盾的一个重要因素。对于这样的矛盾，其实完全可以找一些合理的途径去解决，比如好好交流，通过真诚沟通、以理服人的方式化解矛盾，或者是请教老师、父母以寻求更妥善的解决方式，而不是放任自己的情绪、拳头去解决问题。

第二，不盲目寻求、参与"团体帮（救）助"。

有的男孩一遇到感觉自己解决不了的问题就会寻求帮助，可找的人都是"冲动热血"之人，他们可能会"回应"你的求助，要么替你打对方，要么跟你一起去打对方，要不就是给你出馊主意，却不会从正向角度帮你分析问题、给出妥善处理问题的建议。

也有的男孩一听到自己认识的同学或者要好的朋友受了委屈，就想要和几个朋友一起为他"出气"，认为这样做才叫"够朋友"，才叫"仗义"。但这样势必会激化矛盾，还可能会引发更严重的后果。

所以，我们遇到问题时应先想清楚：这件事发生的深层原因是什么？自己有什么问题，对方有什么问题？怎样做才不会激化矛盾？如何与对方沟通才能让问题更顺利解决？另外，如果同学有困难，不要和一群"头脑发热"的人一起凑上去，要懂得换位思考，站在对方的角度认真考虑，怎样才能平息矛盾而不是激化矛盾以至于两败俱伤。

第三，找合适的人帮忙解决自己难处理的问题。

如果有些问题自己一个人实在难以解决，那就寻求更合适的人来帮助。

什么是合适的人呢？就是那些站在客观位置的，可以帮你思考，可以帮你分析，可以给你建议，并且让你能以正当合理的方法来解决问题的人。

比如，可以去找处事公正的同学，让他们帮忙来判断这件矛盾的责任归属；也可以去找老师，让老师帮忙分析怎么做更合适；还可以告诉父母，请父母来帮忙分析问题；如果有必要，也可以直接找警察来帮忙。

　　这些人往往不偏袒任何一方，他们可以更清楚地看到问题所在，所以，也就更容易帮我们解决问题。

学会识破各类传销组织的骗局，坚决不上当

2018年1月，重庆市云阳县警方远赴陕西省安康市，将陷入传销组织1个多月的小杰成功解救，并于1月12日安全送达云阳。

1月5日，云阳县职业教育中心以书面报告的形式向云阳县公安局报警称，其学校机械学部三年级学生小杰与学校和家人失联多日，可能陷入了传销组织。

接到报案后，该县公安局民警立即组织展开调查。据了解，2017年11月20日，小杰在实习期间无请假外出后与学校失去联系。小杰于12月15日曾给爷爷打过电话，说认识了一个女朋友。12月26日，一个外地口音的女人用小杰的手机打给小杰爷爷，称小杰胃穿孔需要手术，让其向小杰的银行卡转2万元钱。听说孙子生病，老人十分着急，东拼西凑了10 700元转到了小杰的账户上。后来小杰的手机就一直无人接听，小杰也再没有和家里联系过，下落不明。

经调查研判，民警认为小杰很有可能被骗入了传销组织，于是迅速制定了解救方案。1月11日下午，云阳警方一行抵达安康市。在当地公安机关的大力协助下，当晚，民警冒险进入传销窝点，看到出租屋内聚集了很多十八九岁的年

轻人，大都神情恍惚，对外界的反应很迟钝。当时他们正在吃晚饭，吃的是清水煮白菜。他们周围有很多听课笔记，其中还有人对民警说，他们正在挣大钱。

民警在窝点一番寻找却并没有发现小杰的身影。随即了解到小杰在其他窝点。当晚11时许，云阳警方终于找到了小杰，于12日带他返回了云阳。

据警方消息，安康当地派出所已对该传销组织予以打击，并遣散了传销人员。

作为一个单纯朴实的男孩，小杰可能的确没有想太多，就被所谓的"女朋友"骗入了传销组织，就这么毫无防备地进入了传销的"魔窟"。青少年学生终究是涉世未深，网恋、随意就见网友、轻易就相信未曾谋面之人的话，从而导致被骗。

有新闻报道说，河南信阳一名年仅13岁的初中生，虽满脸稚气，也和其他成人一起在"传销课堂"认真地"听课"，还在读《发财秘诀》《营销大全》等传销类书籍。这名少年是被老乡以高薪当洗车工的名义，骗到郑州市搞传销的。

传销是一种违法行为，往往编造"高薪招聘""提供就业""投资做生意""共享经济"等极具诱惑力的理由来吸引人。组织者通过发展人员或要求被发展人员缴纳一定费用，以此来使得发展人员获得加入资格，而实际上则是组织者通过这种"拉人头"的方式来获取财富。以往，传销组织往往都会限制被发展人的人身自由，收取身份证、手机，集体上大课，还要求你拉入自己的亲朋好友，最后反而让你血本无归。但现在也有些传销组织，不限制人身自由，照样通过各种极具诱惑性的话术、课程，达到他们想要达到的目的。

传销组织不可谓不狡猾，他们布置好了鲜花一样漂亮的饵料，就等有人一时心痒忍不住为了吃饵料而迈入鲜花掩藏之下的深渊。

那么，我们应该如何识破传销骗局呢？

第一，"高回报"——让你相信"躺赚""天上掉馅饼"。

传销组织会告诉你"做了某项目或者投资某项目，你就能一夜暴富"，凡是这么说的，几乎百分之百是骗你的。这世上没有不劳而获的事，"天上不会掉馅饼"，掉的很可能是"陷阱"，想要获得财富必须要付出努力，且要一点一点积累。

要记得一点：所谓"高收益"的项目本身就是高风险的，所以，当你看到或听到有"高回报"的字眼出现时，就要在心中打几个问号，不"心痒痒"，就不会受骗上当。

第二，"低门槛"——各种招聘条件"低"到难易置信。

高年级的男孩可能有自己赚钱的想法，而鉴于现在网络的发达便利，很多招聘信息也会通过网络发布。但网上的种种信息是真真假假、虚虚实实的。

有些招聘的薪资待遇可能非常高，但"门槛"又出奇的低，没有学历要求，这简直是难以置信的，所以，如果你相信，那就上当了。想想看，不需要学历，甚至不需要付出劳力，只要你的人去了，你就能赚大钱，这难道不是一件很恐怖的事情吗？所以，即使你已经年满16周岁，即使你想体验打工赚钱，也一定要找一份脚踏实地的工作，不要"贪心"。

第三，"须投资"——甚至要求你介绍周围更多人投资。

对一个未成年人讲述的所有投资内容，其实都是在"忽悠"，普通的未成年人一般都只是学生，学生本身接触金融方面的常识就少，对投资可能没有任何概念。如果只因为听到"高回报"就毫不犹豫地投资，甚至将周围的亲戚朋友都拉进来，那就刚好上了对方的套。

这种投资的目的只有一个，就是要掏空你及你家人的口袋，而且这种投资的真实情况都是没有回报的。所以，当你听到对方总是劝你"掏点钱就能自己挣零花钱"之类的说法时，就要提高警惕，因为未成年人没有经济来源，正常的投资活动基本上与未成年人无关。

第四，"真洗脑"——不断给出各种承诺、各种诱惑。

传销组织给出的承诺、诱惑往往都是一张很大的饼，听上去有一定的逻辑但禁不起推敲。"我保证你怎样怎样""你肯定就能怎样怎样"，他们用这种极为确定的语气告诉你，你只要投资或者只要加入什么项目就能赚钱，这样的说法本身就是为了诱惑你上钩。

这种"洗脑式"的说辞很容易让人丧失自我努力的追求，从而整日陷入美梦的泡沫中难以自拔。如果对方反复向你提及这些内容，你就要小心了，这很可能就是传销。

另外，还有一点要格外注意，那就是不随便与陌生人建立亲密联系。所谓"亲密联系"，包括与对方建立亲密关系，与对方无话不谈、毫无隐私。

传销组织中的人，会采用各种方式来与你建立亲密关系，然后伺机将你拉出安全区，带你进入传销阵营。所以，我们首先是不要随意与现实中的陌生人有过多接触，尤其是表现得很热情的陌生人，一般来说这样的人多半都会想要从你身上得到些什么。接下来，要注意的就是网络上的陌生人，网络上的陌生人具有更大隐蔽性，需要多加防范，不要随意透露自己的身份信息，不与对方推心置腹，更不要轻易相信对方说的"你来找我"的说辞，牢记"天上不会掉馅饼"这个道理，不要为了一个从未谋面的陌生人而耽误了自己的学业和人生。

第五，如果不小心进入了传销组织，应该怎么办？

首先最重要的是保证自己的安全，不要大哭大闹拼命反抗，作为个体，我们本身的能力是有限的，先冷静下来，暂时示弱，保证自己最起码的人身安全。

对于传销组织所讲的内容，可以装傻充愣，假装听不懂，蠢笨的样子比较容易被"嫌弃"，运气好的话可能会被组织踢出来。

当然如果没有运气，那就要学会机智地求助了。

此时还是要冷静，不能表现出要逃跑的样子来，老实本分地装着要待下去会降低看管人的警惕心，从而获得更多求助和逃生的机会。在被要求与熟人联络的时候，要机灵一些，可以使用暗语，比如有人就曾经用向已经去世的家人借钱的方式引起了家人的怀疑，最终得救。

另外，也可以借生病或受伤的时候来寻找机会，传销组织一般会害怕内部人员出事，他们为了求财，并不愿意在你身上浪费过多的精力。还有人曾经借助去银行取钱的机会，向柜台员工求助，这也是可行的。总之就是，只要你有面向外界的机会，就要想办法求助。

斗闹场，绝勿近——谨防伤人伤己、"伤身"又"伤心"

　　广西壮族自治区永福县的中学生小徐和小胡因为一些琐事出现矛盾，2017年11月19日傍晚，两人在某公园旁相遇，小胡狠揍了小徐一顿。小徐内心憋着一口气，逃离后又找来4名好友，堵住小胡又是好一顿打。

　　在这几人互相厮打时，旁边有另一名中学生小林在围观，打架的几人中有一个叫小周的提醒小林赶紧离开，可两人因为这一句话也发生了争执并扭打起来，打斗中小周拿起一根棍子对着小林的脑袋打了过去，小林被直接敲晕在地上。经医院初步检查，小林轻微脑震荡。

　　因为有人将这一段打架场景录了视频发在了微信朋友圈，结果就被警方发现了。第二天，警方便把所有嫌疑人全部捉拿归案，并等待进一步审理和处理。

　　先不说打架斗殴是错误的甚至是违法的，我们重点来看一看小林的遭遇，只是围观一场打架，被劝离时不仅不同意，反而还加入了打架的行列，最终却落得个自己被打成轻微脑震荡的结局，不得不说这也是另一种形式的"伤人伤己"。

古人早就告诉我们，"斗闹场，绝勿近"，"斗"就是争斗的地方，"闹"就是非常热闹、非常嘈杂喧闹的场所，意思是，那些容易产生争斗或容易闹事、起争斗的地方，尤其是各种娱乐场所、打架斗殴的场所、发生事故的场所等，我们都要尽量远离。显然，小林却偏偏"反其道而行之"，结果自己也被卷进了打架斗殴，打伤别人的同时，也被人打、被人伤。

其实，这就是为什么"斗闹场"不能轻易靠近的原因。因为这些场所往往鱼龙混杂，你并不知道其中发生了什么事，也不知道他们都是一群什么样的人，贸然靠近、围观，无疑是将自己也置身于危险之中。比如，就曾经有好事者围观车祸现场，结果现场发生二次车祸，导致围观的人受到波及甚至丢掉性命，足见"斗闹场"的危险系数有多高。

具体来说，面对斗闹场，我们应该怎样做呢？

第一，尽早远离，绕道而行。

只要发现我们前面有斗闹场，不要犹豫，立刻转身离开，哪怕换条路、反方向走，都不要和这样的斗闹场产生什么联系。有时候，你若是远远就看见前面有一群人围着，你就已经可以选择换路线了，因为那群围观者已经在提醒你，"前面是个斗闹场"。

远离和绕道，会帮助你尽可能地躲开纷争，从而避免让自己因为可能出现的二次伤害而遭殃，所以，这是明智之举。

第二，根据现场情况，选择报警或理智求助。

有时候我们看见了打架、车祸、劫持之类的场景，转头走虽然是上策，但冷漠离开好像也不是很合理，尤其是有时候我们还可能遇到认识的人正在打架或被打，这种时候转身就走也的确太冷漠了。

那么根据现场情况，我们可以选择悄悄报警，或者去找附近的保安、店铺的男店员等成年人来帮忙。特别是遇到我们熟识的人被打时，不要头脑一热也跟着上去帮忙打，否则你也会变成参与打架斗殴的一员，甚至会因此惹出更大的祸端来。你只有理智应对，选择合适的人去求助，才能尽快化解类似的"斗闹"。

第三，不要做各种"暴行"发布者或传播者。

现在很多人在遇到一些事的时候都会先掏出手机来录个视频，然后发到"朋友圈"或各种"群"，很多事也都是通过这样的方式传播出去的。

但你如果想要拍个清晰的视频就势必要离对方很近，不知不觉你也就靠近了斗闹场；而你如果是视频发布者，那么后续你很可能会被警方或其他人找上，若是警方还好，若是视频中的主角找上你，后果可能也无法估量；如果你是视频传播者，那你无疑也相当于通过屏幕"近距离"靠近了斗闹场，也就因为观看这类视频"毒害"了自己的心灵。

所以，对于这样的场面，一定要远离，不要忙着掏手机，不要因为追求刺激反而把自己拉入纷争中。

"键盘侠"与网络暴力仅一步之遥

2018年5月9日，一名网名为"yd小哥哥"的网民在新浪微博恶意辱骂因公殉职的湖北荆门民警刘贵斌，随后这名网友又注册了新网名"用户654436138"，继续在微博上侮辱广东佛山市顺德区公安局因公殉职民警周应兴。

一时间，他的言论引发了广大网民的无限愤慨，众人纷纷向公安机关举报。很快，接到举报的佛山警方迅速展开了调查。

第二天，警方根据调查结果在南海区里水镇某出租屋抓获了这名网民梁某某，并缴获作案手机一部。梁某对自己发表辱骂英烈和因公殉职民警的言论供认不讳。

最终，梁某某因寻衅滋事，根据《治安管理处罚法》规定，给予其行政拘留处罚，但因其符合已满十四周岁不满十六周岁的情形，做出行政拘留（不执行）的处理。经过民警的批评教育，梁某某也对自己的违法行为表示了悔过。

梁某某的行为，就属于网络暴力的一种，如此小的年纪就已经成了出口成"脏"的"键盘侠"，这不能不令人担忧。

所谓"网络暴力"，就是指由网民发表在网络上的且具有"诽谤性、诬蔑性、侵犯名誉、损害权益、煽动性"5个特点的言论、文字、图片、视频，这一类言论、文字、图片、视频会对他人的名誉、权益与精神造成损害。

现在的网络世界上似乎随处可见"键盘侠"，他们好像不论看什么都不顺眼，总是发表与公共道德相悖的内容，这些内容极具侮辱性，多是辱骂或诅咒，若他们发表内容的针对对象是真实存在的人，往往都会让对方的内心受到极大伤害。

凡事都应该换位思考，想象一下，如果我们也如此在网上遭遇"键盘侠"，被对方每天辱骂，是什么感觉呢？如果你觉得不舒服，那就要意识到，"己所不欲，勿施于人"。

第一，从生活中开始就学会好好说话。

正常来说，在网络上发表的言论也可以反映一个人的日常表达情况，如果一个人日常的表达习惯就很有原则、讲道理，不随意辱骂他人，那么网络上的文字表达多半也会延续这个习惯。可能有人会说了，有些人生活中一个样子，网络上是另一个样子，那这实际上就意味着他并没有养成好习惯，他的德行基础是有问题的，生活中是装出来的，而网络上才是真实的。

所以，要从生活中就要学会好好说话。所谓"学会"，就是要培养自己良好的德行，养成一种自然而然好好说话的习惯，而不是装出来的习惯，是要让这种习惯不论线上线下都一样表现。也就是说，归根结底还是需要我们培养自己良好的德行，对他人有起码的尊重，不说脏话，表达时有理有据，不信口开河。

第二，培养自己良好的媒介素养。

英国学者利维斯和汤普森在1933年首次使用了"媒介素养"这个概念，当时的电影等大众媒介对青少年产生了负面影响，所以他们希望青少年能够对媒介信息进行批判和辨别。20世纪90年代，美国媒介素养教育中心对"媒介素养"进行了定义，媒介素养就是人们面对媒介信息时的选择能力、理解能力、质疑能力、评估能力、创造生产能力、思辨反应能力。

换句话说，就是我们要对所看到的种种媒介信息有自己的看法与评判，这就需要我们具备上述的能力，如果我们不具备这些能力，那么我们对信息就会毫无保留地接受，并且很容易受到信息内容的影响，如果内容是积极正向的还好，但凡有不良内容，我们都可能轻易就受到煽动，从而跟着做出错误的反应。

所以，我们还是要从基本德行入手，跟着父母、老师、书本培养正确的"三观"，培养良好的是非判断能力，建立做人的基本原则底线，让自己再看到不同媒介内容时，可以有基本的分辨能力，知道什么内容是积极向上的，是可以多学习、多看的；也知道什么内容是消极低俗甚至是反社会、反人类的，是需要屏蔽的。同时，也要有自己的分析能力，能从只言片语中发现一段内容的真正含义，而不是只看几个字、几句话就妄下结论。

第三，要对自己的网络发言负责。

有的人在生活中感觉受了委屈，就会不自觉地去网上吐槽、辱骂，有时候还会"添油加醋"甚至颠倒黑白。网络具有极强的传播性，一个不小心，你的某些发言可能就会变成某一场网络暴力的源头。所以，在网络上发言也要负责任。

自2017年6月1日开始施行的《中华人民共和国网络安全法》第十二条指出："任何个人和组织使用网络应当遵守宪法法律，遵守公共秩序，尊重社会公德，不得危害网络安全，不得利用网络从事危害国家安全、荣誉和利益，煽动颠覆国家政权、推翻社会主义制度，煽动分裂国家、破坏国家统一，宣扬恐怖主义、极端主义，宣扬民族仇恨、民族歧视，传播暴力、淫秽色情信息，编造、传播虚假信息扰乱经济秩序和社会秩序，以及侵害他人名誉、隐私、知识产权和其他合法权益等活动。"也就是说，网络发言也要遵纪守法，不要只顾着逞一时口舌之快，对自己不了解的事情不要随意评判，更不要"捏造事实"。

第六章
Chapter 6

外出途中，要小心各种
圈套与陷阱

　　相对于较为封闭的家庭和学校，外出途中就是开放的环境，因为这样的环境属于公共环境，人多事杂，所以，遇到意外状况的概率就会大大增加，比如上学放学途中就是学生意外状况的高发期。而在诸多意外状况中，来自他人的各种圈套、陷阱特别值得警惕。只有我们具备足够的防范能力和应对能力，才可能让自己做到安全脱身。

谨防街头的捡钱陷阱、各种"碰瓷儿"

2019年3月的一天，浙江省嘉善县的民警接到一次报案，一名女子说一名学生撞到了她。

民警赶到现场后发现一名年轻女子拉着一名高三学生不让他走，而且女子口中还不断大声喊着"就是他把我撞倒的，人民警察要为我做主"。可是被她一直拉着的学生却一脸无辜："我只是路过的，好心过来扶她，她就拉着我非说是我撞了她。"

为了弄清楚情况，民警调阅了该段路段的监控录像。录像显示，这名女子自己骑电动车不注意摔倒了，当时路过的很多人都没有过去扶她，后来是这名学生骑车从后面缓缓驶过来，看到摔倒在地的女子，他停下了电动车，扶起了摔倒的女子，还把她的电动车也扶了起来。

待民警说清楚事实之后，女子却突然改口说，自己刚才是因为摔倒了意识模糊才无意中说是那名学生撞了自己的，随后还向他道了谢。

从这名女子的做法来看，如果没有监控录像，如果没有明显的事实摆在面前，她可能就会一口咬定是那名高三学生撞了她，后续可能就是要求他的家人赔偿她的各种"损失"。这就是一起"碰瓷儿"事件，也就是耍骗术骗人、以讹诈取利。

想必那名学生也没曾想过，好好地走在街头，不过就是好心帮了个忙，结果反被"碰瓷儿"，也幸亏有警察、有监控，这才还他一个清白。

街头的确会出现一些人想尽办法讹诈，除了"碰瓷儿"，他们还会用"你掉钱了"的操作来诱骗你：就在你眼前，一人假装掉钱，另一人假装捡钱，然后跟你说"别声张，咱俩分"，但掉钱的人转头就说自己掉钱了，为了证明不是你捡的，他们会要求你拿钱包来证明，对方借着检查钱包的过程拿走你的钱；或者是要求你展示转账记录、通话记录，这个过程中你可能会当着他们的面输入支付密码，然后他们再找借口拿走你的银行卡、手机或者是"掉包"。

这样的"碰瓷儿"、掉钱陷阱的操作已经算是很老套的骗术了，但却还是会有人不小心中招，那么我们应该怎么防范和应对呢？

第一，任何时候都不要有"发横财"的贪念。

掉钱陷阱针对的就是想要贪小便宜、发额外财的贪心人，对方看你是未成年人，可能就会用"给自己赚点零花钱"这样的说法来诱惑你。对此，我们要守得住内心底线，不是自己的钱就不要动心思。

同时，不论对方说"我们一起分"还是"给我看看你手机的支付记录"，都不要相信他，除了不跟着他去僻静处之外，也要收好自己的手机，明确表明态度：我不要这钱，我也不给你看我的手机。如果对方强硬，那就直接报警，或请周围人报警。

第二，遇到"碰瓷儿"不要慌张，立刻报警。

有时候，你可能好好走在路上或者好好骑着车子，忽然有个人就撞到你身上、倒在你车前，然后就说是你撞倒了他，这种"碰瓷儿"行为往往突如其来，让你防不胜防，在一时间发蒙的情况下，可能就只剩下说"不是我"了。

"碰瓷儿"的人当然知道不是你，但他们会千方百计说"就是你"，那么应对这种情况的最好方法就是报警。你可以直接要求报警，或者喊路人帮你报警，一切等待警方来处理。如果他们因为害怕逃跑了，你也应该将自己的经历告诉警方，以防备他们再次作案。

第三，某些情况下，做好事前也要想好后续。

不管是你要捡起钱还是扶起前面摔倒的人，有时候你可能会本能地先上前动手，但你却可能就此遭遇陷阱。不是说不能做好事，只是我们也要想好"万一"。

若是遇见掉钱了，你不如喊一声"你钱掉了"，如果这时旁边有人说"别喊"，那你基本就可以判断这是个骗子了，此时最好不要靠近那堆钱，能转身就走最好。

　　若是遇见有摔倒的，尤其是离你不算近的人摔倒了，也可以先拍个照，或者若是看着比较严重起不来的，你先报警，这样不论对方说什么，你都可以等警察来了再说。

　　我们还是要遵循一条原则，"防人之心不可无"，做好事的善心和爱心还是要有的，只不过还要再加上防备之心，这也是为了我们自身安全着想。

学会识别街头骗子惯用的各种伎俩

　　安徽省肥东县一名叫小新的高中男孩某天中午上学路上遇到了一辆北京牌照的车，那辆车是突然停在他面前的，车上一个人对他喊了一声，希望他能帮个忙。

　　小新看见车里坐着两名男子和一名女子，那名女子告诉他，他们是出差路过这里，可是车门被撬了，钱包被偷走，车也没油了，就想要跟他借点钱加点油。

　　小新起初有些怀疑，但看这几个人衣着考究，还有车，应该不至于要骗一个高中生，便放下了戒备心。而那名女子也看出来他一开始的戒备，就说"如果你怕我们骗你，就和我们一起去加油"，小新在她的邀请之下上了车，来到了附近的加油站，支付完200元油费后，他们说要送小新回学校。

　　可是就在路上，小新闻到了一股很刺鼻的香味，立刻觉得浑身不对劲，恶心想吐不说，头也昏沉沉的。接着，他就听见那名女子跟他说要多借点钱，他的意识就像被控制了一样，根本没拒绝，跟着他们来到一处银行取款机前，把自己身上两张卡里的2 500元都取出来交给了对方。之后对方说，他们已经把银行账号报给了"公司"，下午他就能收到还回来的钱。

回到学校之后，小新依然头昏脑涨，待他缓过神来之后和同学聊起这件事，在同学的提醒下，他意识到自己被骗了，这才跑到派出所报了案。

已经是高中生的小新，却只因为对方"看上去衣着考究，还有车"就相信了对方不会骗他，不得不说，他对陌生人真是太没有防备心了。好在这几个骗子只是要钱，没有伤害小新的性命，若是他们再黑心一些，拐卖了被药物控制的小新，或是将他卖到"黑煤窑""黑砖窑"，或是将他卖到"器官交易黑市"，那后果才是真的不堪设想。

街头的骗子们为了骗到钱财，几乎是无所不用其极，伪装成有钱人借钱也并不少见。实际上不论是他们采取哪种骗术，都有一些惯用伎俩，我们应该了解这些伎俩，从而有所防备。

具体来说，他们可能会用到这样一些伎俩：

假装可怜：伪装成乞丐或身世悲惨的人，利用未成年人的同情心。

假装有钱有势：像是小新遇到的这几个骗子这样，利用自己"光鲜的外表身份"来让你相信他们不会骗未成年人。

假装求助：比如，问路、借钱、帮忙寻找丢失的宠物、帮忙搬东西等，而且他们也会夸奖你"男孩子就是有力气""你真棒""真是个男子汉"……有些男孩会因为这份夸奖而完全丢掉戒心。

假装熟人："我认识你爸爸""你小时候我还抱过你呢""我给你妈妈打过电话"……利用类似说辞，装成是熟人，要么拐走你，要么从你身上骗钱。

假装父母：这类骗子骗的不是你，而是周围的人，骗周围人说"孩子不听话"，然后借机抱走或劫持、绑架，一般这种情况多发生在年龄小的男孩身上。

假装推销：这种推销内容多种多样，可能是向你推销"我有好吃的"，也可能是推销"我知道一个好玩的游戏，就在前面的游戏厅"，还可能是推销"我知道去哪儿学习可以提高成绩"，总之就是要么骗你走，要么骗你身上的钱。

这些伎俩有时候就因为装得太"逼真"，让人难以分辨。但骗子终究是骗子，我们在了解这些伎俩之后，就应该让自己免于被骗了。

第一，对所有刻意靠过来的陌生人都要有所戒备。

不论对方过来说什么，也不管他拿了什么好东西，只要是你不认识的人，都要立刻躲开。你甚至不需要多听他说了什么，如果空间允许，时间充裕，你转身跑开也不算没礼貌。

如果一时间跑不了，也可以选择不多理会，"不要""不去""我不认识你"……这样的话可以大声说出来，让周围人听到。

　　另外，不论是谁，只要你不认识，就不需要跟他走，除非父母允许。

　　第二，遇到任何形式的求助，都不要直接帮忙。

　　在一般情况下，成年人来向未成年人求助，这都是不合理的。而且正常的成年人都不会想要向未成年人求助，除非他有别的目的。

　　所以，不论对方找到你希望你怎么帮助他，你都可以向他们"推荐"去往派出所的路线，或者替他们拨打报警电话。不要觉得"我就是帮他搬个东西到家门口""我就是帮他把东西放到车上"是举手之劳，对方很可能会在你不注意的时候对你实施某种伤害，或者直接把你推进车。所以，哪怕是"搬点东西"这样的要求，也尽量不要独自去做，如果周围有同学最好，那就叫上同学一起，但如果只有你自己，你也可以谎称"我胳膊受伤了，可能帮不了你"。

　　第三，对坏人可以说谎，这无关"诚信"品质。

　　谎称"胳膊受伤"就是这个意思。在你不明了对方的真实情况时，你不需要向对方展示真实的自己，你完全可以撒谎应对。这并不是不诚实的表现，反而是有智慧的表现，因为对坏人你不需要讲诚信。比如，你也可以谎称"我爸爸在超市里，我给他打个电话问问"，某些情况下，这样的说辞可以吓跑对方；你也可以对自称"你爸同事"的人说："我认

168

识你，你是宁叔叔（随便说一个姓）？"对方只要点头或说"是"，那他基本就是骗子，除非碰巧他真姓宁。然后，你就可以找借口溜走，或是在人多的地方呼救。总之，这时候你说谎是为了保护自己，但你也要有智慧地撒谎，以免对方恼羞成怒或一眼看穿，反而对你不利。

不在街头闲聊，不向陌生人透露自己的秘密

某年12月14日早上，天空下着浓雾，能见度不过几十米。上午7时许，山东省禹城市的10岁男孩孙亮像往常一样去上学，结果却在学校附近的小胡同旁被两个陌生人拽上了一辆出租车。他被绑架了。

两个小时后，孙亮的父亲接到了绑匪电话，要求用100万元赎回孩子，否则孩子就没命了。接到电话后，孙亮的父亲立刻报了警。警方为了稳住绑匪及确保孩子安全，指示受害人亲属先交付72万元赎金。交付赎金后，孙亮在潍坊市获救。紧接着，警方对犯罪嫌疑人实施了抓捕。最终两名嫌疑人王某、孙某被抓获，一名嫌疑人陈某在逃。

经审讯得知，其中一名犯罪嫌疑人周某（在孙亮被解救的第二天，周某投案自首）的孩子小周和孙亮是同学，两人经常一起回家，放学路上，孙亮经常买零食吃，还总是和小周提到自己的父亲又接了另一个多少万的大工程。

小周回家后无意间向父母提到了孙亮的家庭情况，这才导致他的父亲周某萌生了绑架孙亮的念头。随后，周某联系了自己原来的狱友王某、孙某、陈某3人，预谋实施了这起绑架案。

> 另外一名在逃的嫌疑人陈某虽然藏匿了几年，但最终也被抓获，所有嫌疑人均已归案。

孙亮遭遇的这场绑架，其源头就在于他自己，如果他不是在路上和同学闲聊透露了自己家里的经济情况，那么他也就不会被人惦记上。

很多男孩上下学路上如果是和同伴一起走，就容易出现口无遮拦的情况，比如就有男孩会大大咧咧地喊"我家住别墅"；也会有男孩们彼此之间的攀比，大声说"我爸开的车是××（品牌名），可贵了"；还有的男孩也会很不在乎地在大庭广众下说出自己家的地址、自己父母的电话号码；等等。这都是不理智的行为，你也许只不过是想要炫耀一下，但周围却可能会有"有心人"，这些信息被他们掌握，你和家人可能就会陷入危险之中。

所以，上下学路上、街头，我们也同样要管住自己的嘴，不要随便透露任何秘密。

第一，不与来搭讪的陌生人详谈自己的所有事。

有些男生很具有倾诉欲望，也表现得很热情，不管和谁都能聊好久，且不忌讳把自己的秘密说出来。哪怕是和陌生人，也似乎很快就和对方建立了友谊，也就几分钟的工夫，自己叫什么、住哪里、家里几口人、家里经济情况都被人了解了。

这是非常危险的，我们要收敛一下这种想要倾诉的欲望。对方若是来搭讪，能少回应就少回应，能不回应就不回应，不要有问必答，因为是陌生人，只是简单攀谈，你完全可以礼貌拒绝，或者趁着车来、遇到熟人，甚至是假装遇到熟人，赶紧离开对方，不要被对方套话。

第二，不和同学或朋友聊过多自己的秘密。

像是孙亮这样的行为也是很多男孩不注意的，在路上、街头，很大声地和同学或朋友聊自己家的各种事，你看似是在和熟人聊天，但是你没法确定周围环境中是不是有居心叵测的人在收集"情报"。

哪怕是和同学、朋友，也不要随意讲"我爸爸接了工程""我妈妈谈了生意""我家在哪里又买了套房""我家谁谁谁刚从国外回来带回来好多东西"等内容，因为同学的家人对你来说其实也相当于是陌生人，你说得多了，就会像孙亮这样，等于是间接通过同学的口向陌生人讲述了自己的情况。

另外，自己家的经济情况、家人的动向，这些都是不能随意讲出来的秘密，哪怕是对熟人也要守口如瓶。

第三，收起攀比心理，时刻保持低调不露富。

因为别的同学爸爸开了好车，你如果就忍不住说，"我爸爸的车可比你爸爸的车贵多了"，这也是很危险的。这样的攀比除了让坏人知道你和你的同学都有钱、且你家更有钱之外，没有任何好处。《增广贤文》中讲"财不露白"，意思是有钱也不能泄露给旁人看，我们也应该遵循这样的说法，不攀比、不炫耀，保持低调才能保护好自己的安全。

面对各种小便宜，不贪心就不会受骗

有一名高中男生在网络平台求助说：

我放学路上被手机店的店员拦住，说想要我给她扫码投票，还说有礼品赠送。我也没多想，拿手机扫了码投了票，然后还有个抽奖，我一点就中奖了，然后她很高兴地催我兑奖，各种套路说法。我当时脑袋都被转晕了，也觉得中奖很幸运，然后就同意了她说的低价买高价产品。不仅如此，我还在毫不知情的情况下，办了分期付款，现在想想都好害怕，以后我是不是会被要求还巨款？如果他们要是给我家人打骚扰电话，怎么办？

我希望能有懂的朋友给我指点指点，我知道我不该贪小便宜，我知道我做错了，但是发生了这样的事情也不是我想的，我现在就想知道自己应该怎么做。

正所谓"贪小便宜吃大亏"，这位男生其实从一开始就被套路了，但后续之所以发展成这样的结果，也的确与他"看见中奖就觉得幸运"这样的心态有关，他可能觉得自己没准儿真的赚到了，结果反而被套了进去。

街头的一些骗术就是这个套路，利用的就是很多人的贪婪之心，但凡你想要不付出努力额外得到些什么东西，你就很容易中了骗子的圈套。

简单来说，只要你不贪小便宜，你就不会为这些诱惑所吸引。这考验的也是我们的定力，更是我们对一些事情的判断能力。

那么，我们应该怎么防范这样的骗术呢？

第一，不盲目付出善意和爱心。

有的骗子会用"我完不成业绩就会被开除"这样的说辞，来央求你扫码投票、购买产品或者登记手机号，再加上他会说"如果你帮我完成任务，我会送一个小礼品"，很多人就会因为这样的"小恩小惠"而不再犹豫，从而"大方"地伸出"援手"。

但扫码后手机可能会被植入病毒从而盗取你的个人信息，购买产品可能会变成高价买废品，登记手机号又可能遭遇频繁广告骚扰……看似你只得到了小礼品，其实却麻烦缠身。

所以，我们要守好自己的纯真善意，但同时也要擦亮眼睛。要明白，真正有困难的人会想办法应对困难，而不是想办法向周围的人"卖惨"。所以，如果对方对你说，"我完不成任务就会被开除"，这是不合理的。有些骗子就想骗小学生、初高中生，因为他们涉世未深，容易上当，但对着未成年人求助本身就是有问题的，所以，你不需要太过同情这样的人。

第二，不要把"幸运"看得那么简单。

有些骗子提出来的条件、拿出来的东西可能的确很吸引你，但怎么会有陌生人随便就给你东西、给你开各种"优惠"条件呢？付出与回报永远都会成正比，所以，不要觉得"我怎么这么幸运"，你才不是幸运，你是很倒霉被盯上了。

真正的幸运其实是一个"果"，要结出这个"果"也是需要"因"的。比如，你一直认真努力学习，积累了很多知识能力，当有一个机会出现在你面前时，你发现自己的知识能力都能发挥作用，再加上你的勇气，你抓住这个机会展现了自我，实现了价值，这样的幸运才叫真的幸运。而街头随便一个人告诉你有某种"好事儿"，这真的不会是幸运，很可能是陷阱，所以，不要随便相信他们，想想看，没有付出，怎么会有收获？

第三，想要就自己去争取，不要等着人送。

贪小便宜的人的心理是，"我可以不用自己费劲就能拿到额外的东西"，这样的想法就容易被骗子钻空子。想要什么应该自己去争取，被人"免费赠送"的，可能后续都需要再加倍"补交费用"才行。所以，要抵制住骗你没商量的各种诱惑，不要收不属于自己的东西，以免后患无穷。

提防街头突然"善意"出现的各种"好人"

一天早上，某地公交车上来一位小学生，小学生是一个人走上来的，但在他之后又上来一位成年男子，男子不断地和小学生聊天。车进站停稳的时候，男子说自己能够把他安全送到学校，便想要带他一起走。

这时，一直注意这情况的公交司机站了起来，走过来直接拒绝了男子的行为，男子随即跑下了车。

司机便带着小学生来到驾驶位旁边，让他就坐在驾驶室旁的座位上。趁着下次停车间隙，司机在小学生衣服胸牌上找到了家长的联系方式，打过电话后，家长很快赶到领走了孩子。

也许这个男子的确是想要好心照顾单独一人行动的小学生，但我们不能排除他也有很大可能就是想要通过表达"善意"来让单纯的小学生上当受骗，跟着他走。公交车司机拥有很强的防范意识，并且反应迅速，这才制止了这件事的进一步发展。

但我们可能不会一直这么幸运地碰到有超强防范意识的成年人来伸出援手，很多时候我们可能更需要自己多加防范，对于那些突然表现出"善意"的陌生人要心存戒备。只有我们自己多加戒备，才可能及时躲开这些带着善意面具的坏人。

那么，我们应该怎么做呢？

第一，上学放学路上最好能结伴而行。

坏人一般会选择青少年独自一人的时候"下手"，案例中的这个小学生就因为独自一人而被人搭讪了。那么，为了避免这种情况发生，在上学、放学的路上我们最好能与他人结伴而行。

这个结伴而行包括两种情况：一是与同龄人或高年级的哥哥姐姐结伴而行，三五个孩子一起走，相对来说不容易被盯上，而且高年级的哥哥姐姐多半会有更强一点的防范意识，能够起到保护作用；二是与父母或其他亲人结伴而行，这会更加安全一些。

第二，不轻易接受任何"善意的帮助"。

有些男孩对于他人的善意不仅没有警惕心，反而还觉得自己"赚到了"，比如有人说"看你一个人走，下着雨，我送你吧"，或者是"我有车，可以直接送你去学校"，这种帮助都是突如其来的，你并不知道对方到底是什么目的，毕竟素不相识忽然要帮助，还是小心一点为好。

所以，我们不能只看到了表面的好处，还要注意这些人背后可能的坏心思。对于突然冒出来的帮助，可以礼貌地表示感谢，并立刻离开。如果真的遇到像大雨这种情况，或者一开始就先不离开学校，或者是找学校附近的小店暂时躲避一下，然后等待父母来接。如果是在路上遇到，也可以说，"我马上就到了，不需要送，谢谢"。

第三，也可以试试用智慧来吓退对方。

遇到这种突然来一个人表达"善意"的情况，也可以试试用吓唬的方式。比如，如果有人过来说要帮你或送你，你不妨就指着后面或骑车或开车或走路过来的人说，"我爸爸就在后面，他马上就过来了"，有些心虚的人听到这样的话可能会立刻离开。或者也可以跑向路边停着的车旁边，说"爸爸，你可来了"，一般成年人对于这样的情况都会迅速反应过来，并及时配合你的行为答应一声或者很好地保护你。

不过，最好还是选择跑向一些穿制服的人，因为你也没法确定路边停的车是不是坏人的车，在没法判定时，报警或者找警察，哪怕是保安，都可以给你提供更可靠的帮助。

不随便去帮陌生人"看管"行李、物品

一名高三男生自己坐高铁回老家，他本是提前到的车站，过安检之后还有半个小时才检票，他便坐在候车大厅的椅子上边玩手机边等待。

忽然，一个温柔的女声对他说："小哥哥，能不能帮我看一下行李，我要去一下洗手间。"

男生抬头一看，是一个长得很漂亮的小姐姐，他有些害羞，但也还是同意了。不过为了以防万一，他也告诉小姐姐："我还有十几分钟就检票了，麻烦你快一些。"小姐姐连忙道谢，把包放在了他身旁转身走了。

男生便一直等着，但眼看着10分钟过去了，人还没回来，而检票口已经开始检票了。男生有些着急，不过一想要到发车前5分钟才停止检票，便继续耐着性子等了下去。又过了5分钟，检票口的人越来越少了，眼看着最后的截止时间要到了，可小姐姐还是没回来，男生这下着急了，尽管心存愧疚，因为他觉得自己可能没法直接把包交还给小姐姐了，但他还是决定把包交给工作人员，自己去赶车。

好在最后1分钟，小姐姐才跑了回来，原来是洗手间人太多，这才耽误了时间。男生和工作人员都松了一口气。

在人流密集的地方，有时候会有陌生人提出请求，希望旁人能帮他看一下行李，就像这位男生遇到的情况一样，但我们也要注意，类似于这位男生的做法，我们还是要尽量避免。也就是说，不论在哪里，如果有陌生人提出"帮忙看行李"的要求，最好直接拒绝。

有人可能会说了，这个男生最终也没耽误车，这位姑娘也不过就是去洗手间了而已。不得不说，幸亏这位姑娘是真的去了洗手间，也幸亏她真的是因为人多才赶不回来，最终也算是一个"幸运"结局。否则，一个陌生人把一个陌生的行李随意放在你身边且一去不复返，那么那个包里有什么、那个人又是想要做什么，你都不得而知；只是因为一句"请帮我看一下"就变成了你的一个承诺，你的内心就会总压着这件事，可能还会耽误后面的行程。

曾经有新闻报道说，在机场、火车站，因为帮陌生人看行李、运行李，结果发现行李中藏有毒品，帮忙看行李、运行李的人也成了运毒的帮凶，有的甚至被判处了死刑。

所以说，如果真遇到有陌生人要求帮忙看行李，不要像这位男生一样毫不犹豫地答应，可以这样做：

第一，礼貌拒绝，提醒对方向合适的人求助。

如果有陌生人过来说"能帮我看一下行李吗"，我们可以礼貌地拒绝，比如说"对不起，我马上要登机了（检票上车了）"，然后立刻离开原地。如果对方说，"耽误不了几分钟"，你就提醒他，"可以去问问服务台，看看怎么处理行李"，或者建议他，"可以把行李暂存在寄存柜"，然后也要立刻离开原地。

也就是说，明确拒绝之后，也不要给对方留有继续纠缠你的机会。虽然这样看来有些无情，但从安全的角度考虑，这样做是可行的。而且，换个角度来说，一般人并不会轻易把行李交给他人看管，哪怕只有几分钟也不大可能，所以，但凡有百般要求你帮忙看行李的人，我们也要多一个心眼，既然也不能判断情况，那就干脆离远一些。

第二，不要被对方的外表以及钱物所迷惑。

对于男孩来说，美丽的女性可能会对自己产生一定的干扰性，比如案例中的男生，很大程度上也是因为对方是个外表漂亮、声音温柔的小姐姐，这才放松了警惕。而实际上，有些坏人也会利用男性这样的弱点，会让年轻貌美的女性来进行引诱，实施犯罪行为。除了"美女"，还有的骗子就故意用行动不便的老人、孩童或残疾人来骗我们放松警惕。

除了外表，有时候对方也可能会用钱物，比如"我给你100元钱，帮我看10分钟行李"，这种直接给钱的方式看上去相当于雇佣形式，也会让一些人放松警惕。

对于"美女"，我们要守住自己的内心；对于老弱病残，我们也要忽略对方的外表去关注他所要求的事情；而对于钱物，我们则要明白"没有白来的午餐"，正所谓"事出反常必有妖"，不被这些外在迷惑牵着鼻子走，我们也就能不受这些干扰影响。

第三，远离陌生、无主的行李、包裹。

有时候，有些陌生人看不能说动你主动帮他看管行李，他可能也会直接把行李就放在你不远的地方，一旦那行李被查出有问题，因为就在你旁边，你可能也会受到牵连。

所以，如果看到有陌生人走过来把他自己的包放在你旁边且转身就走，你可以拿起自己的东西远离这个陌生的包裹，同时也可以提醒工作人员，这里有一个没有人看管的包裹，请他们帮忙处理。通过这样的方式，我们就能远离潜在的隐患。

警惕街头摸奖、"学生彩票"、从1写到500……

　　曾有深圳市民向记者反映说，他的孩子刚从自己这要走了100元，但前几天刚给过他零花钱，这钱要得有点勤，而且学校也没有什么收钱的项目。于是他百般追问之下，才得知孩子迷上了小学校门口文具店的抽奖游戏。在那家店里，只要花1元钱买一张抽奖卡，就有机会"砸金蛋，赢大奖"。为了抽奖，这位市民的孩子不到两天的时间就花光了100元。

　　记者经过调查发现，在这里参加抽奖游戏的多是年纪比较小的学生，很多学生也都知道这里有这样的游戏，奖品多为现金，金额从1到100元不等。而实际上，这套抽奖设备价值也不过百元。

　　但这样的游戏带有博彩性质，在经记者报道后，当地警方和市场监管部门对涉事文具店进行了查处，收缴了有关设备，约谈了经营户。同时，学校也表示要加强和公安、市场监管部门的联动，对学生开展健康消费观教育，引导学生远离赌博和各类博彩性质的商品，让他们免于养成侥幸、投机的心理。

　　"抽奖"这件事对于很多人来说都是一种"付出远大于收获"的体验，但也正是这种"没准儿下次我就抽到了"的想法，会使得很多人对"抽奖"乐此不疲。比如，案例中参与这种"抽奖砸金蛋"的小学生们就是如此，他们不断地从父母那里拿到零花钱，然后投入这个无底洞中，最终赚钱的只是商家自己。

　　除了抽奖，还有所谓的"学生彩票"，也同样是利用青少年的纯真无知，同样带有赌博性质；街头也有一种"从1写到500"的骗局，要求从1写到500，中间不能错，只要写对了就能得奖品，写不对就要付费买他们一件东西。

　　不论哪一种方式，都是在消耗你的时间、精力和金钱，但却又让你始终带有希望，可最终结果往往都是设局的人得利。

　　这样的骗局看似每次消耗金额不大，但却很牵扯精力，而且积少成多，对于我们来说也是一笔不小的浪费。所以，要对这样的骗局擦亮眼睛。

　　第一，不要把"中奖"这件事看得很重要。

　　没有那么多人具有"锦鲤"体质，中奖也是小概率事件。而且，在某些情况下，中奖几乎就是设局者的一种操控，普通人中奖的概率真是太低了，所以，我们没必要对这样的事情过于关注。

　　与其等待这种无聊的中奖，还不如老老实实遵循因果关系，踏踏实实努力学习，让自己在未来的一次次经历、考验中能跨越难关、取得佳绩。去中这样的"奖"才会让我们觉得踏实安心。

第二，远离任何赌博性质的游戏。

前面已经提到过不要参与赌博，但很多商家会把"赌博"隐藏在看似简单的小游戏之下，比如案例中的"砸金蛋"，一元钱就能砸个蛋，在未成年人看来，这就是一个好玩的游戏，可殊不知，到底砸出什么来，如果砸不出来要不要继续砸，这就已经是在赌了。长期参与这样性质的游戏，当然不利于我们的身心健康。

所以，听到这种"一元钱抽一次奖"之类的说辞，就要意识到"这可能是一种赌博"，从一开始就要远离，不要因为好奇而参与。

第三，不要被骗子的花言巧语所刺激。

男孩本身就易冲动，有的骗子抓住了男孩的这个特点，有时候会用激将法。比如就拿"从1写到500"来说，他可能对你说"我看你就写不到，你一看就不行"，有的男孩会因为这种说法而被刺激，不知不觉就入了套。

我们应该明白，骗子其实都会一点心理学，他总是能抓住我们的心理，而我们就要学着控制自己的这种冲动，在明知道对方正在行骗的情况下，就不要因为他说了什么而产生情绪波动了，此时只需顺着他的话说一句"我的确不行"，然后转身离开就好。

而且从某种角度来说，"从1写到500"的确是一件很难的事情，环境因素、自身定力因素、专注力因素、手部控制因素等，都可能影响到结果。不过，反过来想想看，如果你能做一做这样的练习，反倒是对自己的专注力培养有好处，所以，倒也不妨拿来一用。

第七章
Chapter 7

正确自助与求助，
才能更好地保护自己

　　遇到危险的确可怕，但更可怕的是，遇到危险了只能盲目哭喊，甚至是"坐以待毙"，却不知道应该怎么帮助自己脱险，更不知道应该向谁求助、什么时候求助，以及如何正确求助。所以，遇到各种危险的情形，我们还是需要学会自助和求助，这样才能在关键时刻，为自己或者他人赢得足够多的营救时间，才能更好地保护自己，从而避免受到伤害。

危急时刻求助 110、119、120、122 并清晰表达

案例一：

2020年4月14日，广西壮族自治区南宁市某小区的一名业主因为着急出门，结果忘记了家中电磁炉上还烧着热水，没关就出门了，两个年幼的孩子独自留在家里看电视。

没过多久，烧着水的电磁炉突然开始冒烟，火迅速燃了起来，两个孩子都被吓到了。但很快，6岁的弟弟冷静下来，拿起电话手表迅速拨打了119电话报警，在整个报警过程中，他都能条理清晰地回答接警员的提问。之后，8岁的姐姐迅速带着弟弟向楼下逃生。

案例二：

2020年5月26日下班高峰期，山东省青岛市某路口发生了一起车祸，一辆飞速疾驰的摩托车和行人撞在了一起，两人先后倒在马路中央。

这时候，两名高三男生刚好路过，两人迅速跑到马路中央，一名男生询问情况，简单迅速地收拾出路面，将交通通道腾出来，同时陪伴伤者；另一名男生则开始拨打120、110、122等一连串电话，确认事故地点，并耐心等待医护人员和交警的到来。两人分工合作，将事故处理得井然有序，直到看着伤者上了救护车，两人才悄悄离开。

不论是遇到着火冷静报警的6岁男孩，还是在交通事故现场合理分工、有序电话求助的高中生，他们的表现都给我们做了一个榜样，那就是在危急时刻，要能想到拨打报警电话求助，并且还要能清晰地将自己的信息表达出来，让出警人员可以尽快赶到展开救援。

　　其实很多人都不会拨打这样的求助电话，因为危急时刻，人们都会显得很着急，更急着表示"我很疼""我害怕""你们快来"，但一些关键信息却被漏掉了，还需要接线员一点点问，有的时候接线员就算问，可能都没法让拨打电话的人平静下来，还要问好几遍。

　　这种在危急时刻正确拨打求助电话的能力，需要我们尽早开始培养，就像案例一中那个6岁小男孩的表现，是很值得我们学习的。

　　那么，这个求助电话应该怎么打呢？

　　第一，迅速判断情况，确定需要拨打哪个求助电话。

　　在遇到不同危险时，是需要拨打不同的求助电话的，因为只有准确地求助，才能让救助人员更快地抵达现场并展开有效的救助。

　　110：当发现斗殴、抢劫、杀人、盗窃等刑事、治安案件，或是有溺水、坠楼、自杀，有人走失、危难孤立无援，以及有公共设施出现险情时，都可以拨打110报警。

　　120：遇到自己感觉不舒服，或者有紧急需要救治的情况，以及遇到其他需要紧急救治的情况时，可以拨打120。

119：发现火情时就要及时报警，这也是每个公民应尽的义务。

122：发生交通事故或交通纠纷，尤其是重大事故造成人员伤亡时，要立刻拨打122，同时也可以根据情况拨打120、110等急救电话。

第二，拨打求助电话时要讲清楚相关信息。

不是说你拨通了报警电话说"我遇到危险了需要帮助"就完了，一定要把各种重要的信息讲清楚，同时还要妥善处理好自己当下的情况。

110：要讲清楚案发时间、自己的方位，以及自己的姓名、联系方式等。如果说不清楚地址，就将附近明显标志的建筑物、大型场所、公交车站或者某个单位的名称说出来。报警时首先要保护好自身安全，这一点尤为重要。

120：要讲清楚病人所在的位置、年龄、性别、病情；尽可能说明病人典型的发病表现，比如意识是否清醒、是否有出血或呕血、是否呕吐或呼吸困难、身体哪些部位有异常表现，等等；还要说明病人患病或受伤的时间及发生情况，比如是吵架或过度兴奋后昏迷，是触电、摔伤、爆炸、溺水、火灾、中毒、交通事故等受伤。如果有一定的医学常识还可以说明特殊需要，并了解救护车大概到达时间。另外，接通电话后也要认真听急救医生给出的现场紧急救治的处理意见，以便于争取宝贵的急救时间。

119：要准确报出失火的位置，如果不知道确切失火地点名称，要尽可能说清楚周围明显的标志物。同时尽量讲清楚起火部位、着火物资（比如是否是危险物品，以及存放位置、数量多少等）、火势大小、是否有人员被困。还要耐心回答接警员的各种询问，待对方明确可以挂断电话时再挂断，然后在保护好自身安危的前提下，若有能力扑救就扑救，否则就要待在安全的地方等待救援到来。还要派人在显眼位置等待火警车，并引导其到达着火地点。

122：要准确说出事故发生地点，以及人员是否有伤亡、伤亡情况，还有就是车辆伤损情况。如果遇到有交通事故逃逸的车辆，应该尽量记下车牌号，若未看清车牌号，也要尽量记下车辆颜色、型号。如果有人员受伤，就要同时拨打120，尽量不要破坏现场和随意移动伤员。

第三，误拨报警电话要及时解释清楚。

生活中难免会出现误拨的情况，比如有些人会把110、119、120等一些求助电话设置为"一键拨号"模式，若是手机没有设置免触屏误操作，可能一个不小心就把电话拨出去了。

当有误拨情况出现时，要及时向对方解释清楚。比如说110，误拨后若是没有挂断，就要和警员解释清楚自己的误操作；如果不小心挂断了，就要等待警员拨回来再解释清楚。否则若是没有解释清楚，就可能会被认为是故意扰乱正常接警工作，是要负法律责任的。

另外，有些年龄小的男孩可能由于好奇或调皮而拨打110，如果你自己做了这样的事，也要及时通知父母，由父母来解释清楚，同时也要牢记不要随意拨打报警电话这一常识。

如果遇到火灾，应该如何正确应对

2020年12月9日，广西壮族自治区南宁市某小区内发生了一场小火灾。

当天晚上9点多，因为父母都在加班，一名11岁的男孩独自一人在家里给自己煎饺子吃。煎好饺子关了火，男孩觉得厨房内油烟味太大，便开着油烟机换气，自己则坐在餐桌旁吃饭。

刚吃到一半，一声爆炸声传来，烟味也变浓了，男孩发现厨房里不断有烟冒出，走近一看就发现油烟机正冒着火光。

情况危急，父母又不在家，男孩却没有慌张，而是第一时间关掉了厨房的电源分闸，并跑到离厨房不远的卫生间，利用卫生间的花洒对准火源灭火。在扑灭明火后，男孩又跑到门外关掉了家里的总闸，接着又拨打了119报警电话求助，并准确说明自己家的家庭住址和起火情况。

之后，待消防员赶到时，男孩已经安全地撤离到了安全地带。经过消防员检查，发现起火的是油烟机，已经被完全烧毁，而明火已经基本被扑灭，也没有蔓延到其他地方。在帮助排烟确定没有明火后，消防员安慰了受到惊吓并感到后怕的男孩，也通知了他的父母。

男孩之所以能这么冷静地处理这次火灾，是因为他在学校曾参加过消防演练、上过学校消防安全公开课，并牢记"电器火灾第一时间断电"的要求，牢记正确拨打电话119报警求助，以及迅速逃生等消防常识。

在火灾面前，这个男孩的一系列表现堪称"教科书"般的操作。而也正是他这般冷静且井然有序的操作，将自家可能蔓延的火灾被控制在了厨房里，且将损失也降到了只损坏了一台油烟机，而他自己最终也没有受伤，只是内心有些后怕。

由这个男孩的经历可以看出来，火灾固然可怕，但只要有正确的应对，即便是11岁的孩子也一样可以处理得很好。

所以，我们也要学会正确应对突如其来的火灾。

第一，冷静判断起火位置、性质，并合理应对。

一般家庭起火可能都会从很小的点开始起火，比如像案例中的厨房，或家中的某个机器漏电或烟蒂没有完全熄灭等，之后由小火开始烧起来。

察觉之后，我们要迅速判断起火位置和性质。如果是电器起火，就要立即切断电源，然后再灭火；如果是火星起火，就迅速用浇水或阻隔空气的方式来灭掉这些星星之火，而不要干等着让它烧起来；如果是那种突如其来的比较大的火灾，我们则要迅速向与起火点相反的方向逃离，而不要自己去灭火。因为比较大的火，我们已经很难独自灭掉了。此时，应该立即逃离并报警。

第二，及时拨打报警电话，保护好自己的安全。

关于如何拨打报警电话，在前面我们也已经学习过了，在紧急时刻，要能用上、用对。

此外，还要保护好自己的安全，要学会从火场中逃生。比如，像前面这个男孩遇到的火灾很小，且已经扑灭了明火，那么为了防止有复燃或其他隐藏的危险，他选择撤离到安全地带是正确的。但如果是遇到那种忽然起来很大的火，我们就要准确找到逃生通道，用毛巾或衣服捂住口鼻、压低身子按照指示迅速逃离。逃离时要走楼梯而不要乘坐电梯，也不要抱头乱跑，逃离过程中不要贪恋财物，哪怕再贵重的东西，都不要再回去拿，以免被大火波及。

第三，身处火场中要冷静保护自己、正确求救。

如果逃生通道被堵，被困在了火场中，也不要过分慌张，尽可能寻找到水源，向头部、身上浇上水或用湿毛巾、湿棉被、湿毯子等将头、身裹好，背向烟火方向，匍匐贴近地面撤离，通过阳台、气窗、天台等往室外逃生。

若是实在逃不出去，最好寻找显眼、颜色明亮的衣服或其他物品在窗口呼救，如果家里有哨子或其他可以敲响的东西，也可以制造较大的响声提醒消防人员这里还有人等待救援。

第四，平时加强消防常识学习，熟悉逃生演练。

案例中的男孩之所以行动如此迅速准确，与他平时在学校对消防常识的学习分不开。我们也要重视消防常识学习，平时学校如果组织消防学习或演练时，我们要认真对待，不要将演练当游戏，而是认真、严肃地参与其中。

另外，平时在家中也可以和父母模拟一下着火之后应该怎么做，熟悉从家中向外逃离时的路线，做到有备无患。

防止溺水事件发生，要做到哪"六不"

2020年4月27日下午，江西省上饶市一名17岁的男孩从家里离开去同学家玩，但是自此一去不回。因为孩子一直没回家，父母便开始四处寻找，一开始还以为他一直在同学家玩，但最终没找到。第二天，当父母找到一处水库旁时，发现了男孩的衣服、手机、拖鞋等物品，可人却不见了，焦急之下父母拨打了110报警。

警方和救援队随即赶到事发地点开始展开救援，从男孩拖鞋所在的落水点向水库中进行搜索，终于在距离水库大坝10米的地方打捞上来溺水的男孩。遗憾的是，因为溺水时间太长，男孩已经没有了生命体征。

根据现场救援人员分析，男孩可能是独自一人走到水库旁想要游泳，结果不幸发生意外。

从案例中的描述来看，溺水而亡的男孩应该是会游泳的。而实际上，很多溺亡者都是会游泳的，但他们却缺乏足够的自救常识，以至于即便会游泳也会溺亡。更不要说那些不会游泳的人，一旦落水也就更加不知道要怎么办了。

其实溺水情况并不是不可防的，如果能掌握一些原则，时刻提醒自己提高警惕，在很多时候我们完全可以让自己远离可能溺水的情况。

对于我们未成年人来说，为了防止溺水事件发生，需要做到以下的"六不"：

第一，不私自游泳。

即不在不通知家人、朋友的情况下，独自一人去游泳，尤其是去一些陌生地域游泳，否则一旦出了问题，也很难有人知道。

第二，不擅自与人结伴游泳。

有的人可能放学路上听旁人一提，就决定和大家一起去游泳了，这也是很危险的，因为临时决定的事情具有各种不确定性，很难说不会出问题。

第三，不在没有老师或父母带领的情况下游泳。

父母或老师是成年人，有他们看管，相对来说安全系数要更高一些，所以最好能有他们的陪伴再去游泳。

第四，不在陌生水域游泳。

陌生的水域可能在水下有各种暗藏的危险，不明深浅，不明水下有无危险物存在，不明水是否干净，这都是可以带来危险的因素。

第五，不游野泳。

不要在没有安全设施、没有救援人员的水域游泳，这些水域其实也同样是陌生水域，同样暗藏各种危险。

第六，不随意下水救人。

有时候你可能没想要游泳，但看到有人落水，出于善意你也许想都没想就跳下去了，这其实也是莽撞行为。

这"六不"是防止我们溺水的，平时我们应该记得提醒自己，坚守这"六不"原则。尤其是到了夏季，天气炎热也不要热昏了头，男孩可能因为大胆、调皮会更想要游泳，这"六不"原则就更要多念叨几遍，以免发生危险。

虽然有防溺水原则，但我们在很多情况下还会遇到溺水危险，比如，即便是在正规的泳池里，也会因为各种情况而溺水。如果已经溺水，或者遇到了溺水者，又可以怎么做呢？

（1）尽量保持镇静，不要惊慌失措乱扑腾，否则反而更容易下沉。越是冷静，越能想到自己应该怎么做。

（2）不论会不会游泳，落水后要尽快屏住呼吸，防止因为呛水而导致自己窒息。不会游泳或不能很好舒展手脚时，可以努力放松肢体，如果穿着鞋子要尽量踢掉，感觉自己开始上浮之后就尽可能保持仰卧位，让头部尽量后仰，让口鼻露出水面以保持呼吸。

（3）如果不会游泳，不要试图让整个头部都露出水面，否则很容易增加紧张，要按照第二点说的努力放松。

（4）呼吸时要尽量用嘴吸气、用鼻子呼气，呼气要浅，吸气要深。

（5）若是腿脚抽筋，要让下肢的拇指持续用力伸向前上方。

（6）若是被水草等缠绕，尽量用双手解开，不要强硬挣扎，否则越挣扎越紧。

（7）遇到有救助者到来，应该听从救助者指挥行动，而不要使劲抓抱救助者的手、腿、腰、脖颈等部位，否则反而束缚对方，让两人都陷入困境。

（8）要对溺水者施救，不要盲目跳下水，如果是在有安全措施的泳池，要呼唤救援人员，如果是在不知名水域，也同样要拨打求助电话，同时可以寻找树枝、绳索等物品来协助救助。

其实不论是防止溺水还是溺水后的自我救护，都需要我们冷静应对，不慌张自然能想到办法，也能最大限度地帮助自己摆脱困境。

向陌生人求助时，一定需要注意分辨

2018年8月25日上午，四川省内江市一名10岁男孩小清早早出门去上兴趣班，上了两个多小时课后，他跑去了一家手机体验店玩游戏。

一名20岁左右的男子突然靠近并和他搭讪起来，但小清并没有理会，可是男子并没有放弃，在小清准备走的时候还表示要和他一起走。只是小清发现男子一直跟在自己身后，不管他怎么跑都甩不掉对方。

就在两人相隔不到一米的时候，林清干脆伸手拉住了路边一位姐姐，并向她求助："姐姐，求求你，救救我。"

好在这个姐姐虽然不了解情况，但一看小清和后面男子的状态，立刻选择把小清护在了身后。小清哭着告诉姐姐说自己不认识这个人，说对方要抓他。

尽管对方百般解释，但是这个姐姐一直转着圈护着小清，大声赶走那名男子。虽然男子也随即凶狠威胁，但姐姐还是带着小清躲进了路边一家饭店并立刻报了警。

小清向陌生姐姐求助的前提，是自己已经跑了好远，求助对象很可能不是坏人的同伙，而且这个姐姐也的确是善良的人，有正义感，最后也真帮助他摆脱了对方的跟踪。这种求助，算是一种危急情况下的做法。不过不论什么情况，向陌生人求助其实都应该有一个分辨的过程，也就是不要随便抓住一个陌生人就求助。

之所以这样说，是因为陌生人终究是我们不熟悉的人，你不知道他到底是什么人。比如，他也有可能是坏人的同伙，那你的求助就是无效的。

所以，向陌生人求助时，也需要注意分辨。

第一，如有机会，要向合适的"陌生人"求助。

一般来说，不论遇到什么危险，我们都可以去寻找穿制服的人求助。最准确的求助方向是派出所、路边的便民警务站，如果一时间找不到，那就去找交警、保安等，找这些穿制服的陌生人，我们可以获得最直接有效的帮助。

第二，向普通的陌生人求助时，要有所选择。

遇到危险后，若是哪里都找不到穿制服的人，那么你也可以向普通的陌生人求助。比如，可以跑向路边的商店，因为他们是固定的店铺，所以，里面的店员是可以信任的，请他们帮忙打求助电话，或者干脆就向他们寻求庇护都可以；也可以随便跑上一辆公交车、打一个出租车，这些司机也是可以信任的，他们也可以向我们提供一定的帮助。

如果实在没有这样的人，那么对于路边的普通人，我们可以大声呼救，也就是向众多普通陌生人发出求助。像案例中小清这种做法，是他跑出去很远，也就是远离你最初遇到坏人的地方，降低可能出现同伙的概率后，再向人求助，这也是可行的。

总之，不要因为陌生人中可能有坏人或坏人同伙就放弃求助，否则你孤立无援也会更加难以摆脱困难。但同时也不要随便抓个人就求助，虽然情况紧急，但也要尽量腾出几秒钟做判断，以免选错求助的人。

第三，在某些特殊地方，也可以向"陌生人"求助。

曾有新闻报道说，一个5岁的小男孩深夜和母亲走散了，他跑去了一家银行的ATM取款区按下了紧急求助按钮，通过监控人员的帮助，打通了母亲的电话，找到了母亲。

现代社会监控设施相对发达，在很多地方如果你不知道应该向谁求助，那么像这个小男孩这样，去银行取款区通过紧急求助按钮来获取"陌生人"的帮助也是可行的。

遇到不能独立解决的事时，要求助于父母、老师

2020年6月，江苏省南通市的15岁的初三少年盛某，因为得罪了一群"黑社会不良少年"，盛某惨遭围殴，在被送往医院的路上便已经失去了呼吸和心跳。

盛某去世后，母亲悲恸欲绝，也想不通从不惹事闹矛盾的儿子为什么会摊上这种事。后来，母亲查阅了盛某的QQ聊天记录才发现了真相。

原来盛某早就和这群不良少年有过瓜葛。有一次，从他家里的抽屉里私自拿出来一些钱，被妈妈发现后，他告诉妈妈，是拿钱和同学合伙买电动车。但实际上，盛某是把钱给了不良少年。后来，盛某想要跟这群不良少年要回自己的钱，但不仅没要到反而被各种威胁恐吓。

不良少年曾在QQ中威胁过盛某，还告诉盛某可以找人帮他打架，而盛某明知道有危险，他还是表示，"不找人"，因为他并不想连累他人，结果却换来对方一句"等着被打死吧"。

对于这样的遭遇，盛某一直不敢告诉父母，也不敢去学校。后来他是被这群不良少年用计骗到偏僻地方去的，到了地方不良少年们一个抱住他，其他人就往死里打，最终酿成悲剧。

如果这个男孩在最初遭遇威胁恐吓、敲诈勒索的时候能及时告诉父母，能和老师说一说，说不定他可以得到一些应对建议，还可以得到一定的保护，而不是这样自己一个人默默承受这一切，甚至最终丢掉了性命。

在生活和学习中，我们总是会遇到一些不能独立解决的事情的，有的男孩认为，"我应该做男子汉，怎么能遇到事就找爸爸妈妈？"于是不论遇到了什么难题、大事都自己扛。这样的想法是不对的，遇到事找父母，并不是让你撒手不管任由父母安排，而是我们现在的为人处世能力还有较大欠缺，父母是成年人，他们可以给我们很多意见和建议，给我们最合适的帮助，这样我们就能学到更多经验，就能少走很多弯路。

所以，不要再像盛某这样，一个人扛着本不该扛的东西，某些时候，向父母老师等成人求助，是非常必要的。具体来说，应该怎么做呢？

第一，判断哪些问题的确是自己不能独立解决的。

很多男孩之所以排斥向父母求助，是因为他们不能明确哪些问题是可以求助的、哪些问题是需要自己解决的。有的时候，向父母问了"可以自己解决"的问题，父母就会觉得你没有长大，可能还会批评两句，这就会让有些男孩误以为"最好凡事都自己做"，这其实就犯了以偏概全的错误。

我们可以判断一下哪些问题是自己不能独立解决的：比如像盛某遇到的这种被威胁恐吓的情况，这已经涉及了人身安全、敲诈勒索等问题，就必须要通知父母或老师；与人交往总是闹矛盾，也可以向父母老师咨询；遇到自己想不通、解不开的难题，以及一些重大选择等，同样可以来问问老师父母这应该怎么办。

也就是说，有一些问题你不知道从哪里入手，不知道应该选择什么样的解决方向时，可以去问问父母或老师，从他们那里得到建议。

第二，将自己遇到的问题及处理方式都如实相告。

如果要询问父母或老师，你总要讲清楚自己遇到了什么问题、自己做了什么，然后父母或老师才能从你的问题和你的处理方式上对这件事有一个基本的判断，从而给出更合理的建议。

这时候，不要隐瞒任何真相，不管是你遇到的问题真相还是你的处理方式、过程等，尤其是像盛某这种情况，对方对你做了什么，还准备做什么，你又做了哪些回应，你还准备要做什么，都不要隐瞒，而是如实告知。因为这些信息很可能是解决问题的关键，你只有讲清楚，父母或老师才能有更准确的分析与判断。

第三，求助之后要信任并配合父母或老师的安排。

有些男孩即便是求助了父母或老师，但却对他们的处理方式并不配合，尤其是涉及要牺牲自己的利益或者采取了自己并不是很情愿的方法时，他们那股子青春期的冲动也许会使他们做出不恰当的举动。

　　这样做其实是很不明智的，成年人在很多事情上的处理方式要比我们考虑得全面，我们不能只看表面，而是要跟着成年人学习处理这类事情的方法。经过这样一些事情之后，我们应该有所成长，而不是下次再遇到同类的事情时还不知道应该怎么处理。

遇到"难题"向同龄人求助时，也应该谨慎

2020年7月1日凌晨，一男两女3个人跑进福建省南安市公安局柳城派出所报案称，他们的孩子同时不见了。

民警连忙询问具体情况，原来这两个孩子是同一个学校的学生，头天晚上两人都没回家吃饭，家长打电话到学校询问，学校却说下午早就已经放学了，可孩子一直都没有回家。民警通过询问了解到，两名孩子都是男孩，14岁，分别是小王和小文，两人经常一起玩，身上穿着校服，只有一些零钱，也没有手机和其他衣物。

接着民警根据了解到的具体情况，和老师家长定好了寻找路线，开始沿着他们平时常去的网吧、公园等公共场所开始找起。

经过9个小时的连夜寻找，终于在当日中午找到了闲逛的两名男孩。在后续询问中民警了解到，小文因为违反了校规被老师批评，所以产生了厌学情绪，刚好他碰到了同样被家长批评的小王，两人一起互相诉苦，结果没想到彼此对离家出走的想法一拍即合。

最终，民警对两人离家出走的行为进行了批评教育，并安排父母将两人接回。

从某种角度来说，小王和小文也算是在彼此"求助"，他们一个被老师批评，一个被父母教育，两人彼此诉苦其实就是一个在向另一个倾诉并希望获得一些开导或帮助的过程，但显然两人都没有给对方以正确的开导，反而是都想到了一条"歪路"——离家出走，这才引发了后续的一系列事情。

这个案例告诫我们，虽然有时候我们也免不了会向同龄人求助，但这种求助我们应该更加谨慎，也就是要有一定的判断能力，去判断求助这个同龄人是不是靠谱，他有没有能力帮你解决问题，他给出的方案有没有可行性……

那具体来说，我们应该怎么做呢？

第一，自己在内心先建立一些原则底线。

案例中小王和小文之所以彼此"一拍即合"，是因为他们两个本身也并不觉得"离家出走"是多么严重的事，这就说明他们两人内心对于一些问题的原则底线很低。但凡两个人中有一个人能够意识到"离家出走是不对的"，这件事也不可能成行。

所以，我们应该在内心建立良好的原则底线，比如遇事不能极端，不能有违反做人原则的举动，不能出现伤害父母、老师或同学的举动，不能做有损社会公德的事情，等等。有了这样的原则底线，那么哪怕同龄人给我们出了不合适的主意，我们也能判断这样的事是不是可以做，如果不可以做，就要拒绝这样的选择，当然也就能避免很多不良事件的发生了。

第二，选择真正的"益友"来倾诉难处。

真正的益友在听到你的难处后会怎么做呢？他可能会帮你分析问题，因为都是同龄人，他能体会到你到底难在哪里，也能理解你的心情；他可能会给你提一些真正对你好的建议，他会真诚希望你能渡过难关；他也可能会先于你想到该怎么求助，并帮你找到对的人进行咨询……

我们应该多结交一些这样的益友，从他们那里解开自己的思想疙瘩，或者获得解决问题的灵感。益友是会帮我们进步的，而在这个过程中，他的处事能力其实也会有所提升，这是双方共同进步的一个过程，而且我们彼此间的友谊也得到了加深，这才是向正确的同龄人正确求助的"打开方式"。

第三，不要把同龄人当作最佳求助对象。

虽然我们可以选择同龄人做求助对象，但从另一个角度来说，他们和我们同龄，这也就意味着他们和我们有差不多的观点和看法，他们的思想深度也没有比我们深很多，他们的见识和经验也几乎与我们相差无几，有些问题他们也不一定能给出最佳答案。

虽然有些男孩觉得"问兄弟更亲切"，但兄弟并不能帮我们解决所有问题。我们最好是把问题分分类，那些同学之间可以讨论的学习、交友问题，不太触动到安全问题以及更深层的人际关系问题时，可以和同龄人说一说；而那些能让我们感觉到焦虑、恐惧，或者我们自己完全想不通的问题，倒

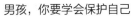
不如去找老师或父母来请教。

　　具体要向谁求助，要怎么求助，是根据问题来的，没有谁固定是谁的"救命稻草"，我们也要在不断遇到问题、解决问题的过程中成长，让自己变得更谨慎、更有担当。

小心，你可能会遇到假"警察"、假"保安"

2015年11月22日是周日，上午10点钟，河南省南阳市某中学高二学生小王独自在家时接到了一个电话，说："您的固话和宽带将在两小时内停用，如有疑问请按9号键转接人工服务。"小王一时间不知道怎么回事，便转接人工服务想要问问具体情况。

打通电话后，对方先是要求小王提供个人及父母信息，并通知他在天津有一部固话欠费800元，在小王表示并未去过天津后，又说要把电话转接到天津市公安局，让他报案。

接着小王又与一名自称是"王警官"的人开始了通话，小王又提供了一遍个人及家庭信息，接着就被告知他名下有一个招商银行信用卡，并涉及南阳一个贩毒洗钱案件，涉案金额500万元，小王当时就吓坏了。"王警官"安慰他，让他找找自己家里是不是藏着巨额现金，如果被专案组发现就说不清了。

小王听话地开始在家里翻找，并告诉"王警官"家里并没有巨款。"王警官"又告诉他说这估计是被犯罪分子盯上了，现在需要他配合警方引出犯罪分子并将他们抓获。

小王本就崇拜警察，认为自己现在正在帮警方办案，便立刻答应了对方。接着，他按照"王警官"的安排，弄乱了自己的家，然后出门办了个新的手机卡，接着找了个有单人间的网吧待着，不登录任何社交软件，以免被"犯罪分子"找到。他还严格按照对方说的，"为了不牵连父母"，连自己父母都没有告诉。同时，小王还配合"王警官"录制了"爸妈，我没事""别打我""爸爸救我"这样的话，"王警官"也答应好好保护他的父母。

就在小王以为自己在配合警方行动的同时，卧龙岗派出所却接到小王妈妈的报案，说小王被绑架了，绑匪要求支付50万元，否则就撕票。而在接通绑匪电话时，妈妈也听到了话筒中传来小王的"爸爸救我"的声音，不由得惊慌失措。

警方一番排查，在一家网吧找到了小王，可就算找到了他，他也以为是犯罪分子找来了，并不敢说自己的真实身份。直到民警亮出警官证，并将他家人报案的事情告诉他，他才恍然大悟自己被假警察骗了。

小王经历了诈骗，重点是骗他的这个人用的是"警察"的身份，这使得小王丧失了判断能力，甚至是根本就不去判断对方说的、做的到底是不是对的。

因为很多人对"警察""保安"在心理上是不设防的，几乎本能地就会全然信赖。但有些坏人却会抓住我们这样的心理，反其道而行之，就将自己伪装成"警察""保安"，然后像摆弄木偶一样指挥我们做各种事，或者对我们做各种事。

所以，如对方自称"警察""保安"，向你了解情况，还是要谨慎一些。正如办理上述小王被骗案的卧龙岗派出所所长所说，犯罪分子利用网络电话冒充警察随机诈骗，非常具有隐蔽性，不易被查找。若你突然接到陌生人的电话，要求提供家人电话、银行账号等个人隐私事项，一定要提高警惕，不要慌张、轻信，遇事要先与自己的家人取得联系，并向警方报案。

那再进一步来说，我们应该怎么积极应对呢？

第一，要积极肯定警察、保安的正面形象。

因为可能会遇到假警察、假保安，或者有些人已经遇到过了，可能就会对以警察、保安形象出现的人产生怀疑。但警察、保安始终代表正义的形象，他们是值得信赖的。有问题的是那些妄图抹黑、冒充警察、保安的坏人，他们才应该得到应有的惩罚。

《刑法》第二百七十九条规定："冒充国家机关工作人员招摇撞骗的，处三年以下有期徒刑、拘役、管制或者剥夺政治权利；情节严重的，处三年以上十年以下有期徒刑。冒充人民警察招摇撞骗的，依照前款的规定从重处罚。"

所以，不要否定积极正面的警察形象，而是要意识到假冒警察等人员才是犯罪。

第二，学会识别，不为假"警察"所欺骗。

曾经有律师给出凭借4点来分辨真假警察的意见：一是看警用标志是否齐全（警服必须有警衔、警号、胸徽、臂章4种警用标志）；二是看人民警察证的真假（警察证正面印有持证人的照片、姓名、所在公安机关名称和警号，背面有持证人姓名、性别、出生日期、职务、警衔、血型和证件的有效期等，且卡上有多重防伪激光图案）；三是了解公安机关执法常识；四是拨打110报警电话求证。

真正的警察在抓获涉嫌违法犯罪人员后，会将人带到公安局或下属部门、派出所等公安机关。若有治安违法行为，会被带到公安机关来做笔录，再出具相应文书来处罚；罚款也同样会当场出具相关文书，并要求在规定期限到指定场所缴纳罚款。而假"警察"则会让你现场缴所谓的"罚款"，也不会出具正规的法律文书。

如果你实在不能判断出现在电话里、你面前的人是不是真正的警察（标志、证件齐全），那么你可以直接拨打110，详细询问情况，进一步确认，以防被骗。

第三，不要轻易跟着"警察""保安"走。

有时候，我们可能是真的不能判断眼前的警察、保安是真是假，如果对方还要求我们跟他们走，去配合所谓的"调查"，这时候是不能轻易跟他们走的，而是要直接打110确认情况。再就是及时联系父母家人，毕竟我们是未成年人，即使是真警察、保安带你走，也要征得我们的监护人的同意，私自带走我们是不被允许的。况且，如果我们真的光明磊落，没有任何不良不法行为，就更不必害怕。

所以，坚持自己的原则，不那么"顺从""听话"，可能也是对自己的一种保护。而且如果对方是真警察，他们也会赞同我们的做法的。

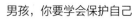
 接到各种敲诈、勒索、恐吓电话或信息，怎么办

2020年4月，因为新冠肺炎疫情，学校还没有到校复课，河南省济源市的高中生小张也一直在家里通过手机进行网络学习。

4月7日晚上10点多，小张学习完后登录手机QQ与朋友聊天，忽然看到手机弹出了一个不明链接，一时好奇他点开了这个裸聊色情服务链接并开始网络聊天。

结果，聊了一会儿，对方却说拍摄了小张的私密裸照，并掌握了他的通讯录，威胁他通过QQ转账1 000元，否则就将他的裸聊视频转发给他手机通讯录里的亲朋好友。

小张意识到自己被勒索了，不过他也想起前几天民警到家中做的反诈宣传，而且自己也曾在学校和其他地方看见过类似的防范电信诈骗的案例，于是他就向民警拨打了求助电话。

了解情况之后，民警立刻安慰他不要害怕也不要轻信转账。待民警到达后，第一时间向小张和他的父母讲解了犯罪分子的敲诈伎俩。由于民警及时介入，成功阻止了这起网络诈骗案件的发生，使得小张一家免受经济损失。

接到勒索电话，小张的第一反应是想到自己受到的种种反诈骗教育，并及时报了警，这才使得自己免受经济损失。这种做法值得肯定，也值得我们学习。

有时候，我们可能会突然接到一些莫名其妙的电话或信息，用一些根本不存在的"债务"或其他事件，来要求我们支付一定的钱款，有时候这些内容说得有鼻子有眼，有些遇事就惊慌的人会一时慌了神，顺着对方的意思打钱过去。

还有的时候，我们可能的确遇到过一些事情，比如向某些人借了钱，但还钱的过程却会经历勒索；或者遇到校霸、混混这样的人，蛮不讲理地敲诈勒索。

但你要意识到，被敲诈、勒索，接到恐吓电话或信息，你才是受害人，所以不论何种情况，你都不需要过分担忧害怕而顺从对方的要求，而是要像案例中的小张一样，尽快选择正确的应对方法，以帮自己摆脱困境。

第一，别相信对方说的"给钱就能解决一切问题"。

敲诈、勒索、恐吓，往往都会给你一个条件——只要你给钱，我们就不再纠缠，但这也是骗人的。比如，有人裸聊后收到敲诈信息，担心不雅视频被亲友知道而不敢报警，就想花钱消灾，犯罪分子正是利用了受害人的这种心理，开始对其无休止地敲诈，直到钱包被榨干。也就是说，只要你给了钱，对方就抓住了你的"软肋"，你就会成为对方的固定"饭票"。所以，要认清网络犯罪的本质，第一时间报警。

所以，如果你真的有什么"把柄"被抓住，那么你应该积极求助于警察、父母或老师，而不是想独自"神不知鬼不觉"地按照对方的要求去做。

而如果你并没有什么把柄被抓住，只是被突然告知"你得罪了谁谁谁，必须给钱才能免灾"，那更不用害怕，他们这是"广撒网"的诈骗，骗一个是一个，对此，要么不必理会，要么直接报警，千万不要认为"给钱就能息事宁人"。

第二，接到敲诈勒索、恐吓电话或信息，直接报警。

《刑法》第二百七十四条规定："敲诈勒索公私财物，数额较大的，处三年以下有期徒刑、拘役或者管制；数额巨大或者有其他严重情节的，处三年以上十年以下有期徒刑。"

既然法律有明确规定，那么不论什么原因接到了敲诈勒索的电话或短信恐吓，我们都可以直接报警，将自己接到的电话（接电话时应及时录音）或信息、对方的身份，以及自己曾经经历过的一些事情都如实告诉警方，然后等待警方的处理。

第三，等待警方处理期间，也要注意保护自身安全。

在等待警方处理期间，不能排除有些人会真的做出些什么疯狂的事情来，那么我们即便报了警也不意味着就可以高枕无忧，而是要在这个时间段里好好保护自己。

比如，上下学最好由父母接送，平时多和同学朋友在一起，如果感觉有什么异常情况就要及时通知老师或父母，或者也可以通知警方，等等。

不仅是自己的安全，我们也要提醒自己的同学朋友以及父母亲人都最好能多注意自己的安全，以免有些穷凶极恶的人狗急跳墙时选择无差别伤害。

第四，对网络上的各种诱惑、刺激性信息不好奇，不点、不看。

虽然案例中的小张及时报警的行为值得肯定，但还是不能忽略一点，那就是他毕竟没有经受住诱惑，在好奇心的驱使下主动点开了链接，这才落入不法分子设计的圈套中。所以，对各类"美女""裸聊"等诱惑刺激性信息，我们要坚决做到自我屏蔽。这就又回到了前面所讲的——警惕！远离网络背后的各种诱惑和骗局！一定要有这个意识。

男孩,你要学会保护自己

保护自己

心理篇

周舒予 著

北京理工大学出版社
BEIJING INSTITUTE OF TECHNOLOGY PRESS

图书在版编目（CIP）数据

男孩，你要学会保护自己.心理篇 / 周舒予著. --
北京：北京理工大学出版社，2022.5（2022.5 重印）

ISBN 978-7-5763-0935-5

Ⅰ.①男… Ⅱ.①周… Ⅲ.①男性－安全教育－青少
年读物 Ⅳ.①X956-49

中国版本图书馆CIP数据核字（2022）第023835号

出版发行　/　北京理工大学出版社有限责任公司

社　　址　/　北京市海淀区中关村南大街5号

邮　　编　/　100081

电　　话　/　（010）68914775（总编室）

　　　　　　　（010）82562903（教材售后服务热线）

　　　　　　　（010）68944723（其他图书服务热线）

网　　址　/　http://www.bitpress.com.cn

经　　销　/　全国各地新华书店

印　　刷　/　唐山富达印务有限公司

开　　本　/　880毫米×1230毫米　1/32

印　　张　/　30　　　　　　　　　　　　责任编辑/李慧智

字　　数　/　545千字　　　　　　　　　　文案编辑/李慧智

版　　次　/　2022年5月第1版　2022年5月第3次印刷　　责任校对/刘亚男

定　　价　/　152.00元（全4册）　　　　　责任印制/施胜娟

前言

谨慎能捕千秋蝉，小心驶得万年船。

人要成事，要多些谨慎，多加小心，保证自己不陷入任何一种危险，才可能将更多的心思投入要做的事情中，才可能获得成功；但凡人身安全有受到威胁的可能，都不得不分出一丝心思去提防，就会影响"成事"。

我们人生中要做的很多事其实都是财富，不论是学习、工作方面的，还是生活、休闲方面的，每件事都可以标注为0，而居于首位的安全就是1，有安全在，我们的人生财富就是10000000……（不可限量）；而如果安全这个1不在了，再多的0，也都不过是虚无。

这就是安全对于我们的重要性。

但并不是所有人都能理解这一点，尤其是男孩对安全问题的关注可能都会少一些。因为大部分男孩都认为，"我很勇敢""我是了不起的男子汉""我什么都不怕"……体内的激素也促使男孩表现得更易冲动，这会让男孩误以为：自己可以应对各种事，不会有什么危险，所以不用特意关注安全；即便遇到了危险，自己也有能

力战胜它。

可实际上，危险并不会因为你是男孩就对你"礼让三分"，也不会因为你自认为"勇敢""了不起""不怕"而真的对你"退避三舍"，更不会调整自己的"级别"。

危险面前人人"平等"，如果你没有足够的安全意识，缺乏足够的应对危险的能力，不懂得趋利避害，不会保护自己，那么危险可能就会毫不犹豫地"光顾"你。

所以，先学会保护自己，顾好自己的安全，牢牢抓住这个1，然后才有机会去实现人生财富的那些0。

安全问题涉及我们生活、学习的方方面面，甚至与我们的一举一动都息息相关。具体来说，和我们密切相连的安全问题，包括身体安全、心理安全、校园安全、社会安全，这也正是这套书所对应的几个主题。

身体安全——

其实说到安全问题，身体安全可谓"最最重要"，这是"革命的本钱"。保证了身体安全，我们的人生才有多姿多彩的可能。

保护好身体，可谓男孩的"安全第一课"。如何保护？比如，要懂点生理常识，别让错误的知识害了自己；面对各种性信息，坚决不受其误导与干扰；青春期有禁忌，没熟的"涩苹果"不能吃；男孩也需要注意防范性侵害；改掉坏习惯，拯救男孩的体质危机；善待生命，这是男孩对身体的"最高级"保护……对身体的保护，再重视都不为过。

对男孩而言，千万不要仗着自己身强体壮就放松对身体的

保护，不仅要从思想意识上重视起来，更要从方式方法上行动起来！

心理安全——

男孩的自我保护，外在的身体安全固然重要，但内在的安全也不能忽视，很多时候，内在的不安全反而比外在的不安全对男孩的威胁更大。这里所说的内在安全，其实就是心理的安全。

所谓"心理安全"，就是保护心理不受威胁与伤害的一种预先或适时应对性的心理机制。只有保证心理的安全与自由，才能最终实现自身与他人、社会及世界的和谐统一。

心理安全，也可以称为心理健康。对男孩而言，心理健康非常重要，千万不要让心灵受伤。不妨从以下几方面做起：远离"早恋"的烦恼与冲动，让青春更美好；拒绝网络诱惑，不要试图让游戏填补心灵的空虚；学会安抚失控的情绪，让自己做个阳光少年；青春叛逆要不得，要多与父母沟通交流；学习的压力，并非跨不过去的"坎"，要学会化解；走出心理阴霾，从容应对常见的各种问题……越重视，越安心。

心理安全，是一种更深层次的自我保护。健康从心开始，心理健康，才有机会让生命精彩绽放。

校园安全——

校园作为一个由众多人参与的公共场所，虽然有各种涉及安全的规章制度，也有老师和其他工作人员反复监督强调安全

问题，但关键还是要我们自己具备足够的安全意识，积极配合学校的安全教育，才能保证我们安全度过校园生活，让父母放心。

校园安全包罗万象，如课上课下、教室内外、校园情感、各种意外、劳动运动、男女相处、结交朋友等方面的安全，还有被重点关注的校园霸凌问题。如果没有足够的安全意识，没有强大的自我保护能力，即便身体健壮也恐怕没有用武之地。

我们要好好了解校园安全问题，学习与安全有关的各种内容，懂得如何应对不同的危险……每个问题、每项细节都值得认真对待。

社会安全——

虽然我们现在还是学生，但当下在校园所学其实都是在为未来顺利进入社会打基础。况且，即便是我们当下的生活，也离不开社会。所以，我们也必须重视社会安全。

社会涉及更广泛的交际，所以，社会安全不可小视，做好防范才能远离隐患：要擦亮眼睛，识别形形色色的坏人；远离网络背后的各种诱惑和骗局；拒绝烟酒、黄赌毒，坚决不沾染恶习；不加入各种"小团体"，也不要试图"混社会"；上学放学路上，要小心各种圈套与陷阱；学会正确自助与求助……这些都是需要我们重点关注的。

实际上，社会安全不仅在当下对我们很重要，其中涉及的很多内容对我们未来的社会生活也有很大的警示作用。所以我们要通过学习这些内容，养成良好的社会安全习惯，提升自我

保护的能力，从而保证我们当下及未来参与社会生活时，最大限度地保障自己的安全。

安全问题无小事，安全防范无止境。关于安全，远不止这套书中提到的身体、心理、校园、社会等方面内容。作为男孩，我们去了解、学习这部分内容，为的是能让自己从中受到启发，通过这些文字意识到安全问题不容忽视，必须时刻牢记心间，必须主动培养安全意识，必须积极提升自我保护能力，将其化为一种"习惯成自然"的自身素养。

希望这些文字可以帮你为自身的安全筑起一道"防火墙"，助你穿上一套保护自我的铠甲，从而成长为一名带着理性与智慧勇闯天涯的真正勇士。加油！男孩们！

目 录
Contents

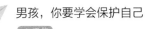
 第 一 章

心理健康很重要，男孩千万别让心灵受伤

人人都希望自己能健康。古人曰：体壮为健，心怡为康。也就是说，"健康"包括两方面：一是实际的、有形的身体，不生病、充满活力；二是指内在的、无形的心理，要有个好心态，心情愉悦、畅快，充满精气神。没有健康的心理，就没有真正意义上的健康。可见，心理健康不容忽视。所以，我们要想让自己得到最好的成长，就千万别让心灵受伤。

避免"早恋"的烦恼，让青春更美好

进入青春期后，很多男孩都会面临懵懂情感的萌发。在很多时候，青春期的情感萌发被称为"早恋"，直白来讲就是"过早发生的、不合时宜的恋情"。而事实也的确如此，这时期所谓的"恋情"，几乎都会对当下的学习产生负面影响，也很容易因为冲动而造成不可挽回的局面。所以，为了能安心享受青春的美好，避免"早恋"的烦恼，我们要远离冲动。

拒绝网络诱惑，心灵的空虚游戏无法填补

现如今很多男孩的生活似乎已经离不开网络了。花样百出的网络游戏，海量丰富的网络内容，都会让好奇心重、容易冲动的男孩深陷其中难以自拔。但是网络终究不是现实，我们总要在现实生活中去实现身心的良好成长。若是过分沉迷网络，我们的内心就会越来越空虚，网络也无法填补它，所以要拒绝网络诱惑，回归现实去感受真实的美好。

- 网络成瘾——心里无法回避的痛 // 63
- 被网络控制——绑架勒索最终害人害己 // 68
- 预防网瘾，坚决给自己竖起"防火墙" // 72
- 绿色上网，拒绝沉迷——做回那个活力少年 // 76
- 理性上网——给自己撑起"保护伞" // 80
- 沉迷网络游戏，分不清虚拟与现实 // 84
- 千万不要陷入暴力、色情游戏的"旋涡" // 87
- 读书立志明理，增强定力克服网瘾 // 91

安抚失控的情绪，做个阳光少年

正青春时，由于体内激素的作用以及思想方面的变化，很多男孩会很难控制自己的情绪，于是本来身心健康的男孩，却会因为内心情绪变化而做出失控的行为，给自己的心灵蒙上阴影。很多事情并不是没有解决之道，但很关键的一点就在于掌控好情绪。只有情绪平和，很多问题才会迎刃而解。所以，我们要学会安抚失控的情绪，做个阳光少年。

第 五 章

青春叛逆要不得，多与父母沟通交流

进入青春期，绝大多数男孩可能都会被贴上一个标签——"叛逆"。好像如果没有经历过"叛逆"的话，就不算是经历了青春期，也不算是"成熟"。可实际上，青春期原本就不需要叛逆，我们也没必要非得在这个时间段里表现得事事都要与父母对着干，适当地增加与父母的沟通交流，没准儿很多问题都能妥善解决。

学习的压力，并非跨不过去的"坎"

对于学生来说，学习是第一重要的事情，也是我们最关心的事情。学习并不是轻松的过程，势必会有压力，有的人会将这种压力化成动力，迎难而上，取得好成绩；但有的人就会被这压力压垮，无论如何也不能前进一步，不仅情绪低落，而且还会做出傻事。实际上，学习压力并非跨不过去的"坎"，找对方法、放松精神，我们其实都可以战胜压力。

第 七 章

走出心理阴霾，学会应对各种常见问题

进入青春期，很多男孩的内心会因为各种各样的事情而出现各种各样的情绪波动，如果不能及时调适心理，不能及时解决问题，这些情绪波动就会扰乱男孩的内心，使得他的心中充满阴霾。青春生活本应该是丰富多彩、充满阳光的，所以，我们不能带着这些阴霾去学习、去生活。我们要学会应对各种常见的心理问题，不要再纠结，及时走出心理阴霾。

第一章
Chapter 1

心理健康很重要，
男孩千万别让心灵受伤

　　人人都希望自己能健康。古人曰：体壮为健，心怡为康。也就是说，"健康"包括两方面：一是实际的、有形的身体，不生病、充满活力；二是指内在的、无形的心理，要有个好心态，心情愉悦、畅快，充满精气神。没有健康的心理，就没有真正意义上的健康。可见，心理健康不容忽视。所以，我们要想让自己得到最好的成长，就千万别让心灵受伤。

拥有健康的心理，才能做个了不起的男子汉

2020年9月17日，湖北省武汉市某中学一名14岁男生张某锐在教室里和另外两名同学玩扑克，老师发现后，便请来3名学生的家长到校，希望能配合管教。

张某锐的妈妈到教室门口时，先是扇了他两记耳光，接着又掐住了他的脖子，张某锐被训得低下了头，妈妈便又用手戳了戳他的脑门。这时老师过来劝阻，妈妈这才停手跟着老师离开。

张某锐独自站在教室门口，几分钟时间里几乎一动不动，眼睛一直直视前方，也不知道他到底想了些什么。但突然，他转身爬上楼道外侧的护栏围墙，直接从教学楼5楼跳了下去。

尽管老师和同学将其紧急送往医院抢救，但他还是因为伤势过重，当晚便宣告不治而亡。

当地教育、司法等部门迅速介入此事并处置善后。

这是一件令人遗憾和深思的事，也许这件事中妈妈的态度起到了很大的"推动"作用，但我们也要注意到男孩的心理状态。虽然没有人知道他独自站立的几分钟里想了什么，但

从他毫不犹豫地跳下楼的行为来看，他选择用轻生的方式来应对这件事，也证明他内心是解不开这个结的，或者说他的心理无法承受这样的"压力"。

从某种角度来说，心理健康是保证我们人身安全的一项基本要素。很多危险可能并非来源于外界，而恰恰就来自我们的内心。

那么，怎样的状态才称得上是心理健康呢？一般来说，保持性格完好、智力正常、认知正确、情感适当、意志合理、态度积极、行为恰当、适应良好，就是心理健康的理想状态。

但很多人达不到这样的理想状态，都或多或少地会出现不同种类的心理问题，尤其是很多青少年，会因为各种原因而将问题积压在自己内心深处，情绪以及身体状况都因此而受到影响，最终实在无法调节、难以忍受，就会做出极端行为。

有人可能会说，进入青春期后，青少年本就容易情绪不稳，这是因为此时我们意识到了自己是一个正在发展的人，会经历身份危机，就如美国发展心理学家爱利克·埃里克森所说，我们会对自己的行为选择得出这样的结论，即"我不是我应该是的，我不是我将要是的，我不是我以前是的"，在这样的压力下，很多人都会在青春期出现心理疾病。不过英国心理学教授H. 鲁道夫·谢弗在《儿童心理学》一书中指出，"情绪不安是对青春期开始后身体变化的一种精神回应，不是青春期必然的组成部分"。也就是说，我们不能把"心理会剧烈波动以至于出问题"当成是青春期的必然现象，它可以存在，却也可以得到缓解，所以我们应该积极培养良好的自我认同感，稳定自己的情绪，成为自己情绪的主人。

绝大多数男孩都希望自己成为一个顶天立地的男子汉，而想要实现这个愿望，就需要重视心理健康。

第一，好好认识自己。

在不断成长的过程中，我们都会根据认知发展和社会经验来不断修改对自我的认知。

从心理学角度来说，每一个"自我"都要经历自我意识、自我概念和自尊3个过程，自我意识最先出现，也就是能认出自己，能把自己想象成一个有自身存在特性的独立的人；接着是自我概念，建立自己分离的、独特的身份；然后就会出现自尊，也就是个体感受到的理想自我和现实自我之间的差距。

通过心理学对自我的解释可见，我们对自我的认识是需要一个发展过程的，需要去了解并认清自己能做到的事情、能学到的东西，努力发挥自身能力，知晓自己的长处，同时也了解自己的短处。当然这种了解也要随着年龄不断增加，最初可以从父母、老师、同学对待自己的态度中去发现自己的样子，然后在成长过程中再去发现更真实的自己。

只有好好地认识自己，我们才不会因为过分幻想或者过分自卑而对自己产生认知偏差，才不会因为现实与幻想不符便无法忍受，以至于心理出问题。

第二，不逃避内心的种种变化与问题。

成长过程中必定会遇到各种变化和问题，不论是身体的变化还是交际的经历，或者是种种挫折困难，我们都要认真对待。对不清楚的变化可以多问问，有了难以理解的问题也要多学习，不要觉得有了变化、出了问题就是不好的。只有直面变化和问题，去剖析，去思考，寻找解决问题的方法，才能让我们免于走上岔路。

而且，只有不逃避变化和问题，我们的内心才不会埋下隐患，早日发现、及时处理，就像清理垃圾一样，将不好的东西尽早丢出去，才能保证内心的平静与安宁。

第三，寻找合适的途径去疏通内心。

化解内心问题、疏散情绪，需要我们采取合适的方法，否则对于男孩来说，可能会因为冲动暴躁，而选择用打架斗殴或者暴力伤害他人及自己的方式来发泄情绪，这显然是不可取的。

内心感觉不好受，找个途径去发泄一下是可以的，但要学会采取合理的途径去发泄，让自己不仅吐出内心因为坏情绪而产生的浊气，也能有新的思考，或者产生新的感悟，让一场发泄不只是暂时地纾解情绪，而是能更好地疏通内心。

心态平和——远离心浮气躁，避免冲动做"傻事"

2018年10月24日早上，重庆市某辖区一位父亲报警称自己15岁的儿子离家出走了。

民警经过询问了解到，这个已经上初三的男孩平时就特别喜欢玩手机，还因为玩手机导致自己原本挺不错的成绩直线下降。眼看着要初中毕业了，看到孩子一直这么玩手机，父亲感到很是不满。

10月23日，男孩放学回到家后坐在沙发上玩手机。饭做好后，父亲提醒他赶紧吃饭，不然饭菜就要凉了。父母都已经开始吃饭了，男孩却一直不说话也不动地方，就只顾着自己玩。父亲有点生气了，说了几句重话，结果男孩直接拿着手机就冲出了家门。

父亲生怕出事，也跟着跑了出去，但却没有追上男孩。

从当晚6点一直找到晚上11点左右，父亲都没找到男孩。原想孩子身上没钱也没有住的地方，过会儿就回来了，可直到第二天早上他都没回来，父亲这才赶紧去派出所报了警。

民警先是通过手机号与男孩联系，但男孩一直不接或直接挂断。民警通过短信告知男孩，公安机关已经介入，若不回信息证明其自身安全，就将立案处理。男孩却回复让民警立案。民警当即说，已立案，只要能证明他是安全的就可以撤销，要求他拍照片过来。

通过男孩传回来的照片，民警发现了一些线索。根据地图搜索，民警驾车赶到照片中的地方找到了男孩并将其安全送回家中。

只因为父亲提醒男孩吃饭，男孩不回应，父亲这才说了几句重话，结果男孩就不能控制自己的冲动，便莽撞地离家出走。这显然与他心浮气躁有一定关系。

浮躁是一种病态心理的表现，浮躁的人不能给自己准确定位，会表现得冲动、情绪化，容易盲目行动。

青春期的到来让男孩内心变得不够稳定，渴望成熟独立与幼稚单纯并存，男孩本就因为脑内无比充沛的多巴胺而容易冲动，而此时这种冲动会进一步加重，在很多事上男孩会一意孤行，并且容不得一点不好的评价。此时浮躁成为男孩生活的常态，很多时候难以很好地保持平和的心态，更容易冲动做错事。

我们理应越成长越成熟，要学会思考，而不是学会暴躁。

第一，多沟通，少自己钻牛角尖。

案例中的男孩其实做了一个最糟的选择，如果他能和父母沟通一下，比如告诉父母"我可以好好安排一下使用手机的时间，每天我做完作业、学习的间隙，就会玩一会儿，但保证不耽误学习，不耽误正事""我也会努力把落下的功课尽量赶上来"，若是能把话说开，父母应该也不会对这件事有太多的反感，可能就不会只是单纯地训斥，而是会理解他。

会沟通，才能把很多事说开，也能让对方了解彼此的心情，知道彼此的安排，这样就能减少很多矛盾冲突的发生。而且，沟通也会让我们少钻牛角尖，不至于因为一件小事就对对方心生怨恨，让自己做出错误的选择。

第二，对自己的问题有积极的态度，学会退让。

还有很多傻事源自我们的不退让，自以为受了委屈，以为别人都在欺负自己，这种先入为主的想法，就会让很多问题在自己心里被激化。

所以，"退一步海阔天空"的道理是对的。在问题面前，先别急着证明自己，先退一步缓和彼此针锋相对的局面，让双方都显得不那么剑拔弩张。比如，先一步表达"好吧，我有错"，就像案例中的男孩，如果他退一步，选择乖乖放下手机来吃饭，父亲也就不会那么生气，可能后续的事情也就不会发生了。

另外，我们也要积极对待自己的问题。既然父母能够提出来，或者有旁人指出来，那么我们的言行举动多半是不妥当的，此时我们不妨先知错、认错，并愿意主动去改正错误，不强硬地维护自己所谓的自尊，很多事可能也就不会以硬碰硬的方式解决了。

第三，用积极的思考来帮助自己平静。

有人不能理解心态平和的意思，总觉得这是软弱、没有主见的表现。其实不然，我们说让自己平静去处理事情，意思是要让自己有冷静的头脑，不能一遇到事就先"炸"起来，而是要留几分冷静让自己思考这件事到底是什么事、自己在其中扮演了怎样的角色、发挥了怎样的作用、这件事可能引发怎样的后果……

也就是说，事情到来时，立刻在头脑中思考事情发生的原因，思考自己可以怎么做、能够怎么做，可以等几分钟，不需要立刻做决定。只有积极思考，才能更快寻找到解决问题的方法，而不至于只知道盲目发泄。

磨炼韧性，直面生活和学习中的各种挑战

一位妈妈在网络上求助：

17岁的儿子读高二，初中的时候学习成绩还不错，可到了初三下半学期时忽然就离家出走了，好在当时我及时把他找回来了。

我问他为什么要这样做，他说自己不想读书了，读书很累，也没意思。他爸爸当时劝他说先回去考试，因为快中考了，就说他毕业后可以去读技校或找自己喜欢的专业去读。

考上高中之后，他的成绩也是逐渐进步的，到了中上水平。有一次月考退步后，爸爸找他谈话，给他定的目标是只要求每科及格，并不要求必须要排第几。本来他自己说好的是争取努力考上本科，哪知道这话说完第二天他就又离家出走了，骑着自行车走了几天，之后还自己跑到外省两个星期。

我和他爸爸跟他不断聊天沟通，才把他劝回来，告诉他高中读完之后不管选择什么专业，只要他喜欢我们都支持。结果，他说自己只读到高中毕业考完试，拿到毕业证之后就不再读了。

我们现在和他交流很困难，他已经不愿意和我们多

说了，自己也没有什么明确的目标。他茫然，我们也一筹
莫展。

这位妈妈的焦虑从话语中显露无遗，而这个男孩因为学
习"累"而选择不断更改目标以及数次离家出走，也让人不由
得对他心生惋惜。

实际上，很多男孩对学习的态度都可能会表现出类似
状态。

比如，2020年8月16日，陕西省西安市一名初中男孩流
浪到某小区，蓬头垢面地蹲在楼道里蹭网，实际原因就是他
不愿意学习，所以带着手机离家出走了，走到有网的地方就
蹭网，好在后来男孩被民警送回了家。

这与案例中妈妈提到的男孩的状态十分类似。一旦感
觉不如意，有的男孩就会轻易放弃自己当下的生活远远地逃
开。这种逃避的心态最终导致的结果只能是一事无成且生活
也将变得一团糟。所以，我们应该磨炼一下自己的"韧性"。

在心理学上，韧性是一种压力下复原和成长的心理机
制，也就是在面对丧失、困难或者逆境时所做出的有效应对
及对这种情况的适应。通俗来说就是，不论面对的是生活还
是学习上的挑战，我们都不能那么轻易就被击倒，要具备更
强大的承接力，韧性要再强一些。

第一，多关注实际生活而非盲目向往外面的世界。

很多青春期男孩之所以会离家出走、向往外面的世界，其实与他们对外界信息并不了解有关。自以为逃开了眼前的问题，就能轻松，但事实却并非如此。

比如，有的男孩会认为"上班的人都过得轻松，想玩就玩，想买就买"；还有的男孩误以为成年人的生活整天都是吃喝玩乐，还能"躺着赚钱"。这些认知要么是从影视剧中得来的，要么就是只片面看到了少数人的生活现状，却忽略了大多数人背后的辛苦。

所以，我们应该多关注真实的生活，多看看父母、自己熟悉的成年人，询问一下他们是怎样工作的，多读一些名人成才、成功的故事。可能就会发现，人生本就充满了挑战，没有人可以不努力就过上自己想要的生活，因为"没有付出就没有收获"。

只有了解到了实际情况，我们才能对外界有一个更真实的认知，从而避免自己盲目地向往外面的世界。

第二，培养自己不放弃的性格。

案例中的男孩，一次月考失败，心态就发生了变化，这种"较劲"是不正常的。

我们应该努力培养不放弃的性格，也就是不论发生什么，都不要放弃自信，不要因此觉得彻底没办法了，而是要努力找到机会让自己翻盘。遇到挫折时，告诉自己"这不是

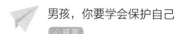
终点"，多想解决问题的办法，而不是只顾着哀叹眼下不如意的结果，而且多关注积极的一面，也会让我们的心情不至于太过低落，从而更容易振作起来。

第三，明白"人生不会一帆风顺"的道理。

有些人觉得自己理应一帆风顺，但实际上却处处碰壁，如果过分追求"一次性成功"，就很容易因为理想与现实的差距而心生沮丧；但如果你从一开始就做好充足的心理准备，提醒自己"人生不会一帆风顺""一切困难都会过去"，这样在遇到困难的时候，内心就会平静以对，可能更容易生出智慧进而克服困难，即便真的失败也会从容接受。

这种心态其实对你的耐性也是一种磨炼，这会让你有更强的抵抗力，能让你理智地接纳失败与挫折，也有助于你努力过后像弹簧一样触底反弹。

不断跨越各种障碍，要坚决打碎"蛋壳心理"

2020年4月26日早上，家住安徽省巢湖市某小区的一名17岁高一学生从6楼跳下，当场死亡。

事发当时，有居民就听到一声巨响，待出来看时，就发现一个男孩躺在地上，身体周围还有鲜血，这才匆忙报警。

待民警及救护人员赶到，经过现场确认，男孩已经完全失去了生命体征。

曾经有目击者拍到视频，视频中传来令人心痛的哭声。

据知情人士称，男孩可能是因为学习压力过大，一时想不开跳楼自杀。

压力、困难、失败、阻碍……每当面对生活中的这些负面信息时，总有人以一种决绝的方式来处理，就像这个17岁的高中生一样，选择用结束生命的方式来寻求所谓的"解脱"。

从各种新闻中我们也不难发现，类似案例有很多。

2020年，诸多学生因新冠肺炎疫情而不能去学校上学，待到复课时，在家中过惯了轻松日子的孩子们却无法适应学校生活，学习压力倍增，全国各地竟然频繁出现学生自杀的情况，仅上海市，从高三、初三复课起，跳楼自杀的学生便有24人，其中有3名小学生。

青春期是男孩心理发展的关键时期，身心的成长变化会让我们出现心理困扰，需要进行自我统合（个体尝试把与自己有关的多个层面统合起来，形成一个自己觉得协调一致的自我整体），才能获得人格的健全发展，否则就难以化解心理各种纠结，从而被各种自我感觉不如意的内容所冲击，一旦超出了心理承受极限，内心就会如蛋壳一样，轻轻一碰就裂开、碎掉，而心理的崩溃又可能会引发我们做出极端的行为。

这种心理也被称为"蛋壳心理"，就是指有些孩子内心脆弱敏感高傲，对不顺心的事情难以接受，从而做出极端的举动。案例中的男孩和诸多自杀的孩子其实都有"蛋壳心理"。打破蛋壳心理，我们自身生存的安全系数才会提高。也就是说，如果能经受得住层层打击，可以不畏艰难险阻，跨越重重障碍，我们就可以成长得更为苗壮。

那我们应该怎么去打碎这个束缚内心的"蛋壳"呢？

第一，培养自己各方面的能力。

很多男孩在遇到问题时束手无策，除了沮丧几乎没有别的出路，从这个角度讲，他的压力其实也来自自己的无能为力。

所以，我们不妨更积极地培养自己各方面的能力，像是照顾自己生活起居的能力、与人交往的能力、对问题的思考和分析能力等。比如，可以跟父母学习打理自己的生活；善于与他人交流合作，建立良好的互帮互助关系；在成功时总结经验，在失败时总结教训；等等。当你学得越多、会得越多、懂得越多时，不论遇到什么类型的问题，你都能想到应对的方向与办法，这样一来你内心会非常有底气，也就不那么容易陷入慌张和焦虑中了。

第二，不要心安理得地依赖父母。

有些男孩面对父母的宠爱包容，就会觉得理所当然。其实从一个客观的角度来说，一个男孩变得"诸事不能"，并不只是父母的原因，父母给予你宠爱，但如果你不只是心安理得地享受，依然能够主动培养自己的独立能力，也就不会变得那么"废柴无用"。

也就是说，我们要建立自我主动奋斗的意识。宠爱是父母给的，但想要提升自我却需要我们自己踏踏实实地努力。凡事不要太过依赖父母，即便父母有帮忙，我们也要自己动手动脑参与进来。这样一来，我们就会从内心变得独立起来，当遇到问题时，也就更容易独立思考，相信自己有能力解决。

第三，换个角度看待各种不如意。

没有人愿意总经历失败，但从实际生活来看，失败可能反而是生活中的常态，比如做饭做得不好吃，没达到自己的预期；想要好好完成一次手工制作，但做到一半就出了问题；原以为以自己的能力可以赢得一场球赛，结果却输了；认为自己已经做了充分的准备，可最终考试成绩还是没有那么理想……

你应该换一个角度来看待这些不如意，尝试把失败看成常态，不妨认为"失败是正常的，但成功是令人惊喜的"。这样，你就不会觉得多一次失败对你的生活有怎样的影响，而相对应的，任何一次小成功对你来说都将是一种惊喜，会让你感到愉悦。这其实是一种积极心态，即便遭遇失败，也就不会感觉那么痛苦了。

情绪 ABC 理论——自我保护的心理转机

案例一：

2019年2月18日，广东省深圳市宝安区一名13岁男孩小金因为寒假作业没有完成，被老师斥责，要求他回家补寒假作业。在接下来的4天时间里，除了18日当天上午上了半天课、20日上了一天课，剩下时间小金都在家补作业，因为完不成作业也上不了学，小金也不敢让父母知道。因一时想不开，小金就想一死了之，一开始他尝试过割脉，在手腕上割了两刀，但后来他还是选择跳楼的方式结束了自己的生命。

案例二：

2019年5月28日晚9点，江苏省无锡市一位父亲在辅导10岁儿子写作业时发生了争执，气愤至极的孩子从窗户爬上了空调外机，并扬言要跳下去。救援人员赶到后让父亲先离开儿子视线，等男孩情绪平复后，将他从空调外机上拉回到屋内，避免了悲剧的发生。

案例三：

2020年3月3日，河北省石家庄市一名五年级男孩早起上网课表现很不认真，父母训斥他"在家不好好学习，上网课不积极"，而且父母还发现他不仅没有按照老师要求的打卡上课，也没有及时拍照上传作业，而且还在上课时看其他直播视频，好像还偷偷用父亲的手机给主播打赏。父母愤怒不已，对男孩好一顿教训。最终男孩因为被训斥，负气跳楼。

　　这几个孩子都选择用跳楼自杀来应对问题，可能都源自对自身情绪的难以控制，有的是因为被老师斥责，有的是因为被父母训斥，结果坏情绪让大脑做出了错误的选择。他们看似在用跳楼这种方式来维护自我，或者说是反抗成年人的管束，有的"成功"了，有的没"成功"。但这种极端的方式最终伤害了自己，也伤害了家人。

　　我们平时会遇到各种事，好坏参半。但是同样是口渴面对半瓶水，有的人欣慰地说"还好有半瓶"，但有的人却会沮丧地抱怨"怎么只有半瓶了"；同样道理，面对同一件不好的事，有的人会觉得"这是在提醒我进步"，但有的人却认为"怎么我这么倒霉"。也就是说不同的人看待一件事会有不同的认知、产生不同的情绪，而这恰恰就是影响我们后续行为的重要因素。

　　这就是心理学上所讲的"情绪ABC理论"，这是由美国心理学家阿尔伯特·艾利斯创建的理论，其中A代表诱发性事件，B代表个体针对诱发事件而产生的种种看法，C则代表因为这件事自己产生的情绪和行为结果。在艾利斯看来，正是因为人们经常出现一些不合理的信念，才会让我们产生情绪困扰，假如这样不合理的信念长久存在，便会引发情绪障碍。

由此可见，我们想要保护自己不受伤害，就要选择正确的思考方向，对各种事情有一个客观的判断，或者是从更积极的角度去考虑，才可能保证自己不会因为一件事就情绪激动而害人又害己。

第一，多关注事物的积极面，培养积极看待一切的态度。

通过情绪ABC理论，我们要意识到，很多情绪都取决于我们对一件事的看法。越是积极看待，就越不会有负面情绪出现；越是总关注事物消极的一面，就越容易因为一点小事而陷入烦恼，反而无法摆脱负面情绪的侵袭。

所以，我们应当尽早培养积极看待一切的态度，主动去关注事物的积极面，哪怕对待一件不好的事，也要能看到其中隐藏的积极内容。心态的转变会有助于建立更积极向上的情绪，而这种情绪也将引导我们更积极地去应对各种问题。

第二，在内心建立一条"生命最大"的底线

虽然说要积极看待各种事，但很多时候我们也难免会陷入消极状态，不是说你不能郁闷、不能愤怒，而是不论这种消极状态让你多难过，你都应该在自己内心建立一条底线，那就是对于一个普通人来说，"生命最大，没有什么事是值得

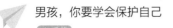
自己用生命去交换的"。

尤其是对于我们未成年人来说，生命是最重要的，只有活着才能期待未来的成长，才能更好地做各种事、扭转各种态势。所以不要把所谓的"难事"与自己的生命相提并论，难过就去找摆脱难过的方法，焦虑就去找缓解焦虑的法子，永远都不要放弃生命。

第三，学会从更广大的视角来看待情绪。

一般来说，情绪由人而生，也完全可以由人而消散。换句话说，没有什么情绪是不能够化解开的。有些事可能只是现在看来觉得很难受，但人生那么长，世界那么大，没有什么事是可以阻碍时间前进的，自然也就没有什么情绪是不可化解的。

随着成长，随着学习，我们对世界的了解必然会越来越多，那么我们的眼界也要随之放宽，心胸也该随之更为开阔。而且身为男性，我们本就该具有更远大的志向和宽广的心胸，所以当你的精神世界逐渐成长得有高度和深度时，那些因为种种琐事而带来的不良情绪就不会对你产生多么大的影响了。

内心强大——提升心理承受力，就是提升保护力

2019年3月12日早上，江苏省句容市某小学9岁男孩王某某，在某小区坠楼身亡。

王某某留下了一封遗书，讲明了自己为什么要跳楼。

原来，王某某觉得自己"撞坏"了学校的玻璃，经过双休日两天的思想斗争，他也没敢把这件事告诉奶奶。但星期一上学，他依然没法赔偿，到了放学的时候内心也还是很矛盾，也依旧不敢把实情告诉奶奶。内心就这样挣扎着，他实在承受不了这个压力，这才在星期二上学前背着书包从17楼跳下，选择以死"解脱"。

只因为撞坏了学校的玻璃，只因为不知道该怎么向家里人描述这件事，9岁的男孩就陷入怎么都解不开的内心矛盾中，最终被压力压垮。

可是站在旁观者的角度来看，这件事可能算不得什么大事，男孩调皮，在学校惹了祸事，承认错误、及时弥补，这件事理应很快就能翻篇。但为什么最终却是这样的结局呢？抛却其他原因，就男孩自身来说，就是他的心理承受能力太差了。

很多人选择自残、放弃生命的原因，都说是"我受不了了"，其实就是个人心理承受能力差。所谓"心理承受能力"，就是指个体对逆境引发的心理压力与负性情绪的承受与调节的能力，主要体现在对逆境的适应力、容忍力、耐力、战胜力方面。

心理承受能力越强，内心对很多不好的事情的接纳程度就会越高，对不良情绪的调节能力就会越强，遇到挫折会产生"我不能放弃"的想法，只要不放弃，就不会触碰到伤害自身的底线，这无疑也会让我们的身心受到更少的伤害，甚至是不受伤害。

所以，要解决心理问题，就需要磨炼我们的心理承受能力。

第一，培养独立性，提升做事能力。

如果我们平时不论什么事都依赖父母、老师和同学，自己没有主见，或者说只有别人帮助我们才能做事，这就说明，我们经历得少、经历得没有那么"深刻"，而一旦需要我们独立面对问题时，自然就会不知所措，这会给我们带来深深的无力感，会更容易让我们崩溃。

解决的办法就是培养独立性，在我们的能力范围内多学些做事技能，让自己的成长不仅限于学习成绩方面，还表现在综合能力上。我们可以从简单的事开始做起，比如从自理能力开始，先学会照顾好自己的日常生活，再拓展到其他方面的动手能力、与人交往能力，多一些独立处理问题的经历，如此循序渐进，让自己逐渐具备日益强大的能力基础。

第二，对表扬与批评等闲视之。

心理承受能力差的人对表扬会照单全收，但对批评却会照单全弃，甚至会觉得批评就是在否定自己的所有。但也正是这种对表扬过分看重和对批评的过分在意，才使得我们的心理承受能力变得脆弱不堪。

所以，我们也要有所突破，学会坦然接受表扬，哪里做得好、做得对，确实值得肯定。但也要意识到，表扬的目的是鼓励，是激励你更加向前，而不是让你停滞不前。

而对批评，我们也要能抓住它出现的意义。批评往往可以让我们意识到自己的问题、缺点所在，就算是那些恶意的批评，其实也是在提醒我们，我们原本可以做得更好。换个角度来看批评，它就是帮我们更快提升自己的推进剂。这样，我们对批评就不会再强烈排斥。而且，不是只有你才被批评得那么狠，在很多事上、很多人身上，都可能会有比你所经历的更严重的批评。所以，更客观地看待批评，才会让你不断进步，从而摆脱批评。

第三，偶尔也可以找人来帮忙一起承担。

很多人觉得自己在问题面前孤立无援，其实有时候如果你自己承受不住，也可以找人来帮忙。有人帮忙的话，你可能会更有信心、勇气和力量。

　　我们要判断自己的能力是否能应对遇到的事情，对于一件事自己可以做到什么程度，能解决哪些问题，不能解决哪些问题，还有哪些环节不知道如何处理，将这些内容一一列出来，处理好自己能处理的，剩下来的就可以去求助了。

　　但求助也不是完全放弃主动权的求助，是要参与其中的，要在他人的帮助下去做一些自己力所能及的事。这样一来，求助的过程同时也会成为学习的过程。这一件事在他人的帮助下解决了，这并不是重点，重点是你要学会他人是怎么思考的、采取了怎样的办法。而你也要注意到自己有哪些不足，怎么在日后有所提升。一次求助，让你从中有所收获，这样的求助才是有意义的。

第二章
Chapter 2

避免"早恋"的烦恼，
让青春更美好

　　进入青春期后，很多男孩都会面临懵懂情感的萌发。在很多时候，青春期的情感萌发被称为"早恋"，直白来讲就是"过早发生的、不合时宜的恋情"。而事实也的确如此，这时期所谓的"恋情"，几乎都会对当下的学习产生负面影响，也很容易因为冲动而造成不可挽回的局面。所以，为了能安心享受青春的美好，避免"早恋"的烦恼，我们要远离冲动。

"早恋"是个"坑"，跳入容易跳出难

2017年12月30日傍晚时分，辽宁省沈阳市警方向大连铁路公安处大连北站派出所求助称，从沈阳开往大连的一趟高铁列车上有一对离家出走的孩子需要堵截。

两名孩子一男一女，男孩名叫齐齐，15岁，女孩名叫萌萌，14岁，正在读初三的两人是同班同学，同时也是"男女朋友"关系。两人"早恋"了有一年时间，这次是因为刚考完试，想趁放假带着攒下的钱一起到大连玩。

这段恋情从一开始就受到了父母和学校的极力阻止，两人还因为"早恋"而导致学习成绩下滑，萌萌还挨过父母打。齐齐认为，自己和萌萌约定好了要好好学习，克制关系的发展。但老师把情况反映给了他们的父母，两人感觉压力太大，这才决定离开家到大连"散心"。

找到两名孩子后，民警迅速通知了齐齐和萌萌的父母，并在他们的父母赶到后叮嘱他们，教育孩子要选择合适的方式方法。

"早恋"给齐齐和萌萌带来的心理压力看来的确不小，以至于他们不得不选择离开熟悉的环境来"散心"。但这种做法也着实危险，两个未成年人因为情感冲动而做出这样的事情，也值得我们反思。

从字面来理解的话，"早恋"可以看成是"过早地恋爱"，一般会发生在青春期，因为进入青春期之后，男孩女孩会开始对异性感兴趣，产生异性爱慕的倾向，所以很容易以自己的"喜欢"为出发点，并参照、模仿成年人的恋爱而进入一种自以为是的"恋爱状态"。

但也正因为时间发生得过早，这种情感存在着缺陷，在没有任何经济、物质以及心理基础的前提下，青少年们只是因为冲动便轻易付出情感，对情感缺乏缜密思考，对对方也缺乏客观的了解，并且缺乏足够的伦理道德观念和责任感，所以，青春期恋情很容易冲动行事。

对于绝大多数的男孩来说，早恋的确是一个"坑"，那么如何避免"入坑"呢？

第一，在"恋情"这方面，可以听听"老人言"。

这里说的"老人言"指的是两个方面：一方面是真正的"老人"，也就是父母、老师或者其他长辈，因为他们都是情感方面的"过来人"，尤其是父母，他们会用自己的经验或教训来提醒你不要因为一时的欢乐和激动而放弃了未来；另一方面则是指那些已经发生过的出了问题的"早恋"，也就是事实层面的"老人言"。

我们要重点注意后者。很多因"早恋"而导致出问题的真实例子就在我们眼前，他们其实已经向我们"展示"了过早、盲目地陷入恋情就是在陷入问题大坑。新闻中的种种案例或者我们身边的种种真实事件，都是对我们的郑重提醒。

如果成年人和现实都在提醒我们"做某件事是有问题的"，那么我们就不应该只凭借自己所谓的"一腔热忱"而义无反顾，反倒是应该多思考"老人言"，在"前人"经验教训的基础上，再去思考自己眼下的路要怎么走。

第二，好好认识一下自己，而不是盲目自信。

情感冲动之下，我们对事情就会缺少理性的思考，自以为自己可以做到很多事，可实际上我们还差得远。随着成长，我们最好学会向内思考，想想看：

我现在都学了哪些本领？

我对于很多事情的看法客观吗？

我对很多事情的处理得当吗？

我迄今为止都经历过哪些教训？

我的每一次成功都是依靠自己独立获得的吗？

我与父母、老师、周围人的关系都和谐吗？

我理想的生活是怎样的？

我目前是真的在为理想而努力吗？

我有经济能力吗?

我能离开父母而独立生活吗?

……

你最好如实客观地回答这些问题，而你的答案可能会告诉你，这些问题好像真的都是问题。那么你就会发现，当下的你其实并不合适去经营一份需要独立和担当的感情生活。如果你能经常进行自我反思，也许你就能避开"早恋"之坑。

第三，坚定自我，不要轻易被"诱惑"

很多男孩可能自己的想法是想要好好表现的，比如齐齐，他能说出"好好学习，控制关系发展"这样的话也很难得。但是大部分男孩都架不住对方的"诱惑"，也就产生了"先处处试试""有人喜欢我是件好事"的想法，并进而行动起来，这是危险的一步。

青春期正好是学习的关键期，我们要激励自己将注意力放在学习和提升自我上，提醒自己"与学习无关的事不考虑"，给内心多加几道约束，不轻易受到对方的诱惑。只要能坚定内心，就可以躲过"早恋"的大坑。

请把纯真的情感埋在心底

2019年12月25日，陕西省汉中市某中学的一名高三男生从学校教学楼二楼跳下，原因是失恋难以承受打击。而男生跳楼时，刚好一名女生从楼下经过，不幸被跳楼男生砸中。事后两人被送医急救，跳楼的男生伤势并没有大碍，只是有些骨折，但被砸的女生却是胸椎严重受损。

据了解，跳楼的高三男生交了一个女朋友，两人谈了很长时间，但因为学校与父母的介入，女朋友提出分手。男生因此受了刺激，尽管班主任曾经察觉男生状态不对，可万万没想到他会做出如此极端的事情，更没想到这件事还牵连了无辜的人。

有的男孩会陷入青春期"恋情"，但可能也会因为受到"恋情"的种种冲击、波折而冲动行事。这名高三男生因为"失恋"而跳楼，就是冲动之下的错误之举，而他的冲动还连累了另一名无辜路人受到严重伤害，这就是冲动所引发的无可挽回的严重后果。

有人会说，青春期的男女生未经世事，所以彼此的情感本应是纯真美好的。是这样吗？我们不妨换个角度来想想，既然如此纯真美好，何不好好维护这种纯真美好？一定不要任由它在"纯真美好"的外衣之下疯狂躁动，刺激人冲动行事。

归根结底，还是因为这种情感发生的时间并不合适，所以，最好把这份纯真情感暂时封存。可以分"三步走"：

第一步，尊重成长规律，接纳情感出现。

青春期属于一个人正常的成长阶段，此时我们开始对异性好奇，对爱情好奇，并渴望成熟，这都是正常的成长发育表现。我们说要"埋藏"情感，但并不意味着完全否定它的存在。我们应该尊重这种成长规律，接纳自己内心的悸动，不害怕，不过分担忧，不焦虑，这样才能平静地面对这种情感。

第二步，试试把情感"外放"给合适的人。

青春年少的我们阅历尚浅，初次面对情感萌发，可能难以很好地应对。所以，不妨适当选择合适的人将这种情感"外放"疏通一下。

比如，在合适的时候和父母交流一下。如果你能开诚布公地把自己的想法、感受说出来，并向父母积极请教，希望得到他们的帮助，简单来说就是"好好说话"，父母不会不通情理的。也就是说，你要先把自己的姿态放低，先把自己的情况、问题如实讲出来，以一种求助或求教的姿态来寻求父母的帮助，他们多半都可以给你一些比较合适的建议。

除了父母，你觉得比较信任的老师或者其他长辈也可以成为你咨询求助的对象，不过建议你最好能和父母聊一聊，毕竟父母是我们最亲的人，不要让他们从别处了解你的情感，你自己主动说出来，且表达得很真诚，他们会更能意识到你的成长，也会更尊重你。

第三步，给自己的情感以最起码的尊重

真要说起来，外在的帮助终究是一种辅助，我们最应该做到的，是自己对自己的尊重。也就是要尊重自己的情感，要意识到，这种情感非常珍贵，而不是随随便便就说爱，也不要随随便便就交付真心。在你当下的年龄，你应该守好自己这份纯真的美好，就像守护珍宝一样，等到长大后遇到合适的时机再交付出去，这样才不会辜负自己的青春。

为什么不要去给女生"献殷勤"

一位妈妈讲了自己与儿子关于青春期情感的故事：

我儿子当时看到同班很多男生都有女生喜欢，而他始终无人问津，就郁闷地问我说他是不是也要和别人一样时不时向女生献献殷勤，然后借机增进彼此的感情。

我不得不提醒他，他长得比较胖，从外观来看就不是青春期女生所追求的"又高又帅"那一类，而且他在班里的表现也一般，并没有什么能吸引人的特质，所以这行不通。同时我也提醒他，不要去给女生献殷勤，不要以为送上好吃的好喝的好玩的、对女生说说好听的话就可以了，这些表面功夫做多了反而会让人反感，而且很不实际。我告诉他，如果想要能被人看见，他势必要提升自己的实力，以优秀的品质、强大的能力来让人对他刮目相看。

儿子一开始并不是很能理解，后来他自己对班里一个女生产生了好感，但不管他做什么，那个女生看都不看一眼。儿子这才意识到我最初说的话到底是什么意思，他郁闷了一阵子，不过还是按照我所说的，不再纠结这件事，也不再想要和女生表白，而是开始踏踏实实地提升自己的实力，学习也认真了，做事也认真了。很快，他因为在一次辩论赛上的良好表现被那个女生称赞了，两人因此还发展出了良好的友谊。

正如这位妈妈所说，献殷勤这件事并不会让对方觉得你有多好，而从这个男孩后来的做法来看，献殷勤的确没用。反倒是当他专心致志地提升自我时，激发出了他个人的魅力，发展出了良好的友谊。

有的人可能会不服气，认为献殷勤就是一种主动付出，有付出怎么可能会没有回报呢？那么，我们就来好好看一看为什么在青春期时男孩对女孩献殷勤并不合适。

原因一，盲目讨好其实是对自我的贬低

献殷勤从本质上来讲就是一种对他人的讨好，不论是从语言上、行动上讨好，还是从物质上、金钱上讨好，都只有降低自我身份才能从对方那里讨来好。

我们和其他人并没有什么区别，彼此本是平等的，难道就因为想要一份当下不合时宜的情感就放弃自己的尊严吗？没有谁必须要讨好谁，哪怕是未来经营情感时，也需要"实力相当"的情感付出与需求才能保证情感发展的平衡，否则一方一味卑微低下，另一方便会习惯强势，这样的情感也迟早会出问题。

所以，不要从你情窦初开时就建立这样不正常的情感发展观。你不需要盲目去讨好谁，专注做好自己该做的事，让自己独立、自主、自强、有闪光点，你自然会得到更多人的尊重。而这显然需要时间，随着时间推移，你的自我积累也将越来越深厚，待到合适时机，你自然会"闪闪发亮"，成为他人仰慕的对象和学习的榜样。

原因二，献殷勤势必会耗费时间和精力。

献殷勤有没有付出呢？当然是有的，你为了能讨好对方，就要付出时间和精力来思考应该怎么讨好，更有的人绞尽脑汁想各种点子，还不断花钱。如此一来，你哪里还有时间去顾及自己本来应该做的事情？不仅是学习被丢在一旁，有的人甚至是连正常的吃饭睡觉都做不到了，整日就想着要怎么"博君一笑"。尤其是对于还是学生的你来说，正因为没有足够的能力，所以你能想到的献殷勤的招数并不多。有些人就可能会将时间精力用到四处搜罗"怎么讨好他人"的招数上去，更加荒废了学业。

说到底，现在的你在各方面都存在不足，各方面都尚且处在发展阶段，甚至是发展初期，所以，不要只为了眼前飘忽不定的青春期情感就放弃了提升自我的关键时机，先修炼好自己，不断沉淀，让自己一步步成熟起来，然后再考虑其他。

原因三，没有能力时的献殷勤都会被瞧不起。

想象一下，你学习成绩不算好，在班里表现并不突出，个人综合能力更是不强，但你却总是要对你喜欢的那个女生献殷勤，那么你被对方注意的可能性很小，就算注意了，她可能也只会把你当成一个"跑腿的"来随便使唤。这是因为，在对方的心目中，各方面表现平平的你没有任何可被记忆的点，甚至还可能会因为你频繁献殷勤而嫌弃你。

但如果你能好好学习，提升自我综合能力，让自己能做出一番成绩时，你的心思就不会在献殷勤上了。显然，青春期的你，阅历远不能支撑你当下情感的付出，所以不要想当然地去献殷勤，它可能并不能产生你所期待的结果。你要想明白，献殷勤绝对不是维系情感的主要手段，恰恰相反，它只能是情感发展过程中偶尔为之的调味剂。你能吸引他人且能够维系情感的关键，还是你的实力，所以，让自己变强才是当下你最应该做的事。

误把青春期的"恋情"当爱情，害处多多

2020年9月，湖南省邵阳市17岁学生小东，在最关键的高三年级时谈恋爱，被父母和学校老师进行了管教。为了逃避管教，他竟然离家出走，并在外游荡了近10天。

小东的父亲说，小东因为早恋产生了厌学情绪，便自己跑了出去。之前他也曾经和父亲交流说，自己就是不想上学，就是觉得那个女孩子好，而他在外游荡的日子里也并没有与父母联系，父亲无论是打电话、发微信都联系不上他。

后来，可能是因为身上没钱了，小东不得不回到了家。但回家之后的他和父母的关系也没有缓和，除了吃饭、洗澡，他都不愿意走出房门，更不愿意与父母交流，直言"你们不懂我"。

父亲曾经提醒他，过早介入情感问题不合适，为了一个女孩就不上学更是不对的，而且这样的女孩也不适合与他在一起。但小东却拒绝回答父亲问他的"为什么厌学""为什么恋爱"的问题，无奈之下，父亲只得请来心理专家，希望专家能帮忙解决小东的心理问题。

青春期给小东带来了迷茫，不管是对待恋情还是对待生活，他其实并不知道自己到底想要什么。他因为所谓的"恋情"受阻而心生反抗，从厌学、离家出走、拒绝交流的行为来看，他似乎是在为自己的情感反抗，希望自己的情感能够得到认可，但他的这些做法却不过只是给家人平添烦恼，更给自己的学习生活带来了障碍。

如果青春期的男孩只因一时冲动便随便触碰情感，出问题的概率几乎是百分之百。如果把这种满是问题的情感误解为就是爱情，显然并不利于我们自身情感的健康发展，更会影响正常的学习与生活。

所以，为了避免这样的伤害，我们需要好好区分一下青春期的"恋情"和真正的爱情。

第一，了解青春期"恋情"的种种问题。

青春期的恋情的确存在很多问题，但如果你不知道自己的哪些理解、行为是问题，那你就势必会一错再错。

问题一，只是有好感就想要在一起。

很多男孩面对青春期的恋情都表现得很"霸道"，只要自己喜欢一个人，只要自己想要和某个人在一起，就必须要实现。所以，很多男孩对对方的追求就变成锲而不舍，即便被拒绝也依旧不放弃，并且还认为自己这样是"深情"的表现。

问题二，不断地模仿"恋爱行为"。

青春期男孩的很多所谓的恋爱行为，都是对他所看的影视剧、小说中的爱情表现以及听来的他人的表现的一种模仿。比如买礼物、送花，比如要时时刻刻在一起，比如约会，还比如为了"保护对方"去打架甚至不惜与父母老师作对。

问题三，把"谈恋爱"当成是一件了不起的事。

有相当一部分男孩把"现阶段是否谈恋爱"当成是一件很了不起的事，如果周围的同学都"交了女朋友"，但就自己没有，他就会觉得自己抬不起头来，而周围的人也会因此嘲笑他。

问题四，习惯用极端方式处理恋爱问题。

一旦互有好感的双方出了问题，不论问题性质如何，很多男孩都可能会采取比较极端的方式来解决。比如，前面曾经提到的有的男孩因为失恋就跳楼，也有的男孩会对对方采取威胁恐吓，也会有因为不在一起了就诋毁对方的行为，还有的更是会出现因为分手而开始霸凌对方的情况。

问题五，管不住自己的思想和手。

青春期的男孩免不了会有强烈的性冲动，而且有很多人也错误地认为"只有发生了性行为才能证明彼此是爱情"，更有的男孩因为性冲动而做出不理智的行为。

其实青春期的恋情在很多方面都会出问题，因为它毕竟是在不合适的时间出现的情感。我们应该冷静下来，从旁观者的角度来看看这些问题，要能意识到自己的确是存在问题的，这样才能促使自己做出改变。

第二，看一看什么才是真正的爱情。

了解了青春期恋情的问题，我们还要看看什么样的表现才称得上是真正的爱情，这样才好有个对比，才能知道自己当下应该怎么做。

首先，真正的爱情是在个人情感发育日渐成熟、具备一定的生活技能以及经济相对独立的基础上建立起来的。因为爱情的发展不可能只靠想象，情感应该如何表达、如何互相包容理解，如何在生活上彼此照应，如何满足一定的经济消费来维系生活的发展，这些更实际的因素才能保证爱情的发展更长久。

其次，真正的爱情是一种互相扶持、互相温暖，是彼此相对应的付出与被付出，两个人彼此"实力相当"，都是独立、自主的人，不需要谁必须依靠谁，也没有谁必须保护、照顾谁。而且双方的付出也是无私的，是不求回报的，但却都是"为了对方越来越好"的心思，两个人都能从这种相互扶持中获得满足。

再次，真正的爱情需要双方"三观"一致，都是正直的、善良的，会坚持共同的道德底线，有一样的做人原则，并且是在互相鼓励、一起进步的过程中发展下去的，而不是彼此拆台，为彼此的错误埋单。真正的爱情会让两个人越变越好，彼此的情感也会在这种共同进步中变得更加坚定。

最后，真正的爱情也是彼此包容的，好的坏的、美的丑的都会被看在眼里，彼此都不会过分强加自己的要求给对方，但却都会为了变得更好而积极改变自我，而且都有期待对方越变越好的心思，会为了对方着想，会有想要成全对方的意愿。

通过这样的对比，我们应该可以发现，就目前的自己来说，还远远满足不了实现真正爱情的条件，个人的情感发育还不健全，存在过于天真、喜欢幻想、情绪不稳等问题，这些问题都不利于爱情的发展，至于说个人能力和经济条件，我们更是完全拿不出手。

所以，不要那么急着去体验爱情，我们离真正长大还有一段长路要走，还需要一点点地把脚下的路走踏实，待一切准备好再去尝试推开爱情的大门也不迟。

虚拟的"网恋"——警惕挖好了等你跳的陷阱

有个18岁男孩高中刚毕业，家境富裕，父母对他有求必应，而他本人也是个网瘾少年，整天不是泡在电脑前就是抱着手机玩个不停。

某天，男孩在微信上通过摇一摇认识了一位女网友，女网友自称是一位网络主持人，长相姣好、声音甜美，两人交流了一段时间后，他就被对方吸引了，而对方也向男孩诉说了爱意，两人随即就在网络上确立了关系。

一个月后，女网友说想来男孩的城市看他，但自己没有路费，男孩毫不犹豫地和父母要了5 000元钱直接转了过去。眼看快到见面的日子了，女网友却突然告诉男孩说自己的妈妈需要开刀动手术，不仅不能和他见面，她还要四处筹钱，希望他能帮帮她，男孩便又向父母要了20 000元转了过去。

一段时间后，女网友又告诉男孩，说母亲的病好了，母女二人想要一起来看看他，也需要路费，男孩接着又跟父母要了钱转了5 000元过去。

到了女网友说好的见面时间，男孩赶到机场却没见到人，这时他才感觉自己可能是上当了，随即报了警。警方一番调查，很快锁定嫌疑人，"女网友"随即落网，但"她"却是一名已婚男士，在网上假扮女性骗人钱财。

这个男孩可能的确想要谈一场恋爱，从他轻易动心、愿意为对方花钱这些方面都能看得出来，但网络骗子也正是抓住了他的这种单纯想法，这才让他在短短时间内，既被欺骗了感情又被骗了钱财。

前一节我们讲了"真正的爱情"和"青春期'恋情'"之间的区别。从现实中来看，青春期的恋情都问题连连，并不"靠谱"，更何况是青春期的"网恋"？我们此时没有足够的是非分辨能力，很容易就会落入骗子的圈套之中。

所以，我们要学会避开网恋陷阱。

第一，设定纯粹的上网目的。

作为学生来讲，我们上网的目的本该没有那么复杂，无非是查找资料、与人沟通交流以及进行具有积极意义的娱乐。而如果你真能实实在在地按照这样的目的去做的话，你上网的收获大概率都应该是学到了知识、交到了朋友或享受到了聊天的快乐，还有就是满足了自己的好奇心或从积极娱乐活动中享受到了快乐。

那么，我们就不妨设定好这样的上网目的，不要带着"要是能在网上交一个女朋友就好了"的目的去上网，自然也就不会去寻找这类的网络内容。

第二，不轻易相信网络中的人所说的任何话。

网络具有一定的欺骗性，就像案例中的男孩所遭遇的那样，你并不能准确判断和你交流的人是男是女、带有什么目的，再加上我们本身的单纯，就很容易被骗子所利用操控。

如果面对的是网络陌生人，我们要守好自己的所有个人信息和秘密，不轻易告知对方自己的姓名、年龄、性别，以及所在的城市、学校、家庭情况；就算面对的是自己认识的同学的账号，因为我们没法保证正在使用账号与你交流的是否真的是同学（比如，他的账号可能被盗了），所以也不要什么都往外说。

尤其是遇到对方提到需要消费、转账之类的消息时，我们更要提高警惕，不要自己直接决定转账，自己的手机中也不要存储大量零花钱或绑定大额银行卡，不要偷偷使用父母的银行卡或信用卡。

第三，提升现实中的交往能力。

有相当一部分男孩之所以会去网络上交友甚至恋爱，源于他无法好好面对现实生活中真实的人。这样的男孩在现实生活中的交往能力都不强，但在网络上却因为不需要面对面而让他变得轻松许多，但越是不愿意接触现实，也就越容易沉迷于网络交友，而越是沉迷于网络世界，也就越发与现实生活脱节。我们应该摆脱这个恶性循环。

其实，校园就是我们很好的锻炼环境。我们可以尝试与同学加强联系。如果自己不那么主动，那么在他人主动开口时，最好能顺势与之交流沟通，尤其是当对方提出需要帮助或者想要给你帮助的时候，可以借助这件事与对方建立起基本的联系，没准儿就能发展成友谊。同时，通过多建立现实中的友谊，我们还能在与同学的交往中发现并改正自己的问题，及时弥补缺点，提升交往及与人相处的能力，从而建立更多现实中的友谊，减少对网络虚拟友谊的追求。

男女有别——用正确的认知架起保护自己的屏障

2016年12月的一天，上海市闵行区某学校放学后，一些家长还没来接的孩子就在校门口的广场玩耍。

一名7岁左右的男孩手里拿着一根绳子，一直绕着一名同年级但不同班级的女孩玩闹，因为纠缠得有些久，女孩有些受惊。

这场景刚好就被来接女孩回家的父亲看到了，女孩父亲直接上前想要教训男孩，男孩转身跑着离开，但女孩的父亲也随即转身去抓他，不仅抓伤了男孩的胸口，把他的头撞在铁栏杆上，还将他推倒在地。女孩当时吓哭了，男孩的父亲也赶到了，看到自家孩子被如此对待，他直接上前推开女孩父亲，他们随即又发生了较为激烈的肢体冲突。

民警接到报警后迅速赶到现场开始调查，并将打斗的两位父亲和两名孩子都送去医院验伤。警方认为此次事件是以成年人斗殴为主，若双方不同意调解，两位父亲会分别被处以15日（女生父亲）和5日（男生父亲）的拘留。

这起案件其实就是一个很小的点所引起的，如果男孩最开始的玩耍懂得分寸，知道不随意招惹女孩、不纠缠对方，那么后续的这些越闹越大的事也就不会发生，男孩自己也不会受到伤害，两位父亲也不会大打出手甚至留下案底。

所以，我们应该尽早理解"男女有别"这个基本事实，如果能做到有分寸地与异性相处，那么很多伤害也就根本不会发生，这其实也是从另一个角度对男孩的一种保护。

如果说小学时期的男孩对女孩的纠缠多半是一种玩闹心理，尚且会引起如此严重的后果，那么到了青春期，体内的雄性激素会促使男孩产生性冲动，这时候对异性若是再没有明确的"男女有别"的认知，恐怕就会发生更难以预估的后果。

所以，我们要好好学习并理解"男女有别"的道理。

第一，与女孩建立正常的友谊，有礼貌地接触。

进入学校后，男孩女孩平等相处，彼此间就可以建立友谊。但是这个友谊应该是正常的同学与同学之间的友谊，而不要掺杂其他的不良心思。

要注意的是，同样是朋友相处，和男性朋友相处也许会有很多肢体触碰，还会开一些无伤大雅的玩笑，但与女性朋友相处的时候就要格外注意了，与她们接触要有礼貌。

一个基本原则就是管好自己的手。在正常相处情况下，不要随意对女孩摸手、拽胳膊、摸头、拍肩，搂抱更是不可以。与女孩交流时，要保持一定的距离，探讨问题或说明事情最好就事论事，除非有很好的共同话题进行探讨，否则不要没话找话。简单来说就是，我们和女孩的相处如果能够把握好分寸，有礼有节，就会更容易建立并维护好彼此之间简单的友谊关系。

第二，建立群体性友谊，减少异性"一对一"相处。

有些男孩可能只有一个女性朋友，不管自己是不是有私心，但却会给外人带来错觉，会被误解你对这个女孩有什么别样感觉，一旦因此产生了谣言，对你和那个女孩都会带来伤害。

所以，我们最好能与更多的男孩、女孩建立良好的群体性友谊，也就是有很多男孩做朋友，同时也可以与一些女孩做朋友，大家可以一起聊天，有事也可以一起行动，尽量减少异性"一对一"相处情况的出现。

当然如果有需要"一对一"的工作，比如班干部的工作对接，这时我们就要注意环境的选择，要选择有他人在的环境，或者是开放的空间，与对方仅交流工作事宜，而不聊闲天。

第三，对异性多一些了解，不要只图一时快乐。

男女有别，不只是意味着男女之间应该有距离，同时也意味着在很多事情上，男女的认知理解都是不同的。所以，我们最好也能了解异性的一些基本特点，以免自己因为无知

"踩雷"而被误伤。

比如，有的男孩"出口成脏"，男孩之间可能对这样的表达没有太大的反应，但这样的表达本就是错的，女孩听见都会感觉心理不适；有的男孩觉得女孩哭哭啼啼很麻烦，但女孩细腻的情感会促使她选择哭泣来释放情绪；有的男孩觉得直来直去能最快表达清楚中心思想，可女孩并不喜欢这种直白的表述，她觉得会伤人；等等。

当然，我们不一定专门翻书、上网查资料去学习此类内容，可以通过身边的人进行了解，可以从妈妈的反应来发现哪些言行是女性不喜欢的，也可以从其他男生对待女生时或被夸赞或被反感的情况来判断怎样的言行是合适的。我们也要变得灵活一些，有时也不妨站在女生的角度去思考和感受，尽量做到理解对方。

第四，树立良好的道德观，尊重异性也尊重自己。

作为男性，我们对异性应该有最起码的尊重，这种尊重来源于我们自身的德行修养。我们要认识到男女平等，要认识到人人都值得尊重。这样一来，我们在日常生活中说话、做事时就不会对异性出言不逊、动手动脚。

这里要特别注意语言表达。当你对异性有起码的尊重时，就不会对她们肆意辱骂，更不会对她们颐指气使。所以，提升德行素养非常重要，建立正确的"三观"，在尊重他人的同时也能换来他人对自己的尊重。

常见的性心理——正确认知，才能有效保护

一位男科大夫在门诊时遇到这样一个病例：

一位父亲带着自己已经上高三的儿子来看病，父亲说之前去了很多医院，有诊断儿子焦虑症的，也有诊断他抑郁症的，还有诊断他患有未分化型精神分裂症的。

医生一番询问才知道，这个男孩进入青春期后开始手淫，有时候一天多次手淫。后来他上网查了一些资料，产生了负罪感，便想要戒除这个瘾。

然而自从不手淫之后，男孩开始出现遗精，有时候一周一两次，有时候甚至一晚上就有两次，男孩被吓坏了，认为是自己之前手淫才种下的恶果。后来他四处求医，可却都没解决问题，他也因此变得越来越"内向"，甚至无法维持正常的学习与生活，于是不得不休学两年在家专心治病。

了解到这些情况之后，医生向男孩和其父亲解释说，一名性成熟的健康男性，在没有性行为的情况下，一周一两次遗精属于正常范围，偶尔频繁一些无须在意，若是长时间频繁遗精，也可以配合一定药物治疗，男孩只不过是心理负担太重才影响了正常的学习和生活。

听了医生的话，父子俩这才松了一口气。

这个男孩之所以会有如此大的心理压力，就是源于他性冲动与性行为的困扰，因为手淫而带来的困扰的确也是很多男孩心理压力的重要来源之一。

　　进入青春期之后，男孩的身体因为发育而出现变化，很多人无法适应这样的变化，内心也就会随之产生压力，进而影响正常的学习与生活。

　　那么我们不妨来认识一下常见的性心理，科学地了解它们到底是如何出现的，又该如何克服，从而回归正常的学习生活。

常见性心理一：自我认知的偏差。

　　美国发展心理学家爱利克·埃里克森有一个"八阶段理论"，意思是人要经历8个阶段的心理社会演变。他认为寻找身份是人生的主要目的，但它在各个阶段又有着明显不同的形式。只有在青春期，孩子意识到自己是一个正在发展的人，有潜力去掌握自己的生活时，建立一个连贯的身份就会成为他们要应对的主要挑战。

　　在青春期时，男孩的心理和生理都会出现巨大变化，此时我们会意识到理想的自我和真实的自我之间存在差距，进而普遍对真实自我产生不满。尤其是这个阶段的男孩生活经验、自控能力都不足，所以很容易出现预想与客观事实冲突的情况，也就更容易出现心理问题。

常见性心理二：性体像意识的困扰。

所谓性体像意识的困扰，是指进入青春期的男孩不能正确、客观地认识自己的身体以及第二性征，会对身体第二性征的出现表现出害羞、不安以及不可理解。有的男孩会对自身外在的形象不满意，比如，会为身材矮小而苦恼，会因为肥胖而自卑，还有的男孩会对自己的生殖器官有不满意的情绪，这些男孩不能意识到身体在青春期的种种改变会出现在不同部位并且不会同时开始，从而因为身体的这些变化而产生体像和自信心方面的问题。

常见性心理三：性认知的偏差。

由于种种原因很多男孩到了青春期也没有接受更合理的性知识教育，而且有些父母和老师对性的闭口不谈甚至"谈性色变"，都使得男孩错误地认为性是难以启齿的事情。而这样的认知偏差又使得一些男孩无法进行科学系统的学习，结果就会大概率出现错误的性观念，从而影响自身的生长发育与身心健康，并进一步影响个人的自我完善过程。

常见性心理四：性意识的困扰。

进入青春期后，性心理和性生理器官的发育变化以及性冲动的出现，使得男孩性心理日渐发展，性意识开始觉醒，会出现被异性吸引、产生性幻想、做性梦等种种情况。但是有些男孩并不能正确面对这样的意识活动，会因此出现焦虑、急躁、心神不安、郁闷、懊悔等情绪，有的男孩还会出现注意力不集中、不敢与异性交往的情况，不仅影响学习生活，更严重的还会产生心理障碍。

常见性心理五：性冲动与性行为困扰。

到了青春期，男孩在性激素的作用和外界相关刺激下都会产生性冲动，这是正常反应。但有的男孩会因为出现性冲动而感觉到羞耻，有的男孩对手淫又是一种"欲罢不能"的感觉，各种纠结会导致男孩不知道如何应对，有的可能会采取不科学的强行压制的方法，有的则干脆听之任之，但这两种极端做法显然都会给男孩的身体带来伤害。

之所以会出现这样的一系列性心理问题，与我们对性知识的了解学习不够、缺乏足够的自控力以及精神生活匮乏有关。

所以，进入青春期后，我们应该正视自身的种种变化，从科学的角度去了解这些变化发生的原因和意义，有问题多和父母、老师沟通，寻求正规渠道的性知识去进行科学学习。我们也要学会自控，不被性冲动牵着走。同时，我们还要丰富自己的精神生活，积极发展有意义的兴趣爱好，多参加一些集体活动，学会合理释放精力，让生活变得充实起来。

性心理的问题并不是不能解决的，了解它们的原因和表现后，我们就可以做到对症下药，及时调理身体，清除内心障碍，将更多的时间和精力投入更有意义的学习与生活中去。

破解"性"困惑——少一点冲动，让青春更美好

2020年6月28日中午，湖北省武汉市某中专三年级高考生小延，跟着一名上厕所的女生进了女洗手间。就在女生上厕所的过程中，小延将手机伸过厕所挡板开始偷拍。但女生很快发现了，吓得从厕所跑了出来，并在老师的陪同下找到了学校保卫科，要求查看监控找出偷拍的人。

通过监控，女生的老师认出来偷拍的人正是小延，后来被叫来的小延也承认了自己偷拍，并删除了视频。他说是因为高考压力太大，自己就在网上看一些色情视频，因为产生冲动才动了偷拍女生上厕所的邪念。

女生本来想要报警，但考虑即将高考了，并且老师也认为会影响小延高考，最终还是放弃了报警，不过她要求小延带着父母一起来向自己道歉。小延一直苦苦哀求老师不要告诉父母，最终老师同意让小延自己和父母说明此事。

可是就在当天父母下班回家前，小延因为心理压力过大跳楼自杀了。

因为这件事，小延父母还和学校发生了冲突，并向学校索赔200万元。

发生在小延身上的这件事，其实就是一连串的错误，首先他选择了错误的缓解心理压力的方式——看色情视频，因为色情视频而引发了性冲动，接着又选择用偷拍这样错误的方式来释放冲动。但也正因为这种不理智行为涉及了性，使得他不敢告诉父母，这其实也是一种错误的处理方式，而最终他又选择跳楼来解脱就更是错上加错。

青春期的到来本就容易导致我们出现各方面的心理波动，但选择极端方式来释放压力或者逃避压力，都是错误的做法。青春期的冲动也并非不可抑制、无法处理，我们应该想办法解决困惑，摆脱冲动，让自己能安全快乐地度过这段躁动的时期。

第一，当身体出现变化、内心产生焦虑时，应及时求助。

青春期的到来没有固定的时间，早一些晚一些都有可能，但我们自己应该是有感知的。

我们可以从自己的身心变化进行观察，如果身体出现了改变，比如有生殖器的发育，以及体貌特征的一些变化，并由此感觉无比焦虑的时候，你就可以初步判断自己可能进入青春期了。

这时你可能会有很多问题，思想上也会有很多解不开的疙瘩，这时最好不要自己憋着，更不要盲目寻找释放突破口，而是及时向父母或者信任的老师求助，告诉他们你都有了哪些变化，你内心有什么样的感觉，然后请他们来帮助你。

第二，通过科学手段来解决与性有关的种种问题。

很多男孩之所以总是在"性"这方面出问题，就是因为他们选择了错误的问题解决之道。遇到性方面的疑惑，要么看色情视频，要么看色情小说；遇到性冲动难以抑制，有像小延这样偷拍女生上厕所的，也有选择对女性实施更严重的侵犯的。

如果在性这方面有困惑，应该通过科学的手段拿来解决困惑，一些介绍青春期的知识类书籍、心理学书籍都可以帮我们更理性地认识自己的身体和心理发展；有些纪录片，比如《人体的故事》，也可以让我们更了解自己的身体；还可以向心理医生、生理老师等更权威的人士来进行咨询，由他们来帮我们解开困惑。

另外，有很多与性有关的知识都可以从网络上找到，我们也要注意对网络内容进行筛选，不论是进行知识学习还是问题咨询，都要查询正规网站的正规内容和医师，如果实在解决不了，还是要告诉父母，由父母帮忙来寻找更合适的老师、医生或其他人来解决。

第三，采取合理的方式控制自身的冲动。

案例中的小延，为了缓解压力而去看色情视频，反倒引发了强烈的性冲动，难以抑制时又选择去女厕所偷拍，被发现了又担心父母知晓而自杀，这可谓是每一步都是错上加错。

青春期的冲动有时候的确不好控制，但不好控制不代表不能控制。比如，我们可以采取"动静结合"的方式来处理冲动。

所谓"动"，就是要让身体动起来，青春期的男孩精力旺盛，需要通过合理渠道释放出去，避免因为精力无处释放而产生冲动。不妨多参加运动，不论是登山、打球，还是游泳、滑板，又或者是集体对抗类的游戏或运动，都能让自身的精力得到很好的释放。

所谓"静"，则是要通过一些安静的活动来让自己静心养性，帮助自己学会平复内心的躁动。比如，养成读书的好习惯，学习棋类，练习书法、绘画，试着练习一下冥想、静坐，也就是通过这些比较安静的活动来帮助自己变得平和下来。

第三章
Chapter 3

拒绝网络诱惑，心灵的
空虚游戏无法填补

现如今很多男孩的生活似乎已经离不开网络了。花样百出的网络游戏，海量丰富的网络内容，都会让好奇心重、容易冲动的男孩深陷其中难以自拔。但是网络终究不是现实，我们总要在现实生活中去实现身心的良好成长。若是过分沉迷网络，我们的内心就会越来越空虚，网络也无法填补它，所以要拒绝网络诱惑，回归现实去感受真实的美好。

网络成瘾——心里无法回避的痛

曾经有一位罗先生向某报社拨打求助电话。

罗先生是河南省信阳市人，在北京以跑出租为生，儿子在北京东边的燕郊上初中。儿子从小学五年级开始接触到了网络游戏，到了六年级就开始痴迷了。罗先生发现，平时儿子每天不论是中午还是下午，放学回家第一件事都是拿出手机玩游戏，喊他吃饭也不听，每天晚上还要玩游戏玩到凌晨2点才睡觉。而到了周末和寒暑假，儿子干脆就从早玩到晚，每天只睡五六个小时都不到，剩下的所有时间都用来玩游戏。

为了限制儿子玩游戏，罗先生也曾经收过儿子手机，可儿子对此的应对就是在床上坐着不吃不喝，以此来进行反抗。

原本罗先生的妻子在北京做服装生意，可就因为儿子整天沉迷于玩游戏，妻子不得不放弃工作，在儿子学校旁边租了房子，就为一心一意照顾儿子生活学习。

罗先生觉得自己一点办法都没有了，因为孩子正处于青春期，很是叛逆，他希望能通过报社来帮助自己好好引导教育孩子。

这个男孩的表现应该并不是个例。很多男孩对于网络游戏过分关注，在网络世界中难以自拔，这可能在他们父母的内心都留下了痛。看到这位被逼迫得不得不向陌生人、向媒体求助的父亲，我们是不是也应该好好反思一下，如此沉迷网络应该吗？

　　从男孩的表现来说，他已经有了成瘾的症状，而网络成瘾也并不仅仅指玩游戏这一项，网络聊天、网络交友、网络购物等行为，若是没有节制，以至于整个生活都被网络所占据，都是网络成瘾的表现。有学者认为，网瘾可以被看成是"网络的过度使用或滥用"，也有学者把它称为"网络的病理性使用或过度的使用"。可见，网瘾确实不容忽视。

　　我们不妨来看一看，不同内容的网络成瘾给我们的生活都带来了哪些影响。

　　内容一：网络游戏。

　　男孩喜欢玩的网络游戏类型大多是打打杀杀的，不断"升级打怪"，不断获得所谓"荣耀"，不断在游戏中获得他人的"赞许"或吹捧，使得很多男孩很享受游戏中的世界。

　　这种打打杀杀的游戏当然是虚拟的，在现实生活中并不存在，但因为有别人的"赞许"、吹捧或"荣耀"，也就使得很多男孩宁愿沉迷于虚拟世界也不愿意接受现实世界，更有的男孩混淆了虚拟与现实，在现实生活中做出了游戏中的举动——打打杀杀，结果是害人害己。

而且，很多游戏并不只是简单地让你玩一玩也就算了，为了获得更好的装备，为了能更快通关，你还需要花费大量的金钱，也许每次消费不过十几、几十元钱，但是累积下来却也是一笔不小的开销。对于没有经济来源的我们来说，这消耗的都是父母的血汗钱。更有的男孩为了玩游戏充值，还会偷钱，这就更是网络游戏带来的严重后果了。

内容二：网络聊天和交友

有的男孩觉得自己在现实生活中不受人欢迎，找不到朋友，还认为没有人能懂自己，便想要去网上寻求所谓的"理解"。但也正因为隔着彼此的屏幕，对方会拥有相对完美的伪装，你永远不知道对方会是怎样的人，是不是带有想要欺骗你的心思，有没有诱惑你走歪路。

而且，我们终究是在现实中生活的，网络上的虚拟朋友对我们的生活产生帮助的可能性并不高，如果只是沉迷于网络友谊圈，那么我们就会离现实生活越来越远。

内容三：网络购物

并不是只有女孩才愿意购物，很多男孩的网购欲望也非常强烈，他们会在装扮自己、装扮自己的游戏、满足自己的好奇心等方面投入大量的金钱。可是买来的东西却不一定都是有用的，也不一定都是物有所值的。

而且网络购物也因为其线上交易的特性，更容易伪装，

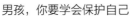
很多骗子也就抓住了这个特点，诱骗单纯的男孩花大价钱买假货甚至是白花钱。有的男孩为了能买到自己想要的东西，更是不惜偷窃家中财物，偷刷父母的网银账号。

由此可见，我们对网络的沉迷对整个家庭都是一种伤害。

那么为什么会出现网络成瘾呢？这是由外因和内因综合决定的。

外因也就是家庭教育与社会环境的影响，父母的教育不恰当就容易引发孩子对网络的依赖，而社会上网吧的流行、Wi-Fi的可以随意接入，以及手机的普及，都会使得我们有大把机会接触到网络。

但外因终究是外界带来的，最关键的还是要看内因，尤其是青春期时，我们的心理变化会促使网瘾更快地形成并难以戒除。

形成网瘾的内因，包括这几方面：

第一，内心满足感的缺失。

学习、生活、人际交往等方面出现问题，使得我们内心缺乏自信，出现心理空虚，但又逃避现实，也就最容易到虚拟世界寻求自我满足。

第二，逆反心理作祟。

青春期时，男孩对各方面的好奇心有所增加，但又因为逆反心理而不想受到成年人的监视和约束，于是网络就成了"很好的天地"，不论是游戏、与人交往还是做其他事情，网络似乎都能办到。

第三，缺乏生活信念与目标。

很多青春期男孩过得都相当迷茫，不知道自己当下应该怎么办、未来怎么办，但却又充满幻想，控制不了自己的欲望，于是便很容易被网络的五光十色所迷惑。再加上周围有损友怂恿，就更容易深陷网络而无法自拔。

从成瘾原因来看，网瘾问题并非不能解决，我们要做的其实是正视自己青春期的成长，要想着把自己从对网络的过度依赖、迷恋中拉出来，让网络在我们的学习和生活中发挥积极的作用，也努力让自己尽快摆脱网络成瘾带来的伤害，回归正常的生活。

被网络控制——绑架勒索最终害人害己

安徽省蚌埠市一名17岁少年小崔，一直沉迷于网络，发愁自己没钱上网后便产生了绑架小孩来勒索钱物的邪念。

2013年11月4日，小崔刚好遇到了放学回家的7岁堂弟小阳。他便以玩手机游戏为由，将小阳带到了一处偏僻的河沟。小崔向小阳要来了小阳母亲的手机号码，但他随后就直接勒死了堂弟。接着，小崔通过拨打电话和发短信的方式通知小阳的母亲，向她勒索赎金15万元。

小阳的母亲报了警，警方经过调查后，当天下午就在某网吧将小崔抓获。最终，依据当时的法律，小崔因犯绑架罪被蚌埠市中级人民法院判处有期徒刑15年，并处罚金5万元。

只为了满足自己想要上网的欲望，就断送了他人的生命和未来，显然小崔已经深陷网瘾之中无法自拔，以致产生了这种罪恶的邪念，并真的实施了绑架勒索，甚至伤害了幼小的生命。这虽然是一个时间比较久远的案件，但是它依然是一记警钟，提醒我们：对网络的痴迷会严重影响一些人的思想和行为，可能会导致他们犯下无比残忍的罪行。

　　不要觉得这样的事离自己很遥远，可能就在我们身边，就已经有男孩为了筹钱上网、买装备而做出偷盗、抢劫等各种不法的事情，如果不能及时悬崖勒马，很难说不会有人也如小崔一样心生害人性命这样的残忍邪念，最终害人又害己。

　　所以，我们要克服的就是对网络世界的过分沉迷与依赖。

　　第一，多一些与现实生活接触的时间。

　　每个人每天可用的时间是有限的，满打满算也就24个小时，减去吃饭睡觉的时间，可用的时间也就十几个小时而已，这些时间，可能还包括上课、学习等。而如果你把这些上课、学习之外的时间都用来上网，自然会因为与之接触过多而越发难以离开；但如果你能合理分配时间，分给现实生活的时间多一些，那么放在网络上的时间自然也就少了。

　　所以，我们可以试着把时间调配开，一部分分给网络，一部分分给现实生活，可以帮着家里做做家务、学习诸如做饭或做手工这样动手的小技能，也可以走出家门去运动，让自己的手脚都动起来。

　　可以每天逐渐增加分配给现实生活的时间，每天尽可能多地给自己安排需要在现实生活中做的事情，人为主动减少触碰网络的时间，逐渐从沉迷的状态摆脱出来。

第二，在心中建立决不能触碰的上网底线。

那些为了上网筹钱而犯下罪恶行径的男孩，其内心多半都没有道德底线，否则也不会铤而走险。所以，我们应该尽早在自己内心建立一个不可触碰的底线，不论怎样都不能出现违背做人原则的事情，都不能开违法犯罪的口子，哪怕是再小的事，也要做到"勿以恶小而为之"。

比如关于上网内容，只关注正规网站的正规内容，不搜索黑暗的、负面的内容；关于上网行为，给自己定好上网时间，到时间就离开网络，如果暂时不能上网，也不过分强求；关于上网态度，把它看成是生活的一个很小的部分，不过分重视也就不会过分关注。

第三，自始至终都不要偷偷摸摸上网。

偷偷摸摸上网可以说是被网络控制的开端，也可以说是被网络控制的证据。其实在自控力这方面我们并没有表现得特别好，那么我们在不能自控时，父母或老师就是我们最好的监督者。

所以，不要偷偷摸摸地上网，如果是在家，如果你要使用网络，最好能在父母的眼皮底下，你上网干什么、使用网络多长时间，父母都看得到，他们相对也会安心一些，而你上网的行为自然也会受到约束；如果是在学校，除非是与计算机有关的课程，否则你是不能使用手机上网的，老师的监督也在其中起到了重要的作用。

另外，要给自己立个规矩，坚决不上网吧，毕竟家里都有安全网络，何必要去网吧？再就是尽可能不连接公共场所的Wi-Fi，一是可能会有各种风险，二是我们自控力不足够强大，随意连接Wi-Fi也会容易让自己在网络世界中失控、迷失。所以，要给自己建立一个强大的网络屏障，以免自己在家庭之外的网络中不知不觉地被控制。

预防网瘾，坚决给自己竖起"防火墙"

2021年1月15日，江西省南昌市某小区发生了一起刑事案件。

一名14岁的男孩在家里聚精会神地玩着手机游戏，爷爷喊吃饭他都听不见。爷爷连续催促了好几次，男孩却始终都没有反应，爷爷一气之下将他的手机抢走了，并骂了他几句。

哪知道，看着自己手机被抢还被爷爷骂，男孩一下子来了脾气，抄起一根棍子冲着爷爷就砸了过去，边打边骂说"让你管我""让你管我"，结果爷爷被打得当场身亡。

根据当地警方透露，由于犯罪嫌疑人年满14周岁，应当负刑事责任。

网络成瘾所带来的影响是难以控制的，案例中的男孩因为对网络游戏过分沉迷，不仅生活规律被打破，他的情绪也因为网瘾而变得难以自控，只因为被抢走手机、被说了几句，就能毫不犹豫地对爷爷下毒手。

网络成瘾的危害理应成为我们多加重视的内容，尤其是已经有网络成瘾的倾向或者已经成瘾的男孩，更要通过这个案例来让自己清醒一下。

前面已经提到过网络成瘾的原因，虽然有外因的影响，但沉迷网络其实还是我们自己主动选择的结果，也就是内因的影响才是绝对的。要预防网瘾，我们就应该尽早在自己内心树立一道"防火墙"。哪怕已经成瘾，当我们建立起这道"防火墙"时，它也会在我们深陷网络中时及时发出报警，以免我们陷得太深。

第一，不要任由自己自我孤立。

很多深陷网瘾不能自拔的男孩，都是孤独的男孩，但这种孤独可能并不是周围人给的，而是他自己主动与周围人隔离开来，他这种离群的状态是消极的。这样的人自我感觉没人理解，也不想被束缚和打扰，也就更容易去虚拟世界寻求更强烈的存在感，以及显示自己的与众不同。

我们正是处在建立良好人际关系的大好时期，和同学在一起可以建立友谊，这也是为了我们未来能更好地融入社会而做准备，所以应该试着与周围人建立基本的联系，与人分享，也关注他人身上的亮点，这样就会发现现实生活其实是多彩有趣的，也就不再感觉孤单。

第二，学会自我约束，及时调节自身情绪。

预防网瘾需要我们具备很好的自我约束能力，也就是主动地去减少上网时间，主动地去远离网络世界，如果我们意志力够坚强，就能实现这种自我控制。

可以试试进行积极的自我心理暗示，制订良好的生活计划，用写日记或者记录生活的方式来自我监督，给自己设定简单有效的奖惩制度，对上网的行为进行约束……

另外，也要注意自己的情绪变化。网络成瘾的人一般都很容易情绪暴躁，尤其是被打断游戏、聊天的时候，像是突然地停电、断网，都可能会让这样的人难以忍受。还有就是，有时候生活中我们也容易使用网络来逃避一些负面感受，或者通过在网络上发表过激言论来发泄，但这都容易存在隐患，言论不当也会有触犯法律的可能。

我们也要从控制情绪的角度来入手，学会反思，对问题不片面看待，学会换位思考，多从积极的层面去思考问题。多看一些积极正向的、理性的文字，来帮助自己建立理性。

第三，接受来自父母亲人以及同学的监督。

当我们自控力没有那么好，或者正处在学习自我约束的过程中时，为了控制好自己，我们也不妨向他人求助，并且愿意接纳他人的监督。

比如，可以和父母、亲人、同学等约法三章，请他们在我们深陷网络世界中时，过来及时打断，我们要虚心接受批评，接纳对方提出的建议。

再比如，可以做一个"功过格"，如果自己能主动停下上网行为，就打一个"√"；如果是被家人叫停的，就打一个"－"；但如果被叫停了，自己却很不情愿，甚至还发了脾气，就打一个"×"，一段时间后来总结上面这些符号的数量，看看自己到底有没有进步。

绿色上网，拒绝沉迷——做回那个活力少年

福建省晋江市的郭先生有两个儿子，大儿子小强原本学习成绩不错，不过后来他迷恋上了一款手机游戏，结果因为整日玩游戏，成绩开始急剧下降。

2017年5月9日，郭先生因为小强又在痴迷玩手机游戏，便一把拿走了他的手机，刚好正在游戏里"激战"的小强立刻愤怒了，把房间里的衣服全都弄到了地上，还砸碎了一个花瓶，把电饭锅也扔到了地上。这时，郭先生更生气了，父子两人扭打在了一起。小强由于情绪过于激动，就抄起一把菜刀和郭先生对峙，郭先生连忙把他摁倒在地上，防止他伤人。

见此混乱的情景，小儿子选择报警。待民警赶到时，郭先生还在按着小强，直到民警劝说，他才放开了小强。

对于这样的一段父子纠纷，民警对父子两人都进行了教育，提醒小强要以学业为重，不能因为沉迷游戏影响学习，同时他也提醒郭先生，要多给孩子一些关爱，及时和他沟通交流。

小强对手机游戏过分痴迷，以至于内心暴躁，远没有少年该有的青春灵动、满满活力，反而是动不动就打打杀杀，甚至稍不如意就对父亲不惜动用暴力，真是令人痛心。

青少年时期的男孩，没有那么强的定力和辨别力，对于那些打打杀杀、"热闹非凡"的网络游戏，对于那些颇具有视觉冲击力，能够调动欲望的视频、图片和文字，很难不动心，于是轻易就被那个小屏幕"俘获"了内心。但长期被这些暴力内容影响，男孩原有的活力就会变质，从而出现暴力倾向，不仅会影响自己的生活，也会让父母痛心。

凡事都应该有度，上网也是如此，父母和老师并不是绝对不允许我们上网，他们只是都希望我们能够合理上网、绿色上网，不要沉溺在网络世界难以自拔。

那我们应该如何做到绿色上网并保持自身的活力呢？

第一，尽量使用"青少年模式"上网。

2019年3月，国家互联网信息办公室牵头引导，在主要短视频平台和直播平台试点上线了"青少年防沉迷系统"，也就是"青少年模式"，同年6月，"青少年防沉迷系统"在中国主要网络短视频平台全面推广上线，并形成统一的行业规范。

这个系统会在使用时段、时长、功能和浏览内容等方面对未成年人的上网行为进行规范。此外，还会禁止青少年使用平台的打赏、充值、提现、直播、发布观点等功能，在这个模式下所推送的内容也多是适合青少年观看的学习课程、科普知识等。

除了在手机、电脑等电子产品上安装绿色防护软件之外，我们最好也要在经常浏览的这些软件平台上打开"青少年模式"，也就是采取一种人为的、强制性的合理上网的方式来上网。

当然，我们也要日渐养成主动控制上网时间和内容的好习惯，直到实现哪怕不使用这种模式我们也能自觉控制上网行为的目的。

第二，在网上要多接触正面的内容。

绿色上网的一个主要要求，就是在网上多接触积极正面的内容，这些内容包括科学知识学习、思想道德教育、技能培训、好物赏析等，游戏、娱乐节目不是不能接触，但只能偶尔为之，绝对不能占据我们上网的大部分时间。

有的男孩可能会说："只干这些，那上网还有什么意思？"这种认知其实意味着他把"上网"的意义看得太过狭窄了，上网并不仅限于玩游戏、聊天交友。正是因为很多男孩上网只知道玩游戏、聊天交友，才使得父母和老师对于我们上网这件事颇为不满。

所以，我们也应该看得到上网的真正意义，要多接触一些积极的内容，把上网真正好的作用发挥出来。比如，根据自己合理的兴趣爱好，如历史、天文、地理、自然等，来选择合适的科学知识去学习；根据自己感兴趣的制图、绘

画、编程等内容，来适当培养一些网络操作技能；看一些具
有正面影响力的爱国、爱党、自力更生、奋发自强的影视或
文章；欣赏一下自己想去又不能去的地方的美景、好物；
等等。

第三，多一些真实的生活经历，少上网。

青少年的活力体现在哪里？肯定是体现在日常丰富多彩
的生活中。反倒是那些整日沉迷于网络的青少年，除了坐着
就是躺着，身体健康堪忧，精神世界也变得颓废。

所以，我们要及时关闭电脑、放下手机，也要在日常
生活中做一些有意义的事。比如，做做家务，不论是洗衣做
饭，还是打扫房间，既能培养生活自理能力，也能减轻父母
的疲劳；和三五好友在户外活动，锻炼身体的同时还能增进
真实的友谊；参加适合青少年的公益活动或者其他展示自我
的活动，让自己在现实生活中发挥更大的价值，展现个人魅
力；等等。

理性上网——给自己撑起"保护伞"

案例一：

2017年6月22日，浙江省杭州市的六年级学生毛毛放学回到家直接捧着手机玩起了游戏，而他第二天还要考试，但他一点复习的意思都没有。

爸爸6点多下班回家后，看到毛毛玩游戏就生气地说了他几句，毛毛却闷不作声地躲到了自家所在的4楼阳台，接着就跳了下去。

爸爸连忙把毛毛送去医院，经诊断为髌骨骨折，双大腿股骨骨折。而毛毛在刚入院的时候，经常说一些游戏术语，整个情绪也很焦躁，甚至在爸爸为他的伤跑前跑后时，他还要求爸爸"把手机拿来，我要登录游戏账号"。

案例二：

2017年8月24日，内蒙古自治区五原县的黄女士和丈夫到派出所报案说，自己银行卡里的6万多元存款只剩下了80多元钱，而自己从来没有取出过这些钱。

民警经过侦查发现，这6万多元钱并非为电信诈骗所骗走，而是被黄女士8岁的儿子偷偷划走了，被他全部用来购买某手机游戏的装备。

后来，黄女士的儿子承认自己因为迷恋游戏，也刚好知道母亲的微信支付密码，就瞒着父母多次购买游戏装备和人物。

案例三：

2017年11月21日下午4点左右，福建省晋江市动车站的巡特警反恐大队民警在武装巡逻时发现了一名小男孩一脸怒气地独自在车站徘徊，民警反复进行开导劝解，并买来了饮料，一番耐心引导后，男孩才说出了实情。

男孩8岁，是福建省南平市人，跟着父亲在晋江市读书，当天早上因为玩手机游戏被父亲骂，他一时气不过就趁父亲不注意偷偷跑出了家，想要坐动车回南平市的奶奶家。

民警根据相关信息快速进行核实，很快联系到了男孩的父亲，将孩子安全送回到了父亲手中。

这3个案例中的男孩，都是因为痴迷手机网络游戏，而分别让自己陷入身体伤害、经济损失和离家出走的危险。如果做不到理性上网，我们自己的糊涂行为可能就会使危险系数直线上升。

想想看，上网真的值得我们可以完全不顾一切吗？答案显然是否定的。看看父母们因为这几个男孩的行为而变得焦头烂额，我们不应该有所反思吗？

所以，我们也应该给自己敲响警钟，多冷静思考，理性上网，给自己撑起"保护伞"，也不给父母添麻烦。

第一，要理性，不把上网摆在生活的优先位置上。

所谓理性，就是"从理智上控制行为的能力"。理性上网，就是从理智上来控制自己的上网行为，认识到上网并不是生活中的唯一，更不是比生命安全、经济安全还要重要的内容。

所以，我们要学会过真实的生活，把上网这件事和生活中的其他事协调安排，让上网成为生活的一部分，尤其是涉及人身安危、经济安全时，要多思考、及时停手，不能瞒着父母动用家中的钱款。生活中有更多比上网重要的事，家中的钱财也应该由父母决定如何使用，我们要分清主次，在个人安全、经济安全方面，做个听父母话的好孩子。

第二，不拿自身安危做换取"上网自由"的筹码。

因为父母不让上网，有的男孩就通过偷窃、抢劫等方式弄到钱去上网，也有的男孩离家出走，还有的男孩自残、跳楼。但不论是哪种情形，都是把自身安危与上网做了交换，这是毫无理性的做法。

上网与自身安危哪个更重要？我们没必要为了要上网就置自身安全于不顾。如果真的想要好好上网，倒不如好好规划一下，列出自己上网的理由、时间计划，然后再与父母商

量，在合理范围内来实现自己的上网目的，千万不要拿自身
安危去换取所谓的"上网自由"。

第三，信任并接纳父母的理性做法。

很多父母对于孩子的引导都是可行的，仅就前面3个案
例中的父母来说，他们在看到孩子沉迷于网络，或者因为孩
子沉迷网络做了错事时，都采取了一定的教育，从这个角度
来说，也意味着当我们沉迷网络、失去理性的时候，父母是
有理性的，他们会想办法帮助我们。

所以进入青春期之后，我们不要忙着远离父母。父母会
判断我们的言行是否合适，他们的帮助对我们很重要。当父
母因为一些看不惯的事情而出声训斥时，我们应该首先考虑
自己的言行是不是真的不合适，如果自己感觉有道理可以讲
讲道理，如果自己根本讲不通自己的道理，那么听从父母的
教诲可以给我们更多的安全保障。

沉迷网络游戏，分不清虚拟与现实

2020年3月中旬，新冠肺炎疫情得到有效控制，政府允许复工复产，河北省魏县的申先生和妻子重新出门摆摊做生意。申先生家有两个孩子，11岁的哥哥航航和9岁的妹妹，两个孩子因为要在家继续上网课，家里也没有电脑，夫妻俩便将手机留给了孩子。

哪知道3月22日14时左右，航航和妹妹手拉手从16米高的4层楼上跳了下去，结果两个孩子身体多处骨折，航航的头部出现水肿，医院甚至下了4次病危通知书。

后来航航说，他看到自己玩的手机游戏里有人在跳伞，就想要尝试一下往下跳的感觉，而妹妹也玩手机游戏，她游戏里的人物死了还可以重新复活，她同样也想尝试一下。所以才和妹妹一起感受一下"飞"或"复活"的感觉。

因为这些游戏就算没有身份证号，只要QQ、微信经过实名认证，下载游戏后点击微信登录就可以直接玩，申先生觉得这些游戏的登录门槛太低。而中国教育科学研究院的研究人员认为，游戏公司在限制未成年人接触游戏方面有责任做好技术把关，同时学校和父母也有一定的责任，他们应该培养孩子形成对自我行为的认知，以免轻易做出模仿行为。

　　游戏里人可以飞行、可以死后重生，但现实中这几乎是不可能的事。由于判断能力严重不足，游戏的逼真导致航航兄妹混淆了虚拟世界与真实世界。

　　先不去抱怨游戏公司、平台的操作，从某种角度来说，如果我们能够控制自我不沉迷于游戏，自然也就不会将游戏的虚拟与现实的真实混淆。所以，我们还是要从自我改变出发，摆脱对游戏的痴迷。

第一，提升知识广度和深度，不被游戏迷惑。

　　人是不是能飞？死了还能不能活过来？如果你想知道这些问题的答案，那就去拓宽自己的知识面，去看看那些科学论证，而不是傻傻地直接拿自己的生命做实验。

　　当我们有了一定的知识积累，对世界、对人生有了一定认识之后，再看很多问题就不会那么肤浅，而是可以有自己深入的思考和判断。所以说到底，好好学习才是最重要的，多看些科学书籍，即便上网也多搜索科学知识，对自己不了解的内容去反复学习弄清楚，当你懂得越多、越深，头脑中的真理就会越多，独立判断能力、自我防护能力就会越强。

第二，区分游戏与现实，学会脚踏实地生活。

　　游戏哪怕模拟得再像，也只是虚拟的游戏，与现实生活没有关联。某些上网行为其实就是在虚拟世界畅游，里面的很多体验、感受，也仅限于虚拟世界。

所以，我们需要将虚拟与现实区分开，要学会脚踏实地生活，可以看看父母为了全家更好地生活都做了哪些努力，看看他们是怎么与人打交道的，怎么处理并解决生活中的种种问题的，怎么对待网络游戏及其他网络行为的……如果有不明白的，那就和父母好好聊一聊，讲讲自己的困惑，从父母那里获得合理的建议，学会充实自己，摆脱网络对自己生活的绝对"霸占"。

第三，接纳现实世界的真实性与不可逆转性。

沉迷于网络游戏而无法分清虚拟与现实，还有一个原因是有的男孩不愿意看到现实世界的真实性。在游戏中，失败后哪怕是"死了"，都可以一键重来、满血复活，可现实生活中却不能。出于逃避心理，有的男孩会混淆虚拟与现实，若是不能接受现实，就很容易被虚拟所蛊惑，并沉溺其中，越发不想走出来。

我们既然要脚踏实地生活，就不仅要付出自己的努力，也要去接受努力过后的结果，好的结果自然令人开心，而很多不好的结果就像泼出去的水，我们所能做的只能是亡羊补牢，永远都不能回到原来的时间再重新来做。

我们应该学着接纳这份真实，对于发生在自己身上的任何事，都应该好好想一想，把原因、经过、结果之间的关联想清楚，直面最终的结果，再继续努力前行。

千万不要陷入暴力、色情游戏的"旋涡"

2017年9月16日，湖南省武陵山区某县一名初三学生小唐犯下了一件令人发指的案件。

当天，小唐的女邻居23岁的小西来他的租房客厅借用电脑，小唐趁着小西没有防备，用重物猛击她的头部、使劲掐她的脖颈，还用上了水淹的方式，最终导致小西死亡。

在警方审讯过程中，小唐说自己从小学六年级开始就在网吧里接触到各种暴力电子游戏，在他一直沉迷的一款游戏中，其情节设定玩家可以扮演"黑社会"杀人。而从上初二时起，小唐就萌生了想要在现实中杀人的渴望，说"想体验一下真的杀人是什么感觉，是不是像在游戏里一样简单又有快感"。

小唐与邻居小西没有任何仇怨，即便被审讯，他也没有表现出悔意，对自己杀人的过程始终保持平静，且描述过程时思维清晰，甚至还不时露出得意的神色。

小唐之所以犯下如此罪行，原因就是他深陷暴力游戏中，游戏中可以肆无忌惮地杀人、作恶，而且还不会受到法律的惩罚，因为网瘾太深而混淆了虚拟与现实，这才让他萌生想要在现实中也体验一次的渴望。也可以说，小唐被游戏中毫无"三观"可言的暴力血腥洗脑了，同时也让他只顾着追求所谓的"快感"，而忽略了现实社会中法律、德行的约束。

青少年刚好处在"三观"建立的关键时期，如果此时沉迷于网络暴力或色情游戏中，很容易就会被一些游戏中毫无底线的、疯狂的社会设定影响，从而变得目无法纪，毫无做人原则。

那么，要解决这个问题的根本，还是要从源头抓起，也就是避免沉迷网络游戏，对于暴力、色情类的游戏，我们更要提高警惕。

第一，谨慎选择合适的游戏内容来娱乐。

随着科技的发展，随着创新思维的开发，游戏的种类也变得越来越多，益智类、解谜类、竞技类、休闲类、思维考查类等游戏我们都可以玩，这些游戏具有教育意义，也具有开发脑力的功能，一边娱乐一边进步，才是我们玩游戏的最高境界。所以，不要只顾着追求刺激，那些一看除了暴力血腥就是挑逗暧昧意味的游戏，我们要坚决远离。

有人可能会说："大家都玩我为什么不能玩？"的确，有些游戏可能会受到大众的追捧，但被追捧的却并不一定是好的。我们应该有原则底线，凡是暴力、色情游戏，从最初就不接触，哪怕周围的人都在玩，你也完全可以不参与。如果你与周围的朋友建立的是真正向善向上的友谊，就不可能只有暴力、色情游戏一个话题可谈，而且向善向上的友谊也不会在这种游戏上较劲。所以，关键还是我们要坚守原则，从积极健康的游戏中获得成长的快乐。

第二，严格遵守"禁止18岁以下玩家登录"的规定。

不论成年与否，都应该远离暴力、色情游戏，因为其中有很强的煽动性，即便是成年人，有时候也会难以抑制诱惑，更何况是未成年人。

一般很多游戏开头，尤其是带有暴力、色情色彩的游戏，都会提醒"禁止18岁以下玩家登录"，那么我们就要听话。既然已经提醒过"禁止"，那就真的严格执行。

还有一些我们不那么了解的游戏，不要偷偷摸摸尝试，最好能问问父母或者老师，请他们从成年人的角度去帮我们"检查"某些游戏到底是什么性质的，如果他们认为不那么合适，我们也不要非得玩。我们应把好奇心用在学习上，不要做"不让我玩儿我偏玩儿"的决定。

第三，不被网页小弹窗"好玩刺激，免费下载"引诱。

很多暴力、色情游戏，或者是打这类"擦边球"的游戏，都会用"好玩刺激，免费下载"的字样来吸引人下载玩耍。未成年男孩本来就没有资金来源，所以免费下载会非常吸引人，同时男孩也会对"好玩刺激"带有强烈的好奇心，而不论

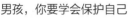
是暴力还是色情，都是刺激眼球又能调动人欲望的内容，所以很多男孩很容易就会中招。

那么，我们就不妨在头脑中给"好玩刺激，免费下载"设置"警报"，提醒自己，出现这样的内容就要警惕，及时屏蔽。

真正的"好玩刺激"，并不是那些只存在于电子产品、虚拟世界中的游戏中，而是在我们不断的成长过程中，在我们不断地战胜困难、努力向前的过程中。比如，你努力学会了一项新技能，尽管中间摔摔打打或者经历过很多失败，但最终你熟练掌握了这项技能，这个过程才是真的好玩儿且刺激的。

所以，我们要管住自己的手，看到这类小弹窗，直接关闭，或者对这些内容设定屏蔽，尽可能净化上网环境。

读书立志明理，增强定力克服网瘾

2016年7月下旬的一天，湖南省长沙市一名16岁少年王某被父亲带着来到了湖南省第二人民医院酒瘾网瘾治疗中心接受住院治疗。

原来，王某之前在班里成绩属于中上等，表现还可以，但自从两年前在网吧接触到了网络游戏后，就一发不可收拾，每天至少要玩4个小时游戏，有时候早上打开电脑，一直到凌晨两三点钟，感到头昏脑涨了才关电脑睡觉。后来，他也无法继续学业，不得不休学在家。

慢慢地，父母发现王某除了上网，对其他事情都不感兴趣了，休学后他对网络更加痴迷，脾气变得越来越暴躁，稍有不如意就大发雷霆，经常因为上网而与父亲吵架，甚至有时候还会动手。

最终，父亲实在没有别的方法，只能将他送进医院进行治疗。而从7月1日到王某入院这段时间里，这所医院已经接诊了30多名患有网瘾的小患者，其中男孩占到了95%以上，年龄均在13~17岁，有3人需要住院治疗。

对包括王某在内的30多名来医院治疗的小患者来说，他们都正处在读书的关键期，但也都没有体会到读书、立志、明理对人生的重要影响，一心"投入"网络世界中，结果暴躁不堪，在知识、能力、德行等方面没有丝毫长进，与父母的关系也变得越发紧张。可见，沉溺网络并不会给我们带来好的变化，还会让我们放弃原本的学习，所以，网瘾着实害人不浅。

不过，这也并不是不可逆转的事，王某被父亲带去医院接受系统的治疗，这是因为他的思想、心理已经深受网络影响，可能需要采取一些医疗手段才能解决问题。

为避免出现类似王某这样的情形，我们就要从网络中尽早抽身，认真读书学习，用书中的知识，来帮助我们战胜网瘾。

第一，不论怎么玩，都不要占用学习时间。

我们应该用一种"不可侵犯"的态度来对待学习，也就是不论如何安排，不论自己想要做什么，都不能影响到学习，不能占用学习时间。只要在学习时间内，就认真学习，源源不断地吸收知识，而同时，随着所学的知识越来越多、越来越深，我们对于虚拟的网络世界也会有全新的认识，那些肤浅的网络游戏可能也就不会再对我们产生强大的吸引力了。因为你思想的深度与广度，将会决定你所接触到的世界的深度和广度，所以多学习是大有好处的。

我们应尽早制订一个每日学习计划，规定好学习时间、学习内容、学习想要达到的结果，也可以列上惩罚措施，请父母监督，以便养成每日好好学习的好习惯。

第二，适当增加每天的读书和思考时间。

与其动动手指点击鼠标或屏幕，不如动动手指翻看各种类型的书。可以在学习时间里划分出读书的时间来，也可以将读书时间与休闲时间合并，这个时间不需要阅读与课程有关的内容，而是可以包罗万象，比如，阅读自己感兴趣的各种内容，每天读上一段时间，尽量写一写读后感，哪怕几句话也可以，让书本上的文字变成自己的思想智慧。

要知道，你现在读过的书，可能都会在当下或未来某一天变成一场场思想的"盛宴"，给足你人生的营养。而且，书读得越多，很多道理就会从文字中展现出来，从而明白更多的道理后，很多不合理的事情我们就能主动避开了。所以说，读书带给我们的是知识的拓展与思想的升华，这是具有极为重要且积极的意义的，一定要重视起来。

第三，立定一个短时间内不动摇的志向。

很多沉溺于网络世界的男孩都有过类似的表达："如果不上网，我都不知道自己该干什么"，这其实就是没有志向所带来的迷茫。

但实际上，真正丰富多彩的是我们真实的生活，网络世界也不过是真实生活的一种展示而已，我们要在真实的生活中去努力才行。而要努力就要有一个志向，所以尽早立志才是非常重要的。

所以，想想看，自己未来打算有怎样的发展？有没有奋斗的目标？当然，也不需要先立多么远大的志向，可以先从比较实际的目标开始，比如"期末考试成绩要前进多少名"，有了目标、志向就更容易走好接下来的路，从而让我们避免因为迷茫而盲目选择通过网络打发时间。

当然，从长远看，男孩还是需要立定一个大志向的。古人讲"学贵立志"，立什么志？立圣贤君子志，读书志在圣贤，而非志在赚钱，志在君子，志在为社会国家做力所能及的贡献，成为一个对社会有用的人。所以，男孩要立定积极向上、远大的志向，有家国情怀，这对于戒除网瘾、游戏瘾、爱上学习、健康成长、快乐成才都有极大的促进作用。

第四章
Chapter 4

安抚失控的情绪，
做个阳光少年

　　正青春时，由于体内激素的作用以及思想方面的变化，很多男孩会很难控制自己的情绪，于是本来身心健康的男孩，却会因为内心情绪变化而做出失控的行为，给自己的心灵蒙上阴影。很多事情并不是没有解决之道，但很关键的一点就在于掌控好情绪。只有情绪平和，很多问题才会迎刃而解。所以，我们要学会安抚失控的情绪，做个阳光少年。

学会正确表达，而不是想当然地蛮干

2020年12月11日，在浙江省杭州市上初中的小敏离家出走了。

原来，前段时间，小敏因为身体的原因，学业方面被同学落下了，所以一直都有很大的学习压力，就在他离家出走的前一天晚上，他的作业没有及时完成，父亲一怒之下训斥他"滚出去"。一时间受不了的小敏便在第二天离家出走了。

父母发现小敏带走了家里的700多元钱，还带走了书本、作业以及一顶帐篷。母亲在拨打儿子的电话手表发现关机后，担心才14岁的儿子在外面会遇到危险，于是连忙报了警。

警方立刻展开调查搜寻，很快在监控中发现了小敏的踪迹。一番波折后，警方和小敏的父母在某地铁站点附近的河边找到了小敏的帐篷，他也正躺在里面。

在民警的帮助下，小敏最终跟着父母回了家。父亲感觉自己的教育方式有问题，也就不敢再贸然开口，害怕伤害到小敏；而小敏尽管愧疚，却还是带有一点不服气，也没有开口。好在一家三口在寒夜中终于团聚，都没有遇到危险。

因为自己一时表现不佳，父亲一时心急口快说了重话，小敏内心肯定感觉不舒服，可他并没有选择好好表达，与父亲进行沟通交流，而是干脆一言不发，闷头蛮干，背了帐篷离家出走。

但是小敏在这一过程中得到了什么呢？不知道他是否感受到了父母的焦急，也不知道他是否知道自己这样的行为也给警方带来了不小的麻烦。已经14岁的男孩，有压力不懂得应该如何排解，一言不合就离家出走，可见在情绪控制方面、思想表达方面的能力还都有待加强。

那么，通过小敏的行为再回头来看看自己，你是不是也曾经有过不能好好沟通表达，只知道顺从自己想当然的意愿而闷头蛮干的时候呢？其实很多事情都没有那么复杂，如果能有理有据地讲明白，能够把自己的想法、感受说出来，也未必不能获得他人的理解和帮助。

第一，不要管别人，自己要学会好好说话。

小敏认为父亲说的一句"滚出去"很伤人，但他却也是受到了父亲这种说话方式的影响，所以才会一声不吭就离家出走。有的男孩也会觉得，"我妈妈（爸爸）都不能好好说话，总是非常暴躁，我为什么要好好说话？""别人也都大喊大叫，闹一闹还可能会得到好处呢！"

但别人的行为并不应该成为我们行为的直接参考，古人讲"见贤而思齐"，意思是看见好的要想着自己努力赶上；但同时也讲"见不贤而内自省"，意思就是看见不好的也要反思自我。就是说，我们不要过度关注父母或者其他人在表达方面有什么表现，我们需要在自己内心明确一个原则，那就是"好好说话很重要"。

其实，如果你在父母或他人说出不当的话语时，若是能有理有据地讲出自己的想法，没准儿就能扭转表面看上去对你不利的局面。很多话只有说开了，问题才能更容易解决。

第二，学会原地冷静，向积极层面思考，合理组织语言。

有的男孩一遇到点事，就躲得远远的。但是作为未成年人，我们还不能保证自己的人身安全，所以不要轻易做出远离父母亲人的选择，而是要学会原地冷静。如果和父母发生了什么矛盾，那就暂时回到自己的房间，关上门，自己冷静想一想，或者就在自家的大门外、楼下想一想，而不要跑到人生地不熟的地方。

同时，冷静思考也是为了解决问题，而不是越来越钻牛角尖。像是因为妈妈骂了两句，想了几分钟就直接跳楼的举动，应该绝对避免。要向积极的层面思考，要想想为什么会引发这个矛盾，自己有什么问题，该怎么改正，同时也可以想想要向对方提出怎样的建议。趁着这种冷静时刻，也可以组织一下语言，争取在沟通时能更好地将自己的想法传达给对方。

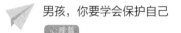
第三，可采用非面对面的方式交流，尽早化解矛盾。

有的男孩若是与周围人尤其是与家人闹了矛盾，就喜欢断绝联系，这也是非常危险的举动，也同样是蛮干行为。

因为发生矛盾而不愿意面对面沟通，这种心理可以理解，但我们却不能完全断掉沟通联系。有些话不如采取非面对面的方式来交流，比如，可以在微信、QQ上打字或语音交流，而且这样的交流还有一个好处，那就是可"撤回"，如果你觉得表达不清、不妥，可以选择不发送或者及时撤回，这也就避免了很多话语不当的可能性，大大提升了交流效率。

除了通过电子产品沟通，家里的便条，某些家中可能还会有手写板、小黑板，都可以利用起来，及时沟通交流是处理很多矛盾的绝佳选择。

不可冲动好斗——避免极端，学着合理释放多余精力

2020年10月16日傍晚6点多，河南省驻马店市某街道发生了一起中学生打群架事件，现场很多男生从某中学的大门口跑出来，在街道上狂奔，很多人手里还拿着铁棍等武器互相追赶，彼此抽打，场面一度十分混乱。

现场还有很多不明真相的学生在一旁驻足观看，也有目击者在一旁拍摄了视频。从视频中不难看出来，参与这起打群架事件的学生人数众多，其中还有学生因为打架而受伤。

这起打群架事件很快引起了公安局的高度重视，公安局立刻成立了调查小组对此事件展开全面的调查……

中学时期刚好赶上青春期，男孩们变得冲动好斗，动不动就用这种比较疯狂的方式来解决问题。但显然，这种打群架的方式触犯了法律，势必会受到法律的惩罚。

说到男孩的冲动好斗，你是不是也觉得这是男孩的天性？如果要说是天性，也不能算错。因为男孩体内会分泌睾丸素，这种激素会让男孩变得冲动、易怒，而到了青春期时，男孩体内的睾丸素分泌会达到一个高峰，可能会变得更

冲动，但实际上这个阶段也是男孩逐渐习惯并学习驾驭这种睾丸素水平的过程。

也就是说，我们不能仗着"男孩就是容易冲动"的说法放任自己胡作非为，相反，我们要更关注自己的这种易冲动的天性，学会合理释放精力，避免在激素的刺激下做出极端行为，从而让自己能够顺利度过青春期这个易冲动的时期。

第一，了解成长发育常识，不放任自我鲁莽行事。

男孩到底为什么会这么冲动？关于这个问题的答案，我们确实有必要探索一下，可以向父母、老师请教，也可以通过正规出版的书籍学习，从而对自己的成长发育有一个基本了解。

这样的学习也是在帮助我们认识自我，一方面意识到自己会冲动，的确是有生理因素的存在，但另一方面也要意识到，既然知道自己可能会冲动，那就要学着去掌控自我，有意识地告诫自己：切勿鲁莽行事。之后，再慢慢想办法缓释冲动。

第二，选择适合自己的合理方式释放多余的精力。

相比较女孩，男孩总会有更多的精力，一旦没有合适的释放方式，那他很可能就任由这股子冲动冲击大脑，进而做出莽撞的事情来。为了避免这种情况，我们就要选择其他更合理的、更适合自己的方式来释放多余的精力。

不过具体的方式选择也要看我们个人，比如有的男孩喜欢快节奏的方式，那就不妨多选择一些比较激烈的、需要全身都动起来的运动，像是游泳、跑步、打球、踢球，每天给自己安排一段运动时间，从而释放精力；有的男孩可能喜欢慢节奏的运动方式，像是散步、登山、骑行等都是不错的选择；还有的男孩也许更喜欢专注做某件事，或是做手工，或是搞修理，也同样可以释放精力。我们不需要看别人是怎么做的，只需要问问自己希望用怎样的方式来释放，那就选择那种方式，要保证自己在愉悦的前提下释放精力。

第三，不要轻易受人挑拨，而是要学会迅速冷静。

有时候我们的精力虽然释放出去了，但其实做事还是易冲动，被人随便一挑拨，就说不准做出什么出格的事情了，我们也要提防这方面的冲动发作。

针对这一点，我们就要学着坚定自身，反复提醒自己"不要轻信他人的话，不要被他人的言语挑拨"，如果听见不好听的话，要先让自己的大脑转动起来，而不是先让手脚自动"起飞"。

其实绝大多数男孩都是可以学会自控的，随着我们所学知识越来越多，思想逐渐发生变化，我们越来越成熟，相信这些冲动都能被我们化解掉。

心中充满阳光，不做各种"问题"男孩

案例一：

2020年4月14日，安徽省宣城市某村民报警称自己10岁的女儿杨某婷疑似走失。警方接到报案后迅速展开排查和搜索，并在4月17日晚将重大作案嫌疑人13岁的杨某某抓获。审讯中，杨某某交代了自己将杨某婷致死的作案全过程。而杨某某竟然还是杨某婷的亲堂哥，没人知道年仅13岁的他为什么会用如此极端的手段来解决问题。

案例二：

2021年2月19日，湖北省咸宁市消防救援支队接到报警称，某小区一栋楼的11层有人要轻生。

消防救援人员赶到现场后，发现是一名17岁的男孩正悬在11楼阳台的外侧，他的家人正隔着阳台的栅栏死死拽着他以防止他掉落。

可是就在救援过程中，男孩情绪异常激动，手中还拿着一把水果刀不停地挥动。一时间危险重重，消防救援人员穿上全身式安全带来营救，一边为他绑救援带，一边对他喊话说："小朋友，叔叔都是拿命在救你，你一定要配合。"

最终，经过消防员的不懈努力，男孩终于被成功救下，而据了解，男孩是因为和父母发生矛盾才产生了轻生的念头。

两名男孩，一个亲手杀死自己的亲人，一个挥刀跳楼就为了让自己赴死，我们不禁要问，这是要有多么难以解决的矛盾，才需要他们选择或伤害他人的生命、或伤害自己的生命来应对问题呢？

从另一个角度来说，但凡心中能有一丝阳光，可能也不会想到用这样极端的方式来面对问题，以至于原本的问题没有解决，自己反倒引发了更大的问题，成为"问题男孩"。

实际上哪有什么事是解决不了的呢？无非是你内心想不开罢了。你如果觉得这件事有更积极的方法来应对，也选择了更合理的方式，那自然能让很多问题迎刃而解；若是你自己内心都满是阴暗，觉得旁人都在辜负自己，觉得一定要做出点什么事才可以解恨，那势必会给他人和自己都带来危险。

而且，内心阳光也更有利于男孩对自己的反思和审视，能以更积极的态度来看待自己，也就不会总以阴暗的思考方式来思考问题。

所以，要摆脱"问题男孩"的身份，还是要从我们自己的内心开始改变。

第一，建立正确的基本做人原则。

心中的阳光源自哪里？应该是源自我们从小就建立起来的正确的做人原则。因为只要有"好好做人"这个基本原则在，我们就可以避开伤害他人、伤害自己等这些颇具有危险性的思想和行为。

所以，不要忽略自小就开始的德行教育，关于孝敬、仁爱、善良、尊重、诚信、坚强、忍耐等内容的德行教育，就是在帮助我们建立最基本的"做个好人"的做人原则。当我们看到这些内容、或听到父母或老师在讲这些内容时，一定要认真对待，要去思考为什么人要做到这些，以及自己在生活中是不是做到了这些，哪里还需要努力。我们还要牢记这些内容，并将其与自己日后的言行举止联系起来，以它们为行事底线。

第二，把问题摆出来而不是藏起来。

家里很多东西如果不见阳光就会发霉，很多植物若是不见阳光也会枯死，内心的问题其实也是一样，如果不时常摆出来"晒一晒"，那些问题就会积压在内心，反倒让内心变得越来越阴暗、压抑。

所以，我们要敢于让藏在内心深处的问题"见见阳光"。不论遇到什么问题，如果自己可以解决，就将问题的起因、思考过程、解决方案摆出来，逐一攻克问题；如果自己就是解决不了，那就找找可求助的人——父母、老师、同学，善于寻求他们的帮助；就算是一些不愿意让熟悉的人知道的事，也不需要自己一个人扛着，心理医生是个不错的倾诉对象；如果遇到让自己受到严重伤害的事情，警察就是最好的帮助者。

第三，有了"阳光"，还要有行动。

内心的阳光是一种态度，你可以更积极地去思考，也可以更积极地给自己打气鼓励，但是最关键的还是要在这种阳光心态的影响下积极行动，这样，内心的阳光才算真的发挥了作用。

所以，如果你已经可以做到好好鼓励自己了，也知道自己的问题出在了哪里，那就积极行动起来，去真正着手开始解决问题吧！

比如，你发现自己的学习成绩总落在后面，在"我要进步"的积极态度引领下，去找找成绩不好的原因，有疏漏就赶紧补救，有错处就赶紧改……如果你真的投入了实际行动中，那么你的生活会变得非常充实，而经过努力，你一定会看到回报。

培养自控力——让情感、言语和行为更"安全"

案例一：

2018年12月2日晚上9点多，湖南省沅江市一名12岁男孩吴某康，因为在家吸烟而被母亲用皮带抽打，他当即进厨房拿了一把菜刀对着母亲连砍20多刀，致使母亲当场死亡。

而在杀了母亲之后，他还拿起母亲的手机以母亲的口吻跟学校老师请假，并陪着2岁的弟弟待在家里，淡定地接听母亲的所有电话和微信。直到有邻居发现报了警，在警方质问下他竟然说："我杀的又不是别人，杀的是我妈！学校不可能不让我上学吧！"

由于未达到法定年龄，吴某康在12月6日被释放，但由于多数家长抵制、村民民愤太高，吴某康既无法回到学校，也无法回家，只能由父亲带着住在宾馆里……

案例二：

2018年12月31日晚，湖南省衡南县一名13岁的初一学生罗某，因为家庭纠纷而用锤子先后将母亲和父亲锤伤，接着逃离现场。罗某的父母尽管经过全力抢救，但终因伤势过重而死亡。

2019年1月2日，犯罪嫌疑人罗某被公安机关缉拿归案。经审讯，罗某对其犯罪事实供认不讳。

不到一个月的时间,两起未成年人杀人案件,两名犯下杀人罪行的男孩,无一不是在"激情"之下行凶,而且都是对着自己的父母挥刀抡锤,最终他们也都因为这般"激情"而断送了自己的大好前程。

这不得不让我们反思,想要获得自身的安全,不去随意伤害他人也是重要的决定因素之一,而不随意伤害他人的前提,就是我们应该具备良好的自控能力,能控制好自己的情感,不至于对他人产生极致的恨意、恶意;能控制好自己的言语,不口出狂言恶语,不用语言伤人;能控制好自己的行为,不至于引发肢体暴力。

英国心理学教授H. 鲁道夫·谢弗说:"能够控制、转移和修正自己的情绪,使之符合社会标准,是社会井然有序的基础","不能控制这些冲动、在他人身上释放暴力的人一定会被看作是极端的无情绪控制能力的人,这些人从外部控制到内部控制都未能按照正常儿童的方式发展","把情绪的控制从抚养人的控制转为孩子自我控制,是发展过程中的一个重要任务"。从这些话中我们可以发现这样一些关键内容,即拥有良好的情绪自我控制能力,能够实现自我控制,是让我们正常生活、正常交往以及正常成长的重要因素。

那么,我们可以试着这样来做:

第一,接纳自己的情绪,并试着表达出来。

很多男孩不能很好地面对自己的情绪,要么是任由情绪随意发泄，要么是将情绪积压在心底，但其结果要么是情绪失控，要么是情绪引发心理问题。

其实很多事情无非就是"话讲出来，问题也就能解决"，情绪也是如此。不过这个前提是先要接纳自己的情绪，你感觉到的各种不舒服的感受，都算是你的一种情绪，有情绪是人之常情，不要排斥这种感觉。

可以把自己的情绪说出来，说给合适的人听，让自己有一个倾诉的渠道。这个合适的人取决于你的选择。长大之后，尤其是到了青春期，你可能有很多话都不想说给父母听，那就找一个你信得过的人，或者是老师，或者是其他相熟的亲朋、同学，但这个人也要是有正确"三观"的，能真正给你帮助才行。

第二，试着借助积极的事物转移注意力。

有些男孩之所以不能自控，也是因为他对有的问题过于较真，比如被父母教训了一顿，注意力就全在"我被训斥了"这一点上，认为自己吃了亏，总觉得自己受了委屈，这很难不引发抱怨。

我们应该试着转移注意力，多看看平静、祥和、积极的事物，并且多看到积极的一面，从而改变自己当下的情绪，比如感觉生气，那就扭头看看蓝天白云遮掩的风景；感觉郁闷，那就找个好笑的视频来看；感觉沮丧，去看看那些不断为生活努力的人；等等。

当然，你也可以寻求适当的发泄方式来转移注意力。去踢一场球、游一次泳，和伙伴来一场激烈的对抗赛，让自己这种激动的情绪以另一种方式被释放出去。当头脑不再被情绪冲得发热之后，有些问题也就不是问题了。

第三，多关注自身，少从他人身上找不痛快。

有很多因为失控而出现的闹剧，都源于对他人言行的过于关注，以至于自身情绪反倒受了影响，最终难以自控。

就像案例中的这两个男孩，都是与父母的争执，绝大多数父母都会出于教育的目的才会有更严厉的言行，而被教育的男孩也多半都是真的有问题。所以，我们倒不如践行古圣先贤提出的"行有不得，反求诸己"的理念，多在自己身上找原因，想想看怎么让别人不再"挑三拣四"，而不要想着如何让别人不开口。如此一来，我们既改正了自己的错误，也没有因为别人而让自己感到不痛快，这样才能更容易获得快乐。

第四，把"拒绝暴力"的教诲牢记于心间。

相比较女孩，男孩更容易陷入暴力之中，情感暴力、语言暴力、行为暴力都可能会在男孩身上发生，这也与男孩体内的睾丸素所带来的影响有关。

所以，我们才要把"拒绝暴力"的教诲牢记于心间，而且这应该成为我们内心的另一道底线，也就是我们要意识到，

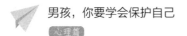
"我是有可能伤害到他人的"。你可以反复提醒自己"拒绝暴力"这四个字，或者把这句话标记在醒目的位置，以此来时刻提醒自己不要以暴力解决任何问题。

消极避世、逃避退缩——枉为"恰同学少年"

案例一：

12岁的小志在安徽省合肥市一所重点中学就读，原本品学兼优，但不知道从什么时候起，他开始变得经常没有好心情，对学习也逐渐失去了兴趣，一遇到事情就总是往消极的方面考虑。

为了缓解内心的痛苦，小志开始多次用刀割手腕，并萌生想要离开世界的想法。可是父亲忙于打工，和他接触比较少；母亲也只关心他的生活起居，并没有在意他的心理变化。最终小志选择在同学家里自杀，幸亏同学妈妈及时发现才挽救了他的生命。

好在经过药物调理和心理疏导，小志的症状明显得到改善，并重新回到了课堂。

案例二：

一名16岁男孩刚升上高中一年级，有一天他和同学在走廊聊天玩耍时开始口无遮拦，评论调侃所有教过自己的老师。

就在他正调侃自己班主任老师的身材时，被刚好经过的教导主任听见了。教导主任对几个人好一番训斥，并给每个人都记小过一次。不仅如此，在接下来周一的全校例会上，还进行了全校通报批评，并在学校公告栏贴出了处罚结果。

男孩感觉无比丢脸，从被处罚之后，每天都不敢上学也不想上学。他先是借故身体有病请假，然后又想让妈妈给他转学，还想要休学。妈妈一时间也焦头烂额，不得不找心理医生帮忙给男孩做心理疏导，这才让他重新回到学校。

第一个男孩消极避世，甚至选择自杀来远离世界；第二个男孩逃避退缩，对问题不管不顾而只顾着自己的脸面，以至于不能正常开展学习生活。这其实都是男孩的消极心态在作祟。

所谓"消极心态"，是指个体因受到自身或外在因素的影响，导致对自身条件或能力出现不满意的态度，进而导致信心缺失，从而在社会生活中逐渐形成的消极心理，这种消极心理同时也会对个体的社会生活产生消极影响。

青少年若是长期处在消极心态下，就会逐渐丧失理想和信念，越发没有生活目标，同时对自己的要求也会逐步降低，甚至开始嫌弃自我，并出现失望、抑郁、颓废等种种不良心态。

心理学研究表明，出于消极心理状态时，大脑皮层会处于抑制或半抑制状态，思维活动开展受限，往往会聚焦于引

起消极情绪的事件或情绪上，此时既不利于接受知识也不利
于开展创造性学习，长期如此甚至会导致心理失常。

有道是，"恰同学少年，风华正茂"，青少年时期正是我
们好好学习、树立志向、为未来积蓄能力的大好时光，我们
不能任由这种消极的心理状态蔓延，而是要想办法从消极中
走出来。

第一，确立合适的期待值。

这里所说的"期待值"包括两个方面，一方面是我们对自
己的期待值，一方面是我们面对他人的期待值。

从我们自己来说，每个人都是不完美的，势必会有各
种各样的缺点，所以不要给自己定太高的目标，最好能认清
自己的能力水平、能力范围。就拿学习来说，你可以根据自
己以往的练习或考试成绩以及自己对知识的掌握程度给自己
来一个定位，设定目标时就可以比你当下的定位稍微提升一
些，在跳一跳就能够得到的原则下去努力，会让自己更容易
获得成功。

从对他人的角度来说，他人也同样不完美，而且他人
也会有自己的种种原因，所以无法实现你的预期是很正常的
事，不要由此抱怨自己遇人不佳，也不必和对方起争执冲
突。倒不如与对方好好沟通，了解对方的实力如何，通过观
察对方来确定是否可以实现合作，你也可以有一个合理的
期待。

第二，多看到自己的努力，不过分关注结果。

很多人的消极心理来源于自身欲望的无法满足，想要的东西无法得到，想实现的愿望落了空。这种由期待到失望的心理落差会让很多人变得沮丧颓废。

其实，我们完全没必要过多关注结果，而应该多关注自己努力的过程，看看在整件事的发展过程中，自己是不是付出了足够的努力，是不是将自己能做的事情都做到了，如果答案是肯定的，那么你不需要有太多遗憾，也许时机不合适，也许是其他客观原因，导致了事情没有如你所愿地发展。但只要你不放弃努力，依旧保持良好的表现，并不断完善自我，不论是学习还是做其他事情，你都能及时弥补之前的小漏洞，并越做越好，那么成功总有一天会眷顾你。

第三，偶尔也可以尝试一下"酸葡萄效应"。

心理学上有一个"酸葡萄效应"，意思就是当自己真正的需求无法得到满足，并由此而产生挫败感时，可以编造一些"理由"来帮助自己消除不安，减轻压力，使自己得以从消极心理状态中解脱出来，保护自己免受伤害。

有的时候我们可能努力了也没有达到想要的结果，但沮丧只能让自己感觉更加难过，不妨用这种"酸葡萄心理"来让自己以乐观的心态去看待问题，帮助自己重新振作起来。

当然，这种心理效应只能偶尔为之，否则，它就会变成"阿Q精神胜利法"，遇到困难、不顺就"自我安慰"一番，反而丧失了行动的主动性。

所以，重点还是要落到实际行动上来，看着"葡萄"偶尔"酸"一下就可以了，想要品尝到真正的甜，还是要自己施肥浇水、爬梯子动手……总之，自我努力才是硬道理。

走出胆怯、孤独——避免做出错误的行为

2015年3月29日晚上10点左右，四川省广安市某加油站忽然跑来一个上半身都是血的男孩，一边跑一边呼喊救命，他告诉工作人员说，他的同学要杀他。工作人员感觉事情很严重，连忙打电话报了警。

根据警方调查，受伤男孩名叫小曹，19岁，是广安市某中学的高三学生，而行凶者则是他的同班同学，同样19岁的小甘。

3月28日、29日，学校组织高三学生考试，29号晚自习结束后，小曹和小甘与其他3名同学相约一起回家。但小甘却在途中提前与几人分开了，然后跟踪小曹到了他家楼下，接着就掏出折叠刀抵住小曹的脖子，将他挟持到了离家大约500米远的一处陡坡上。

小甘之后要求看小曹的QQ聊天记录，正当小曹拿出手机查看时，小甘拿着折叠刀就刺向了小曹的脖子，口里还说："对不起，我比较极端。"小曹奋力反抗，尽管身上接连被刺伤，但他还是挣扎着逃脱了，这才跑到加油站寻求帮助。

在民警的进一步调查下，得知小甘之所以会对着同学行凶，是因为他本来就想自杀，但觉得自己一个人死"太孤

单"，这才想找个人陪着自己"一起上路"。虽然同行5人，但小曹和小甘的关系很一般，其他几人要么是女生要么是关系好，所以小甘才选择小曹作为下手对象。至于说为什么自杀，小甘并没有给出正面答案，他平时学习很用功，只是这次考试没考好，他只说自己学习压力大、考试考不好，觉得自己对不起父母。

3月30日晚上，小甘回到家中，在家人陪同下到派出所自首。最终，小甘因涉嫌故意杀人被检察机关批准逮捕。

我们很难说小甘到底经历了什么，但从他的行为来看，因为学习压力而想要自杀，但自杀却又害怕孤独，这种矛盾的心理促使他对同学痛下杀手，不得不说他的心理的确出现了很大的问题。

小甘刚好处在青春期，其实这一时期的青少年大多会出现"闭锁心理"——将自己封闭起来，很少与人交流，内心矛盾不外露，但遇到的困难得不到解决时，就会因为焦虑而自卑，甚至自暴自弃。这可能也是导致男孩变得胆怯、孤独的一个原因，更严重的还可能会引发男孩悲观厌世，小甘的厌世很可能就是这种情况。

青春期之所以会给男孩带来这样的影响，是因为到了这一时期，男孩的独立意识、自我意识都开始有所增长。

独立意识的增长促使男孩有了自己检验世界的意识，思维能力也有所增强，而自我意识的发展又使得男孩有许多独特的想法和对未来的向往，可是他们与包括父母在内的外界又存在年龄、兴趣、爱好、经历的不同，这就使得他们觉得自己与外界没有共同语言，也很容易为外界所误解，这就让他们想要探索的心变得畏缩，再加上适应能力、耐挫能力不足，又缺乏及时疏导，内心也就很容易闭锁。

　　从小甘的经历我们要意识到，如果放任自己胆怯、孤独下去，说不准会引发怎样严重的心理问题，我们应该尽早从这样的状态中走出来。

　　第一，努力提升自己，努力做自己。

　　有些男孩的胆怯、孤独来源于自卑，也就是觉得"我什么都不会，所以不敢去担什么大事，不敢主动承担责任"；觉得"我其实没什么能力，别人会不会嘲笑我"。

　　其实与其在这里对自己眼下的情况总感觉自卑，还不如努力改变自己的状态，认真对待学习，找到适合自己的学习方法，努力提升自己的成绩和各方面能力，这也是给自己增加底气。

　　同时，也不要凡事都做给他人看，而是要先把自己"立住了"，要努力做自己，做好自己，不要过多考虑他人的眼光，只要你能有良好的表现，自然不会害怕应对各种情况，同时也会吸引他人的目光，从而摆脱胆怯与孤独。

第二，以积极的态度接纳自己的成长转变。

青春期这个阶段本身就是从未成年向成年转变的一个过渡阶段，势必会发生各种改变，在这个过程中出现胆怯、孤独是不可避免的，但我们要注意的是，不能被这种转变影响，而是要更积极地去接纳自身的变化。

比如，我们要扮演好自己的各种角色：在父母面前要认真做有孝心的子女，在同学面前要能维系良好的同学关系，在老师面前则要做一个努力上进的学生……不需要考虑太多，在不同环境下就去做这个环境里需要你做的事情，按部就班往前走就可以了。

当然遇到问题时，尤其是感觉到胆怯、孤独时，要及时讲出来，最好借助他人的心理疏导，让我们逐渐对自己有信心，胆怯和孤独感也会随之缓解甚至消失。

第三，尝试与周围人建立良好的互动关系。

从某种角度来讲，胆怯、孤独也可以看成是不合群而引发的问题，你和周围人，包括父母亲人、老师同学在内都没有良好的互动关系，那么他人对你就会自动忽略，甚至是自动排斥，很多事你做不了也做不到，胆怯、孤独感便会骤升。

解决的办法就是我们要努力走出自己的小世界，可以先从缓和与父母的关系开始，先从好好与父母聊天开始，然后再扩展到你的同学，试着多对人微笑，多参与或者提起大家都感兴趣的话题，做到助人为乐，同时在自己能做的事情上尽量做好……当你和周围的人建立起良好的互动关系之后，你的情绪就会进入大众情绪之中，你也会引起周围人的注意，一旦拥有了正常的社交生活，胆怯、孤独的心理也会慢慢消散。

与同学、朋友发生冲突，如何化解情绪与行为

2019年1月15日、16日，湖南省娄底市某中学举行期末考试。

就在15日当天中午，该校七年级163班的严某趁着中午休息去足球场活动，但不小心把球踢到了同班同学贺某身上，两人因此发生了严重的争执。

虽然两人当时分开了，但是严某内心愤恨不已，他跑回家拿了把刀，接着返回学校找到贺某，连捅他的背部、腹部几刀。尽管贺某被紧急送医，但最终却抢救无效死亡。

事后，犯罪嫌疑人严某被警方控制，相关调查工作也迅速展开。

因为一件如此小的事情，却闹得两个人生正待绽放的男孩一个身死、一个要接受法律的严惩。两人还是同班同学，朝夕相处的同学情谊却以这样的方式破灭，也着实令人唏嘘。

英国心理学教授H. 鲁道夫·谢弗认为："情绪能力和社会能力紧密联系在一起，因为处理自己和他人情绪的能力是

社会交往的中心。"从这句话我们应该意识到，良好的情绪才能帮助我们与他人更好地相处，而只有与周围人和谐相处，我们才能在这个社会上有立足之地。

学校其实就相当于是一个小社会，我们应该实现与自己的同学、朋友友好相处，而不是一遇到冲突就只能拳脚相加甚至以命相搏。

那么，若是真的遇到了矛盾，我们应该如何化解呢？

第一，迅速判断矛盾，并先承担自己的责任。

在矛盾爆发后，很多男孩习惯于去找对方的问题，并总想着"我不能吃亏"。如果双方都是这样想的，问题当然会越来越激化。

相反，如果我们能够在矛盾出现时做到迅速冷静地判断形势，看看这个矛盾是因何而起的，自己在其中扮演了什么角色，自己的言行有没有问题……或者再简单来说就是，判断一下是"谁对谁错"或者"每个人的错占比多少"。如果自己不能明确判断，若是周围有第三者，也不妨问问他们。

在明确了责任之后，先承认自己的错误，表示自己的歉意，毕竟"伸手不打笑脸人"，普通同学之间基本上也没有多大的仇恨，这个矛盾也就很快过去了。就算对方是矛盾的主要原因，但你先行表达歉意，也是给对方一个台阶下，这矛盾自然也就闹不起来了。

第二，有时候，也不妨主动退一步。

很多矛盾之所以闹得越来越激烈，无非就是当事者双方谁都不肯让步，有时候是觉得"都是对方的错，他都不认错，凭什么我认错"，有时候则是觉得"两方都有错，凭什么我让步"，结果就变成了剑拔弩张。

其实有时候"吃个亏"也不是什么坏事，你先退一步，代表你内心的宽宏大量，只要不涉及原则问题，同学、朋友间的打打闹闹没必要非得争个谁对谁错，而且你认了错让了步，你在周围人的心目中就是宽容的代表，周围人还可能会因为你的让步而愿意帮忙解开矛盾。

可能有人问了，那原则性的问题也要让步吗？如果你有能力解决问题，当然靠自己的能力表达自己坚定的原则立场是可行的；但如果你能力不足，暂退一步是为了保存实力，也为了能有时间去寻求援助。要知道，"退一步海阔天空"这句话还是很有道理的。

第三，如果矛盾实在解决不了，那就去求助。

不是所有的矛盾都能凭借我们自己的力量就可以解决的，一些越闹越大的矛盾，可能因为积怨已深，或者牵涉太广而不是那么好解决。那么，我们就不能只凭借所谓的一腔热血就和对方硬碰硬，出于自身安危的考虑，我们也可以向他人求助。

但要记住的是，求助的目的是为了解决问题，而不是去找一群朋友来"帮倒忙"以进一步激化问题。所以，这就需要我们避免"哥们儿义气"，我们应该去找老师、父母，如果涉及人身安危，那就报警。

争强好胜——这不是你的错，但要学会自我保护

一位小学男生的妈妈讲出了她的担忧：

我儿子这两年让我觉得越来越费心，他有很强烈的英雄情结，一直说长大后要做一名警察，惩奸除恶。去书店买书都只要求买英雄的书，平时看影视剧也最爱看警察破案。

后来他上幼儿园后，就开始喜欢打抱不平了，经常和小朋友打架。我以为他的这种行为到了小学会好一点，可哪知道到了小学反而更严重了，我有一次接到老师电话，说他和同班同学打架打得不可开交，身上都"挂彩"了。

我连忙赶到学校，这才发现他脸上赫然几道血红的抓痕。我问他为什么要打架，他非常理直气壮地说："他们欺负同学，我看到了，就打他们。以后再让我看到，我还会打他们。"听到他这样说，老师都哭笑不得。

我本来觉得他喜欢英雄、想做英雄这挺好的，可是他在这方面却如此争强好胜，还很爱管闲事，行为又太莽撞，这样很容易得罪人的。我也尝试着纠正他，希望他不要那么莽撞地学习英雄，可却会激起他的反抗，我很纠结，生怕他日后不能正常面对社会。

这位妈妈的担忧不无道理，而我们也应该从这个小男孩的行为中反思一下自己，自己是不是也和他一样，在很多时候喜欢争强好胜？我们的争强好胜给自己有没有带来什么麻烦？如果答案都是肯定的，那么我们就要注意了。

　　争强好胜这种行为，如果能够被控制在一定范围的话，可以反映出一个人积极向上、勇于挑战，但一旦过分了，就很容易引发人的攀比、愤怒，若是没有实现自己想要的结果，还会引发消极情绪。

　　男孩更容易出现争强好胜的心理，这是体内的雄性激素使然，所以，这并不是错。不过，我们还是要防止自己因争强好胜而做出危险的行为，一定要保护好自己。

　　第一，内心低调"进取"，而非在外高调"宣誓"。

　　有些男孩动不动就喊一句"我下次一定要赢"，或者对自己的能力相当自信，在众人面前放话"我肯定没问题"，这样的表达的确看着很强势，但在一些有心人眼中，你这样的表现就太过招摇，很容易引来他人的不满。

　　所以，我们在内心深处应有一种"我要一直努力"的态度，但却不需要大喊大叫地"宣誓"出来，脚踏实地努力、不断进步就好，这样就不具"攻击性"了，从而更容易为众人所接纳。

　　另外，有些人为了争强好胜还可能会走歪门邪道，这就更是为人所不齿的行为了，也更容易被他人抓住把柄。所以，要谨记：内心的德行底线绝对不能突破。

第二，别只想着自己赢，合作共赢才能皆大欢喜。

在有些男孩身上，争强好胜的态度很容易会导致他出现"唯我独尊"的心理，也就是只想着自己能赢，只想着自己登顶成为众人仰慕的存在。但实际上，这样的做法却并不讨喜。

就拿学习来说，如果你只想着自己能考出好成绩，遇到好的参考书只想着自己偷偷看，有好的补习班或补习老师也不愿意介绍给其他同学，就算有人来问问题你也怕被偷学而拒不回答，那么你最终可能会赢得成绩，但终究会失了人心。而且，这种只顾这自己赢的想法也很容易引发他人反感，但凡有看你不顺眼的人，就会想方设法给你找茬，让你身陷危险之中，而你则会因为没有他人帮助而变得孤立无援。

所以，不论什么事最好都不要想着只有自己能赢，与他人的合作也好，对他人的分享也罢，都是帮你建立并维护友谊的方法。而且，当你共享了自己的妙招或者所学，他人也会"投桃报李"。这种双赢、共赢的局面可以说皆大欢喜，也是相对安全的相处方式。

第三，时刻保持谦逊的姿态和脚踏实地的努力。

争强好胜的人有的可能会变得骄傲、目中无人，有的还会凭借自己的能力而看不起他人，甚至欺凌他人，如此一来，虽然他很有能力，但却并不为别人所接纳，反而可能会激发他人的联合反对。

所以，越是有能力、有实力的人，越要具备谦逊的态度，脚踏实地做事，不论是在学习上还是在其他方面能力出众，都不要和周围的人脱节，也不要就此停在自己的成绩上不再努力。你若能保持一种低调且不断提升的强大，哪怕不争也不抢，也会成为众人心目中的NO.1。

第四，在某些事上要慎重表现"争强好胜"。

案例中男孩这种行为的"争强好胜"是不合适的，用打架来证明自己的强大，并强调自己打架的胜利，这并不是理智的人所做的选择。

其实，并不是所有的事情都适合"争强好胜"，能讲道理的时候最好讲道理，你对"强"和"胜"的追求，最好不要体现在任何暴力形式上。

就算想要"惩奸除恶"，现在的我们也远没有那个能力，你可以立志做一个行正义事的、有原则的人，督促自己努力成长，取得更好的成绩，学得更有用的本领，以更合理的方式来实现对正义的追求。也就是说，强大不一定体现在武力方面，不诉诸武力，不参与暴力行为，也可以在一定程度上保护自身的安全。

第五章

Chapter 5

青春叛逆要不得，
多与父母沟通交流

　　进入青春期，绝大多数男孩可能都会被贴上一个标签——"叛逆"。就好像如果没有经历过"叛逆"的话，就不算是经历了青春期，也不算是"成熟"。可实际上，青春期原本就不需要叛逆，我们也没必要非得在这个时间段里表现得事事都要与父母对着干，适当地增加与父母的沟通交流，没准儿很多问题都能妥善解决。

与父母正向沟通——让自己更强大的一支"疫苗"

　　2019年2月24日凌晨3点多，浙江省杭州市临安区某小区的周先生起夜上洗手间，看到16岁的儿子小军还在看动漫，就数落了他几句，小军也没争执，回了自己的房间。

　　当天中午，妈妈喊小军和妹妹吃饭，但妹妹却说哥哥不在。直到下午，妈妈在家里找到了小军留下的一封信。他在信中说自己早就受不了了，父母和他总谈学习，但自己不管怎么努力都不能令父母满意，所以他决定自己离开，并让父母不要找他。

　　周先生夫妇慌忙报了警，警方通过路面监控，从偶尔出现的身影来估摸小军的行动轨迹。

　　原来，他从家里骑着自行车出发，但没有带手机，也不知道他带了多少钱。担心小军一时犯傻想不开，公安、救援队连夜搜索山路、水沟、网吧、医院等所有能想到的地方，却一直没有找到他。

　　直到25日晚上9点多，小军在绍兴市上虞区一家超市借电话给妈妈打了过来，这才让所有搜寻他的人内心有了着落。当晚10点多，父母终于赶到了小军身边，接他回家。

关于离家出走这件事，有人从心理学角度认为，这是一种"攻击行为"，是与父母相抗衡的回避性攻击行为。小军之所以这么轻易就做出了离家出走的选择，主要也是因为他与父母双方沟通不顺畅，导致彼此互动出现障碍，他渴望被接纳，但也缺乏必要的心理情感支持。

那么，从我们的角度来想想看，与父母一言不合就表现出反抗，只因为内心对父母的某些言行不满就选择自我离开，这其实都是在用自己的安危来"要挟"甚至"绑架"父母，既不利于问题的解决，也反映出我们心理及德行方面存在问题。

进入青春期后，随着所学越来越多、经历越来越多，一些男孩的确在心理上会发生种种变化，但这恰恰应该是男孩好好和父母进行沟通的大好时机，要让父母知道自己的变化，这样才能避免像小军认为的"父母只谈学习"的情况的发生。

第一，养成好习惯，经常让父母了解你的改变。

有些男孩总说"父母不理解我"，但实际情况却是，你从来都没有向父母展示过你的变化，以至于他们眼中的你依然是"过去的模样"。与其抱怨父母不理解自己，还不如尽早主动一些，养成一个不错的习惯，就是经常让父母看到并尽量了解你的改变。

比如，每周给父母一次报备，告诉他们你学了哪些知识，以及你学习的进展情况；这一周里你经历了什么，对一些事情有怎样的感受；你遇到了什么困扰，对哪些问题感到无法理解；等等。

当你不断地让父母知道自己都有了哪些变化、进步的时候，再加上父母日常的观察和感受，他们就能在心中"拼凑"出一个与现在的你基本相符的形象，也就基本不会对你有什么误解了。所以归根结底，还是我们要诚实展示自我，才可能换来父母的了解和理解。

第二，理解父母对于学习的过度关注，让他们安心

案例中的小陈抱怨父母"只关注学习"，可是我们都要明白，既然现在我们的身份是学生，那么父母就永远逃不开对我们学习的关注，在他们的内心是非常渴望我们有好成绩的。

所以，与其让父母总是不停地唠叨，我们倒不如给他们吃一颗"定心丸"，让他们安心。比如，可以讲一讲当下的学习情况：练习、小考都是什么情况，听课效率如何，是不是有学习上的漏洞，自己的实力如何，努力的目标是什么，也要表明自己的态度——会不断努力，希望父母不要操心和担心。当然，如果自己成绩暂时还不好，也应该如实汇报，然后听取父母的意见，下一步努力改善现状。

也就是说，在学习方面要诚实一些，有一种积极正向的态度，相信父母会理解你的意思，他们可能也就不会再追着

不停说这件事了。

第三，尝试与父母交心，也是你日渐成熟的表现。

到了青春期，有的男孩觉得父母已经不大能辅导自己的功课了，自己也长高了、越发成熟了，于是内心对父母的崇拜便不再那么强烈，甚至认为很多问题父母也不懂，也就不愿意再向他们开口询问了。

不过，要明白，父母有比我们多二十几年甚至三十几年的人生阅历，哪怕你学得再多，但在父母的人生经历面前你依然是个孩子。所以，不要看不起父母，而是试着把自己不断成长过程中的种种感受（好的、坏的、积极正向的、消极负向的……）都表达出来，他们越是能感受到你思想的变化和成长，反而会愿意与你进行更深入的交流。

叛逆不是你的成长"标配"

2017年12月10日晚7点多，从外地来陕西省西安市打工的蔡女士因为上初三的儿子小宇不好好写作业就批评了他几句，小宇很不服气地和她顶嘴，她一时气急就扇了他几巴掌。小宇没再多说，拿上哥哥办的临时身份证和100元钱，扭头出门骑了自行车就走了。

蔡女士当时也在气头上，就没理会他的离开，所以也没有追出去。

哪知道，从那之后的一周时间里，小宇都没有回过家。蔡女士和丈夫四处寻找却始终都没找到，她急得只得向报社打热线求助。

好在很快有熟人告知蔡女士小宇就在某网吧，蔡女士连忙赶过去，果然找到了儿子。

在蔡女士和报社热线记者交流的过程中，记者了解到，小宇认为自己和父母在学习上有争议，他认为自己不是学习的料，可父母却要求他留在学校读书。那天也是因为妈妈让他看书他因为手湿没马上看，想要解释却被妈妈认为是顶嘴，还被打了耳光。他觉得自己已经14岁了，被妈妈这样对待很没面子，所以才不顾一切地跑出去。

离家在外这一周时间里，小宇觉得自己吃不好也睡不好，想回家又觉得自己这样回去了更没面子。所以，每天都在网吧玩游戏，要不就在附近闲逛，晚上就在网吧里睡，一连过了7天。

尽管小宇不是很想上学，但不上学又不知道做什么，好在他答应蔡女士，以后再也不离家出走了，而蔡女士也表示以后会注意教育方式。

小宇的心理和行为，就是青春期的逆反心理所导致的，他觉得自己不被理解，想要让父母认同自己的观点，但父母却总不能如他所愿，被打之后干脆就赌气反抗起来，但到最后也发现自己什么都做不到，还是要依靠家里。

很多进入青春期的男孩的确是会有像小宇这样的情况出现，但凡事无绝对，青春期并不意味着必须要表现出叛逆来。如果能够不那么叛逆，能够和父母好好沟通交流，顺利度过这段不稳定的时期，那岂不也是一件令全家人都感到舒心的事情吗？

在心理学中，逆反心理又叫控制心理，指客观环境要求与主体需要不相符合时所产生的一种强烈的反抗心态。青春期的男孩心生逆反，无非就是想要满足自我需求、突出自我尊严，想要让周围人尤其是父母意识到他的独立性或自主性，但显然这时候的男孩在父母眼中还只是个孩子，所以，他的这些举动就会与父母的要求形成对抗。

但逆反心理一定是不好的吗？其实也不然，若是能处理得当，也可以从中得到好的收获。从青春期逆反心理产生的原因来看，有三种来源：

一是越发强烈的好奇心，随着接触到的东西越来越多，好奇心也会越来越强烈，越不让看的事物、越不让做的事情，都越想要去看、去做。

二是"你不懂我"的对立情绪，总觉得自己和他人尤其是父母不能"同频"，觉得旁人虚情假意，且对自己吹毛求疵。

三是强烈的心理需求，本就理智程度尚不足够高，所以，对于自己想要的事物的追求也就越发强烈，且越是得不到越想要。

那么，从正向的角度来看的话，其中也包含了青春期时男孩的探索欲、勇气、独立意识、创新意识等优点，而这些都是促使男孩进步的重要因素。既然青春期男孩总是跟父母对着干，为了避免将叛逆变成青春期的"标配"，不妨这样与父母沟通。

第一，认真听听父母对我们的希望

正处于青春期的我们与父母最大的冲撞，可能就是彼此都认为对方不懂自己。而且，父母其实是向我们表达过他们的想法的，比如，他们会说"我希望你""我觉得你""我很想让你"之类的话，可我们却并不会认真听，以"你不懂""我长大了"为由，拒绝接受父母的建议，这就造成了我们和父母之间彼此信息的不对称。

我们应该意识到，这并不是父母的问题，而是我们主动堵住了父母发声的机会，又凭借自己的想法而任性妄为，所以很容易让父母感觉到我们的叛逆。因此，我们也要学着耐心听听父母的希望到底是什么，再去对照自己的言行。如果你认同父母的希望，就跟他们深聊一下；如果觉得父母的希望有问题，那就说说自己的想法。但还是要有个原则，那就是尽量尊重他们，做到理性发声，而不是想当然地排斥他们，关闭沟通的心门。

第二，向父母展示你的进步情况。

除了思想上的变化，还要让父母看到我们实际行动上的进步。比如，让他们知道我们的学习情况，以前如何，现在有了什么变化；给他们讲讲自己的交际情况，与同学、朋友以及和老师的相处都是怎样的，跟以前相比有什么不一样的感受；让他们看到我们自理能力上的提升，从以前什么都不会做，到现在的可以做简单的饭菜、及时清洗脏衣服、时不时打扫房间、合理采买，以及对家里有些事提出可行性建议；聊聊以前的幼稚行为，现在对这些有了怎样更成熟的理解；等等。

你的进步会让父母"眼见为实"，他们才愿意相信你的确是在成长，并且有可能愿意用一种不同于以往的视角来看待、理解你。

第三，要给父母足够的安全感。

我们进入青春期，父母生怕我们会学坏，生怕我们一时冲动做出错事，其实他们很多时候的暴躁、愤怒、悲伤，以及没完没了地唠叨、不愿撒手，也都意味着他们因为对我们的表现没有安全感。很多父母的"全方位监控"正是缺乏安全感的表现。

既然这样，那我们就应该努力给父母足够的安全感，可以郑重地告知他们："我可以做到很多事，也会记得你们说的话，会保护好自己的安全，也可以实现自己一个又一个目标。"当父母从你身上感受到你的这些诚意、看到你真实的表现之后，他们就会慢慢安心。

另外，你有时候也需要适当示弱一下，也就是表现出自己依然是孩子的样子，比如在生活上求助，在一些重大事情上征求他们的意见，在某些事情上顺从他们的安排，等等，给父母一种"孩子依然需要我"的感觉，这也会让他们不那么焦躁。

虽然这些都与父母的相处之道，但我们若是能借此理顺自己的青春期生活，那么在家里养成的很多好习惯，也会帮助我们更好地应对家庭之外的人，而家里和外面的成长经验相叠加，我们的青春期也就不会是叛逆而痛苦，而是充满激情与收获了。

再苦再难，也不要逃学或者离家出走

2020年1月10日，河南省郑州市一名高二学生闫某因为逃课被妈妈好一顿批评，结果一气之下离家出走。

因为没有学历，闫某找不到好工作，为了赚取生活费，只得在郑州找了一家包吃包住的饭店打工，一个月4 000元钱，他一开始还觉得很高兴，认为这饭店比较火，钱好挣。可等到了真正工作的时候他才发现，自己每天都要端盘子刷碗，从早上9点半到晚上10点半，工作时间长达13个小时。工作第二天他就觉得太累了，可是自己已经出来了，再回去又觉得没面子。又过了两三天，闫某终于受不了了，他发现还是上学好，便主动给妈妈打了电话。一直和民警苦苦寻找的妈妈这才算是放下心来。

闫某很快被妈妈接了回来，并开始安心准备期末考试。闫某本身学习就不错，曾考到过班级第一、全校第五的成绩，他向妈妈承诺，下学期争取考到年级第一名。

闫某这一次经历，也算是体验到了社会的残酷。觉得学习苦、学习累就逃课，被批评了还离家出走，他逃避了眼下的辛苦，却没想到社会的残酷远超过他的想象。这世上哪有什么简单容易的事呢？很多事都是要付出艰辛才能换来好的结果。

一些男孩在感受到学习的辛苦时，都可能会选择以放弃、逃避的方式来试图远离这种辛苦。以为只要自己逃开了，辛苦就"追不上"了，于是逃学、离家出走这种情况就变得很常见，尤其是在青春期这个阶段，叛逆心理作祟，会更加重很多男孩想要逃离的心理。

但是逃避永远都不能解决问题，而且动不动就逃学、离家出走，会让我们的安全失去保障。作为未成年人，孤身一人在外"游荡"，又怎能不让父母家人揪心？从另一个角度来说，警方也会因为未成年人的"消失不见"而工作量大增。也就是说，我们以为逃学、离家出走是在表达自己的反抗，是在让自己感受一时的痛快，但无形中却让家人担忧，还会占用诸多社会资源。显然，这于情于理都是不合适的。

所以，哪怕再苦再难，也不要逃学或者离家出走，找到问题的症结去解决问题才是正道。

第一，从一开始就给自己打好"接受苦难"的预防针。

有的男孩对上学的理解仅停留在"可以学知识""可以交朋友""可以远离父母"等内容上，却从来没有注意到学习并不是一件轻松容易的事，等真的感受到了，就想逃避。

我们应该做到"不打无准备之仗"，不仅要准备好迎接学习生活，同时也要记得提醒自己："学习不是一件容易的事情，我会遇到困难，也会因为大量的练习而感觉到辛苦，但这是通往美好明天的必经之路。"最好能经常提醒自己这一点，在遇到困难时，这样的提醒会让我们感觉不那么难以忍受，也就不会一时想不开逃学或离家出走了。

第二，有问题就说问题，不要隐藏出了问题的事实。

对很多男孩来说，都会遇到学习上的问题，但不要等着问题越积累越多以至于无法解决时才想到逃避，而是从最开始就不害怕问题、不回避问题，遇到了难题就及时想办法解决，无论是求助于同学，还是请教父母、老师，都是可以的。

可以把问题都列出来，一条一条地去分析，如果能当下解决的，就当下解决；如果需要循序渐进解决的，那就按部就班、不疾不徐地解决，但不可以丢到一边不管。

实际上，我们的问题越是能透明清晰地摆出来，父母反而越不会那么着急，我们自己也越能更快找到解决的出路。

第三，理解父母"恨铁不成钢"的心理，积极改变自己。

我们学习上出了问题，最着急、担忧的人可能就是父母，他们一时"恨铁不成钢"，可能口不择言甚至出手给两巴掌，我们应该理解他们。

当然，理解他们并不是让我们就这么干等着被父母打骂，而是要有一种积极想要改变现状的意识。在父母生气的

情况下，我们不要去激化矛盾，更不要再想着逃学、离家出
走，否则，我们的学习和整个生活状态都会成为父母心中最
大的痛。所以倒不如顺势表个态，积极一些，向父母表现出
"我已经意识到了问题，正在想办法"的积极态度，也可以
向他们求助，听听他们的建议，并且真的着手改变，努力改
善、提升、进步，让父母看到我们的诚意。

有时也可以向父母"哭诉"——弹泪未必"不男儿"

　　某小学放学时间，一个男孩从校门走出来哭着走到妈妈身边，妈妈想要知道到底发生了什么，可男孩泣不成声，根本不能完整地表达。

　　好在有男孩的同班同学在一旁帮忙解释，妈妈这才明白到底发生了什么事。原来，期中考试的成绩发下来了，男孩的数学因为错了一道不该错的题而得了99分，没有拿到满分，他觉得很懊恼就哭了起来。男孩的总成绩在班里是第二名，但他对自己的数学却感觉非常不满意，一直嘟囔"考得太糟了"。

　　妈妈起初还安慰男孩说："你已经很努力了，这个成绩还不错。"但男孩却并没有停止哭泣，一直说着自己不好。因为哭声非常大，周围渐渐聚集了很多家长围观，男孩的妈妈渐渐感觉难为情了，便不再安慰而是开始严厉训斥他说："男孩子哭哭啼啼像什么样子，快憋回去！"

　　因为被训斥了，男孩不得不咬紧嘴唇不再发出声音，可是眼泪却还是止不住，表情也很痛苦。周围也有父母说："现在的孩子都爱哭，一点小事就哭，哭完就忘了，还不长记性。"

从这个男孩的经历来看，你是不是也认为，男孩不能哭呢？的确有很多男孩被父母要求"不能哭"，就算哭了也会被要求"憋回去"，这就使得很多男孩对于"男儿有泪不轻弹"这句话深信不疑。

但如果仔细观察的话，其实案例中的这位妈妈可能并不是这个意思。她一开始是在安慰哭泣的男孩的，可后来为什么又不想让他哭了？因为男孩哭得停不下来，这让妈妈感觉到了尴尬，她也就不得不从自身感受出发，想要尽快阻止过大的哭声，让自己不至于太过引人注目和尴尬。

实际上，很多父母对于男孩哭泣这件事也并不完全持反对态度。可见，有时候也可以向父母"哭诉"，只不过也要哭得"合适"。

第一，尽可能说清楚哭的原因。

其实不只是男孩，即便是女孩，即便是成年人，如果说不清楚原因只是没完没了地哭，也一样会惹人烦躁。我们如果真的伤心，真的想让父母分担我们的"痛苦"，那就尽量把伤心的理由跟他们讲清楚，至少能让他们明白我们并不是"没事找事瞎哭"，而是事出有因。

具体原因，我们要表达得简单明了且真诚，比如，像案例中男孩遇到的情况，他就可以说："我错了不该错的题，感觉很懊恼，我想要哭一会儿。"说清楚原因，我们的哭就不会显得那么突兀。

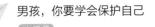
第二，可以哭但也要能收住哭。

从案例中可见，妈妈后来烦躁的原因与男孩止不住哭有很大关系。如果只会外放情绪而不懂得及时打住，也会让哭的价值大打折扣。

所以，如果我们开启了眼泪"开关"，也要记得及时"关"上它。就是当情绪释放得差不多了，就要主动止住，而不要陷在情绪中难以自拔。我们在哭的时候，父母、老师或者同学、朋友多半都会在一旁安慰，我们要顺势止住哭泣。

也就是说，不要任由自己的悲伤肆意蔓延，正所谓"见好就收"，哭也是如此。而且，越快止住哭泣，我们才能越快开始进入分析思考问题的阶段，努力寻找并找到解决问题的办法，从而避免下次再在同样的问题上哭泣。

第三，用哭来衬托情绪而不是逃避问题。

我们可以把哭看成一种"情绪发泄"的手段，但是不能把哭当成逃避问题的手段，比如，有的男孩遇到问题会不停地哭，看上去很可怜，就很容易让父母或他人不再严厉训斥或者不再提及问题。可这样一来，问题就会被积压、隐藏起来，等到日后若是遇到同样的问题，可能还是会哭，甚至会"加码"哭。

另外，也不要遇到事就哭，哭也要有意义。动不动就哭就不合适了。随着成长，我们也要变得坚强起来，举个例子来说，以前摔倒会疼得哭，但现在摔倒已经可以忍住不哭了，这就是进步。在其他事情上也是如此，要不断积累经验教训，不断学习，有所长进。

不搬弄是非、挑拨离间，背后不议论人

一名上初二的男孩在网络上求助：

我是一个性格内向的人，平时和同学交流很少，也因此没有人愿意和我交往。但很多同学却因为我的这个性格而讨厌我，在我背后说坏话，有的侮辱我的话声音大得我都听得见，可是我却不敢当面和他们对峙。

最近坐在我后面的两名男生总是联合起来欺负我，他们向我头上扔纸团，我扔回去了，他们却说并没有欺负我，但如果我再拿纸团扔他们，他们就要对付我。我真是非常恨他们，却因为胆小又不敢发泄。即便这件事解决了，但我又怕还会遇到别的类似的事情。

我该怎么和我的同学们搞好关系？

这是一名受害者的倾诉，被他人在背后议论、诋毁、侮辱，但自己却无力反抗。显然他因此陷入了一种莫名的绝望，否则也不会选择在网上匿名寻求陌生人的帮助了。

从这个男孩的反应可以看出来，被人背后议论、搬弄是非是一件很痛苦的事情。同时也说明，背后议论他人、搬弄是非、挑拨离间等行为也非常不妥当，会让被议论的人内心

受到伤害，若是他一时想不开做出什么危险举动，那么伤人命的罪过可是这些议论者一辈子也甩不脱的心理负担；如果被议论的人一时被激怒，说不准还会做出报复行为，让议论者也陷入危险之中。

俗话说，"良言一句三冬暖，恶语伤人六月寒"，背后议论、搬弄是非、挑拨离间说出来的话其实都可以归为"恶语"之中。所以，不要只图自己一时口快，也要多考虑一下话语出口的后果，要管好自己的嘴。

第一，"把'专注自家'做到极致"。

这句话来自网络上的粉丝圈，大致意思就是多关注自己圈内的事情，而不要与其他圈、其他人随便发生冲突，更不要主动扰乱他人。

其实放在我们的现实生活中，这一条也是适用的。我们每个人都是独立的个体，都有自己的发展轨迹，会遇到问题，会有烦恼，也会有想要努力的方向，有这么多事都值得我们去做，而且做这些事的时间都尚且不够，哪里还有时间去关注其他人呢？

也就是说，我们应该把更多关注的目光放回自己身上，不要随便招惹他人，专心努力做好自己才是眼下更重要的事。

第二，话出口前先想想自己是不是能接受。

其实我们很多人对于话语的接受程度都是差不多的，

不好听的话没人愿意听，令人不舒适的经历也没人愿意去经历。

所以，如果想要嘲笑、讽刺甚至是辱骂他人时，不妨先暂停一下，想想这些话若是被用来说自己，自己会是什么感受？如果你觉得难以忍受，那么他人也会有同样的感觉；如果想要背后议论他人，就要想到假如有一天你也陷入这样的被人议论的境地，自己又会有怎样的感觉。

这种换位思考会帮助我们及时发觉话语中所隐藏的恶意，但凡内心还有德行的底线，就要及时收住即将出口的话。

第三，不做恶意的散发者和传播者。

我们应该做内心阳光的少年，而各种形式的恶语就如乌云一样，在阳光下它们就应该无所遁形。所以，要经常提醒自己：一是不要随便对他人散发恶意，不要成为某些谣言、是非的发布者，不随意评价他人；二是对于传到我们耳边的与他人有关的内容，不论是咒骂还是谣言，都应就此打住，听过就忘，不走脑也不入心，我们坚决不再继续传播。

第四，不打探、传播他人的各种隐私。

毫无顾忌地传播他人的隐私，这其实也是很多是非的源头，比如甲的日记被偷看，发现日记中写着不喜欢乙，一旦这个秘密被传播开来，无疑会使甲乙产生矛盾或矛盾加剧。

但同时，偷看的那个人也不一定有什么好结果，因为今天他能偷看甲的日记，说不准明天就能偷看更多人的秘密，被人知道后，可能会"引火烧身"。而且，对他人隐私的传播也是一种霸凌行为，还可能会触犯法律。

所以，不论从哪方面来说，不打探、传播他人的隐私，不仅是对他人的尊重和保护，也是对我们自己的尊重和保护。我们应该收起对他人秘密的好奇心，如果是真心相待的朋友，他们会愿意说出自己的秘密，但我们也要对得起这份信任，不轻易外传；对于不熟悉的人，就不要关注他到底有什么秘密了，就像第一点提到的"专注自家"就好了。

父爱如山，母爱如水——学会化解与父母的矛盾

17岁的李某就读于江苏省南京市某中学，因为沉迷网络难以自拔，母亲一直都感到很气愤，经常管教他要求他好好学习。可李某却对此并不在乎，不仅不重视学业，还长期混迹于网吧等娱乐场所。就这样，李某与母亲的矛盾越积越深。

2020年11月12日晚上，李某在家写作业，但母亲又一次提起了学习的事情，并对他反复说教。李某的情绪因为说教变得激动起来，母子俩当时就发生了冲突，李某跑到厨房拿出菜刀将母亲残忍砍死。

之后，李某就直接跑去了同学家借住。直到第二天上午，他才到学校将自己杀害母亲的事情告诉老师。在老师的劝说下，李某拨打电话报警自首。

母亲的反复说教可能是促使李某狠下杀心的原因，他与母亲积怨已久，母子二人就上网和好好学习这两件事难以达成一致，矛盾从一开始产生就没有得到有效缓解，这才导致怨怒爆发，引发了惨案。

不得不说，父母给我们的爱是这世上最深沉的爱，绝大多数父母都会无条件地付出一切来爱自己的子女。在我们尚且不能创造经济价值或做到更多的事情时，我们相当于是在完全享受着父母的付出。正因为爱我们，父母才会管我们。虽然有时候父母对子女的管教，可能出于"恨铁不成钢"的心理，方式方法欠妥当，但因此就对如此深爱子女的父母心生怨恨、憎恶甚至杀意，的确有违人伦，有违法律。

我们应该学习化解与父母的矛盾，不要任由自己所谓的青春"叛逆"而胡作非为。

第一，尊敬父母是德行的第一要素。

很多时候，我们可能会对家庭以外的人有最起码的尊重，至少你不会毫无缘由地就对对方吼叫、不耐烦，至少你要在外人面前有基本的礼貌，但这些基本的礼貌和尊重我们却往往不会给父母。

之所以会这样，是因为我们享受了父母无微不至的关爱，以为这理所当然，从而使得我们恃宠而骄，甚至肆无忌惮地冲他们发泄不满。显然，这不应该是为人子女应该有的表现。

我们要把尊敬父母作为自己德行的第一要素，发自内心地、真诚地尊敬他们。他们不是我们的"侍者"和"提款机"。我们要尊重父母发表意见的权利，不只是接受他们的爱，也要接受他们的教育。所以，父母说话时，我们要认真听完；父母问话时，我们言简意赅地表达清楚；与父母沟通时，用

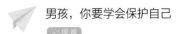
平静的语气好好说话；父母发火时，我们应学会忍耐。

第二，不要在气头上开口说话。

因为男孩本就容易暴躁冲动，我们在气头上说的话、做的事可能都是不理性的。同时，当父母在气头上时，我们也不要开口，因为这时不论我们怎么解释，都可能会被父母当成是狡辩。

我们也要学会和父母有智慧地相处，要听父母先把话说完，抓住其中的要点，比如他们为什么这么生气，他们发现了什么问题，他们希望我们怎么做，等等。然后可以在内心思考如何更好地表达自己，等双方情绪都平稳一些后再开口解释。

第三，有时候也可以借助第三方的帮助。

俗话说，"旁观者清"，我们和父母身处矛盾中心，都觉得自己有道理，谁也不让步，但第三方可能就更容易看清楚我们之间的矛盾点到底在哪里。

比如，可以和熟悉的老师聊一聊，在老师的成人视角下来感受父母对我们的爱，从而迈出理解父母的一步；也可以向亲戚、长辈求助，请他们帮忙调解。

第四，当父母向我们迈出一步时，要及时向前跨一大步。

俗话说，"父子没有隔夜仇"。父母再怎么抱怨、教训我们，总还是会关心我们，当父母给了一个台阶，我们最好能顺势而下。比如，父母虽然严厉训斥了你，但他们过了一会儿说"吃饭吧""你要不要喝点果汁""你刚才说学校要干什么"等话时，其实就是在想跟我们缓和关系，我们最好能顺势回答，等双方都平静下来，再选择合适时机来探讨问题。

但我们要意识到，这并不是父母服软了，这是他们大爱的表现。越是这个时候，我们才越应该及时反思自我，向父母承认错误。

只有良好的沟通，才能让我们之间的矛盾尽快化解。

不要把各类"奇装异服"与"妆容"当成个性

2014年10月10日上午，广西壮族自治区梧州市某中学突然传来一段广播，黄副校长召集学生们在学校空地上集合。

只见黄副校长让30多名同学在空地上排好队，原来这些同学都是长头发，他们的发型都不符合学校规定，大部分都是男生，其中也有一些女生。

接着，黄副校长就当着众多围观师生的面，开始给站在第一排的几名同学强行理发。而实际上，黄副校长也并不是第一次这样做，之前就曾经有一名男生被带到学校舞台上理发。

黄副校长认为，《中学生日常行为规范》对学生发型发式都有明确规定，但有些学生就是屡教不改，还学着某些明星那样留出长发，他要对学生负责。

很多学生家长对黄副校长的举动表示赞同，比如一位男生的妈妈就觉得，自己的儿子比较叛逆也很臭美，经常留着很长的刘海，觉得那样是个性，家人让他剪发从来没成功过，但黄副校长的这个举措终于让儿子的头发被剪短了。

不过也有教育专家认为，黄副校长不能为了维持校园纪律就在大庭广众之下强行理发，也要尊重学生的基本人格。

我们暂且不去讨论黄副校长的做法是否绝对正确，但男孩在学校理应有更符合学生身份的服饰与妆容，而不能为了追求所谓的个性就胡乱"折腾"。

在生活中，确实有些男孩在青春期因为叛逆、好奇等会对奇装异服、个性妆容等格外在意，甚至认为自由打扮自己会更显成熟与个性，希望让自己成为众人眼中的焦点；也有些男孩非要和父母唱唱反调，也就是"你越不想让我做什么，我越要做什么"。

这样的个性要不得，既然身为学生，最好有个学生的样子，关于服饰妆容这方面，我们也要收起叛逆心。

第一，尊重自己的身体和外貌。

我们现在尚未成年，身体还在成长发育中，正需要好好爱惜，但你不是动用化学品就是动刀、钻洞，要不就是不讲卫生，父母能不为你的健康担忧吗？

所以，我们要对自己的身体和外貌有最起码的尊重，不论外貌条件如何，都要意识到这是父母赐予的，应该好好保护。如果实在有一些需要调理或治疗的地方，也要及时跟父母说，请他们带我们去专业机构诊治，我们不可擅自处理。

第二，重视内在美和外在美的提升。

有些男孩的审美令人担忧，奇装异服、浓妆艳抹，这样的形象并不适合进入校园学习。做学生，就需要有与学生身份相适应的服饰与妆容。学校是读书学习的地方，显然干净整洁、朴素大方的外在形象才符合学生的身份。

就算是真的想要变美，我们也应该先学一学什么样的美是为大众所接受的，什么样的美是高品位的美。

真正的美包括内在美和外在美，对于学生来说，内在美的培养是一直都在进行中的，因为你所学的知识越多、越深，你的思想越成熟，你内在的气质就会越出众，所以除了学校里的知识学习，我们也不妨博览群书，从而提升整体气质；对男孩来说，外在美是阳光、健康、乐观的形象，不妨在这些方面提升自己的审美品位。

第三，千万别认为父母"落后"和"迂腐"。

虽然父母说的不一定全对，但他们的建议终究是从"爱孩子"和"为孩子好"的角度出发的。在很多父母看来，本来黑头发黄皮肤、穿着校服的干净男孩，忽然有一天头发长了不剪了、颜色也变了，耳朵上还多了耳洞，还有文身，还私自改动校服，越发追求服饰妆容的个性，这对他们来说，就是一种突如其来的视觉和心理冲击。

父母由此会认为，"我的孩子是不是跟着不良青年学坏了""孩子是不是受了什么刺激"……他们不接受我们"变化"后的样子，其实也是在表达他们对我们的关心。

所以，不要因为父母对某些形象不接受就认为他们是落后的、迂腐的。

　　我们在改变自己的外在形象之前，不妨和父母交流一下，看看他们有什么看法，听听他们对于学生形象、男孩形象的理解。如果他们觉得你现在并不适合在形象方面做改变，那就不要改，没必要逆着他们来，我们的形象还是要符合学生的身份。

男孩，你要学会保护自己

心理篇

 ## 拒绝冒险——要有探索尝试精神，但不可激进

2019年3月16日上午，湖北省恩施市某村15岁男孩林易接到同学的电话，约他去鱼泉洞玩。听说要去那里玩，林易的父亲劝说他不要去，因为那个地方很偏，可能会有危险。但林易并没有理会父亲的劝告，还是和其他6名同学一起出发了。

到了鱼泉洞里，没走多久林易就提议下水潭去玩，并第一个下了水，随后同学陈某、黄某也跟着下到了水里，另外4个人则待在岸边。林易在玩耍过程中不小心滑到了深水处，眼看有危险，岸上的同学连忙扔衣服要将他们拉上来，陈某和黄某被拉上来了，但林易却消失在了水潭里。

据说这个水潭深不见底，密布暗河与支洞，地形复杂，空气稀薄。在接下来的5天时间里，当地乡政府、公安、消防、卫生等多个部门人员和蓝天救援队全力进行搜救，但依然没有任何收获，最终林易的家人不得不放弃救援。

林易说是去玩耍，但他的行为已经与冒险无异了。对父亲提前劝告的无视，对地理环境的不了解，以及过分的大胆和随意，正是林易最终再也回不来的原因。

一般来说，体内的雄性激素会促使男孩更愿意参与探险活动，去体验惊险刺激，但我们却不能盲目冒险，只有先考虑到自己的安全，接下来的探索才有意义。

很多男孩其实都并不是很了解到底什么才是探索精神，怎样的行为才是勇敢行为，这也是他们经常莽撞、发生意外的主要原因。

探索和谨慎应该相伴而行，勇敢也应该和缜密加强联系。我们应该如何做到既具备探索和尝试精神，同时又不激进呢？

第一，做一件事之前，先了解相关情况。

林易只想着要去那个地方玩，但却完全忽略了那个地方的风险，对父亲的劝告也不屑于听，毫无危机意识，这些都增加了他行动的危险性。

想做一件事，尤其是有显性或隐性风险存在的事，我们最好不要擅自行动，而是先去了解一下与这件事有关的情况，包括做这件事的目的、需要做的准备、实现目的应具备的条件、自己的能力程度、需要哪些人帮助、如果失败了是否可以补救、他人有没有成功或失败的经验教训、别人的忠告、提醒……

小到做一份练习题，大到与同学合作完成一项任务，不论是在学校里还是家里，不论是去游玩还是去做探索，我们都应该养成事前了解相关情况的习惯，这样才能做到有备无患。

第二，别被盲目的夸奖和激将冲昏头脑。

有时候旁人夸奖一句"你真勇敢"或者"你好厉害"，有的男孩就会得意忘形而不顾及安全事项，开始冒险行动；有时候旁人说一句"你是不是不敢"或者"你肯定是胆小"，这样的激将也会刺激到某些男孩的神经，导致他不管不顾起来。

我们应该意识到不论旁人说什么，这件事的执行人都是我们自己，是不是安全、是不是可以尝试、能不能保证全身而退，这些情况都只有我们自己才知道。所以，不要去过多理会旁人说了什么，一切按照自己的节奏走，并且始终都要保证自己的安全。

第三，在日常生活中积累多方面的知识。

有的人会担心，如果总是保持谨慎，是不是会错过很多需要勇敢探索的机会。但有句话说："机会是留给有准备的人的。"这个"准备"，不只是在机会到来时准备好迎接的"准备"，同时也是你要能准备好所有可以接得住这个机会的"准备"。

这些"准备"包括你的知识储备、经验积累、能力培养、安全意识提升等各方面。所以，平时多看书，积累多方面的知识，多一些实践操作，养成关注安全问题的好习惯，这些都是我们在日常生活中要做的事情。

第六章
Chapter 6

学习的压力，并非
跨不过去的"坎"

　　对于学生来说，学习是第一重要的事情，也是我们最关心的事情。学习并不是轻松的过程，势必会有压力，有的人会将这种压力化成动力，迎难而上，取得好成绩；但有的人就会被这压力压垮，无论如何也不能前进一步，不仅情绪低落，而且还会做出傻事。实际上，学习压力并非跨不过去的"坎"，找对方法、放松精神，我们其实都可以战胜压力。

哪怕是再大的学习压力，也有缓释的方法

2020年4月26日早晨，家住安徽省巢湖市某小区的一名17岁高一学生从高楼的6楼跳下，当场死亡。据知情人透露，这名跳楼的男孩是巢湖市某中学学生，他可能是因为最近学习压力太大了，才会一时想不开而跳楼自杀。

同年4月28日，安徽省铜陵市某小区也发生了一起跳楼事件，一名男学生陈某在当天早上7点钟左右进入小区，没多久就从小区3号楼高处坠落，当场身亡。

新闻中总是会出现因为无法承受巨大学习压力而选择放弃生命的学生，而且还是接连不断，让人很惋惜。难道遇到了压力，除了放弃生命，就真的没有别的办法了吗？

就拿同一个班级的同学来说，大家都是在同等环境下，接受同样的知识教育，源自外在的压力基本都是一样的。不论是期中、期末考试，还是更大规模的中考、高考，所有学生的客观压力其实基本相当。而不同的，可能就是每个人自身的内部压力，也就是自己对学习效果的感受，对知识的接纳、理解、运用程度，对困难、障碍的态度和应对，这些更主观的内容才是我们自己内部压力的主要来源。

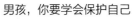
这些内部压力来源影响了我们对学习的态度。所以，我们才会看到，在同等外部压力下，有的学生可以主动突破困难，但有的学生就屈服于压力，做出极端选择。

从这一点来看，我们要缓解的所谓的"学习压力"，其实就是驱逐我们自己的种种"胡思乱想"，就是想办法解决眼下绊住自己的问题，就是让自己压抑的情绪有一个释放的渠道。

第一，找到问题的源头。

要解开一团缠得乱乱的毛线团，生拉硬扯是不行的，找到最开始的头，顺着头的走向就能一点点解开各种结，将一条线清晰地理顺。

很多男孩的学习压力在于"现在的学习让我感到太难了"，其实这个感到难的现状却并不只是眼下的问题导致的，而是很多过去的问题一直没有得到解决，以至于问题留下的隐患现在爆发了而已。那么，我们就不妨顺着现在的问题往回找，找到最初不理解的那个点，然后尽快解决它。

比如，眼下的数学知识无法理解，那就去找一找与这个知识点相关的已经学过的内容，因为很多知识内容都是前后连贯的，所以，看看以前学过的知识，有没有不理解的、一知半解的、到现在还没弄明白的，如果有，那就赶紧补上漏洞，将不稳固的根基重新打牢。

第二，多关注自己的情况，少以他人为标准。

有一些男孩总喜欢把目光放在旁人身上，"他们都会做了，我不会做""他们怎么就能学得那么快""他们是不是跟我一样""为什么只有我学得这么慢"……类似这样的想法总在头脑中挥之不去，看似是源自他人的压力，可说到底还是"自我加压"。

学习这件事我们也要做到"专注自家"，你应该多一些纵向比较，而不要盲目地去进行横向比较。所有同学之间都存在差异，每个人也有优缺点，所以这种横向比较在很多时候是没有意义的，你倒不如认真思考自己的情况，看看如何提升听课效率、做题速度，要弥补哪些方面的知识和能力，有没有找到合适的学习方法，在哪里容易出错……你看，与自己有关的学习事项尚且列不完，还有精力去关注别人吗？所以，认真专注地做好自己就好。

第三，有时候也不要总想着单打独斗。

虽然说学习是我们每个人自己的事情，但学习上有些问题我们确实想不通、不明白、不确定，只凭借我们自己无法解决。怎么办？可以放弃"单打独斗"的想法。古人也告诉我们，"独学而无友，则孤陋而寡闻"，所以要懂得向别人求教。这个"别人"可以是同学、朋友，也可以是老师、父母，有时候我们很难"自悟"的事"高人"一点就通。

所以在学习方面，遇到一些"死活"都解不开的难题时，我们是可以与旁人聊一聊的。哪怕只是把内心的郁闷倾诉出来，也能让精神得到放松，避免总是处于紧绷压抑的状态。

为什么要学习？——激发正确的动机

2019年10月22日，河南省杞县一名13岁的男孩柳某在给家人留下一张字条后便离家出走了。字条上写着："我学不会，我要走了，不给你们增添麻烦了。"妈妈认为，刚上初一的儿子应该是感觉到学习辛苦有压力，不想再学习了这才离家出走。

柳某家人连忙报了警，一边期待警方的帮助，一边自己也想尽办法寻找孩子，并在网上以及家附近都散发了柳某的寻人启事。

时间一天天过去，却一直都没有找到柳某，一家人甚至开始胡思乱想。但就在离家出走50多天后，柳某竟然自己回到了家里。

离家50多天，柳某就在郑州打工，住在打工的宿舍里。而他当时离家出走的原因，无非就是想要去见见世面。但是经历过这么长时间的打工之后，他觉得在外打工太累了、太不容易了，还不如回来学习。

柳某不想学习的原因是觉得自己学不会，离家出走的原因是想要见见世面，但等真的走出去了，他才发现讨生活的苦与累，还不如回来学习。而他这个"还不如回来学习"的想法，其实就可以看成是他对学习有了新的认识，眼下学习的辛苦远不及外面工作的辛苦。

柳某最开始觉得"学不会"，其实意味着他还没有弄明白自己为什么要学习，进而也就不知道怎么学习，自然也就只能胡乱"参与"，也就不会有好结果。由此可见，想要有好的学习结果，首先应该有正确的学习动机。

所谓动机，就是激发、维持并使行为指向特定目的的一种力量，而学习动机则是"直接推动学生进行学习的一种内部动力，是激励和指引学生进行学习的一种需要"。也就是我们内心要产生"我想要学习"的意愿，那么具体来说应该怎么做呢？

第一，明确学习的目标和意义。

人有了目标，做事就有了方向；明确做事的意义，做事才会有动力。所以，我们需要先明确学习的目标和意义，这样我们才能明白自己"为什么要学习"。

目标可以分为短期目标和长期目标，短期目标可以天或周来计，长期目标则可以月或学期来计。要清楚自己的能力水平，这样在订立目标时就不会出现目标超越自身能力的情况了。比如，在自身能力基础上，订立每天要实现的小目标，以及长期要实现的大目标，大目标可以是小目标的组合。这样一来，也就意味着每天都是充实的，有可努力的方向，一个又一个小目标逐渐实现之后，大目标的实现也就指日可待了。

同时，我们还要明了学习的意义，好好想想，通过学习我们可以得到什么？自己都可能发生哪些改变？去发现学习给自己带来的好处，可以让我们更愿意去学习。

第二，确定自己的内部学习动机。

根据形成原因，学习动机可分为外部学习动机和内部学习动机。

外部学习动机是指外在的诱发因素，比如社会的要求、父母的奖励、老师的肯定、考试的压力等，表现为心理上的吸引力和压力。不过，外部学习动机很容易受到外在因素的影响，而且具有明显的目的性和可变性，比如父母的奖励，若是奖励发生变化，你可能就会觉得动机不足，也就不好好努力了。

而内部学习动机则是指我们的需要、兴趣、愿望、好奇心、求知欲、成就感、责任感、自尊心等内容转化而来的"我想要学习"的动力。内部动机完全源自我们自身的主动性，所以，对学习活动有更大、更持久的促进力。

比如，从兴趣入手，你可以看看哪些内容是自己感兴趣的，而为了能维护自己的兴趣，就必须要学习。不论你是想要更好地与人沟通，还是想要更舒心地生活，又或者是想要给生活增添点乐趣，你都可以从兴趣出发展开学习。

第三，选对努力的方向和方法。

学习动机会影响学习效果，但强烈的动机若是遇上不合适的行动，效果也一样体现不出来。也就是说，只有选对努力的方向和学习方法，才能看到学习的成效。我们要注意提防自己头脑过热导致的莽撞发力，同时也要避免自己的一时兴起导致的后劲不足。

所以，还要确立好自己的努力方向，以及希望获得的成绩，然后根据自己的能力，设定合适的目标，根据所学内容来制订合适的学习计划，再按部就班地一点点进步。

厌学只是暂时的，要坚信有策略调适

2020年5月17日晚9点左右，湖北省武当山特区公安局老营派出所陆续接到了5名学生家长报警，原来这几名学生相约当天下午外出，但家长却一直都联系不上他们。

警方迅速展开调查，发现几名学生可能登记入住武当山某宾馆。但是警方和学生家人赶到后，只见到了学生们的物品，人却全都不在宾馆。为了避免意外，民警当即兵分两路，一路负责调取周边沿途监控，另一路则负责沿街寻找。

直到18日凌晨1点，民警找到了其中一名12岁的初中生小刘。可是由于担心被父母责骂，小刘拒绝配合警方的调查。民警反复安抚劝说，小刘才说出了其他几名同学所在的位置，很快11岁的小朱、13岁的小王、14岁的小张和13岁的小陶等4人都被找到了。

民警经过仔细询问才了解到，5个孩子都是某中学初一、初二的学生，因为新冠肺炎疫情而长期在家上网课，5人都产生了厌学情绪，便相约离家出走来到武当山城区，准备在这里游玩几天。

民警对几位学生的离家出走行为进行了批评教育，最终几人相继被赶来的家长平安接回家中。

所谓厌学，就是指学生从主观上对学习活动丧失兴趣，表现为厌倦、冷漠。很多学生在不同时期都可能会出现厌学的情况，不愿意去上学、想办法逃避，还有就是像案例中这5名同学一样，索性离家出走。可是，离家出走之后就能解决厌学这个问题吗？显然不能。

如果说你只是厌学，父母担心的可能只是你的学习；但你若是因为厌学而做出了出格的举动，父母对你的担忧就又更深了一层。说得严重一些，但凡男孩因为厌学而出现逃学、离家出走、自残甚至自杀等行为，父母都会变得紧张、焦虑甚至恐惧，更加不敢放松警惕，可能还会试图对男孩严加看管，但这对急于想脱离父母掌控的男孩来说，无疑会感觉更加糟糕，而亲子矛盾也会进一步激化。

厌学并不是不可解的，还远没有到你要舍弃人身安全甚至生命的地步。毕竟，学习是绝大多数人天生就具备的能力，现在只不过是因为学得更系统、更复杂，所以难免遇到困难而已。困难只是暂时的，与其逃避，不如想想如何消除厌学情绪。

第一，找找导致你厌学的前后因果关系。

这里所说的因果关系，包括以下几方面内容：

一是你要想想看自己到底为什么厌学，是因为学不会，还是因为不喜欢某些科目，又或者是学习过程中发生了不愉快的事导致你开始讨厌学习。

二是要看你厌学的原因又是什么导致的，比如说学不会，为什么学不会？是因为没有认真听还是因为学习方法有问题？也就是找一找这个有前后连带关系的原因。

三是要看看出现这些问题的最根本原因是什么，还是说学不会的问题，那你可能是学习方法有问题，那么你的方法到底哪里出了问题？是不适合你，还是你没真正掌握方法？确定那个最基本的原因，可能更容易解决。

总结一下就是，关于厌学这个问题，并不能只看眼前的原因，很多原因可能是环环相扣的，而且这样仔细且一环扣一环地寻找过原因之后，你会发现原来都不过是从小问题开始的，只要解决了最初的小问题，你内心没了压力，厌学的情绪自然也就慢慢消散了。

第二，更有针对性地去应对不同种类的厌学。

厌学可以分为这样几类：

纯粹学习上的厌学：是指针对学校的学习，因为学习上出现的诸如听不懂、学不会、做题慢、理解能力差、不能专注、总是粗心等问题而不愿意学习。对于这样的厌学，我们的侧重点要放在建立正确的学习动机、培养良好的学习习惯、掌握有效的学习方法等方面，可以通过向老师、父母、同学讨教来改善。只要能将这些问题各个击破，看到学习上的进步，也就不会那么讨厌学习了。

与学习有一定关联的厌学：这一类厌学的原因多半是不喜欢上课的老师、不喜欢某些科目、有几次重要的考试失败了、爸妈过分关注学习成绩、想要争强好胜却有心无力等。这些问题虽然都与学习内容没有直接关联，但却都是发生在学习过程中的事，对这些事产生的厌恶感就会影响行动，如果不能很好地调节这些情感，学习也一样会受到影响。所以，我们要学着打开心扉，把这些与自己学习有关的情感影响讲出来，听听老师或父母的意见，端正学习态度。

与学习无关的厌学：这一类厌学的原因有很多，比如，可能因为早恋而厌学、因为与同学关系不和而厌学、因为没来由的自卑感而厌学等。也就是成长中的烦恼都被叠加在了学习上，反倒让学习的心思被挤压得没了立足之地。对于这一类原因，我们应该学会区分，学着把学习与其他事情区分开，学习的时候就只是学习，不要想其他事情，待学习告一段落之后，再集中精力解决其他问题。

第三，重新给自己一些信心

因为产生厌学情绪，很多同学对自己也会丧失信心，其实这并没有必要。从前面两点我们应该可以看出来，没有什么厌学原因是没有对策的，厌学并不是一种永久的情绪，从你出生就开始的学习能力会越来越强大，你理应为自己正拥有这不断增长的能力而感到安心。

所以，我们不妨多给自己一些信心，不用多管别人怎样，先自己给自己打气，让自己振作起来，相信自己经过努力总会有进步，按照自己的节奏去学习就可以了。

无须杞人忧天，化解考试焦虑

2020年中考临近时，15岁的小果却不想参加考试了。越是临近考试，他越发不想学习。小果也非常不喜欢和父母谈论考试的话题，时不时还会与父母怄气，只要被问到考试，他就立刻"爆炸"。

妈妈平时对小果要求很严，由于新冠肺炎疫情的原因，中考前小果一直在家上网课，很多时候都是妈妈陪着他一起学习，生怕他会落下知识点或走神。

小果一直都觉得压力特别大，一做题就不想动脑筋，有时候晚上睡觉想到考试还会浑身发抖。妈妈每天晚上开导他，可是效果并不好，没办法只能带着他去看心理医生。经诊断，原来他患上了考前焦虑症。在医生的后续帮助下，小果的情绪慢慢好转了，不再一提到考试就紧张，而是可以用比较平静的态度去看待考试了。

面对考试而心生紧张，这是很多学生都会存在的问题，尤其是一些比较正式的考试，这种紧张情绪会更甚，也会有男孩出现像小果这样的考前焦虑症。

但是焦虑解决不了问题，越是焦虑反而越影响判断，越发不能很好地应对考试。

心理学上有一个"叶克斯-道森定律"，是心理学家叶克斯和道森在1980年通过动物实验发现的一种现象，随着课题难度的增加，动机最佳水平有逐渐下降的趋势。

后来，心理学家运用这个定律来对人类进行研究，发现一个人智力活动的效率和其相应的焦虑水平之间存在着一定的函数关系，表现出一种倒"U"形的曲线。

也就是说，一个人随着考试焦虑水平的增加，个体的积极性、主动性以及克服困难的意志力也会随之增强。这时，个体表现出来的焦虑程度对完成任务起到促进的作用。当焦虑水平为中等时，能力发挥的效率最高；但若是焦虑超过了一定限度，过强的焦虑又会变成一种心理负担，反而影响学习和能力的发挥。

从科学角度也印证了越焦虑反而越考不好的结果，所以，我们应该想办法摆脱焦虑。那么具体应该怎么做呢？

第一，培养平常心和自信心。

一般会出现考前焦虑的人，都是那些付出了一定的努力的人，正因为付出了努力，所以他们才会很担心无法收获回报。

清代小说家李汝珍的《镜花缘》中有一句话，叫"尽人事以听天命"，意思就是尽心尽力去做事就好了，至于说能否成功，那就看"上天"安排了，也就是顺其自然，遵从自然规律。

回到考试这件事上，考试一般考查的是前一阶段的学习成果，如果你真的是认真听了课、做了练习、进行了复习，真的付出了努力，接下来认真去考就好了。一般来说经过这样的前期准备，考试成绩都不会太出乎人意料。就算真的不好，但你已经努力了，那也问心无愧。

另外，如果真的是努力过了，你倒不如自信一些，这样反而会轻松一些，没有压力地应考，成绩反而会更好。

第二，不为还未发生的事担忧。

考前的焦虑分为两种情况，一种是的确没有准备，如果是这样的焦虑那你不如抓紧时间去"临阵磨枪"，焦虑是没用的；另一种则是准备了却总是往不好的方向想，也就是提前为未发生的事担忧，结果反倒搞得自己好像真的考试失利了一样。

尤其是这第二种情况，其实完全没必要，"不必为昨日而哀叹，也不必为明天而担忧"，安住当下就好，这是真理。

所以，不要提前考虑结果，先专注眼前，把能复习的内容再好好复习一遍，把能背诵的都认真背诵下来，把经常错的题好好总结一下，然后安心考试就好。

第三，降低原本的期待值。

有时候我们之所以会焦虑，也源自对自己的高期待。我们不妨把这个期待值降低，比如一开始你认为这次考试应该会比以前有很大进步，但这种高期待反而容易让你焦虑，万一没有很大进步你就会受到打击。所以，不妨降低期待，如果最终考试成绩真的进步了，这对你来说也就从"满足期待"变为了"送上惊喜"。

另外，在平静时，我们也不妨想想，就算真的考试失败了又能怎样呢？如果是平常的考试，那就下次再努力；如果是重要的考试，再来一次或者寻求别的出路也不是不可以。成功的路千万条，我们的人生还很长，真的没必要纠结这一次考试。

树立正确认知——学习不是为了"取悦于人"

2019年10月23日，广东省深圳市某学校举办秋季运动会。在开幕式的入场环节中，该校八年级四班的学生举着横幅，喊出了一段"响亮"的口号，他们喊道："我爱学习，学习使我妈快乐。我妈快乐，全家快乐。"

这段口号一出，当时现场一片欢乐气氛。随着这段入场视频在网上的流传，这句口号也成了很多人哈哈一笑的欢乐源泉。

虽然不论是从视频还是文字描述来看，这段"快乐论"的确能引发一部分人的共鸣，现场很多父母也都笑了出来。但是静下来想一想，我们的学习什么时候必须要和他人的快乐挂钩了？学习是为了"取悦于人"吗？

有的男孩会说了："这句话没错啊！我学习成绩好了，我妈可高兴了，要什么给买什么；我要是哪天没好好写作业、考了个低分，那绝对是吼叫加拳脚'伺候'。"

当我们一旦陷入这样的思维定式，就意味着我们其实还是没有搞明白学习到底是怎么一回事，以及你学习到底是为了谁。

父母对我们学习的关注，体现的是他们对我们的教育责任；而我们认真努力学习，则是身为学生的本分。当我们学有所成时，父母会感觉到自己的付出有了意义，而看到我们有耀眼的成绩，他们也会非常欣慰。这是一个自然呈现的结果，与取悦父母无关。

由此可见，我们需要重新确立下对学习的认知。

第一，把学习当成是自己应该做的事。

学习是我们作为学生、孩子应尽的本分，所以我们有责任把它做好。我们需要对自己反复强调这件事。

对于应该做的事情，我们不能看着别人的脸色来决定自己要不要做，它应该是我们自动自发的行为。所以，我们要尽早改变对学习的认知，不要把它与其他任何人联系在一起，学习是我们当下最重要的一件事，他人不会也不应该替我们负责。

第二，把努力学出好成绩当作学习目标。

为什么会有人认为"我学习好了妈妈就会快乐"？其实可以这样理解，如果你一直学习都不认真、不出成绩，父母自然无比担忧，看到你有了好成绩，他们当然会开心。不要以为是你的好成绩让父母开心，他们开心的可能是你终于知道努力学习了。

所以，我们应该把努力学出好成绩当成自己的学习目标，这会让我们更专注。而一旦有了好成绩，我们也不要认为这就能向父母"交差"了。为什么？一来成绩只代表过去，是前一阶段的学习成果，而我们的学习是永无止境的；二来要意识到努力后有这样的成绩是理所应当的，这是努力后的必然收获，所以不必骄傲、大喜。

第三，多在自己身上找原因，不抱怨。

有的男孩认为，"老师和父母总盯着我学习"，让自己喘不过气来，其实真的不必这么想。老师和父母所做的一切努力，也不过是为了让我们能真的把学习当成是自己的事。

所以，不要觉得考个好成绩就对得起老师和父母了，而是要努力把知识学会，掌握良好的学习方法，养成良好的学习习惯，争取在日后的学习中不需要他人督促就能自动自发。也就是说，我们应该多找找自己的问题，好好改正缺点，弥补不足，而不要抱怨老师和父母的严厉。

不再"学困"——克服"习得性无助"

2016年3月24日晚11点多，陕西省榆林市火车站派出所民警在售票大厅执勤时发现了一名十三四岁的男孩，他既没有成年人的陪同也没有携带身份证件，但他却要求工作人员卖给他一张去西安的火车票。

民警初步判断这名男孩可能是离家出走，便将他带到了值班室了解情况。经过民警耐心劝说，原本一句话都不说的男孩终于还是开了口，他名叫张某乐，家住府谷县，正读初中。

张某乐说父母对自己的学习有很高的期望，要求也很严，可是自己学习成绩就是不好，始终都无法达到家人的要求。刚开学第一个月，他的月考成绩就非常不理想，觉得没办法回家面对家人，就打算坐火车离家出走。

民警对张某乐多方劝导，按照他提供的联系方式和其父母取得了联系。第二天凌晨4点多，父母赶到火车站将他安全接回了家。

习得性无助是一种心理状态，学习中的习得性无助，是指在一定的学习情境中，由于长期未达成预期学习目标而遭遇失败体验，就会在动机、情感、认知和行为上产生一种消极的心理状态。

张某乐的表现就有"习得性无助"的倾向，最初他对自己的学习是有期待的，但学习成绩始终不能令人满意，这让他背上了沉重的心理负担，而父母的严格要求也让他压力巨大，由此产生消极心态，这才做出了冲动的选择。

我们也不妨自查一下，是不是因为学习始终得不到好成绩、父母或老师总是频繁指责或唠叨而变得对学习没有了信心呢？是不是因为成绩不好而变得叛逆、做事情消极、习惯找借口，并且会不自觉地逃避学习，沉迷于网络等其他事物呢？

如果有的话，就要引起注意了，要想办法改变这种现状。

第一，降低期待，给自己体验成功的机会。

学习上之所以会出现习得性无助，其实是结果与期待不相符所导致的，最初的美好愿望由于某些原因未能达到预期的效果，如此反复多次便会出现"我怎样学都学不好"的消极心态，之后的学习就会变得越来越被动，甚至是自暴自弃。

这时，我们不妨降低一些期待，把目标定得更容易实现一点，经过努力可以看到成功的希望或者获得成功，这会让我们产生愉悦感。就像美国著名心理学家班杜拉所说："一次小小的成功，如果能让个体相信自己具备了成功所需的条件，往往能使他们超越现在的行为表现，达到更高的成绩，甚至会在新的活动中取得成功。"所以，我们要敢于正视自己的实际能力水平，在此基础上努力进发。

第二，多在自己身上找找优点。

我们要找的优点，包括学习上的优点和学习以外的优点。

学习上的优点，也就是长处，比如，老师曾经肯定过的"字写得工整""上课听讲认真"，父母说过的"思维反应速度还不错""口算比较快"，等等。这些优点不一定多么大，但却也代表着你在学习方面并非一无是处。

学习以外的优点，范围就比较广了，比如，运动神经发达，能很快与人交朋友，会一门别人都不会的技能，去过很多地方所以见多识广，等等。

通过找寻优点，来重新唤起自信，让自己不至于深陷消极情绪中难以自拔。当然这方面的调节你可以请父母帮忙，好好跟他们聊一聊，表达一下你也需要肯定和鼓励的意愿。如果能和老师、父母进行一次三方沟通就更好了，来自老师和父母对你进步的肯定，会给你更大的鼓励。

第三，不要任由沮丧情绪发散到各处。

像张某乐这样，因为学习的失败而放任自己置身于危险中的做法，其实是他将学习失败所带来的沮丧情绪放大到了生活中导致的。这就很容易让习得性无助从学习延伸到生活中，长此以往，很容易让一个人对整个人生都产生失望的情绪。

所以，要学会给情绪划定范围，如果学习上出了问题，那就只关注学习的问题，不要把情绪扩散到生活中。要实现将学习与其他问题分离，我们就要放宽心态，不让沮丧蔓延开来。最好能多和父母聊一聊，看看他们有什么好建议。越是这个时候才越要多与他人沟通，以免自己胡思乱想、钻牛角尖。

与自己和解——学而时习之，不亦说乎

2016年6月12日上午10点左右，四川省宜宾市某派出所接到了一名大妈报警，说是上小学的孙子小明在上学路上被绑架了，小明被人捂住眼睛、嘴巴，还被绑住手脚，只不过后来歹徒未能得逞。

接警后，民警立即赶往现场，把大妈和小明带回了派出所，经检查，在小明身上没有发现任何捆绑痕迹。不仅如此，在被问及绑架者的体貌特征、被带去过哪里等细节问题时，小明也支支吾吾，前言不搭后语。

民警意识到情况可能没那么简单，反复开导之后，小明才承认是自己编造了被绑架的事情。原来，当天早上6点，小明突然很不想去学校读书，便自己跑到别处去玩耍，直到10点左右时发现奶奶就在对面的马路上。因为害怕奶奶发现他逃学会挨骂，他就找了根绳子和毛巾，跑到奶奶必经的一处公共厕所里，自己捆好手脚、塞好毛巾，假装被绑架的样子，随后果然被奶奶发现，惊恐之下奶奶这才报了警。

就因为不想上学，不惜这样折腾自己，还让家人受到了惊吓。小明"自导自演"这出"戏"，也真是跟自己、跟家人

"过不去"啊!

从小明的描述来看，他把上学看成了是"为了家人而上"，说明他自己并不明白上学的意义，也没有找到上学的乐趣。

但学习真的就那么让人讨厌吗？以至于要想方设法地逃避？显然不是的。

《论语·学而》开篇就说："学而时习之，不亦说乎？"对此，宋代理学家朱熹认为："学而又时时习之，则所学者熟，而中心喜说，其进自不能已矣。"有的小学教材认为是"学习并时常复习，不是很快乐吗？"，著名语言学家杨伯峻认为是"学了，然后按一定的时间去实习它，不也高兴吗？"还有一部分学者认为是"学到了（知识或本领）以后按一定的时间去复习，不也是令人愉悦的吗？"也有人认为是"学过之后，还能在适当的时机来实践运用，不也很高兴吗？"……

但不论哪一种解释，都有一个共同特点，那就是"学习"是与"快乐""愉悦""高兴"这些词相关联。也就是在古今很多学者看来，学习理应是一件令人开心的事情，只要你学得得当、用得得当，应该是能够体会到学习的快乐的。

所以，不要总自己跟自己过不去，尽管不断成长过程中，学习的确会困难重重，可是我们应该及时与自己和解，努力去发现学习中的乐趣。

第一，换个角度来看待学习。

如果你眼中的学习是"要学的东西真多，学的内容好难，做那么多题还总是出错……"，全是这种负面的东西，那估计你对学习没什么好感，而且也很容易心生厌倦。很多男孩也正是因为如此看待学习，所以才会觉得学习枯燥无味，想要逃避。

可如果你换个角度来看待学习，比如，"我会做这道题，这个知识点我已经掌握了""最开始也没多难，好像是有问题没解决才变难的""虽然经常出错，但也有做对的时候"……就是从积极的层面来看待自己的学习现状。你会发现学习这件事也没有太糟糕，你讨厌的那些点好像都不是什么过不去的坎儿。心态的改变将有助于你用更积极的态度来对待学习。

第二，体会学习带给生活的变化。

对"习"字有这样的解释："学过后再温熟，反复地学，使熟练。""长期重复地做，逐渐养成习惯行为。"其实就是学以致用，就是实践。我们所学的很多内容，都会被我们不知不觉地"时习之"，这些从我们在生活中的种种变化就可以明白这一点。

比如，你认识的字越来越多，可以阅读、理解书籍，可以因快速理解中文字幕而看懂外国原声影视剧，还可以明确表达自我；买东西时你可以熟练计算花多少钱、找多少钱；你也可以讲很多历史故事，能明白天气变化，知道盆地与高原的区别；搬东西怎么最省劲，认识化学品并知道如何防止受到危害，想要动手搞搞小发明也知道运用哪些物理、数学或化学的相关原理……

你看，生活与学习是分不开的。上学、学知识是让你拥有更美好生活的"功臣"。现在，你是不是能感觉到学习还是很有用的呢？

第三，不妨也试试合理地"从众"。

心理学上的"从众效应"是指，群体成员的行为通常会具有跟从群体的倾向。当个体发现自己的行为和意见与群体不一致，或与群体中大多数人有分歧时，就会感受到一种压力，压力会促使他趋向于与群体一致，也就是会做出"从众行为"。

绝大多数人并不愿意自己一个人感觉"苦"，但只要你告知他"并不是你一个人这样，大家都这样"，那他多半会舒服很多，因为他觉得自己"与众相同"了。

所以，我们也不妨这样来给自己"打气"，那就是学习并不是只有我们自己感觉难、感觉苦，大家对学习的感觉其实是差不多的，只不过有的人可以及时调节，可以苦中作乐，可以从更积极的角度去看待、面对学习，那么我们也要参考这样的做法。还有就是，尽量远离那些认为"学习真是太苦太难了"的人，而是去接近那些"学而时习之，不亦说乎"的人，相信你会有全新的感悟。

第七章
Chapter 7

走出心理阴霾，
学会应对各种常见问题

进入青春期，很多男孩的内心会因为各种各样的事情而出现各种各样的情绪波动，如果不能及时调适心理，不能及时解决问题，这些情绪波动就会扰乱男孩的内心，使得他的心中充满阴霾。青春生活本应该是丰富多彩、充满阳光的，所以，我们不能带着这些阴霾去学习、去生活。我们要学会应对各种常见的心理问题，不要再纠结，及时走出心理阴霾。

避免过激心理——培养乐观豁达的性情

有一位妈妈在网络上求助：

10岁的儿子读小学四年级，从上小学开始，就经常因为一些特别小的事情大发脾气。比如二年级的时候因为某活动没选他做主持人，他觉得老师偏心，自己在班里号啕大哭，还搬起椅子砸课桌；三年级时因为别人占了他的位置，他本想让老师帮忙，可老师却让他自己处理，还说没必要告诉老师，于是他觉得老师偏心，包庇那个"犯错"的同学，就和对方打了一架；到了四年级，体育课上他擅自跑上舞台玩耍，同学报告了老师，他说对方诬陷他，可全班同学都说看见了，他就怒吼说全班人都在诬陷他，他一边哭一边吼着说要把告状同学的脑袋拧下来扔到窗户外面去……

类似的事情还有很多，他的这些言行令我感觉十分恐惧，眼看他要进入青春期，可依然学不会管理自己的情绪，一出问题，错就全在别人身上，也不能跟他讲道理，因为他觉得所有人都在跟他作对。我担心他日后会因此犯下不可挽回的错误，就想请教大家，我应该怎么做，才能规范引导他呢？

过激心理在青少年身上一般表现为易怒、暴躁、出现较为严重的破坏行为，甚至会有自残、自杀或伤害他人的行为出现。案例中的男孩已经有了过激心理的倾向，若是不能好好调节，任由这种心理发展下去，说不准他会做出什么更出格的事情来。

从某种角度来说，过激心理也属于一种病态心理，很多很平常的事情在有过激心理的人看来，就变成了了不得的事。如果带着这样的心理去生活、学习，那势必会时常处于负面消极的情绪之中，很多事情都会因为过激反应而偏离正确的走向。所以，要避免出现过激心理。

其实"过激"这个词也可以简单理解为"过度激动"，也就是对很多事反应过度了。相反，如果能对一件事保持乐观豁达的心态，很多事可能压根儿也就不叫事。我们如果想要改变，就不如从培养自己乐观豁达的性格开始。

第一，适当增加一些"逆境"体验。

很多男孩从小到大的生活中几乎没有经历过挫折。比如，在家里跟父母家人玩游戏，你是不是永远都是最后的赢家？想要做什么事，家里人都会尽量帮你扫清障碍，是不是很容易就能取得成功？

为什么？因为家人迁就你。但显然，家人之外的其他人是不会这样迁就你的，比如说同学，大家彼此平等，没人会迁就你，游戏、比赛也是要分胜负且没有理由谦让，这就让在家已经习惯了"常胜"的我们感到非常不适应，经常受挫，也就很容易引发过激心理。

如果意识到了这一点，那就提醒自己，"有赢有输才是生活常态"，然后尝试独立完成一件事，去感受做不到、做错了、彻底失败的种种滋味，婉拒家人提出的帮忙，自己多体验几次，习惯这种难过的感受，也许再遇见不如意也就不会因为"稀有"而觉得难以忍受了。

第二，提升自己的"心理弹性"。

美国心理学家安东尼在20世纪70年代借用物理学中的弹性概念，提出了"心理弹性"的概念，也称为心理复原力、心理韧性或心理钝感力，是一种面对负性事件、压力和挫折，个体可以经受并应变，以较强的韧性来适应环境和变化的心理能力，"一般来说，心理弹性与适应性呈现为一种正相关，即弹性愈大，表明个体对外界环境的调控能力愈强，适应性水平愈高"。

简单来说就是，面对种种压力时，我们可以不被压倒甚至崩溃，而是可以像"弹簧"一样，在压力中能够快速复原。为了实现这一点，我们要学会多角度看待自己的经历，尽量多从积极的层面去理解已经发生的事情，想不通的时候要向父母、老师求助，借助他们的开导来解开自己心里的"疙瘩"。多看些积极向上的文字或影视内容，培养阳光心态……

第三，多看看"别人"是怎么面对挫折的。

不知道你是不是喜欢看关于英雄的影视剧，其中的英雄们绝大多数都会经历很多挫折、困难，经过这样的磨难他们才成了真的英雄。

比如，有的英雄被打败之后，并不会一蹶不振，也不会去跟别人找茬，而是自己思考、分析，想明白之后就去努力提升自我，然后下一次不再犯同样的错误。重点是，在这个过程中他们会保持积极乐观的态度，虽然一开始的确有沮丧的情绪，但很快就能振奋起来，这其实就很好的榜样。所以，我们也不能只看到英雄威风凛凛的一面，也要看到他们背后付出的努力，看到他们在面对挫折时都是如何应对的。

除了影视剧中的英雄，现实中的、我们身边的人也能给我们一些启示，比如，父母有时候也会遇到各种各样的挫折，他们是怎么一边维持家庭生活、维系家庭关系，一边照顾我们的生活学习，同时努力战胜挫折，继续好好工作的？不妨多观察、多思考一下。

别让心灵"感冒"——走出焦虑抑郁的空间

2018年1月7日晚上6点半左右，江西省南昌市某小区一名高中男生从一栋24层高楼的顶楼一跃而下，结束了自己年仅15岁的生命。

经过记者了解，这名跳楼的男生姓付，其实在当天下午5点时，他就已经失踪了。失踪前他曾在自己的QQ空间发布了一条"说说"信息："当你们看到这条'说说'的时候，你们大概再也见不到我了，这大概是我为数不多的不带滑稽的'说说'。我曾经给这个世界带来了不少欢笑，但我却无法给自己带来欢乐。再见了，这个世界。"这俨然就是一封"遗书"，言语之间流露出了付某的抑郁。

付某的某位初中同学遗憾地感慨道："付某平时算是朋友们的开心果，可这个开心果最终却选择用这样的方式自己离开了这个世界。"

《2019中国抑郁症领域蓝皮书》中就指出，"低龄患者通过搜索引擎等渠道对抑郁症的了解意愿正在高速增加，存在患者低龄化的趋势和隐患"。"百度2019年'抑郁症'关键词搜索"用户年龄分布中，小于等于19岁的用户搜索比例，占总搜索比例的30%，而20~29岁用户的比例就已经占到总搜索比例的45%。

抑郁并不是突然到来的，总要有一个"积累"的过程，就像案例中的付某，谁能知道他如此难过的感受已经持续了多久呢？所以，这些"小于等于19岁"的用户，搜索"抑郁症"的时候，他们已经抑郁的年龄应该比这还要小；而20~29岁的用户，则应该是恰好在青春期或刚过青春期时，就已经开始抑郁。

曾经有医院的儿童心理科室专家表示，"以前高发（抑郁症）人群年龄在25~40岁，现在至少提前10岁，且整体发病率在迅速上升"，"十几年前的科室，一天差不多看10个孩子，现在光一个医生的个人门诊一天就有三四十个号，还有额外加的号，其中被焦虑和抑郁困扰的孩子大约占60%~70%"。

这些或是经过调查，或是医生真实经历呈现出来的数字令人震惊，值得我们深思。

现在我们可能正走向青春期或者已经身处青春期，我们会经历各种各样的事情，好坏参半，我们会受到各种各样情感的冲击，同样是愉悦与沮丧参半，如果我们异常敏感，内心时刻都处于紧绷状态，那么我们就会不断地焦虑，进而可能因为想不开而推开抑郁的大门。

我们要重视起自己的心灵状态，别等着它已经"堵塞不通"了才想着要去寻找出路，而是要尽早就关注到自己的心理变化，以免误入焦虑、抑郁中。

第一，灵活安排自己的生活，做到劳逸结合

有些男孩的生活本身就很紧张，尤其是进入初中、高中之后，就会不自觉地将"学习"摆放在最重要的位置，甚至有些极端的男孩会让学习这件事挤满所有的时间。尽管学习非常重要，但如果我们每天只做这一件事，也是不行的，我们会因此错过与他人的交流，错过其他能力的发展，也错过对其他情绪的感受。

所以，我们要让生活变得丰富起来。每天除了上学的时间，回家完成作业和必要的学习后，最好能放下书本和笔，去做做家务、出门散步、画个画、去小区里或路边的健身器材上动一动，等等。

另外，我们需要加强与他人的联系，因为群体会让我们免于孤独，而不孤独就不会胡思乱想，周围人的言行举动、思想感受，都会对我们产生影响。

第二，加强与父母之间的情感沟通

很多男孩的问题其实来自家庭，家庭氛围不和谐，也更容易导致我们焦虑、抑郁。因为父母是我们最亲近与信任的人，他们的言行是否积极、乐观，都会直接导致我们。

所以，我们不能把自己和父母隔离开，尤其是随着青春期的到来，最好能时不时和父母说说自己的事，有烦恼也说

一说，有开心的事情更要说一说，当我们的情绪能被父母接纳时，我们会感觉到内心的舒畅；而父母其实也能从我们的青春活力中感受到快乐。所以，我们与父母如果能有良好的沟通，不仅能够使我们内心的情绪得到纾解，父母也能因为沟通而感到愉悦。

第三，及时发现异常情绪，寻求必要的科学帮助。

相比较而言，成年人在焦虑抑郁时更容易出现情绪颓丧的表现，而未成年人则可能会有更暴躁的表现，比如变得有暴力倾向、爱发脾气，还可能会有头疼、牙疼、发烧等症状。出现这些症状后，除了治疗表象症状外，也要意识到自己的心理可能也存在一定问题。如果不想要让父母担心，可以去找老师聊一聊，尤其是心理老师，请他们提供一些建议和帮助。

不与人攀比——远离脆弱的虚荣心

一名初一男生在网络上匿名倾诉了自己的烦恼：

我上七年级的时候，跟以前一样，每天就很随便地穿一双普普通通的布鞋。后来我发现身边的朋友都穿着名牌鞋，自己的布鞋就显得格格不入。从那之后，我便也开始买起名牌鞋子、衣服，基本上每个学期都要买一两双鞋，而且上学期穿过的鞋子下学期也就不再穿了，我买的牌子也越来越贵。

但我知道，我家并不是富裕家庭，母亲常年在外工作，父亲因为身体原因无法养家，我还有一个哥哥和一个妹妹，家里还欠着很多外债。但哥哥和我都有着同样的虚荣心，我们也不想让外人知道自己家是这样的情况，所以在外也会装成是富裕家庭的孩子。

我其实很苦恼，一方面也知道家里情况不允许这样，但另一方面我又不想被其他同学看不起，每天这两种心情让我内心压力巨大。

这个男孩显然是被虚荣心所累，一方面不想放弃他人眼中自己"富裕"的形象，不想被他人瞧不起，另一方面却也能意识到家人挣钱的不易，也能感受到家里经济状况的窘迫。正是这样两种相反的烦恼，使得他陷入一种两难的境地。

进入青春期后，一些男孩在虚荣、攀比心理的驱使下，会更关注自己的外貌、在他人眼中的形象，过分看重他人的评价，有强烈的自我表现欲望，但同时也嫉妒比自己强的人。于是，就会逐渐迷失自我，不再愿意踏实做事、好好学习与生活。

为了不让自己陷入这样的境地，我们应该丢掉盲目攀比的坏习惯，摆脱脆弱的虚荣心。

第一，客观地看待并接纳真实的自己。

我们需要客观看待自己的外貌、学习水平、人际关系以及家庭条件等，也就是要意识到自己到底是什么样的，拥有什么、缺少什么，优点是什么、缺点又是什么，不要"美化"自我，要认识真实的自己。

不论自己是什么样子，好也罢，不好也罢，我们都应该全然接纳。但接纳并不意味着"听之任之"，还要看看哪些是我们通过努力能改变的，比如身体不够强壮，那就好好吃饭、多多锻炼；气质不够大气，那就多读书、多培养积极的兴趣爱好，提升自己的内涵。

第二，不要在经济方面盲目与人攀比。

不是说你穿着名牌就证明你有钱了，就算能证明，但那些钱也不是你挣的，从本质上来说，你炫耀的不过是来自父母或家族的财富，与你自己其实没有半点关系，这样的炫耀没有任何意义，反而会增加被坏人盯上的危险。而且，你穿了、用了名牌，学习成绩就一定能好吗？就一定能交到真心朋友吗？为了虚荣心而攀比，迟早会出问题。

所以，不如放下这些东西，把更多的精力投入应该做的事情上，比如，多读书、多学习技能、多培养兴趣爱好、多结交志同道合的朋友、多出去走走……这些事才是有意义的。你不需要现在就急着去攀比所谓的名牌吃穿用度，只要你愿意从现在脚踏实地学习，总有一天，你会凭借自己的双手创造更多的财富，你也会拥有与你的财富相匹配的生活。

第三，不要在学习上有不正常的攀比心。

学习中会出现良性竞争，大家都想要好好表现，进而彼此促进，实现共同进步。但有的人将这种竞争也变成"攀比"，为了获得好成绩，不惜作弊，不惜破坏他人的好成绩，甚至嫉妒心强烈到不惜伤人。这样不正常的攀比，最终伤害的不只是他人，也有自己。

我们要意识到学习更深层次的意义，就是为了让自己变得更好，但这却并不是以破坏他人成绩、伤害他人换来的。我们还是要回归到自我本身上来，努力做好自己该做的事情，认真完成该做的所有学习任务，脚踏实地地认真学习，我们总能得到自己想要的成绩，获得自己理想中的发展。

矫正认知偏差，不再自卑或自大

2015年9月1日是学校开学的日子，但安徽省六安市17岁高二学生小祎却迟迟没有去学校报到。班主任老师晚上给小祎打电话却怎么都打不通，只得赶紧联系远在上海打工的小祎父母。夫妻俩得知消息后赶紧回到家中，可也找不到他，反而在抽屉里发现了一封信，那竟然是一封"遗书"。

"遗书"写道："我死后，请不要再去烦其他人了，我的死只和我个人有关。我死后尽量保持我肾的完整，卖掉后应该值些钱……下辈子不做穷人家的孩子。"

抽屉里还有另一张字条，上面写着："亲爱的爸妈，我实在忍受不了了，也实在不想多说，这个世界太累了，而我又是个弱者，我走了，不用找了，7天，就7天，我便可以脱离了。"

原来在开学前一天，8月31日，小祎就已经离家出走。

幸运的是，9月7日下午1点，小祎被公安机关在肥西县找到了，身上没有一分钱，虽然饿虚脱了，但好在没有出现更大意外。

"下辈子不做穷人家的孩子""我是个弱者"，从这字里行间不难看出，家祎是有自卑心理的。但实际情况到底如何，却不一定是家祎口中所说。但家祎却因此离家出走的做法，表现的是他对自我认知存在偏差。

发生在青少年身上的自我认知偏差，主要反映为自卑心理和自负心理。

家祎就属于自卑心理，就是对自我评价过低，对自己的能力、性格、行为表现，还有可能包括自己的家庭，都感觉到不满意，因为认识不到自我价值，就很容易做出极端行为。而自负心理则相反，就是盲目自信，对自己评价过高，自恃自己了不起，认为自己无所不能，瞧不起任何人，这显然也无助于自身的成长与发展。

我们只有正确认识自己才可能让自己身上的优点得到最大限度的发挥，同时也能更清楚地认识到自己的问题并及时改正，也就是要纠正自我认知偏差。

第一，学习客观地认识自我

自己到底是什么样子的，很多人并不能看得明白清楚。自卑的男孩只看到了自己的缺点，自负的男孩则只看到了自己的优点。如果不能全面看待自己，可能就会因为某一部分被忽略而出问题。

我们应该好好认识一下自己，列一列有哪些优点，不论多小的优点都可以写出来，用来增强自信心；同时也要列一列缺点，不论多小的缺点也要写出来，以免自己因为"蚁穴"而"溃堤"。

不论是罗列优点还是缺点，我们都应该保持一种平常心，不因优点得意忘形，也不因缺点过分失落。要学着理顺内心的纠结，接纳自己。

第二，调整对自己的期望值。

自卑的男孩对自己没有那么高的期望值，甚至都不抱什么期望；而自负的男孩则完全相反，他觉得自己只要出马就肯定能赢。但人如果没什么期望值，就容易失去做事的动力；而期望值过高也容易变得盲目，从而导致失败。

所以，我们应该调整对自己的期望值，期望值应该建立在客观认识自己的基础上。如此一来，我们就能更容易获得成功。

第三，如实表现自我，不要过度在意他人的看法。

其实不论是自卑还是自大，他人的看法对我们也有很大影响。比如，自卑的男孩会觉得周围人都在嘲笑自己，于是就变得更加自卑；而自大的人也会因为一些不明就里的人发出的羡慕、感叹而变得更加自大。但这显然都不利于我们更好地认识自己。

所以，我们要暂且抛却旁人的看法，专心而真实地表现自己，也就是努力做好自己的事情，然后等待自然的结果就可以了。

"既生瑜也生亮"——消除你的嫉妒心

2017年6月19日中午，广西壮族自治区灵山县某中学某男生宿舍发生了一起血案，16岁的高一男生小林在午休时被舍友小黄用水果刀刺中脖子，小林因为失血过多当场抢救无效死亡。

小林和小黄是同班同学，两人原本没有什么矛盾。小林性格乐观，学识广泛，与很多人交情不错。但小黄却是性格内向，家境一般，家里还有一个哥哥一个弟弟，全家人对他都寄予厚望，家庭压力使得小黄不堪重负。两人成绩一直差不多，后来因为成绩优异从不同的班一起进入了尖子班，但尖子班高手如云，两人的成绩也都有了下滑。

成绩下滑，小林依然对此保持乐观，但小黄却感觉压力更大了，也许正是两人存在一定差异，所以内向的小黄有了嫉妒心，看乐观的小林越发不爽。于是小黄在超市购买了作案用的水果刀，并选择在中午趁小林睡觉时动手。

犯罪嫌疑人小黄很快就被警方控制……

如果单论学习成绩，小黄和小林可以说是不相上下。但生活就是这么复杂，不可能只单看某一面，而是需要综合多方面来看，这样就能发现小黄和小林是有差异的。在小黄看来，小林开朗又没有家庭负担，也就引发了他的嫉妒心。

就像《三国演义》中的周瑜和诸葛亮，两人同样有才华，但相形之下，周瑜便成了不如诸葛亮的存在，结果诸葛亮"三气"周瑜，反倒让周瑜丧了命。

从心理学上来看，嫉妒是人的一种情感表现，但体现的却是人与人之间的不良关系。有嫉妒的情感或心理状态，人就会对他人享有的利益产生怨恨，要么希望占其为己有，要么希望他人失去那些利益。

任由嫉妒心散发是很可怕的，小黄的行为就是一个警示。

我们与他人本就是不同的，严格来说彼此之间其实没有什么可比性，因为世界上绝对没有两片相同的叶子。从大自然的规律来看，共存才是自然和谐、社会发展的重要因素，那么放到我们的人际关系上来看，也应该做到"既生瑜也生亮"，每个人都能闪闪发光，而不要因为他人的闪耀就心生嫉妒，更不要被嫉妒冲昏头脑以至于做错事甚至触犯法律。

第一，允许别人表现得比自己好。

在那些嫉妒心强烈的人看来，他人的表现如果比自己要好，那个表现好的人就一定不是"好人"，他就会对其产生敌意，觉得正是因为他表现好了所以自己才表现得不好。

我们应该这样想：包括我在内的每个人，都可以表现得很好，都可以获得成功，而只有每个人都好好表现，我们的社会才会变得越来越好。也就是说，我们可以从更大的格局去考虑这件事，当我们的格局变大了，自然也就不会那么小气地看不得他人的好了。

第二，学会自我调节心理平衡。

同等水平下，旁人比自己优秀，这的确令人感到羡慕，但如果羡慕得过了头，就很容易变成嫉妒。羡慕他人的好成绩这是人之常情，但我们也要学会及时调节内心。

比如，可以这样想：别人取得了好成绩，那是因为他一直很努力，有付出才会有回报，而我努力得还不够，所以这个结果是公平的；别人因为某种行为获得了表扬，那他一定是有值得肯定的地方，而我在某些方面表现平平，所以应该向人家学习。

我们要能客观地看待他人的好，不要总用阴暗的心思去揣测旁人的成绩，多夸他人的好，总比抱怨他人为什么好令人愉悦得多。

第三，化嫉妒心为前进的动力。

出于嫉妒，有些人会动歪脑筋，想要毁掉他人的好，比如案例中的小黄就是如此。这是一个两败俱伤的做法，害了他人也害了自己。共赢是整个社会努力的方向，那么我们也不妨向这方面努力。看到他人的好的表现，那就化嫉妒为动力，用"下次我要表现更好"的目标来激励自己，然后付诸更多的努力，让自己变得更好。

另外，这个前进的动力最好是针对自己的，也就是跟自己进行纵向比较，而不要只想着"超过他人"，横向比较反而容易激发嫉妒心，因为有些嫉妒心强的人，只在乎自己是不是"超过"了他人，并不在乎是不是有德行底线。所以，不能让自己的努力偏离了正确的方向。

自信自强，想得开，走出内向阴影

2015年6月22日下午，广东省东莞市虎门镇某小区发生一起自杀命案。

一名17岁高二男生林某因端午节放假独自一人在家，下午6点多父亲下班回家时发现室内温度过高，且卫生间门被反锁了。父亲强行破门，这才发现林某背靠着门坐在卫生间的地上，但已经没了呼吸，面前还有一盆正在燃烧的木炭。

父亲连忙拨打120求救，同时报警，待120赶到，医生发现林某早已死亡多时，并证实他是因一氧化碳中毒而身亡。

据父亲说，林某在前一段时间里频繁失眠，出事前一天还去看过医生。据邻居描述，林某生前人很乖，非常文静，性格内向，不喜欢与人交谈。而据学校老师说，林某虽然学习认真刻苦、成绩不错，但在学校里表现得也很内向，与班里同学没有很深的交往。

从周围人对林某的印象来看，"内向"几乎成了他的标签，内向带给他的可能就是在很多问题上的隐忍，不自信，不敢面对，也许正是因此才导致了林某最终难以承受而走极端的。

213

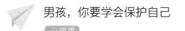
从心理学角度来看，内向是把兴趣和关注点指向主体，内向性格的人习惯于自我剖析，做事谨慎，遇事往往深思熟虑，但是内向性格也会导致人际交往面狭窄，有时候还会出现适应困难。内向虽然存在一定问题，但也并不是绝对不好的性格，我们不能因为内向就放弃很多可以改变的机会，反而是要在这个基础上，积极培养自信自强精神，弥补因为内向而带来的缺陷，努力走出内向的阴影。

第一，不封闭自我，尝试和他人沟通。

内向的人因为不擅长面对外界，所以很多事情他只能自己做判断，而他对自己又缺少足够的自信，所以很容易出现认知偏差。

显然，内向不意味着封闭，我们不能只活在自己的世界里，而是要慢慢地走出来。

当然，可能很难一下子就与很多人接触，我们可以先尝试接触身边的人，比如，与父母保持良好的沟通，在班里结交一两个可以聊得来的朋友。这样，自己有什么事也不至于只能自己胡乱判断，旁人会给出更多建议，也方便我们纠正思想上的偏差。

第二，保留原本的优秀表现。

关于内向，艾森克人格问卷（由英国心理学家汉斯·艾森克编制的一种自陈量表，是在艾森克人格调查表基础上发展而成）认为典型的内向性格是这样的：安静，离群，内省，喜欢独处而不喜欢接触人；保守，除非挚友，否则会与人保持一定的距离；倾向于做事有计划性，瞻前顾后，不会凭借一时冲动做事；日常生活规律、严谨，遵循伦理观念，做事可靠；很少有进攻行为，多少会悲观；会表现得焦虑、紧张、易怒、抑郁。

从这个描述来看，内向性格还是有好的方面的，所以我们不要觉得自己内向就是一件不好的事，当你能够把性格中积极的一面保留下来，并积极地发扬光大时，你其实也是在向着优秀继续前进。

第三，提升自信心，学会给自己"打气"。

自信就是对自身主观能力和客观条件的正确评价，我们要正视自己的优点和缺点，学会自我肯定优点，也学会积极改正缺点。

不要觉得自己没有可取之处，如果有父母、老师或朋友说过你的优点，或者从前面一点提到的优点中你发现了有符合自己的表现，那就认真肯定自己，这可以帮你更好地建立自信。

而对于缺点，也没必要就直接"扣锅"说，"内向的我就是这样没出息"。内向并不代表"不行"，我们还要学会给自己"打气"，时不时自己鼓励自己"你还要继续努力，问题可以得到改善"，自我鼓励有助于我们自身的不断提升和完善，从而变得更强大。

见富贵勿生谄容，遇贫穷不作骄态

某年9月，福建省福州市的小郑开始上一年级。每天父亲都会给小郑5元零花钱，以备不时之需。可很快父亲就发现，小郑后来每天吃零食、买漫画书，其消费金额远超过了5元钱，而一个月里，他口袋里剩下的零花钱凑在一起竟然有了几百元。

父亲生怕小郑做坏事，先是自己"侦查"，然后又经过询问，这才得知儿子是在给同桌当跑腿的，在"打工挣钱"。原来小郑的同桌是个富二代，父亲每天都会给他100多元零花钱，如果花不完就会被骂。而小郑则经常帮着同桌跑腿，有时候是买东西，有时候还会帮忙做作业，每次都会收取一些钱作为"报酬"。

小郑的父亲觉得不能接受对方父亲的这种教育方式，并想要将钱还给对方。可小郑同桌的父亲却说这不值得大惊小怪，他认为自己是培养孩子日后的人脉关系。

虽然一个跑腿，一个付钱，理论上来说这是一个"付出与回报"的关系。但对于年龄尚小的男孩来说，他们恐怕对这种关系没有深刻的理解。小郑看到了对方是"富贵人家"，于是他用自己的付出来换钱，换来的钱则被他吃喝玩乐；而小郑的同桌则因为父亲的纵容，而显得有些骄傲，毫不犹豫地掏钱指使他人。显然，这样的"交换"是有问题的。

贫富差距不只是存在成人之间，在未成年人的世界里也同样存在。也许是受到某些影视剧或成年人的不良影响，很多男孩在贫富问题上就经常出错。像是案例中的男孩年龄还都太小，所以更需要及时纠正，否则日后若是再出现这种"见富贵"便"生谄容"上前服务，"见贫穷"就"作骄态"地施舍，就很容易出现错误的金钱观、价值观。

明朝理学家、教育家朱柏庐在《朱子治家格言》中写道："见富贵而生谄容者，最可耻；遇贫穷而作骄态者，贱莫甚。"意思是说，自身贫穷，见到有钱有势的人就做出点头哈腰、溜须拍马、阿谀奉承的卑贱神态，这种人是最可耻的；而富贵的人如果遇到贫穷的人，就露出一副不可一世、傲慢无比、看不起对方的神情，这种人是最低贱的。可见，朱子是旗帜鲜明地反对这两种做派的，我们也应该从中有所感悟。

那我们应该怎样做到"见富贵勿生谄容，遇贫穷不作骄态"呢？

第一，"富贵"不是炫耀的资本，也不是压榨他人的工具。

总有人认为只要"我有钱"，就可以随心所欲甚至胡作非为。所以，才会有被富贵吸引而谄媚的人，也才会有因为富贵而骄傲到看不起他人的人。

我们需要重新认识"富贵"这件事，它并不是炫耀的资本，也不是压榨他人的工具。对于我们来说，所谓的"富贵"其实是父母或者家族的经济条件，严格来说与我们并没有关系，因为我们也没有创造经济财富，所以不要狐假虎威、仗势欺人。

正确的做法是，尊重父母的劳动，尊重他们为家庭生活带来的财富。如果是富裕的家庭，那就带着感恩的心来享受这份生活，尽量低调行事。当然，绝大多数家庭可能都是普通家庭，还有一些不富裕的家庭，我们也要感恩父母为了维系生活而付出的辛苦，养成勤俭节约的好习惯。

第二，不以经济条件为标准来区别对待他人。

经济条件是否足够好，并不意味着这个人到底是好还是坏，也许经济条件好一点的确会让人的生活少一点压力，但并不是说经济不够富裕的家庭出来的孩子就不是好人。

我们要多关注周围人的人品，看看他们是不是一个努力学习、用心生活的人，是不是有基本的做人原则底线，是不是能与周围人友善相处，这些才是我们与他人结交时要参考的标准。至于说经济条件，不要过多谈及，我们有很多其他问题可以谈，比如兴趣爱好、志向理想。也就是说，不论大家的经济条件如何，同学之间都应互相体谅，真心相处。

第三，认清自己当下的身份，明了现在该做的事情。

我们现在就是学生，家庭经济条件如何暂时不是我们所能左右的事情。倒不如说，我们都应该为自己的未来好好努力。家庭的富裕并不能保证我们未来也能富裕，我们应该抓紧时间来培养自己创造财富的能力；家庭的贫穷同样不能决定我们未来也一定贫穷，从现在开始努力，用读书来改变命运，努力创造更幸福的生活。

所以，我们现在没有必要花那么多时间来关注富裕与否的事情，有这个时间多专注学习，做好自己该做的事情，才能收获真正属于自己的最大的财富。

培养正确的"三观"与辨别是非的能力

有一档关于孩子教育类的节目提到一位辍学的初中男生，因为他的辍学，父母非常着急。

父母在节目上问男孩："你一个初中生，不学习，你能干什么呢？"

男孩却很有底气地反驳父母："我做游戏主播啊，你觉得干直播、当游戏主播需要学习吗？"在这个男孩眼中，做这些事情是不需要门槛的，只要他想干，就一定能做成。

这个男孩其实犯了两个错误：第一，他觉得上学是没用的，可是刚初中的年纪就不再吸纳知识、不再接受教育，他会错过很多提升自我的机会；第二，他觉得做类似于游戏主播这样的职业是不需要知识、能力的，所以也不需要学习，可我们都知道"三百六十行，行行出状元"，而这个"状元"是怎么来的？必然是经过学习实践才来的。

所以从这个角度来说，男孩其实缺乏的是良好的"三观"，而且他的是非观也令人担忧，所以他才得出了"上学无用"的结论。

所谓"三观"，就是指世界观、人生观、价值观。世界观，是一个人对整个世界总的看法和根本观点；人生观，是对人生的看法，对人类生存的目的、价值、意义的看法；价值观，是在认识各种具体事物价值的基础上，形成对事物价值总的看法和基本观点。而是非观，则是价值观的核心，指一个人对待原则问题的观点和态度，简单来说就是要知道"对错"，能判断"是非"。

当下的我们其实是建立良好"三观"的关键时期，未成年时期的"三观"将会影响我们未来的很多选择。因此，我们只有现在做到"三观"正、是非明，才可能在内心建立良好的做人底线，才不会在未来做出任何触碰法律和道德底线的事，才能保证自己最起码的人身安全。

那么，具体来说应该怎么做呢？

第一，在心中建立正确的信仰。

可能会有人感到迷茫，小小年纪，哪有什么信仰呢？其实不然。从某种角度来说，信仰是每一个人心灵的主观产物，是你价值的所在，良好的信仰是你坚信并内化到自己的行动中的一种内驱力。正确的信仰对每个人都非常重要。

所以，我们要树立爱党、爱国、爱人民的坚定信念，并像少先队宣誓词中所说，"我热爱中国共产党，热爱祖国，热爱人民，好好学习，好好锻炼，准备着：为共产主义事业贡献力量"。

第二，读万卷书，行万里路。

书籍是最能帮助我们建立、发展、净化、升华思想的东西了。尤其是那些古今中外的经典，它们蕴含了大量的思想精华，经常阅读这样的书，我们就会更容易理解世界、人生，从而形成正确的是非观。

所以，平时多读一些经典，尤其是包括四书五经在内的中国传统文化经典，这些传承了几千年的文明思想与智慧精华对于我们每个人都有着重大的启发意义。随着年龄、阅历的增长，我们会发现这些经典之所以流传几千年，都是有深刻道理的。

除了多读书，我们还要多行路，行路不仅指锻炼身体，更重要的是要能多看看与我们生活空间不一样的多彩世界，你见识得越多，对世界、人生的理解就会越不同，你的格局也就会越大。所以，在节假日时，我们不妨合理安排时间，和父母一起离开家门到处走走、转转、看看，在行路中学习、成长。

第三，多接触积极正向的事物。

关于对错的判断，年幼的孩子会比较直接，对错分明，可是随着年龄增长，我们会发现很多事情可能并不能只用简单的对错来判断，它更需要我们以正确的是非观来分析，然后才可能得出一个相对合理的结论。

积极正向的事物向我们展现的就是非常明确的是非区

别，积极正向的事物有正能量，是"是"，那么与之相悖的，就有负能量，是"非"。所以，我们要多关注积极正向的事物，比如正规媒体播报的新闻，就是我们判断社会事件是非的重要参考；具有积极意义的影视剧，讲述一些真实或改编的故事，有助于我们理解现实生活中的是非对错；社会中的好人好事，也具有积极的引导意义，更能使我们明确什么是值得肯定发扬的行为。

　　所以，平时我们要多关注这样的内容，而不要去关注那些错误的、阴暗的甚至是触犯道德法律的观点，以免被误导而走入歧途，这也是在最大限度地保护自己。

男孩,你要学会保护自己

保护自己

校园篇

周舒予 著

北京理工大学出版社
BEIJING INSTITUTE OF TECHNOLOGY PRESS

图书在版编目（CIP）数据

男孩，你要学会保护自己. 校园篇 / 周舒予著. --
北京：北京理工大学出版社, 2022.5（2022.8 重印）

ISBN 978-7-5763-0935-5

Ⅰ.①男… Ⅱ.①周… Ⅲ.①男性－安全教育－青少
年读物 Ⅳ.①X956-49

中国版本图书馆CIP数据核字（2022）第023838号

出版发行 /	北京理工大学出版社有限责任公司
社　　址 /	北京市海淀区中关村南大街5号
邮　　编 /	100081
电　　话 /	（010）68914775（总编室）
	（010）82562903（教材售后服务热线）
	（010）68944723（其他图书服务热线）
网　　址 /	http://www.bitpress.com.cn
经　　销 /	全国各地新华书店
印　　刷 /	唐山富达印务有限公司
开　　本 /	880毫米×1230毫米　1/32
印　　张 /	30
字　　数 /	545千字
版　　次 /	2022年5月第1版　2022年8月第4次印刷
定　　价 /	152.00元（全4册）

责任编辑/李慧智
文案编辑/李慧智
责任校对/刘亚男
责任印制/施胜娟

前言

谨慎能捕千秋蝉，小心驶得万年船。

人要成事，要多些谨慎，多加小心，保证自己不陷入任何一种危险，才可能将更多的心思投入要做的事情中，才可能获得成功；但凡人身安全有受到威胁的可能，都不得不分出一丝心思去提防，就会影响"成事"。

我们人生中要做的很多事其实都是财富，不论是学习、工作方面的，还是生活、休闲方面的，每件事都可以标注为0，而居于首位的安全就是1，有安全在，我们的人生财富就是10000000……（不可限量）；而如果安全这个1不在了，再多的0，也都不过是虚无。

这就是安全对于我们的重要性。

但并不是所有人都能理解这一点，尤其是男孩对安全问题的关注可能都会少一些。因为大部分男孩都认为，"我很勇敢""我是了不起的男子汉""我什么都不怕"……体内的激素也促使男孩表现得更易冲动，这会让男孩误以为：自己可以应对各种事，不会有什么危险，所以不用特意关注安全；即便遇到了危险，自己也有能

力战胜它。

可实际上，危险并不会因为你是男孩就对你"礼让三分"，也不会因为你自认为"勇敢""了不起""不怕"而真的对你"退避三舍"，更不会调整自己的"级别"。

危险面前人人"平等"，如果你没有足够的安全意识，缺乏足够的应对危险的能力，不懂得趋利避害，不会保护自己，那么危险可能就会毫不犹豫地"光顾"你。

所以，先学会保护自己，顾好自己的安全，牢牢抓住这个1，然后才有机会去实现人生财富的那些0。

安全问题涉及我们生活、学习的方方面面，甚至与我们的一举一动都息息相关。具体来说，和我们密切相连的安全问题，包括身体安全、心理安全、校园安全、社会安全，这也正是这套书所对应的几个主题。

身体安全——

其实说到安全问题，身体安全可谓"最最重要"，这是"革命的本钱"。保证了身体安全，我们的人生才有多姿多彩的可能。

保护好身体，可谓男孩的"安全第一课"。如何保护？比如，要懂点生理常识，别让错误的知识害了自己；面对各种性信息，坚决不受其误导与干扰；青春期有禁忌，没熟的"涩苹果"不能吃；男孩也需要注意防范性侵害；改掉坏习惯，拯救男孩的体质危机；善待生命，这是男孩对身体的"最高级"保护……对身体的保护，再重视都不为过。

对男孩而言，千万不要仗着自己身强体壮就放松对身体的

保护，不仅要从思想意识上重视起来，更要从方式方法上行动起来！

心理安全——

男孩的自我保护，外在的身体安全固然重要，但内在的安全也不能忽视，很多时候，内在的不安全反而比外在的不安全对男孩的威胁更大。这里所说的内在安全，其实就是心理的安全。

所谓"心理安全"，就是保护心理不受威胁与伤害的一种预先或适时应对性的心理机制。只有保证心理的安全与自由，才能最终实现自身与他人、社会及世界的和谐统一。

心理安全，也可以称为心理健康。对男孩而言，心理健康非常重要，千万不要让心灵受伤。不妨从以下几方面做起：远离"早恋"的烦恼与冲动，让青春更美好；拒绝网络诱惑，不要试图让游戏填补心灵的空虚；学会安抚失控的情绪，让自己做个阳光少年；青春叛逆要不得，要多与父母沟通交流；学习的压力，并非跨不过去的"坎"，要学会化解；走出心理阴霾，从容应对常见的各种问题……越重视，越安心。

心理安全，是一种更深层次的自我保护。健康从心开始，心理健康，才有机会让生命精彩绽放。

校园安全——

校园作为一个由众多人参与的公共场所，虽然有各种涉及安全的规章制度，也有老师和其他工作人员反复监督强调安全

问题，但关键还是要我们自己具备足够的安全意识，积极配合学校的安全教育，才能保证我们安全度过校园生活，让父母放心。

校园安全包罗万象，如课上课下、教室内外、校园情感、各种意外、劳动运动、男女相处、结交朋友等方面的安全，还有被重点关注的校园霸凌问题。如果没有足够的安全意识，没有强大的自我保护能力，即便身体健壮也恐怕没有用武之地。

我们要好好了解校园安全问题，学习与安全有关的各种内容，懂得如何应对不同的危险……每个问题、每项细节都值得认真对待。

社会安全——

虽然我们现在还是学生，但当下在校园所学其实都是在为未来顺利进入社会打基础。况且，即便是我们当下的生活，也离不开社会。所以，我们也必须重视社会安全。

社会涉及更广泛的交际，所以，社会安全不可小视，做好防范才能远离隐患：要擦亮眼睛，识别形形色色的坏人；远离网络背后的各种诱惑和骗局；拒绝烟酒、黄赌毒，坚决不沾染恶习；不加入各种"小团体"，也不要试图"混社会"；上学放学路上，要小心各种圈套与陷阱；学会正确自助与求助……这些都是需要我们重点关注的。

实际上，社会安全不仅在当下对我们很重要，其中涉及的很多内容对我们未来的社会生活也有很大的警示作用。所以我们要通过学习这些内容，养成良好的社会安全习惯，提升自我

保护的能力，从而保证我们当下及未来参与社会生活时，最大限度地保障自己的安全。

安全问题无小事，安全防范无止境。关于安全，远不止这套书中提到的身体、心理、校园、社会等方面内容。作为男孩，我们去了解、学习这部分内容，为的是能让自己从中受到启发，通过这些文字意识到安全问题不容忽视，必须时刻牢记心间，必须主动培养安全意识，必须积极提升自我保护能力，将其化为一种"习惯成自然"的自身素养。

希望这些文字可以帮你为自身的安全筑起一道"防火墙"，助你穿上一套保护自我的铠甲，从而成长为一名带着理性与智慧勇闯天涯的真正勇士。加油！男孩们！

目 录
Contents

第 一 章

校园安全无小事，自我保护意识须建立

校园，作为男孩学习、生活的重要场所，安全问题自然不容小觑。保护学生安全，学校当然有责任，但更大的责任却是在我们自己这里。这就需要我们学会保护自己，而保护自己的重要前提，首先就是要建立强烈的自我保护意识，这样在危险来临时，才能在第一时间配合学校的保护，从而保障自己安全度过校园生活，让父母放心、安心。

课上课下、教室内外，注意保护好自己

上课，是我们在学校里的主要活动；而教室，则是我们在学校里的主要活动场所。要意识到，学校、教室也不是绝对安全的地方，因为很多安全隐患或危险会在我们上课时或课间活动时出现。所以，我们在课上课下、教室内外，都要有意识地关注自己的安全，保护好自己。

第 三 章

懵懂青涩的校园情感，不回避也不冲动

随着身体的成长，正常人都会因为荷尔蒙的冲动而出现情感的波动，男孩旺盛的荷尔蒙自然也会让他经历内心的悸动。只不过，这份情感波动出现的时间可能并不算好，因为我们刚好身处中学校园之中，或是即将升入中学，刚好处在需要认真努力学习的时候，此时，唯有理智对待才能平安度过这段懵懂的、青涩的情感波动期。

正确应对各种意外状况，安享校园生活

有句话说，"明天和意外，你永远不知道哪个先来"，在现实生活中，确实很有道理。在学校上学，可能也会一个不小心就经历某种意外。不过，有很多意外其实也并非无法应对，提升自己的安全意识，学会未雨绸缪、防患于未然，时时事事做到小心谨慎，我们也可以轻松应对各种意外状况，安享美好的校园生活。

面对校园各种霸凌行为，勇敢说"不"

校园霸凌一直长期存在于校园中，尤其是中小学校园，霸凌现象屡见不鲜，似乎已经成为一种校园"顽疾"。不少的男孩都经历过不同程度的校园霸凌。各种各样的霸凌行为给被霸凌的人带来了严重的身心伤害，有的被霸凌者甚至会付出生命的代价。如果我们遇到、经历了校园霸凌，要勇敢说"不"，学会保护好自己。

坏朋友是个"坑"，不要被他们骗惨了

随着年龄的增长，与人交往会在我们的生活中占据越来越重要的位置。"近朱者赤，近墨者黑"，交朋友也是门学问，交益友，我们会和他们一起进步；交损友，我们就会与他们一起退步。要知道，一个坏朋友对人的负面影响是三个好朋友的正面影响都弥补不过来的，因为坏朋友就是个"坑"，一不小心就会被他们骗惨。所以，务必小心小心再小心。

第 七 章

尊重女性，是对她们也是对自己的保护

男孩对自己的保护，还源自对女性的尊重。实际上，男孩最好的教养就是尊重女性。尊重女性，既是对她们也是对男孩自己的保护。试想，一个不懂得尊重女性的男孩、一个想去算计甚至伤害女性的男孩，离"渣男"还有多远？离犯罪还有多远？所以，当男孩学会尊重女性，能够妥善处理与女性的关系时，就相当于给自己穿上了"铠甲"。

第一章
Chapter 1

校园安全无小事，
自我保护意识须建立

　　校园，作为男孩学习、生活的重要场所，安全问题自然不容小觑。保护学生安全，学校当然有责任，但更大的责任却是在我们自己这里。这就需要我们学会保护自己，而保护自己的重要前提，首先就是要建立强烈的自我保护意识，这样在危险来临时，才能在第一时间配合学校的保护，从而保障自己安全度过校园生活，让父母放心、安心。

校园隐患知多少？你必须要了解

2020年11月9日，贵州省某小学六年级学生小韩和同学小罗课间打闹玩耍，一开始还只是简单打闹，随后小韩离开了，可没一会儿小韩又返了回来，刚走到小罗跟前，就被小罗一脚踢在了下体要害部位，当时毫无防备的小韩被踢中的瞬间就抱着下体坐在了凳子上。

后来，小韩发现自己的下体在不停地流血，就立即通知了父亲。父亲赶到学校后连忙带着小韩去了医院，小韩的下体被缝了6针。医生说，这次受伤有可能影响孩子将来的生育能力。

事发后，小韩的父亲多次联系小罗的家长，但对方始终不肯露面，而学校则只承担安全监督不到位的责任，说希望双方家长能凑在一起来解决问题。这件事就此陷入了僵局。

校园，被很多人看成是"除了家以外最安全的地方"，但这个"安全"只是相对于更为自由的外界社会而言的，校园因为有更多的规矩约束，有老师和有关工作人员的监管，所以才显得比外界安全一些。

也就是说，校园安全其实是相对的，而不是绝对的。

因为校园中还存在着诸多安全隐患，比如像案例中小韩的遭遇，谁能想到被同学一脚踢下去，竟然会造成这么严重的伤害？谁能想到早上高高兴兴上学来，下午放学却未必能平平安安地回家去？看似应该不会发生什么大危险的学校生活，谁料想却可能给孩子带来难以弥补的伤害？

所以，我们如果不了解学校可能隐藏着的这些危险，只认为进了校门就"万事大吉"，就放松了，就毫不在意安全问题了，那就很有可能让隐患变成"明患"。

2016年，第四届中国新闻法制建设学术峰会成立了"中国学校安全行为风险评估委员会"，并发布了《学校安全风险评估2015年度报告》。这份报告根据2015年官方媒体报道的172个学校安全典型案例，汇集成"2015年学校安全典型案例库"，并根据风险评估与管理的相关理论和方法分析得出了学校安全十大频发风险：师生间暴力、同学间暴力、学校意外伤亡、学生自杀、食物中毒、校外暴力入侵、学生遭性侵、校车事故、校园集群事件、踩踏事故。

时至今日，这些校园安全风险依然存在。我们不妨来看一看现如今的学校都可能隐藏着哪些危险。

第一，环境处境危险。

校园内湿滑的地面、不牢固的栏杆或窗户、损坏的桌椅、任何地方突出来的钉子或尖刺、漏电的电线、烧开的饮用水、拥挤的楼梯、人多的各种场所……在这样的环境下，若是没有强烈的自我保护意识，任何一个小小的疏忽都可能带来严重的后果。还有就是我们预料不到的各种危险，如地震、楼房塌陷、洪水、泥石流、火灾、大面积停电……环境可能带来的各种麻烦也同样需要我们学会应对，以最大限度地保证自己的安全。

第二，行动行为危险。

校园生活中的一些活动也存在着隐患，如体育课上的意外伤害、课间时的嬉笑打闹、上下楼或出门时的起哄推搡、劳动课或实验课上的操作不当、运动会或大扫除时的莽撞行为、自以为没事的不恰当动手动脚……前面小韩的遭遇就属于这一类危险，只不过他错过了自我保护的机会，给自己留下了一个巨大遗憾。

第三，人际关系危险。

我们可能会与各种人建立不同的关系，比如与老师之间的关系、与同学之间的关系、与校外人员的关系……但是人多关系就复杂，这样复杂的关系也很容易引发矛盾。小摩擦、争吵、打斗，甚至可能升级为暴力事件，还有就是校园霸凌事件，这些都是我们在处理人际关系过程中可能出现的危险。

第四，思想心理危险。

因为被父母或老师批评就想不开而离家出走、打架甚至跳楼，因为和同学争执气不过就伤人甚至杀人，因为受到不良信息或不良少年的影响而染上"黄赌毒"的恶习，因为家庭原因而出现偏激的报复他人与社会的心理……这些来自思想、心理的危险也同样可怕。

　　……

　　校园安全隐患无处不在，且种类可能也并不只这几种，而它之所以被叫作"隐患"，其实全在于它的意想不到和无人注意。现在，你是不是对校园安全隐患有了一定的了解了呢？希望你可以发现更多值得自己关注的安全事项。

　　在校学习是我们的主业，但只有安全地在校学习，我们才可以安心地发展主业。所以，我们理应尽早消除可能影响到主业的种种不安全因素，让自己能将主要的精力投入更重要的事情之上，能够健康、快乐地度过学校生活。

在学校，要时刻具备安全意识

2016年12月8日下午，江西省赣州市某小学四年级学生小帆午休结束后下楼去厕所，他没有好好从楼梯下去，而是双脚踩在楼道的铁护栏上，双手抓着护栏，身体横趴在栏杆上想要顺势滑下去，结果手没有抓稳导致意外跌落。紧急送医后，经医生诊断，小帆为脑挫伤、创伤性硬膜外出血、颅底骨折并鼻漏、左额骨骨折，伤势严重。

2018年9月25日，湖南省长沙市某小学男生小茗，在和同学玩耍时被一名女同学从教室门口台阶推下，台阶没有护栏，且比小茗身高还高，小茗摔下后右脸颧骨部位受伤，留下4厘米长的弧形伤疤。

2018年11月27日，山东省胶州市11岁男孩小帅和另一名同学一起跟老师查看版画教室内滑落的机器钢板，3个人抬钢板时感觉过重，另一名同学和老师因为没力气及时撤出了手，但小帅却没来得及抽手，钢板直接砸在他的手上，导致8根手指被压断，经鉴定为九级伤残。

校园内的很多伤害总是突如其来，摔下栏杆、摔下台阶、砸伤手指，估计没人能想到自己会遭遇到这些，也没人会想到自己在学校、在教室就会出现这样严重的伤害，甚至危及生命，痛苦终生。

这几个案例也提醒我们，在学校，不论做什么，都要时刻具备安全意识，否则危险就会因为你的一个疏忽而悄然降临。

可能有人会说，这样的危险并不是每个人都能遇到，也算是小概率事件，很多人都认为"我不会那么倒霉"，但实际上，当你没有安全意识时，任何危险在你身上发生的概率都会大大增加。而且，你以为某些危险是偶然吗？事实并非如此。

德国飞机涡轮机发明者帕布斯·海恩提出了一个海恩法则，他指出，"每一起严重事故的背后，必然有29次轻微事故和300起未遂先兆以及1000起事故隐患"，任何不安全事故都是可以预防的。

这个法则原本是航空界关于飞行安全的法则，但放在校园安全上来看，其实也一样适用。

已经发生的种种校园危险就相当于暴露出了隐患，比如第二个案例中，小茗摔下去的台阶，在事后就加装了护栏，防止再有学生跌落，这就是在对这类问题的"事故征兆"和"事故苗头"进行排查处理，以防止类似的问题重复发生。

我们为什么需要时刻具备安全意识？就是为了能从自我保护的角度躲开校园安全隐患，通过自我主动防护，具备感知危险、及时发现危险的能力，以最大限度地保证自我安全。

这里，需要格外注意"时刻"二字。有人会把安全意识当成是一种"有需要才放出来"的东西，但其他时候就不那么在意。就像前面这3个案例，走楼梯的时候只顾着玩，怎么走不在意；和同学打闹只顾着开心，周边环境怎样不在意；只看到了眼前要做的事，自己能力如何、做事条件如何不在意……

不要觉得身处教学楼内，不过是和同学一起玩、有老师在就是绝对安全的，具有自觉的安全意识才是最重要的，若是你自己都没有想到可能发生的危险，旁人再怎么样也不可能给你最大的安全保证。

这也提醒我们，要时刻把"自我保护""注意安全"这样的想法刻印进头脑中，要努力做到：走路注意脚下，上下楼远离栏杆，不打闹、不拥挤、不逞强，有事及时求助等，就像老话讲的，"小心驶得万年船"。

建立并不断提升自我保护的强烈意识

四川省宜宾市一位叫梁岗的中学老师，曾经获得多项全国性荣誉，但他却在2010年至2020年的10年间，利用班主任和心理健康中心主任的身份，以心理疏导的名义，对班上的男生实施性骚扰。

不仅如此，很多学生不仅在中学时期被骚扰，甚至到了大学也无法摆脱梁岗的继续骚扰和控制。梁岗每到一个城市出差公干，就会借助"叙旧"的名义继续找那些被他骚扰过的且在当地上大学的学生，继续对他们实施性侵害。很多当时的受害学生纷纷写信给媒体对梁岗进行举报，证实了这件事的真实性。

2020年11月12日，这起"高中名师猥亵男生案"在成都市成华区人民法院一审开庭审理。经检察院公诉，梁岗在2016年至2018年在成都市某中学工作期间，对在校高中生、毕业后就读大学的学生7人实施了强制猥亵，检方以强制猥亵罪向法院提起公诉。

与女孩相比，男孩的自我保护意识好像要更薄弱一些，不论是像案例中的性骚扰事件，还是其他各种可能出现的危险事件，男孩似乎总不能很好地提前意识到并积极去防范。案例中的这些男生，很多人在经历过伤害之后都不知道应该怎么办，也不知道应该如何反抗。

仔细分析一下，之所以出现这样的情况，可能有两方面原因：

一是父母和老师对男孩有一种固有认知，认为"男孩比女孩要强壮、调皮，能力相对也要强一些"，所以在有些成年人看来，男孩似乎并不需要被刻意提醒注意安全。于是从成年人的角度来说，就容易忽略对男孩的安全教育。

二是男孩在睾丸素的刺激之下，会表现得很冲动，会有争吵、打架等行为出现。这就给男孩一种错觉，认为自己是强大的，"我天不怕地不怕，这才是男子汉"，是可以与他人乃至于和任何其他事物抗衡的，于是便也自动屏蔽了有关安全的内容。可能有些男孩还会觉得遇到危险就躲开是"不够勇敢"的表现，反而会逞强、逞能、故意招惹危险。

显然不论是外人还是男孩自己，都疏忽了自我保护意识的重要作用。危险并不会区分性别，不会因为你是男孩、你觉得自己很"勇敢"就绕开你，如果你不知道好好保护自己，任何危险都有可能让你追悔莫及。

其实在年幼时，男孩也是有保护自己的意识的。比如，学走路时，会有"小心走路避免摔倒"的意识，为了不让自己摔疼，迈每一步都小心翼翼，直到确定安全才会迈出第二步，这就是一种自我保护。

但长大之后，这种自我保护意识就消失了吗？其实不然，这种"小心走路避免摔倒"的自我保护意识会随着不断成长而变成身体的一种自然选择，变成一种本能。比如，遇到沟壑你会知道跳过去，遇到不好走的地方你会自动寻找相对好走的路，会选择合适的交通工具来协助自己前行……这其实也是"小心走路"这种意识的延伸。也就是说，我们其实是在不知不觉中，主动将"小心走路"这种意识拓展提升了，而这种提升让我们走路这个行为变得更为安全、高效。

从走路这件平常小事可以看出来，我们只有主动建立安全意识，并不断加强这种自我保护的意识，才可能为我们的行动增加安全保障。

具体来说，可以从这3个方面来入手：

第一，"建立"意识。

我们最起码要有"我应该保护好自己"的意识。这一点，我们可以听听老师和父母怎么说，他们应该会在某些时候强调说"注意安全"，那我们就要真的去"注意"。

所以，我们应该学着听话，不要在被反复强调的内容上故意逞能。勇敢并不是无视危险，也不是不考虑能力莽撞行事，而是在遇到危险的时候知道自己要怎么做，知道如何躲避，知道如何求助，知道如何在当下的条件下尽可能地保全自己。

同时，建立自我保护意识的意思是，我们要真的让自己有"我必须保护自己"的想法，多了解自我保护的相关知识，而不只是停留在口头上。很多男孩可能会说，"遇到危险，我当然会保护自己了"，可是真遇到了危险他却不一定知道怎么做，甚至有很多危险还是他自己招来的。也就是说，我们要提醒自己主动意识到保护自己是一件重要的事，这样日后才可能做到随机应变。

第二，"提升"意识。

随着成长，我们的自我保护意识范围需要扩大。比如，刚进入学校时，我们都知道要"做一名好学生"，要学习好、与老师和同学相处好，这其实也是一种自我保护，为了让自己能在新的集体环境下生存下去。但随着校园生活的展开，我们显然不能只关注这些内容，还要在安全的前提下来完成这些目标，也就是吃得安全、玩得安全、学得安全、行动起来也要安全，这就是自我保护意识的提升，从基本的自我要求扩展到了对环境的处理。

另外，自我保护意识需要提升还因为，我们身处复杂的环境中，终究要与周围的人产生联系，不可能"只做好自己"就保证万事大吉，我们势必要与周围的人一起来构建和谐的生存环境，这也需要我们拓展安全意识才可能实现。

第三，"维持"意识。

自我保护的意识应该"随时需要随时有"，不能说这段时间我学习了安全知识，或者是想起来要注意安全，就有安全

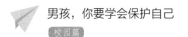
意识，过段时间我就忘记了，就不再有安全意识了。

事实证明，只有时刻都有自我保护的意识，才可能在危险来临时做到及时反应。尤其是在遇到突发状况时，良好的自我保护意识会帮助你迅速判断情况，且能给你带来一定的底气，让你能冷静地处理眼前的情况，并引导你选择最合适的自我保护措施。若是你能时刻维持这种"我要好好保护自己"的意识，那么很多突发情况你也许就能"下意识"地躲开。

总之，校园生活是否安全，与我们自身是否建立并不断加强自我保护意识有极大的关系，所以，我们在积极准备成为好学生的同时，要先提醒自己"凡事安全为上"，这才是一切行事的基础。

增强自身的校园安全防范能力

　　上海市某初中预备班的男生仇某课间休息时去厕所，当天因为下雨教室外的走廊变得湿滑，仇某不慎滑倒摔伤，左股骨颈骨折，构成十级伤残。

　　事后，仇某的父母与学校几番交涉无果，最终选择诉至法院，认为学校没有及时清理走廊积水才导致仇某摔伤，学校需要赔偿损失。

　　但学校给出的说法是：仇某摔倒的地方是学校阶梯教室门口露台，尽管因雨天导致湿滑，但这却并非他必经之路。老师经常教育学生，如厕不需要绕远路走阶梯教室方向路线，应该走教学楼内部走廊，仇某若是听从老师教育，就不会经过这个湿滑地带，也就不会滑倒受伤。

　　最终法院判决，事发时仇某已年满11周岁，对地面湿滑可能造成的危险应当有一定的认知。仇某明知露台有水，且也知道有另一条方便安全的道路通往厕所，但他仍选择走湿滑地面，是未成年人活跃天性及对可能发生的危险估计不足所致。而仇某摔伤的露台并非封闭空间，在连续阴雨天条件下不可能时刻保持干燥无积水，因此学校并无过错。最终学校自愿补偿仇某2000元。

从法院的判决可以发现，校园中有一些安全问题的确是需要我们自己主动去关注的，是需要自己提升安全防范意识和防范能力来应对的，否则真的出了问题，也只能是我们自己承担一切后果。

而且，校园安全防范能力也被归于学生自我能力范围之内，意思就是，能不能保护好自己也是我们成长中必不可少的能力。即便很多危险出其不意，但我们也应做到及时反应，并积极实施对策，才能最大限度地保证自身的安全。

要提升能力，就要找对方法，针对校园安全问题，我们也要选对可靠的方法来源，可以从这几个方面来入手：

第一，在学校认真听老师讲解。

既然是"校园安全防范"，那么常年身处校园之中的老师最有发言权，再加上学校也会针对一些特殊内容，如消防、地震、踩踏、暴力等可能发生的危险来进行安全教育与演练，所以老师在很多时候提醒的诸多安全内容，往往都会直击重点，非常重要。

我们防范校园危险，显然从最了解的人那里会得到更多更有用的指点。我们对老师应该有一定的敬畏心，不要觉得老师强调的安全内容不符合男孩的勇敢特质，只有"勇敢地保护好了自己"，才是真正勇敢的男子汉。所以当老师讲解、介绍与安全有关的内容时，我们一定要认真听一听，老师布置的安全学习作业，也要认真完成。

第二，在家中重视父母的忠告。

可以说，父母是所有人中最关注我们安全的人，平时他们原本就会对我们进行各种安全方面的叮嘱，而且父母也都是从校园生活中走过的人，所以他们的一些亲身经历对我们也具有很大的参考价值。

父母对安全的反复强调都是在表达爱，所以，我们应该好好去关注他们强调的安全问题，以好好保护自己的实际行动来让父母安心。其实，这种关注自己安全并保护好自己的能力，也恰恰是我们自身能力成长的很好证明。

第三，主动自觉关注安全问题。

不论是老师的讲解还是父母的提醒，很多时候都不过是几句话，是希望我们能够真的关注安全并真的行动起来，就算学校有关于安全的专题教育，可能也就是一节或几节课。我们安全防范能力的提升，关键还是在于我们自己，要学会自觉关注安全问题。

比如，上体育课时应穿方便跑跳的运动鞋，避免因鞋不合适而出现意外伤害，不穿有抽绳、兜帽的衣服在器械上运动，以免因拴挂而发生危险；上实验课时，要严格遵守操作规范，以防因操作不当而引发安全事故；在教室里，坚决不对同学搞各种"恶作剧"……这虽然都是日常小事，但任何一个小疏忽都可能带来大麻烦。为了不在日后被大麻烦所困扰，那就从现在开始主动自觉关注各种安全问题，从衣着服饰，到课堂规范，再到同学相处等，让自己努力成长为考虑全面而又有行动力的"安全达人"。

积极参与学校组织的各种安全演练

　　2018年10月13日晚上，吃完晚饭后，浙江省杭州市临安区的6岁男孩小西和爷爷一起去小区附近广场玩。但转眼小西就不见了，小西全家人心急如焚。不久后，一个跟小西一起玩耍的小朋友哭着跑过来跟爷爷说："小西被一个陌生的叔叔抱走了。"

　　小西家人随即报警，并收到了绑匪电话。确定小西被绑架之后，警方成立侦查小组迅速展开追踪，很快就从监控视频中找到了犯罪嫌疑人的踪迹，并锁定了作案车辆。最终，警方抓获了犯罪嫌疑人，解救了小西。

　　经审讯，警方得知，犯罪嫌疑人因欠下巨款压力过大才铤而走险，并用玩具、巧克力把小西哄骗上车。

　　但重点是，就在一个月前，小西的学校才刚对学生们进行过一次防拐卖的演习。据说，"当时全班30多人，只有4个孩子没被骗"，而小西就是当时被"拐骗"走的孩子之一，没想到这次真的遇到了拐骗，小西还真的又被骗走了。

　　刚进行过防拐骗的演练的小西，演练中就被哄骗了，而到了现实生活中也同样被骗走了。但我们不能因此就说学校关于安全的演练是无效的，恰恰相反，学校关于安全的演练很有必要，重点是参与其中的我们是不是会认真对待这些演练？是不是真的能记得住这些演练内容？是不是真的能从中学到安全知识并牢记？

设想一下，若是小西认真对待学校组织的安全演练，并牢记其中的安全常识，那他就能意识到在演练中被骗走这个错误是需要避免的，而到了真实情况中，他也应该根据演练内容而做出正确的反应，从而不会轻易就被骗走。所以说到底，对于学校组织的各种类型的安全演练，我们的后续表现才能决定这些演练是否真的有意义。

所谓"安全演练"，就是关于安全方面的演习、训练。一些学校会进行多方面的安全演练，比如消防安全演练，练习如何处理火情，如何在火场中逃生；有序撤离演练，学习如何避免拥挤，如何躲避踩踏危险；防暴力演练，学习如何躲避暴力恐怖分子，如何在保证自己安全的情况下求助；另外还有防震演练、防溺水演练、防拐骗演练等各种内容的演练。

学校组织这些安全演练的目的，除了让我们知道可能遇到的危险、怎么应对危险，也是为了增加我们的经历、技能。如果我们能认真参加学校的安全演练，并且在平时有意识地回忆和练习，那么我们再遇到危险时就会出现身体上的自然反应，从而帮我们在各种"万一"情况下做出正确的应对。

那么，我们具体应该怎么做呢？

第一，像对待课程一样对待每一次安全演练。

学校每一次的安全演练都很重要，如果说我们要以极度认真的态度来对待功课，那么也要以同样的态度来对待演练。

因为演练会占用一部分上课时间，而且是一种需要或跑动或躲避的行动，这会让好动的我们感觉如游戏一般兴奋。但我们却要提醒自己，"这是在强化我的安全意识，是在训练我遇到危险时的反应"，从而以更积极严肃的态度来对待"安全课程"。

所以，我们应该像学习文化课程知识一样认真对待安全课程内容，认真听老师的讲解，认真学习在不同的危险情况下应该怎么做，并在练习的时候积极行动起来，将动作做到位。虽然安全课程不考试，但真到了危险跟前，这门课程的"分值"恐怕将决定你未来的人生，越认真对待安全演练，你后续的生活越能得到"高分"的安全。

第二，对演练内容进行自我消化。

安全演练的确是一种提醒，但学校不可能时时刻刻都进行安全演练，所以演练的内容并不能像文化课学习那样，每天都能得到加强练习。但安全又与每一个人息息相关，所以，我们需要在演练之后对这些内容进行自我消化。

比如，可以思考一下自己可能遇到的危险，为什么演练内容要那样安排；也可以自己搜索相关资料去加深学习，对危险来一个更为全面的认识；还可以把演练时的动作、要求自己平时多加强练习；也可以和爸爸妈妈或三五同学一起在家中、在合适的场地上进行同样的安全演练；等等。

第三，在生活中适当强化演练内容。

学校的安全演练会提到种种要点，但这并不意味着只有在学校遇到危险时才用得上，平时生活中我们也可以进行适当强化，让演练内容真的变成我们的防身本领。

就拿火灾演练来说，在平时生活里就要养成良好的观察习惯，去超市、影院、大型商场，我们就可以认真寻找安全通道，确定逃生路线，确定灭火器材所在地；远离火源，不随便玩火，发现危险及时撤离，并在保证安全的前提下寻求帮助；牢记报警电话、求助电话。这些行为都可以在日常生活中做到，次次如此，常常如此，我们的身体就会形成肌肉记忆。

不要把希望寄托在学校为数不多的安全演练上，这些演练相当于给我们提供了一个信号，为的就是让我们知道危险无处不在，并知道自己并非只能向危险妥协。生活中会有很多可供我们练习的机会，抓住这些机会，不断强化记忆，保护自我的安全技能才能真正为己所用。

遵守校规校纪，做到"令行禁止"

　　2020年5月，山东省青岛市即墨区某中专学校开学在即，同学们纷纷在班级群收到了开学通知，但是16岁的小张却被告知，他不能去学校了。

　　父亲老张心急如焚，带着小张找到学校想要问个说法。但事情的真相却是，小张在年前与同学在宿舍喝酒，被老师抓了个正着，因为违反校规而受到处分，从年底起学校就不让他上学了。这次开学，小张本想着来学校和老师道个歉，却不想收到了劝退的通知。

　　老张认为，学校就是教育孩子的地方，否则留在家里他更容易学坏。虽然孩子喝酒违反校规，但他已经认识到错误了，学校应该给一次机会，而不是直接劝退。

　　后来学校老师解释说，这并不是小张第一次犯错，之前他就因为在学校犯了严重错误而违反校规，已经够了劝退的条件，但当时学校决定给他一次机会，让他留校察看。这次小张在宿舍喝酒，又一次触犯校规，不可能总是被给机会。学校决定经过研究之后再确定小张的去留。

　　小张对学校的规定视若无睹，之前已经犯过一次错误，且受到了严重的处分，但他显然不以为然，可能还认为下次还会像这次一样平安无事，后期也依然我行我素，不严格遵守学校规定，最终的后果也就只能由他自己来承担。

　　在遵守校规这方面，一些男孩的表现的确不佳，可能与他们体内的激素有关，他们更喜欢挑战，所以在他们看来，"挑战既定的规则"并不是错误，而是一种"显示自己能力"的表现；也有的男孩对规则理解不到位，并不认为自己的行为触犯了校规，甚至不认为自己做错了；还有的男孩也会因为受到约束而产生叛逆心理，反而更变本加厉，且随着年龄、能力的增加，他还会觉得自己已经又高又壮，也就并不惧怕老师和父母，对校规也就更加不屑一顾了……

　　学校虽然是教育孩子的地方，但却并不是无限包容他们错误的地方。国有国法，家有家规，学校也同样有各种各样的规章制度。规则会让我们意识到什么样的行为是不被允许的，怎样的表现是需要纠正的，这不仅是约束作用，更起到了规范作用，可以帮助我们改掉坏毛病，建立好习惯。

　　我们进入校园的主要目的是提升德行、学习知识、增长能力，可不是为了去违反校规、故意捣乱的。而且，整个社会都是在规则约束下运行的，学校也是如此。我们毕竟要在校园度过很长一段时间，遵规守矩才能保证自己拥有平静、平安的校园生活。

所以，我们也要重新理解校规校纪，努力成为一个守规矩的人。

第一，好好学习校规校纪。

有的男孩听见"遵守校规校纪"这句话就觉得不舒服，以为自己是被约束的，这种认知对自己而言是没有好处的。因为，如果对一件事不了解，就容易出现误解。所以，倒不如抽时间好好学习一下校规。当你真正了解之后，就能明白校规对你而言有着怎样的意义了。

怎么了解呢？要确定校规校纪都讲了什么内容，目的是什么，认真执行有什么好处，不认真执行有什么坏处……如果对此有疑问，也可以请教老师，进一步了解制定这些校规校纪的原因。如果自己对某一条规定不能接受，也可以把原因讲给父母听，从他们那里获得更贴近你需求的解释，来帮助自己更好地理解校规。

第二，换个角度理解校规。

一些男孩不喜欢校规进而不遵守校规，是因为他感觉自己受到了束缚，认为校规是来限制自己行动、约束自己自由的。但如果换一个角度来理解，可能就不会那么排斥它了。

校规中可能会出现很多的"不许"，不要觉得它是在限定你的行动，而是要认识到，这些"不许"是为了保护你的安全。比如，不少学校的校规中可能都会有"不许在楼梯走廊追跑打闹"的规定，目的是防止出现楼梯滚落、摔伤事件。所以，可以这样来理解这条校规：它是为了"让我能控制好自己的行为，将合适的精力留在合适的场所去释放，保证自己不会受到意外的伤害"，这样一来，我们可能还要感谢这条校规来帮助我们约束自己随时想要跑跳的冲动，让我们留有足够的精力去做更有意义的事。

学校的规矩大多都是经过实践经验总结出来的，有这样的规定必定有它的道理，而且"没有规矩，不成方圆"，规矩也是为了帮我们成长得更好，它是一个助力，而非阻力。至少在我们当下这个未成年阶段，没有比安全、健康成长更重要的事了。

第三，不要总想着去挑战。

虽然学校规矩是经过研究制定出来的，但规矩终究是人想出来的，就会存在考虑不周的情况，有些规矩可能的确不合理，有些规矩也会随着时间的推移而出现与实际不符的情况。

对于这样不合理的规矩，有的男孩选择"对着干"，想要用实际行动来证明规矩的不合理，可实际上老师在第一时间可能并不会关注你证明出来的结果，他更关注的是你违规了。也就是说，规矩一旦定好，遵守是前提，如果真的感觉有问题，可以用提建议的方式来与老师讨论，而不要试图去"挑战"它，否则，可能受到伤害的还是自己。

第二章
Chapter 2

课上课下、教室内外，
注意保护好自己

上课，是我们在学校里的主要活动；而教室，则是我们在学校里的主要活动场所。要意识到，学校、教室也不是绝对安全的地方，因为很多安全隐患或危险会在我们上课时或课间活动时出现。所以，我们在课上课下、教室内外，都要有意识地关注自己的安全，保护好自己。

在教室里，要特别注意自我保护

2017年9月13日，浙江省三门县一所高中晚自习时间前，高三学生小何坐在教室椅子上和同学聊天，当时他一只脚放在隔壁座位的椅子上，整个身体是后倾的状态。

同学小黎过来想要邀请小何一起出去，就伸手拉了小何一把，导致小何起身时身体重心不稳，整个人连带着自己坐的椅子和脚踩的椅子一起翻倒，小何刚好坐在了翻倒翘起的椅子腿上，而那个椅子腿的皮套也早就遗失，尖锐的金属材质的椅子脚一下子刺进了小何的下身，导致其受伤并血流不止。

受伤的小何被送至医院，并多次转院进行手术，前后治疗时间长达半年之久，后经相关机构鉴定，小何构成七级伤残。而为了厘清责任，小何的家人将学校和小黎一起告上了法庭，最终法院判决：小黎和学校各承担45%的损害赔偿责任，小何自行承担10%的责任。

好像一切都是巧合，如果小何好好坐在椅子上，如果小黎只是拍拍小何或者喊他，如果小何起身时能够脚底踩稳再起身，如果椅子腿的皮套尚还完好，相信小黎来招呼小何的这个过程都是校园生活中再平常普通不过的一幕场景。可世上哪有那么多如果？一个个的"凑巧"，让小何和小黎两个孩子的命运都发生了变化。

这件事再次提醒我们，即便是在教室中，好像远离了很多危险因素，但若是我们自己不在意，就很有可能"招惹"危险降临。所以，即便身处教室，我们也要注意好好保护自己，而这个案例也向我们提出了两个需要注意的地方：

第一，从自身角度考虑，避开所有可能存在的危险因素。

小何之所以要自行承担10%的责任，源于他自己选择不稳的坐姿——脚踩另一把椅子、身体后倾，如果他能提前想到自己这样做很容易摔倒，及时转换坐姿，也许后面的一切都不会发生。

所以，从自身角度考虑，我们在教室时，行事之前就要多想一想，将一些危险苗头尽早掐断。比如，让课桌椅的四条腿都好好地"站"在教室地面上，不要让它们翘腿"站立"；如果课桌椅上有钉子或尖刺，或者缺少必要的螺丝螺母，请尽快找工具或老师解决问题；从内心就告诫自己，"不和同学在教室里玩动作幅度大的游戏"，拒绝对方出格的玩笑；远离教室中的电源、饮水器以及放置杂物的角落，不把教室中的清扫工具等当成玩具；遇到同学之间有矛盾，理性解决，远离暴力，及时向老师求助；等等。

很多危险来源于我们不经意的主观行为，只有我们自己加强对安全问题的关注，提升保护自我的意识，才可能控制得住自己的手脚，约束得住自己的行为，并主动避开各种可能的危险因素。

第二，从对方角度考虑，注意不要让自己背上不应有的责任。

小黎被判定要承担45%的责任，法官给出的理由是，"行为人因过错侵害他人民事权益，应当承担侵权责任"。小黎当时年满16岁，在小何坐得不稳当的时候去伸手拉他，以他高三学生的能力理应预见到自己这一行为可能导致小何摔倒受伤，也就是说小黎的行为与小何的受伤存在一定的因果关系，所以，他应该承担相应的赔偿责任。

这就在提醒我们，除了要关注自己可能遇到的危险并及时避免，还要注意不能给别人带去危险，以免自己承担侵权的责任，这也是另一种角度的自我保护。

所以，不论是上课还是课间休息，要注意收好尖细的笔，尖角的尺子、圆规、裁纸刀也要妥善保管，不要拿它们当玩具，以免扎伤他人；不和同学开危险的玩笑，比如不要随手抽走站起来的同学的凳子，以免导致他们摔伤；不和同学在教室狭窄的桌凳之间追跑打闹，以免追逐对方导致摔倒；在呼唤、提醒同学时，要确保同学的安全，不刻意喊叫惊吓对方，也不故意拉拽使对方摔倒；不随意伸腿伸脚故意绊同学，不在同学凳子上放置尖锐物，不用粉笔橡皮及其他物品扔砸同学；等等。

要做到这些，可以采取换位思考的方式，就是想想看，如果你不喜欢同学怎么对你，或者你曾经因为怎样的行为受到过伤害或者差点受到伤害，那么你也就不要对同学做同样的事。

遵循实验课操作规程，杜绝安全隐患

2020年9月22日，江苏省常州市某小学三年级一个班级的课堂上突发意外。

原来，一位老师在课堂上做实验，使用酒精灯的过程中发现酒精灯的酒精没有了，老师在向酒精灯中添加酒精时突然发生爆炸，讲台上迅速起火。老师跑出教室去找灭火器时，谁知又发生了二次爆炸，导致4名学生烧伤。

之所以出现这样的事故，与老师的操作不当有关，同时学校在安全管理方面也存在疏漏。

这个案例虽然说的是老师的操作失误，但换个角度想想看，老师在实验操作时尚且会出现失误，并能出现如此严重的事故，那么换成是我们，若是稍有疏忽，是不是其后果也同样不堪设想呢？

相比较其他的课程，实验课可能会更吸引人一些，通过自己的动手操作，来看到书本上的文字描述变成现实展现在眼前，看到通过自己的手制造出来的奇妙的现象和反应，会让很多学生感觉到兴奋。

不过很多男孩动起手来毛毛糙糙，动手操作时也可能会出现马虎的情况，再加上有些男孩好奇心极强，在老师没看见的情况下，随便动动摸摸，一个不小心就可能会带来危险。

所以，虽然我们对实验课带有向往，会格外兴奋，但同时也要牢记实验操作的安全要领，要跟着老师学会安全操作，杜绝各种可能存在的安全隐患。

第一，不要把实验课当成"游戏课"。

在有的男孩看来，实验课就是一个可以"做另类游戏"的课程，以对待游戏的态度来对待实验课，就很容易因为只顾着玩乐而疏忽安全问题。

所以，要保证实验课上得安全，我们首先就要以正确的态度来看待实验课，将它看成是与其他课程一样，该记录的内容要好好记录下来，该关注的重点也要标红、加粗，以提醒自己注意，只不过这个课程需要我们自己亲自动手操作，目的也是通过亲自动手观察实验结果来加深对知识的理解与记忆。可见，从本质上来说，实验课与其他课程并没有太大区别。

第二，牢记各种实验操作的步骤与禁忌。

在学生时代，我们可能会做化学、物理、生物等各种实验，而每个科目也可能会有各种各样不同的实验。不同科目的实验就会有不同的操作要求，同一科目的不同实验同样会有不一样的操作步骤。牢记各种实验操作的步骤与禁忌很重要，这是避免我们实验过程出问题的基本前提。

老师在讲课过程中也会向我们强调实验中需要注意的事项，有些要点不只是保证安全的必要，同时也可能是考试的重点内容。所以，牢记实验的各种安全要点非常有必要。

另外，老师讲到的一些步骤要求和禁忌，可能是书上没有提到的，也就是一些额外的知识，这也需要我们认真听讲来记住，以免自己错过安全要点而出问题。

第三，该做的防护一样不能少。

曾经有一位读生物制剂专业的大学生晓峰，学业成绩优异、综合能力很强，毕业前就业前景一片光明。在毕业前的一次实验课上，他因为天气炎热而没有穿戴防护用具。实验做完后，同学们出实验室时有些拥挤，晓峰前面的女生摔倒了，晓峰生怕踩到女生，身体摇晃着失去了重心倒向一旁的实验台，撞到了浓硫酸的瓶子，浓硫酸溅到了晓峰的身上。没穿防护服导致他被浓硫酸烧伤，在清理时他又用水冲洗浓硫酸，结果伤情进一步加重。最终晓峰全身灼伤面积达40%左右，由于未戴口罩，呼吸道也遭受了重创，住进重症监护室接受治疗。

有些男孩会因为怕麻烦、嫌热等原因放弃防护，这也是非常危险的，晓峰的遭遇应该给我们敲响了警钟。我们要听从老师的安排，手套、口罩、操作用的衣服都要认真穿戴，如果防护衣物有破损还要及时告知老师。防护到位再加上操作得当，才能保证我们安全地从实验课上吸收知识、增强体验。

体育课，要注意保护自己的安全

　　2018年10月的一天，广东省广州市南沙区某小学一班级
上体育课时，体育老师组织同学们跑步，但在没有做准备活
动的情况下，老师就吹了哨，同学们纷纷跑了起来。

　　9岁的小陈很喜欢运动，听见老师的哨声他一下子冲了
出去。可也正因为没有做准备活动，小陈没跑几步就摔倒
了，当时疼得他哇哇直哭，脚也肿得厉害。

　　随后小陈被送去了医院，经过医生诊治，被诊断为膝
盖粉碎性骨折。家长一方面就赔偿问题和学校进一步协商，
另一方面还要安慰整日情绪低落的小陈，全家也陷入了烦恼
之中。

　　校园意外伤害中，发生在体育课上的伤害事故占很大
比例，这是因为体育课本身运动量大、运动程度激烈，且场
地多是开放性的，并且会有很多对抗性、竞争性的活动出
现。而体育课上出现受伤的情况，则与老师和学生两方面都
有关。

老师方面的原因：

有的老师缺乏安全意识，比如小陈的体育老师，就没有考虑到不做准备活动的运动很容易受伤，他在这方面的疏忽也是这起伤害事故的一个主要原因。

有的老师则是准备不足，没有认真备课、不考察场地、对器材不了解，再加上考虑不周，可能很随意地就决定这节体育课要干什么，这就很容易出危险。

还有的老师是专业知识不足、业务能力不强，对体育的基本知识、动作的基本讲解不到位，不能帮学生养成良好的运动习惯，也同样很容易出现问题。

学生方面的原因：

自我保护意识薄弱。小陈就是如此，一门心思只想着跑，他自己也忽略了准备活动，而且太过莽撞，不管不顾地拼命向前跑，身体协调能力跟不上，也就难免受伤。

不认真进行准备。在老师要求做准备活动的时候不认真听、不按照要求去做，只想着要赶紧去玩。还有的学生是为了耍酷而穿了不合适的衣服和鞋子，结果导致运动不便而出现危险。

技术动作不到位。体育课的很多内容涉及身体各部位的组合动作，若是不能准确按照教学要求去做，就可能出现问题。比如前滚翻若是没有按正确动作低头团身用力，就很容易伤到脖子；跳绳的时候做不到手脚协调，也容易被绳子绊到脚。

违反运动道德与规则。男孩之间的运动对抗意味会强一些，若是不懂得"友谊第一"，不在乎"公平竞争"，擅自破坏规则或者遇到一点不如意就报复心强烈，也同样会出现自己和他人受伤的情况。

鉴于此，我们在上体育课时，就要多加注意：

第一，课前做好各种准备。

这些准备包括以下几方面：

衣着方面——体育课就要穿方便运动、不会缠绕的衣服和鞋子，所以运动服和运动鞋要准备好，还要牢记课表，当天有体育课时，要提前换好衣服和鞋子。

身体方面——要了解自己的身体状态和能力范围，如果当天身体情况不太好，不管是生病还是哪里不舒服，都要提前和老师说，而不要硬撑着；同时也要知道自己能做到什么地步，有哪些事是自己做不到的，也不要觉得做不到有什么不好意思，一切以安全为基准，不要逞能。当然，不能假借身体原因而逃避体育课，在这方面我们也要讲诚信。

器械方面——有时候我们需要自行准备器械，那就选择质量可靠的、符合要求的器械；有时候老师安排去体育器材室拿取器材，这时候就要检查这些器材的安全性，有没有破损，是不是还能用，若是有损坏要及时告知老师。在拿取器材时也要注意安全，不要随意攀爬登高，还要注意高处叠放的东西，防止掉落砸伤，防止尖刺划伤，防止被地上的器材绊倒……

第二，认真听从老师的安排。

一般来说，体育课一开始老师都会安排做准备活动，要跟着老师好好做，将身体各个关节活动开，不要偷懒，同时也不要过于兴奋，以免在做准备活动时就弄伤了身体。

在老师做示范或讲解的过程中，要认真听，也要耐心练习，哪怕是自己之前已经知道的动作，也要看看老师的正确示范是怎样的，纠正自己某些错误的动作，把之前不熟练的动作按照正确的示范练习熟练。

老师安排个人练习或分组练习时也要认真执行，不能我行我素离开老师的视线偷偷去做其他事情，对待体育课也要专心。

第三，学会几种自我保护方法。

尽管多方准备，但有些意外也在所难免，我们应该学会几种保护自己的姿势和自救的方法来以防万一。比如，被绊倒的时候，就势翻滚一下缓冲力道；摔倒时尽量护住头部、腹部。同时也要学会真遇到危险时的处理，不论是扭伤、摔伤还是开放性伤口，先判断伤情是否严重，及时通知老师，要么赶紧请校医处理，要么及时去医院治疗。

第四，有不适及时提出来。

2019年5月的一天，浙江省温州市某小学一名11岁男孩小豪上体育课进行了剧烈运动，当天回家后他觉得下体有些疼，但出于害羞而没有告诉父母。可到了第二天早上却越来越疼，甚至影响到了走路，在父母的追问下小豪才说了实情。

小豪的父母发现他下体一侧的睾丸已经肿得像苹果大小了。紧急送至医院后小豪被诊断为右侧睾丸扭转，可是因为距离他疼痛发生过去了8小时，错失了最佳治疗时间，他右侧睾丸附件已经坏死，只能切除，同时医生还对左侧睾丸做了固定手术，防止再发生扭转。

有时候，有些伤不会在当时有什么大反应，但过后却可能会出现大问题，小豪的经历便是如此。所以，我们要谨慎一些，如果感觉不舒服，一定要及时通知老师和父母。体育课结束后感觉哪里不舒服，可以直接去找校医，让校医帮忙检查；若是回家后哪里觉得疼，也要告诉父母自己当天做了什么，疼的部位在哪里，请父母及时带自己去医院做进一步检查。

教室内外，避免嬉戏、玩耍导致打斗

2019年9月2日上午，四川省巴中市某中学课间时，两名高一男孩在教学楼五楼的走廊上打闹玩耍，两人抱在一起推来推去。一名男孩突然从后面抱住了另一名男孩，被抱住的男孩为挣脱便用脚蹬到了墙壁，后面的男孩背部随即抵在了走廊的护栏上，但是护栏锈迹斑斑防护功能薄弱，这一撞导致栏杆断裂，两人在惯性作用下一起摔了下去。

巨大的动静引来老师，老师见到现场情况后赶紧拨打了120急救电话。遗憾的是，其中一名男孩当场死亡，另一名男孩伤势严重，也紧急送医院抢救。由于事件严重，警方也很快介入了调查。学生在学校管辖范围内出现如此重大的事故，学校有着不可推卸的责任。事发后，校方立刻停课对学校的设施进行全面的整改。

两个男孩在走廊上嬉戏，激烈的"打斗"本就是不合适的游戏，再加上两人对周围环境缺乏判断力，而周围环境也的确没有提供足够的安全保障，这才导致了这场悲剧的发生。

教室内外其实也是存在安全隐患的环境，一门之隔，教室内满是课桌椅与其他同学，还有一些教学器具、饮水器等生活用具、扫帚等清扫工具；教室外或是走廊，或是阳台，或是阶梯，也并非宽敞平整的玩耍场所，人来人往不说，也仅供人行走通过之用。这样的环境并不是可以随意玩耍的环境，若是再加上嬉戏打闹，这狭窄的环境中所隐藏的危险也就更多了。

曾经有学校出于安全考虑，除了上课时间，课间时间也要求老师在教室坐镇，防止有学生因为打闹或其他原因出现危险。这也足见在教室嬉戏、玩耍也可能会引发危险。

那么在教室内外，我们又该如何与同学安全相处呢？

第一，正确利用"课间休息时间"。

学校的课间休息分为两种，一种是普通的课间十分钟的休息时间，一种是大课间休息时间，一般是半小时左右，可以进行眼保健操、课间操以及其他锻炼活动。

课间十分钟的休息时间可以用来喝水、上厕所，准备下一节课的书本，进行简单的预习，以及短暂的身体舒展休息，但并不够用来尽情玩耍。所以，最好不要在课间十分钟时间里安排热闹的玩耍。

而大课间休息时间我们也要先遵守学校的安排，不论是眼保健操、广播体操还是跑步、跳绳都最好跟着大家一起去做，除非有特殊情况需要请假，否则不要自己擅自行动。

第二，采用安全合适的方式进出教室。

男孩的行动总是"风风火火"的，下课他会想要赶紧冲出教室去玩，上课则又会踩着上课铃响跑回来，但这样真的很容易出危险。比如，从教室外猛冲向教室，不注意对面来人，一下子撞倒别人；和同学打闹着从教室里出来，在走廊里撞上过路的人；教室里或教室外的地面上有水渍，稍微不注意就容易滑倒；猛冲出或猛冲进教室，撞翻他人手中拿着的书本、卷子或其他物品；等等。

这就需要我们多加注意。进出教室都相当于从一个空间进入另一个空间，但这两个空间中间是有"隔断"的，也就是有墙壁、教室门，我们无法判断另一个空间有什么状况，所以不能冒失行动，要随时观察门口是否有来人，是否有其他人打闹，是否有人抱着很多东西经过，是否有水渍、结冰，是否还有其他物品挡路，然后根据实际情况妥善处理。但最基本的，就是要慢慢走，不着急跑，先顾及脚下的路和对面的来人情况。

第三，巧妙躲避他人主动挑起来的"打逗"。

嬉戏玩耍时，我们总免不了互相打闹推搡，说不准哪句话、哪个动作就会"逗"起对方的火气，玩闹结果升级为打斗，可能在教室内外就会引发一场互殴。

但这并不是不能避免的，我们完全可以从源头就拒绝这种行为。如果有同学过来想要和你打闹，如果无伤大雅，笑一笑就过去，或者开个玩笑说"我可是记好了，下次我们找机会切磋"；或者想个其他的话题，比如，"你看那本书了吗？里面写得可精彩了""我跟你说周末我看了一部电影，特好看""有道题，给我讲讲""我得去借本书"……如此，在转移对方想要打闹的注意力的同时，也并不会影响友谊。当然，如果对方实在兴奋，也可以和他做个约定，告诉他在教室附近不适合剧烈运动，等到体育课或者合适的室外活动时，再一起玩更合适的游戏……可见，只要想躲避"打斗"，还是有办法的。

如果被老师打了，如何处理

2019年10月22日下午放学时，北京市某中学附属实验学校的小晨告诉妈妈，当天的体育课上，他因为和其他同学在操场追逐嬉闹而被体育老师打了，随后又被体育老师叫到办公室内继续体罚，并且打得更加严重。

后来经过医院检查，小晨头部外伤、胸壁外伤、腹部外伤、颈椎受损、双侧颞颌关节挫伤。不仅如此，精神卫生专科医院出具的诊断证明书显示，小晨同时也患有"抑郁状态、焦虑状态、创伤后应激障碍"。

事发后，小晨再也没有上过学，家长也已经报警立案，等待进一步调查。

一般而言，不论是谁，上手打人终归不占理，更何况是老师打学生，不论缘由如何，这种行为都说不通。但并不是所有人都牢记这个道理，也不是所有人都能控制得住自己的火气，案例中的小晨可能就一直都不知道自己到底哪里触碰到了体育老师的愤怒点，以至于遭受这样的殴打。

遇到"老师打人"的情况，以暴制暴地反击是不行的，男孩本就血气方刚，若是就此和老师产生更大的矛盾，则会两败俱伤。但就这么忍气吞声挨打吗？看看小晨被打后的心理问题，就知道"忍气吞声"是行不通的，况且，被动挨打本就是一种危险。

由此可见，过硬和过软的应对都是不合适的，那么我们应该如何正确应对这件"万一"发生的事呢？

第一，学会躲避，保护好身体的重点部位。

不要干站在那里就等着挨打，就是父母打我们，我们都要先顾及自己的安全及时躲开，更何况是别人、是老师动手？遇到这种情况，我们当然要学会躲避。

这里提到的躲避包括两方面，第一方面的躲避是虚拟躲避，是指你要学会及时服软，不要激怒老师，当老师表现出气愤难耐的样子时，试试轻声提醒老师"打人是不对的"；第二方面的躲避则指实际躲避，就是当老师真的忍不住动了手、上了脚又或者操起了什么物品准备丢过来，你要能及时躲开，而不是傻傻地站在那里等着挨打。

如果能躲开拳脚相加那就立刻躲开，若是躲不开，就要护好自己的头、腹部、下身生殖器这些重点部位，以免受到严重伤害。当老师拿东西丢过来时，也要及时躲避，如果能有桌子或其他东西挡住，也可以躲在其后。总之，就是利用好周围环境，自己要灵活一些。

第二，及时通知父母，不夸大事实，不造谣泄愤。

被老师打了这不是小事，这代表了老师的一种态度，也代表着我们在学校的某些行为可能是有争议的，而仅依靠我们自己目前的人生阅历是没法很好地消化、解决这件事的。而且万一被打得很严重，不管是对伤口的处理还是对心理的疏导，都需要有人来帮忙。

所以，如果真的被老师打了，也要及时告知父母。但告知需要如实，不要夸大，尤其是不要回避自己做了什么，把自己的问题先讲清楚，也便于父母对这件事做出判断，同时也方便父母在后期和老师沟通。

同时，还要注意不能造谣泄愤。有的男孩因为不喜欢某位老师，就可能会假借某天被批评的事来造谣说自己被老师打了，这反映的是我们自己德行的问题，不要做不诚实的人。

第三，必要时刻，也可以向法律求助。

我们不能排除有个别老师有时候的确就是故意找茬，或者有的老师就是下手比较狠，一时冲动对我们造成了身心伤害，那么我们也要积极维护自己的权益，根据实际情况求助法律。

可以参考的法律有《中华人民共和国义务教育法》《中华人民共和国未成年人保护法》《中华人民共和国教师法》及其他相关法律，当然这也需要专业人士的帮助。

第四、学会尊重老师，尽量好好表现。

事实上，老师并不会无缘无故就找谁的问题。如果我们从一开始就意识到学习是重要的，并好好表现，能做到时刻尊重老师的工作，感恩老师的付出，对老师有礼貌，能以自己的成绩和良好表现来回报老师的辛苦，哪怕我们成绩不那么突出，但事事无大错的表现，也不至于惹怒老师。

所以，我们也要回头看看自己的表现，是不是哪里做得不好。因为有的老师可能是恨铁不成钢，有的老师可能是真的被冒犯了，那么我们就要及时发现自己的问题，反思并改正，诚恳地向老师表达歉意。

坚决不对同学搞各种"恶作剧"

2018年5月18日，浙江大学医学院附属儿童医院接诊了一名初二学生。刚看到他的时候医生都吓了一跳，因为在他的臀部插着一支铅笔。

原来当天傍晚，这名男生在学校上自习，同学之间恶作剧，一名同学把一根削好的2B铅笔固定在了他的凳子上，大家本以为他能发现，认为他碰到了觉得硌得慌也就不会再坐下去，谁知道这名男生根本就没察觉到自己的凳子被动了手脚，他直接一屁股坐下去，整根铅笔就直直地插进了他左侧屁股里。

经医生检查，铅笔从臀部一直插进盆腔，深度达十几厘米，好在只是戳破了软组织，并没有影响到其他脏器。但是，取出铅笔的过程却很有可能戳破血管引发大出血，情况还是十分危急的。好在医生经过小心处理，成功将铅笔取出，男生脱离了危险。

字典上给恶作剧的定义是"捉弄耍笑、使人难堪的行为"，可见这本身就是一个令人不愉快的行为，若是毫无分寸，恶作剧就很容易变成伤人行为。看看这个初二男孩的经历，你是不是也感觉自己的屁股有些疼了呢？

同学之间应该发展正常的友谊，我们还是离恶作剧远一些吧！要把正常的开玩笑和出格的恶作剧区分开，不要只顾着自己开心，而忽略了他人的烦恼。

所以，我们要约束自我，远离恶作剧，不妨这样来做：

第一，选择合适的方式表现友谊。

很多男生表达友好的方式都很奇怪，非要打打闹闹，非要搞出点什么"不一样"的事情来，似乎这样才能证明彼此关系好。其实没必要如此，为了防止彼此下手没分寸，还是选择合适的方式来表现彼此良好的友谊比较好。

比如，一起聊聊电影、说说看过的书，一起讨论某个都感兴趣的话题，遇到可以合力对抗的运动或游戏时就尽情挥洒汗水，或者一起下下棋，约时间打打球都是可以的。可见，良好的表达友谊的方式对双方都是一种保护，且又能有效维系友谊，何乐而不为？

另外，即便是开玩笑，也要掌握好分寸。善意的说笑逗弄，在对方可接受的范围内笑一笑就可以了，否则搞得很大阵仗、下手没有轻重，就容易引发意想不到的危险。

第二，记得经常进行换位思考。

如果你不喜欢被恶作剧，那么别的同学一样也不喜欢。没人喜欢被搞恶作剧，轻则感到不舒服，甚至是羞辱，重则受到身心伤害，如果换位思考一下，我们应该也能意识到这一点。

可能有人觉得，有些小恶作剧无伤大雅，比如贴个纸条、洒点墨水，但这只是你单方面这么认为罢了，如果对方觉得你这样做就是在欺负他、侮辱他，他转而愤怒地对你拳脚相加，你又该怎么收场呢？

所以，倒不如把这种苗头尽早掐灭，想想看自己如果被搞恶作剧是什么感觉，然后就能想到他人被搞恶作剧的感受了。正所谓，"己所不欲，勿施于人"，尊重他人也就是尊重自己，友善待人，自然也能得到他人的友善。

第三，不做旁人恶作剧的"帮凶"。

有的同学可能并不是恶作剧的主要实施者，但看到有人在准备恶作剧时，却要么保持沉默，要么跟着起哄或者帮忙，这也是不正确的行为。

我们不仅自己不要对同学搞恶作剧，在看到有人想要搞恶作剧时，最好能发挥一下友爱精神，提醒被恶作剧的同学注意，也提醒搞恶作剧的同学，"这样的做法很危险，如果出了事就难以挽回了"。

当然，有的时候有些同学可能很难听话，尤其是那些调皮捣蛋、性情顽劣的男生，那么你此时一方面想办法悄悄提醒被搞恶作剧的人，另一方面也可以联合班上的同学，大家一起劝说，或者找机会向老师反映一下这种情况。但不论是和大家一起劝说还是去找老师说，我们都要学会委婉表达，同时也要保护好自己，不要给人留下你爱告密的印象，还要避免被人恶意盯上，反而将恶作剧转移到你身上。

小心、远离"三无"激光笔的照射

2018年5月的一天下午，家住浙江省宁波市江北区的五年级学生小飞放学回到家，原本应该好好写作业，但他突然想起来在学校附近文具店买的可以发散出绿色光的激光笔，还能照出不停变化的图案，他随即拿出来玩了起来。

小飞拿着激光笔走到了镜子前，对着镜子晃动起了激光笔，本来正在欣赏着绚烂的图案，突然光束反射到了他的眼睛上，小飞当时就感觉到眼睛很不舒服。原本以为过一会儿就好了，可是两个小时过去了，小飞发现自己仍然看不清作业本上的字，甚至出现了头晕恶心的反应。

小飞连忙通知父母，父母也立刻带着他去了医院，可是检查视力时却发现，他连视力表上的第一排都看不到了，医生也告诉小飞的父母说，他眼睛里的黄斑已经严重受损，且伤害不可逆。

事情发生后，小飞再也没有去过学校，目前他双眼仅能看到视力表上最上面两行，可即便如此，他还是懵懂地以为，过几天眼睛好了就能去上课了。

一瞬间小飞的视力就经历了巨大改变，这不能不引起我们的重视，因为激光笔所带来的伤害真的是令人追悔莫及。

2014年3月，国家质检总局发布了《激光笔、儿童激光枪产品质量安全风险警示和消费提示》，其中表示，激光笔不宜作为儿童玩具来使用，消费者在使用激光笔时应该避免照射人体眼睛、皮肤以及衣服等地方。

也有研究激光的专家表示，激光如果射在眼睛上，能量会迅速聚焦到黄斑区，聚焦点的功率会相当大。当激光大于3毫瓦时，就会对成年人的黄斑造成永久性伤害，而孩子的眼部组织非常娇嫩，1毫瓦左右的激光直射眼睛，就足以造成灼伤。

而医生则表示，黄斑位于人眼的光学中心，视力检查就是查黄斑区的视觉能力，激光笔对黄斑的灼伤是不可逆伤害，而且这个伤害还会出现一个反应过程——黄斑水肿膨胀，继而萎缩，其间视锥细胞破裂，待细胞全部死亡，眼睛也就失明了。

我们可以从两方面来应对激光笔带来的危害：

第一，要做到"不被激光笔照射"。

要实现这一点，我们需要牢记激光笔的危害，既不要像案例中的小飞那样给自己带来伤害，同时还要能及时躲避他人的激光照射。

前面已经提到了激光笔的危害，我们还可以去寻找一些与激光笔相关的内容介绍来好好看一看，也可以向父母了解一下激光笔所造成的不可逆影响，然后做到心中有数。对于自己接触到的激光笔，控制住手不去按动开关，也不要随意拿起来把玩，以免误触开关造成伤害。

男孩间经常玩闹在一起，要见机行事，当看到有人拿激光笔当玩具时，我们要主动躲开，先要保护好自己的眼睛不被激光照射到，如果有机会，还可以去和玩激光笔的同学讲一讲激光笔的危害，通过劝说来减少受伤害的可能。如果无法阻止，也可以去向老师求助，请老师帮忙解决问题。

另外，老师在使用激光笔时，我们也要多一点注意，不要试图去看老师的激光笔发射的光束源头，对于激光笔照射过来的光线要能及时闭眼甩头躲避，防止老师的误操作给自己带来危险。

第二，还要做到"不去主动照射他人"。

要实现这一点，就要把激光笔看成是"危险物品"而非玩具。

在了解过激光笔的危害之后，要能主动将其属性归类为"危险物品"，不要主动去购买，也不要主动去靠近，更不要带着侥幸心理把它当玩具。

当然，有时候我们可能也会接触到激光笔，比如帮着老师拿教具的时候，也许会看到激光笔；爸爸妈妈的房间里也许也会因为工作需要有激光笔，这时我们就要提醒自己收起好奇心，如果能接触到激光笔，就要妥善保管好，如果有使用需求，也要遵守规定，只让激光笔发挥它该发挥的作用，照射该照射的地方；如果没有使用需求，就要关闭开关，不对着他人的脸、眼睛去照射，不要平白给他人增添烦恼和伤害。

在学校里，也要注意保管好财物

在某网站的匿名问答板块，曾经有孩子提了这样的问题："我今年12岁，是一名初中生，昨天在学校里丢了1 200多元钱，也不敢告诉爸爸妈妈，因为不久之前我刚丢了一部手机，现在又丢了钱，怕爸妈骂我。但我也不敢跟老师说，怕这事在班里闹起来，他们再说我怀疑同学。我想问问现在应该怎么办？"

网友们纷纷提醒他，"赶紧告诉父母和老师"，而在网友的解答下面，他也回复了说："看到自己的书包有被翻动的痕迹，感觉应该是被偷了。"不知道在如此多陌生声音的支持下，这个男孩是不是能够鼓起勇气来向父母和老师求助。

在学校里丢钱或者丢失其他东西，本就是一件让人感到懊恼的事情，也有很多人会像案例中的这个男孩一样，担心会受到父母的责骂，也担心告知老师后会在班里产生不良影响。但是丢失钱财和物品并不是一件小事，有可能还涉及偷窃行为，越早通知父母和老师，问题也就能越快得到解决。

更重要的是，这个孩子的经历也给我们提了一个醒，那就是即便是在校园内，在我们心目中认为的"安全"的地方，也不能掉以轻心，也要好好保管自己的财物，才不至于给误入歧途的人以可乘之机。

那么，在学校我们又该怎么好好保管自己的财物呢？

第一，不在身上放置大额钱财。

案例中的男孩在自己书包里装了1 200元钱，这本身就很"招摇"。

为了避免被偷、被"惦记"，唯一的应对方法可能就是"不在自己身上放那么多钱"。毕竟作为学生来说，除非是学校要求收缴现金费用，否则一般情况下并没有需要大额消费的机会，更何况普通学生也没有收入来源，在身上装大量现金不符合学生身份。

可以估算好每天可能需要用到的钱，在身上准备一些零钱，够临时坐公交车，购买简单的食物、水和文具就可以了。

第二，妥善保管和处理暂时在手中的大额金钱。

有时候我们手中可能也会暂存大额金钱，比如需要现金交付某些费用，或者作为班委代老师收缴的费用，那我们就要看管好这些钱。

在未交付前，这些钱要放置在只有我们自己知道的地方，不要随手就丢进书包，尤其是还在众目睽睽之下，最好能严严实实地贴身放置。

当老师提醒要交钱了，就要立刻交上去，减少钱财在自己身边停留的时间。尤其是作为班委收缴费用时，首先要保证钱财数额透明，也就是要有记账过程，把时间、金额都标记清楚。如果数额巨大，可以分批交给老师，尽量不自己保管。一旦收齐就尽快交给老师，减少钱财在自己身边的时间，以保证不出问题。当然，也可以和三两个要好的、信得过的同学一起看管，如果实在有事要离开，也可以拜托他们帮忙，而且三两个人一起看管，也能起到互相监督的作用。

第三，当钱物丢失时，要及时告知老师或父母。

这一点需要我们格外注意，如果钱或贵重物品真的在我们手上丢了，也不要害怕，不要不敢告诉老师或父母。毕竟有时候丢钱丢物可能就是有人起了坏心思，越早发现越早处理，才可能越早追回，并找到起坏心的人，也能让我们尽早安心。

所以，事件发生后，要及时向老师和父母反映情况，尽量把自己的经历遭遇以及一些可以证明钱物什么时间还在你身边的证据提交上去，以便从成年人那里获得更有效的帮助，要么帮忙寻找，要么报警解决，这样才能更快地解决钱财或物品的丢失问题。

第三章
Chapter 3

懵懂青涩的校园情感，
不回避也不冲动

随着身体的成长，正常人都会因为荷尔蒙的冲动而出现情感的波动，男孩旺盛的荷尔蒙自然也会让他经历内心的悸动。只不过，这份情感波动出现的时间可能并不算好，因为我们刚好身处中学校园之中，或是即将升入中学，刚好处在需要认真努力学习的时候，此时，唯有理智对待才能平安度过这段懵懂的、青涩的情感波动期。

情窦初开，学会转移情感和注意力

　　有一位妈妈曾经致电某晚报热线询问：儿子在高二早恋了，无心学习，听不进劝告，她不知道该怎么办。

　　这位妈妈有一个17岁的儿子，马上要进入高三关键时期。但一段时间以来，妈妈发现儿子不再像以前那样回家就看书学习，而是一直盯着手机，但并不是在看学习视频之类的内容，明显手在动、嘴在笑，就是在聊天，且零花钱的开销增大了，隔不了几天就会来要几百块钱。重要的是，学习成绩下滑得厉害。

　　妈妈很担心，和爸爸沟通了一下后认为儿子早恋了。在与儿子沟通之后，他也点头承认了。妈妈开始不停劝说儿子，希望他能尽早分手，回归学习。但是儿子却很强硬，拒绝分手不说，并表示若是父母再强行干涉他的恋情，他就辍学。

　　妈妈为此苦恼不已。

　　青春期会带来情感的波动，不论男孩女孩，在情窦初开的年龄里，都会出现对异性的好奇甚至是产生特殊的感情。这原本是每个人成长发育过程中的一件很正常的事情，但是这件正常发生的事情发生在我们紧张学习的这个关键时期，就有点不合时宜了，因为情感萌发期与知识学习关键期"撞了车"。

从人生的长远发展和个人的情感发展来看，未来的人生规划与青涩懵懂的情感体验相比，显然前者更重要。所以，我们要分得清轻重主次，而不能像案例中的男孩那样，一门心思只顾着自己的所谓"恋情"，听不进劝告不说，甚至还威胁父母，让父母担忧，这就非常不妥了。

不过话说回来，情感的降临也是突如其来，我们的人生阅历并不丰富，但也真的对这种情感带来的悸动感到好奇，那么到底应该怎么来平衡情感和学习？又怎么应对这样的情感变化呢？

第一，及时发现情感变化，不"懂"要多问。

到了青春期，你会逐渐发现自己开始对异性好奇，并发现自己开始不自觉地注意班里或者其他地方见到的女孩。有时候你也会意识到自己正在关注某一个女孩，而你自己也更在意自己的形象了，尤其是在众人、在异性面前的形象，你希望能获得更多人的目光和关注，若是那个你关注的女孩也看过来就更好了。一旦这样的情况越来越多，这可能代表你的情感发生了变化。

这时你要对自己有所了解，要意识到自己与之前不一样了，你开始有了对情感的好奇和渴望。但这种变化可能会让你不知道应该怎么办，是继续发展还是要有什么别的应对，如果你感觉很困惑，那就赶紧问一问身边可信赖的人。只有得到科学的解答、正向的引导，你的情感发展才可能不会走偏。

比如，问问父母，不要自己藏着，和父母谈谈，毕竟他们是成年人、过来人，你最好能和父母建立良好的沟通关系，这样你的情感疑惑会在第一时间得到解答；也可以看看权威的、科学的书本，问问正规的、严谨的科学网站，了解足够的生理知识、思想发展变化的原因，让自己能更科学理智地看待自己情感的变化。

第二，"忙碌"起来，转移情感带来的波动。

如果说上一点提到的是思想上的认知，那么这一点我们就要想想应该怎么在实际行动上去应对这种情感的出现。首先你要确定，这时候沉溺于这种不确定的情感中是不合适的，那么就不如先忽略它，让自己去做当下更应该做的事情。

所以，我们可以尝试着让自己"忙碌"起来，比如感觉头脑不受控制时，就去翻翻书，看看自己感兴趣的知识，哪怕翻一本漫画书也行，真的抛开一切地看进去，你的注意力就会被转移；或者干脆就去运动一下，通过身体的大幅度运动，将精力释放出去，让自己头脑放空，不再多想；你也可以找一些需要专注的事情来做，书法、绘画、拼图、组装模型等，这些都有助于你集中精力于手中的事而不想其他。

这样做的目的，就是转移我们对情感的过多关注。当你发现周围的生活丰富多彩，远比只想"谁谁真好看"这件事要有意思得多，也就意味着你可能已经不再受其干扰了。

第三，借"求偶心理"的东风，顺势发展自我。

在动物界，雄性求偶时要么会把自己打扮得很漂亮，要么是给雌性跳一段压过对手的舞蹈，要么是搭建一所"艳压群雄"的巢穴，要么则是在力量上竞争……不论是哪一种行为都有一个共性，那就是积极展示自我，而只有自我表现超强的雄性，才会博得雌性的青睐。

在人类身上这种心理和行为也同样存在，只不过还是学生的我们自然是不适合"努力给心仪的对象做展示"这种行为的，但我们却不妨利用一下这样的心理。

也就是当你心中有了心仪的对象，那么你就要想到，未来你需要凭借自己的能力来给对方美好的生活，可是现在的你能力显然不够，所以，你必须要展示出自己的潜能，让对方看到你是有潜力的，且从实际看来你也的确在不断地进步。

这样一来，你的心思也许就会有一大部分被转移到"发展自我""完善自我"上，你也许的确是因为"情感"这个原因而努力，但只要你肯努力，就总能看到成果。努力过后取得的成绩会让你有想更加努力前进的动力，获得了成绩之后的

你也将进入更高层次、更广阔的天地去学习，那时你的眼界
也会被打开，以前的幼稚青涩也会慢慢褪去，你会在不知不
觉中发生巨大的改变。

与同学陷入情感旋涡——青涩的果子不要摘

曾有一名高三男生，在备战高考的过程中一直都充满信心。但老师发现才不过几天时间，这名男生就像霜打的茄子一样毫无精神，上课开始发呆，考试成绩也呈现骤降趋势。

老师决定好好了解一下情况，一问之下才知道，男生这突如其来的变化，皆因为突然被终结的"早恋"。

原来，男生有一个读高一的女朋友，本来说好了两人一起努力，他会在大学等她。但女朋友却突然提出了分手，男生一再挽留，甚至要求能不能等高考完再结束，可是女朋友却很"绝情"，毫不犹豫转身就走，丝毫不管男生的感受。

结果男生受到了沉重的打击，开始失眠、没胃口，内心经常隐隐作痛，复习备考更是没了心思。男生也知道自己当下的情况特殊，他强迫自己必须专心，但是复习效率依然提不上来。男生对老师哭诉说："突然分手，感觉很不习惯，就连说话聊天都没有了合适的人。"

如果说一开始你感觉到自己出现了之前没有过的情感，这时候只是好奇，此时若是有正确的引导和科学的应对方法，你也还可以从中脱离，不会受其困扰；但如果你顺从于"本心"，接受了这份情感的"指引"，过早摘下了青涩的果实，就像案例中的男生一样，小小年纪便有了女朋友，高中时期就有了如此"深刻的感情"，那么你就会陷入情感旋涡，难以自拔。

为什么青春期的这份情感来得如此不合时宜呢？

首先，这一时期的情感是不成熟的，彼此都很幼稚，对情感了解不深，也不理解爱情的真正意义，两个幼稚的人做一件不合时宜的事，结果自然好不到哪儿去。

其次，荷尔蒙促使我们变得更冲动，头脑一热就容易冲破理智，很容易做出难以挽回的事情，给彼此的身心带来伤害。

最后，学业与情感间的冲突是此时最大的矛盾，且外界的压力也会让你不知道应该怎么选择，不论选哪个你可能都会感觉痛苦。

而这一切其实都不过是你不够成熟所导致的，这时的我们都还处在紧张的学习过程中，不只是学习文化知识，你的生活、思想以及人生各个方面都并不成熟，都需要学习，所以情感问题在你这里才会变成深不见底的旋涡。

那么最好的应对办法，应该是不去过早触碰这枚青涩的"情感果子"，绕开这个情感旋涡。

第一，要正视自己的情感问题。

随着年龄的增长，我们的情感也会跟着发展，到了青春期，就会对异性产生好奇，就会萌发某种情感的冲动，这是正常的人生经历，不要害怕，这不是坏事。但若是因此感到迷茫，就最好去多了解学习。关于这个话题，你不妨问问爸爸，他可能会给你一些建议。

第二，认识情感发生的科学道理。

多了解一下情感发生的原因，多学习科学的生理、心理卫生知识，不要通过猎奇的心理来扭曲它，而是要从科学的角度来解读它。此时，正规出版的解读青春期的书籍就可以派上用场了，正规心理网站对青春期情感的解读也可以去浏览一下。当然，本套书的其他分册也是很好的参考。

第三，要理解自己的情感发展。

到了青春期，情感萌发，这是生理和心理成长的必然，而且这是属于你自己的经历，所以你要接纳它，悦纳自我，这种包容和理解自我的心态，可能会缓解你面对陌生情感的紧张。另外，这种情感发展是普遍的，同龄人一般都会经历，所以不要紧张排斥，否则过于激烈的反应反而不利于你正确认识自己的情感。

第四，尽量绕开青涩的情感发展。

把你自己想象成一位园丁，你果园里的果树可能因为阳光、水分、营养等结出或大或小、或红或青的形态各异的果实，这些果实成熟的时间可能也都不一样，但它们都需要你的精心照料。如果过早收获那些晚熟的果实，对它们就是一种伤害。

同样的道理，青春期情感的果实并不适合当下就收获，而同时学业发展、能力发展、德行培养的果实以及整棵大树的成长发育可能更需要你重点关注，那么你就不如把时间、精力集中到那些需要重点关注的领域。毕竟情感这颗果实尚不成熟，它还需要时间才可能长大。

第五，相信自己，更好地认识自己。

这是你自己的情感问题，严格来说，没有人可以代替你来解决这个问题，你需要主动产生想要解决的意愿，才可能推动自己去认识问题、解决问题，即付诸努力。

虽然"学生时代的青涩情感"这个问题被普遍认为很棘手，不过我们也要对自己有信心，不要被这个问题纠缠太久，要勇敢迈出解决问题的第一步，多思考、多学习青春期的生理心理卫生知识，用科学的知识来让自己头脑清醒，重回理性。

而在这个过程中，我们也会发现自己在其他方面也存在问题，比如行事幼稚、思想单纯、言行过激等，可见解决情感问题的过程也可以帮助我们更好地认识自己，及时发现缺点并弥补改正，让自己更快成长起来。

不要混淆"爱的萌发"与正常"友情"

上初二的小魏性格开朗活泼，在班里不论男生女生，他都能聊到一起去，大家也都喜欢和他一起谈天说地。

经常和小魏聊天的同学中有一位女生，也非常活跃健谈。小魏发现，很多话题似乎只有他们两个人能迅速聊起来，聊天中的很多"梗"，也只有对方能很快接得住，经常聊着聊着就剩他们两个人还在热火朝天地谈论，旁人有时候会接不上话。

如此时间久了，小魏觉得这个女生一定对自己"有意思"，"不然怎么就这么能和我聊得起来"，于是他在和其他人聊天时，也会明示或暗示对方，"这个女生爱上了我"。

而女生听到了他人的议论后感到莫名其妙，也非常生气，因为她根本没有这个意思，只是觉得和小魏聊天很开心，认为两人是好朋友而已。

女生后来不再和小魏聊天，甚至和他断绝了往来，同在一个班里就好像是陌生人，连朋友也彻底做不成了。

青春期对异性的好奇与向往，有时会促使我们"想入非非"，于是就很容易出现"爱情错觉"，误以为对方对自己的种种表现就是喜欢自己、爱上了自己，而实际上可能也是因为我们自己已经先喜欢上了对方，这才想象对方也喜欢自己。小魏对那个女生就产生了这种错觉，只是因为彼此有共同话题、聊得投机就引发了误会，结果两人不仅不能再一起聊天，甚至连朋友都没得做了。

友情与爱情之间应该划清界限，我们不要轻易模糊这个界限，像小魏这样自己单方面跨界，不仅会破坏友情，其实对我们自己的生活也会带来影响。想想看，本来是可以一起谈天说地的好朋友，结果只因为"跨界"就势同水火、形同陌路，也是很伤感情的一件事。

所以，我们不妨从这两个方面去界定"友情"与"爱情"：

第一方面，从"友情"的角度去考虑——建立并维护良好的友情，防止它变成爱情。

要发展正常的友情，我们应该做到既要一视同仁，但又不要"一视同仁"。

第一个"一视同仁"，是指你要以正常的态度来对待包括男女生在内的所有同学，与大家建立起正常的同学关系，彼此有良好的沟通，共同发展兴趣爱好，共同分享所见所闻、所思所想，真诚相待，友好相处，如果有特别投缘的，就可以发展更为深厚的友谊。面对女生，你要保持礼貌、尊重，大方表达，自然表现情绪，正常建立并发展友谊就可以了。

第二个"一视同仁"特意加了引号，意思就是对待异性朋友，你也要把握好分寸。比如你和你的男生朋友可以随意勾肩搭背，可以开些无伤大雅的玩笑，但对女生朋友你就不能这么做了，而是要在言行举止方面收敛一些，不能太过亲密，也不能有特殊对待，否则就很容易令人产生误解。

第二方面，从"爱情"的角度去考虑——不要误把爱情当友情，懂得合理拒绝与回避。

从友情角度的考虑是为了防止我们突破友情的底线，而从爱情的角度考虑，则是提醒自己要能及时发现对方的感情，以免对方深陷其中，也让我们免于被误伤。

要判断对方的情感是不是爱情，可以这样来分析对方的行为：

第一，看看自己是否享受了"专属优待"。

当一个女孩对某个男孩心生好感时，会对他表现得很特别，比如给他准备好吃的、运动时会专门给他递水、给他准备好学习用的备用纸笔，但对旁人则没有；不论有什么问题都想要找他帮忙，旁人的帮忙要么婉拒，要么装听不见；总是找借口来和他相处，尤其是当有其他女生也在他身边时，会表现得很有"气势"；等等。

第二，看看自己是不是总遇到"巧合"。

想要和你发展爱情的女孩，会制造很多浪漫小巧合，比如她会故意等在你运动场边，会故意经过你的旁边或班级门口，会想要和你穿同款鞋、用同款物品，等等。女孩会借助巧合来拉近与你的距离，希望能引起你的注意，尤其是那些你熟悉的女孩，当她有了这些表现时，意味着你们彼此间的友谊可能在发生改变。

第三，了解一下周围人的看法。

有时候"旁观者清"，周围人可能会告诉你"谁谁正在追你"，"班里那谁喜欢你"，或者他们干脆会对你起哄说"你们不就是一对儿"，那么你就要注意了，这种情况也许是女孩的一些超越友情的表现所带来的，若是结合前两点，你也许就能确定自己是不是正在经历"从友情到爱情"的转变。

通过判断，一旦你确定有女孩与你的友谊发生了某种"质变"，那么你就要提高警惕了：

首先，不能跟着转变，你要警惕自己的情感是不是也发生了变化。比如，你有没有也开始注意某个人？是不是也开始制造巧合或者开始不再在意周围人的起哄？要把握好分寸，不要让自己的言行也过了界，要及时刹住这种心思。

其次，要保持自我清醒，维系友谊的同时也要及时斩断这份不恰当的情感。所以，对于对方的过界行为你要有所表示，可以礼貌拒绝，不要给对方制造误会，可以委婉地提醒对方这件事现在考虑不合适，但不要恶语相加。

适度与自然——与女生交往应把握的重要原则

2018年4月的一天，浙江省杭州市上城区的一位妈妈收到了班里其他家长的提醒，说是班里转来一个男孩，总喜欢对女孩动手动脚，他此前待过的学校，家长就曾经因此而写联名信给校长。

这位妈妈有一个10岁的女儿，自然也紧张起来，赶紧去问女儿，女儿说的确有类似的事情，那个男孩不仅碰过她的胸，还曾经在上课时用温度计戳过她的屁股。妈妈将这件事迅速通知了老师，希望老师能尽快解决。

第二天，老师要求男孩在班里向这位妈妈的女儿道歉，但男孩态度极不端正，嘻嘻哈哈并没有认错的意思。

后来，老师在班级里又详细了解这件事，发现这个男孩还对班里几个女同学也有过不文明举动。学校随即通知了男孩家长，希望能够家校配合来约束男孩的行为。

几乎没有女孩的家长会不在意其他男孩与自己孩子相处时的表现，如果没有规矩，如果没有界限，这样的男孩就会被众人排斥。

这个案例其实也给我们提了一个醒，那就是在与异性交往时，我们应该把握好分寸，这不仅是对女孩的保护，也是对我们自己的保护。

有男孩可能说"我内心坦荡"，认为自己只要内心没有别的想法就好，于是和女孩交往就表现得随心所欲，但这种坦荡外人是无从得知的，大家只会根据眼中所见来直接判断，而且社会规则就立在那里，尽管不成文，却也是众人皆知且皆遵守，男女相处必须要有分寸。

所以，我们在这方面也要格外注意，在与女生相处时，要适度，但也要自然，不妨了解这样一些原则：

第一，与女生保持适当距离

因为激素的影响，在与异性交往过程中，青春期男孩最好和女生保持一定距离。哪怕是和真正的好朋友在一起，你们也要有距离，坐、立、行，还有交谈时，都要保持距离。和女孩相处时，除非特殊情况，否则不要离对方太近，胳膊、手一定要远离女孩的胸部、臀部等敏感部位，也要远离女孩的脖颈、手臂、手、大腿等容易产生暧昧的部位，你的手规规矩矩地放在自己身体两侧或前面就好。

第二，言谈举止要有分寸

语言表达的距离是很多人会忽略的，有时候一开口就太过亲密，或者说出来的话充满暗示，这就容易让女孩误会。所以，说话也要讲究分寸，暧昧不清的话语不要说，要尽量选择合适的话语内容和表达方式。另外，有些男孩因为看了不合适的书籍或影视剧，张口就是粗俗的语言，甚至不说脏字就不会说话，这也是对女孩的言语侵犯，必须要禁止。

除了语言表达，在行动上也要多注意，不要试图对女孩动手动脚，同时也要注意自己的眼睛，不要四处乱瞟，不在女孩的胸部、臀部停留。在交谈过程中，如果有目标物，比如书本上的某道题、手中的某样物品，就可以盯着这些东西看，如果是某件事，也可以不固定视线目标，可以偶尔看一看女孩的眼睛，但不要停留过久。

第三，正确礼貌地表现自我。

与女孩相处时，礼貌不可少，大方礼貌地表达出自己想要说的内容，正常的情绪可以自然表现，但不要去故意开煞风景的玩笑，否则女孩可能会认为你在侮辱她。

同时你也要尊重自己，不要随意拿自己开玩笑，不要刻意展示自己，谦逊有礼的男生更容易获得他人好感，有礼有节的表现更容易让对方感受到你的尊重。

另外，最好是言出必行，答应的事情要做到，同时还要尽量做到不哄骗女孩、不吓唬女孩、不威胁女孩，做一个善良的人也能帮你建立更好的人际关系。

坚决远离言行举止轻浮的女孩

2020年11月15日，网上有人曝光了一段江西省上饶市初中生的不雅视频，视频主角是一名初中女生和五名男生。这段视频一被放在网上，就迅速疯传，随后被禁。记者、警方等部门纷纷介入调查。

有知情人表示，这段视频是一名男生拿手机拍摄的，地点就在其中一名学生的家里，拍摄时间是9月，最开始只是小范围传播，直到11月15日开始在网络上疯传。

视频中可以听见女生笑着说，"不要拍我"，"我15岁"，而且也并不像是被男生强迫的，旁边便是男生们猥琐的笑声。

发现视频后，学校第一时间报了警。随后，警方对相关细节展开了进一步调查。

就这一个视频事件来说，算谁的错呢？事件原因不明，但至少从上述文字的描述我们也应该感受到了，女孩举止相对轻浮，对这样的情况毫不在意；一群男孩则是不知羞耻，过分放纵。所以，从旁观者的角度来说，只能各打五十大板。

从这件事我们也要注意到，在洁身自好这方面，我们可

能还需要好好努力，不仅是要记得约束自我，同时还要远离
举止轻浮的女孩。因为这种女孩带来的诱惑，是情感刚开始
萌发、对自我了解不深刻的男孩所无法抵御的，很容易就会
被引诱犯错。

所以，在我们还做不到完全自控的情况下，最简单直接
且相对有效的方法，就是远离这样的女孩。具体来说，可以
这样来做：

第一，在内心建立良好的言行原则。

要在内心提醒自己：与人说话要有礼貌，话语内容要客
观，表达方式要委婉，对人足够尊重，不边说边动手动脚，
不说露骨的话，不做不雅的暗示、动作……

如果你给自己定了良好的言行标准，在内心有正确的
原则底线，那么女孩到底是不是言行举止轻浮，你一眼就能
辨认出来。而且，这些原则底线会成为你的"警报器"，它们
始终闪烁着"红灯"，让你意识到不可以去做那些不合适的行
为，遇到有言行不当的人，你也会意识到自己需要远离。

第二，控制住冲动，坚决不受诱惑。

自我控制是一种主动意识，是个体自主调节行为，可以
引发或制止某种特定行为。很多男孩之所以会犯错，就是因为
无法自控，很容易被诱惑，随即放弃了原则。所以，为了保证
自己坚决不受这类诱惑，我们也要学习控制自己的欲望。

比如，坚决不好奇、不接触可能带有情色意味的各种内容，像是衣着暴露的美女图、弹窗小视频，"爱情戏"太多的影视剧等都要远离；平时多运动，多培养一些健康的兴趣；多读书，读好书，学习中华优秀传统文化，提升自己的德行素养；等等。

第二，警惕网络"轻浮"信息的挑逗。

有些"女孩"可能并不是现实中的，发达的网络世界总会给你送来各种轻浮挑逗信息。我们要远离举止轻浮的女生，也包括这些"虚拟人"。对于一些轻浮、挑逗的信息，我们也要坚决拒绝，不去关注，不去应答，及时删除，同时还要提防自己的手机号、各类账号是不是被盯上了。

有时候，我们的朋友圈、朋友群中可能也会有人发出一些轻浮挑逗的信息，对于这些内容不要发表意见，如果觉得这个群不那么重要，直接退群就可以了。

与女生交流时要自重、自爱，不随便，不挑逗

2020年2月，网上爆出这样一个案例：一个12岁的男孩，平时在班里总是公然"侵犯"女孩，有时候是直接上手对女孩做"袭胸"的动作，有时候则是嘴上说一些随便的话逗弄女孩，有的女孩被他逗得脸涨得通红，还有的当下就被弄哭了。

但这个男孩却完全不当回事，据同学们说，因为男孩成绩好，老师也不太多管，他就更加调皮，对这类事情完全无所谓。

后来，事情闹大了，班主任把男孩叫到办公室质问，没想到他依然是一副无所谓的表情说："这有什么？我都不知道为什么哭，不就捏了一把？"班主任找到了男孩的妈妈，让班主任震惊的是，他妈妈也不觉得有什么，居然还说："小孩子懂什么？不要把小孩子想得那么龌龊。"妈妈这种无所谓的态度更让男孩肆无忌惮。

原来，这个男孩12岁还没有断奶，一直跟妈妈睡觉，已经成为一种习惯了。从男孩的角度来说，这件事不值一提，他觉得这真没什么。但从正常人的角度来说，这实在是过分了。

先不说这个男孩因为什么变成了这样，仅就他自己来说，这种对女孩随随便便的态度和行为就很让人反感。如果他不及时改正，未来不知道会发生怎样的"升级事件"，不仅会伤害女生，也会伤害他自己，因为他很可能要受到法律的严惩。

随着不断成长，我们要与周围人建立良好的关系，不只是与同性好好相处，与异性也要能做到顺畅地沟通交流。但是，这种"顺畅"并不意味着我们可以随意发挥，如果像案例中的男孩那样，不仅言语挑逗，还动手动脚，不论他成绩有多好，都会为周围人所痛恨，哪怕暂时无人管，但终有一天会因为这种随便而吃大亏。

所以，我们要提醒自己，和女生沟通交流时，要自重、自爱，不随便，不轻浮，更不要试图用不合适的话语、动作去挑逗、骚扰女孩。

青春期其实也是考验我们个人德行涵养的重要阶段，我们不能让头脑都被这种欲望冲动所占据，只要自己的德行涵养提升了，我们就能把握好自己，得体地处理与异性的关系。

第一，摆正心态，不戴着"有色眼镜"看待女生。

不知道什么原因，在有些男生眼里，女生好像就是要被他调戏、看不起的对象，这种错误的思想很容易让他以错误的态度来对待女生。

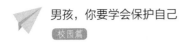
　　我们需要摆正心态，要以尊重的态度来看待女性，从内心深处改变对女性的偏见，摘掉"有色眼镜"。

　　要实现这一点，我们可能还是要多读书，多接触积极正向的、科学健康的知识，扭转对女性的错误认知。与女生相处时，要以客观的视角来观察，并认识到哪些言行是不为女生所接受的，如果自身存在某些不当言行，就要彻底地改正。

　　第二，不要受某些文学作品、影视剧、小视频等的影响。

　　很多男孩对女生说的话、说话的态度都带有模仿痕迹，但他们的模仿对象多是夸张的小说、影视剧、小视频等，其中的男性要么是"霸道总裁"，要么痞里痞气，言谈话语其实都经过了某种加工和处理的。尤其是有些三观不正的内容，若是也被男孩学了来去与女孩交流，就很容易惹人反感，甚至会给自己惹来麻烦。

　　所以，我们还是要多接触优秀的文学作品、影视剧、科普小视频等，多提升自己的思想内涵与知识储备，在与女孩交流时除了有礼貌还要有涵养，要学会思考，学会判断怎样与人相处才是得体的，而不是肤浅地模仿其中的言行。

　　第三，用尊重自己来换取对方的平等尊重。

　　当你用粗俗的语言和态度来对待女孩时，相当于你也放弃了对自己的尊重，就不要抱怨自己被嫌弃，更不要抱怨可能会吸引来的"臭味相投"的人。

只有尊重自己，愿意提升自己，才能不断进步，不断进入更高的层次。而层次越高，我们的思想境界也就越高，德行仪态也会越好，综合素养自然也没得说。这种良好的表现也将换来他人的尊重，更能吸引到志同道合的人。

如果"爱"上了女老师，怎么办

在某视频App中有人上传过这样一段内容：几名男生在操场堵住一名女老师，其中一人下跪献花求婚，剩下几人在旁边吹拉弹唱。

原来，这几名男生都是学校的高三学生，其中下跪的男生名叫小杰，小杰对教课的女老师很是喜欢，作为课代表也有很多与老师接触的机会，一来二去他发现自己爱上了老师。想到自己马上要毕业了，小杰便和自己的几个死党一起，策划了这一场"求婚仪式"。

几名男生趁着老师下课时，在操场堵住老师，死党们有弹吉他的，有放音乐的，还有拉横幅的，小杰则唱着歌单膝跪地，捧着花当众向女老师求婚。操场上的同学们虽然被惊呆了，但也有好事者起哄喊道"嫁给他、嫁给他"。

而老师虽然一开始被吓到了，但很快冷静下来，她毫不留情地拒绝了小杰，并打掉鲜花，严肃地批评这几个人，认为他们是在开玩笑，当下应该好好学习准备考大学。最后，老师还把这件事上报给了校长，学校以扰乱校园正常秩序为由，给小杰和几位同学记过处分。

有的青春期男生在看待成熟女性时都会产生特别的感觉，在这样的男生眼中，同龄的女孩都和自己一样为了学习而努力，所以她们就显得青涩、不懂风情、不会打扮、没什么吸引力，可是成熟女性，比如学校的女老师，她们就完全不一样了，她们已经成年，不论是生活阅历还是情感经历都会更成熟，所以，他们对这样的女性会心生向往。

虽然说，青春期男孩可能会有不同的情感表现，但如果爱上女老师，甚至像案例中的小杰那样做出如此出格的举动就不合适了。毕竟，从世俗伦理认知来看，在校园里，学生与老师之间产生情感是不恰当的。

所以，当我们发现自己有这样的苗头时，就要及时掐灭，以免它的出现给我们的思想带来过大的震动，从而影响自己未来的人生道路。

第一，明确对老师的"爱"是哪种爱，分情况处理。

青春期男生懵懂的情感萌发，有时候可能连自己都不是很清楚这情感到底是怎样的。这份"爱"是欣赏的"爱"，还是爱情的"爱"？最好能分清楚，然后再分情况处理。

欣赏的"爱"，则是你对老师也有钦佩之情，喜欢和她交流探讨，对她的思想有深刻认同，喜欢和她一起学习，但并不会有其他非分的想法。如果是这样的感觉，虽然暂时你还可以放心一些，但也要注意与老师保持分寸距离，以免因为彼此沟通太过愉快，而使你不知不觉中迈过了那条情感线。

同时，你也要给自己设定好警戒线，就是与老师相处时只交流你们彼此感兴趣的内容，不要涉及其他方面，尤其是不要表现出格外的关心。你对老师应该始终带有尊敬之情，要清醒地认识到老师的身份，克己守礼才能保证你的进步。

爱情的"爱"，就是你会对老师产生某种冲动，会有想要保护她、关爱她的心思，甚至看她跟别的男生、男老师交流，都难以接受。如果你对老师是这样的感觉，那就要小心了，你可能是真的爱上了老师。怎么办？下面两点专门讲述。

第二，理智思考自己当下的能力及未来发展的可能性。

有些男生对女老师的情感难以抑制，就像案例中的小杰那样，天真地认为自己可以给老师幸福，但这样的行为在成年人看来还是太幼稚了。

你要明白，爱是相互扶持、包容，而在很多男性的认知中，自己是要给对方能撑起一片天才行的。但现在的我们远没有这个能力，你不如理智地看看自己，你现在还在求学中，没有经济来源，没有社会阅历，没有生存能力，身边还有"法定监护人"，不能自我独立处理很多事，而未来你将发展成什么样子也无从可知，你是不是真的能学到足够多的知识和本领，还是说到头来只混日子，你未来又将经历怎样的挫折，内心会不会变得成熟，这些都是未知数，而这些也的确是两人情感相处过程中很重要的东西。

所以综合来看，目前的你其实没有任何能力去给一个有工作、有经济来源、有一定思想认知的成熟女性以安全感，你们彼此之间不仅存在着年龄差，更存在着能力差、思想差。古人讲求"门当户对"，那么从这样的差距来看，你和老师之间便恰恰就是"门不当，户不对"。既然如此，是不是就要考虑一下，及时斩断这不合理的情丝比较好。

第三，及时转移注意力，不过度关注老师的言行举动。

对一个人有好感，很多时候也来源于对她的频繁关注，那么你对老师的喜欢多半也是这个原因。

我们可以转移一下注意力，不再只关注这个老师，而是也关注到其他老师；把注意力集中她教课的内容上而不是她这个人之上；平时增加与同学之间的交流和相处，多一些实际上的朋友沟通；不要频繁去找这位老师，有问题也可以找其他老师，或者改为与同学讨论；和老师相处不要过分热情，只单纯地探讨问题。也就是说，你要把视线从老师身上转移开，丰富自己的生活，让自己充实起来，让自己融入更广阔的天地中。

当然，爱这种情感不是那么轻易就会消失的，你对老师的喜欢可能只是你的一个追求方向，老师展现出来的是你理想中"另一半"的样子，那么你可以把这份美好的情感深埋

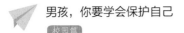

内心，未来当你经过学习见识到更广阔的天地，你还会见到更多更美好的事物和人。所以不要着急，在不合适的年龄里去选择不合适的人的确不妥，美好的情感也同样忌讳拔苗助长，耐心等待合适时机再发芽才会更好。

第四章
Chapter 4

正确应对各种意外状况，
安享校园生活

　　有句话说，"明天和意外，你永远不知道哪个先来"，在现实生活中，确实很有道理。在学校上学，可能也会一个不小心就经历某种意外。不过，有很多意外其实也并非无法应对，提升自己的安全意识，学会未雨绸缪、防患于未然，时时事事做到小心谨慎，我们也可以轻松应对各种意外状况，安享美好的校园生活。

如果同学索要金钱、物品，应该怎么做

在某网络问答社区有一名学生提出了这样的问题：

我是一名初中二年级的学生，现在几乎每两天就会被人要一次钱，我一直都在被勒索。但不敢反抗，怕挨打；也不敢告诉家长，一样怕挨打。我就想知道现在该怎么办？

热心网友在下面给出了很多建议，有提醒他录音存证的，有人建议他还是及时告知老师和父母，也有人建议他硬气一点打回去，还有人让他干脆混进这个小团体，更有人让他有这个钱还不如去雇一帮人揍他们一顿……

虽然众说纷纭，但终究都是旁人，只能给出建议，至于到底要怎么做，还要看这名学生自己的选择。

有些男孩并不愿意把自己被勒索这件事闹得尽人皆知，一方面觉得没面子，另一方面也怕自己遭受更不公正的待遇。就像案例中的这个男生，既害怕被勒索的人打，也害怕被知道详情后的父母打，这种矛盾心情使他陷入了两难的境地。

被勒索确实是一件让人感到恐惧的事情，因为一旦开了这个口子，你可能就会被一直盯上，而且后续你被勒索的钱财和物品也会越来越多、越来越贵重。勒索本身是触犯法律

的行为，放任不管、一味服软显然是不行的，这既助长了对方嚣张的气焰，也让自己的身心和财物都有损伤。

所以，若是在学校遇到被人索要金钱、财物的行为，我们要有智慧地去应对，毕竟邪不压正，当你能采用合理的方法来积极处理这件事，也许就能把这个问题消灭在萌芽状态。

第一，学会看情况来处理"被索要"这件事。

想要勒索的人有三种状态，一种是凶神恶煞一般，天不怕地不怕，不给就揍你的态度；一种则是自己都紧张，可能被什么事逼迫而不得不做勒索这件事；还有一种就是临时起意，可能你身上的某个东西刺激了他才导致他想要勒索。

对于第一种情况，保命、保平安要紧，可以舍财、舍物；对于第二种情况，你要尽量保持镇定，只要你够强硬就能吓跑对方；而第三种情况你也要见机行事，如果对方不是从勒索变成强抢，你还可以反驳一下，但若对方一时恼羞成怒，你也可以舍财、舍物以保平安。

总之，当遇到勒索，第一时间想的应该是保护自己的安全。

第二，从第一次被勒索时就及时反馈给老师或父母。

第一次被勒索时，如果对方成功了，有的同学会认为"给了钱就好"，但实际发展却并不会如你所想的"只要给钱

就能息事宁人"，因为你这种软弱的态度会让对方认为你"好
欺负""人傻钱多"，他们拿过你递去的钱和物时，内心可能
就已经在计划第二次了。

所以，若是被对方勒索成功，你逃脱之后要马上通知
老师和父母，如果能报警就立刻报警，否则这种事就像滚雪
球，你越害怕，他们会越发变本加厉。你及时通知老师和父
母或者报警时，要把被勒索的时间、地点、钱财、勒索人的
样貌等信息都尽量详细提供出来，以方便他们对这件事的
处理。

当然，有时候第一次勒索可能对方没有成功，你也不要
觉得自己就此躲过一劫。如果对方就是盯上了你，那么一次
不成还会有第二次。或者在你这里不成，可能还会去别人那
里尝试，这种违法行为是不会消失的。

所以，就算对方没成功，也最好把你经历过的这件事告
知老师和父母，因为这也是查找这种问题的一个线索，你越
早提供详细线索，这个问题就能越早得到解决。

第三，与同学搞好关系，多集体活动，少单独行动。

被勒索多发生在你落单的时候，无人阻止、无人帮助，
甚至还可能无人知晓。但如果你经常与众人一起行动，遭遇
勒索的可能性就会变小。

所以，平时要和周围的同学建立良好的关系，不论是同
班同学还是其他班同学，多个朋友就多一层保护。另外，也

要积极参加集体活动，让众人能记住你，这样在危急时刻，也能被他人注意到，从而让自己多一分安全。

另外，如果已经经历过被勒索，那就更要减少单独行动，不论是去厕所还是做别的事，最好能和同学或朋友结伴而行，以增加安全保障。

第四，不刻意用富贵包装自己，减少被盯上的可能。

有的男孩会显露自己有多少钱，也有的男孩会用名牌衣服、书包、文具和一些昂贵的物品来包装自己。比如有的男孩要么是时不时掏出很多钞票，要么是经常性地名牌鞋子、外套、帽子、手表等物品上身，频繁地以招摇的样子出现在众人面前，也就很容易被别有用心的人盯上。

作为学生，不需要用富贵来包装自己，同时学校是集体生活的场所，我们要尽量做到和众人保持一致。你要衡量周边的环境，如果周围的同学都普普通通地用这平价物品、穿着普通衣服，那么你也要低调一些，至少不要整日把名牌显摆在外。当你和周围同学没有太大区别时，也就不会引人注意了。而就算周边大家都穿的是名牌，你也没必要去凑热闹，始终保持低调，不专注名牌和昂贵装饰，更专注读书学习，这样你的内心也就不会被这些表面之物所吸引。同时我们也要对自己的家境守口如瓶，对家庭经济状况做到"闭口无言"，不吹嘘、不炫耀，才不会给自己招来麻烦。

另外，随着科技发展，移动支付正在逐渐取代现金，很多学生也学会了新的消费方式，微信群里慷慨发红包，课下很随意点餐请客，动不动就炫耀自己的微信、支付宝有多少钱……这些行为都很危险，都会让别有用心的人意识到你的确有钱。

我们要杜绝这方面的"露富"行为。未成年的在校生，在学校期间并没有必要使用手机，要么不带手机，要么是进校园关机并收好手机。同时也可以和父母商量好，不在自己的手机中存储大量的金钱，像前面提到的不带大额金钱一样，只要保证一日够用就好。

面对同学的恐吓、威胁，如何应对

上海有一位妈妈在网上发帖讲述了自己孩子的经历：

我儿子有天下课时和同学一起去操场，看见一群人在那里玩，他们便也凑了过去，不知道什么原因，一个高年级的男孩子就是看他不顺眼，上去就推搡他，还对他说脏话，并威胁他"见一次打一次"。不仅如此，儿子和这个高年级男孩竟然在同一个英语课外学习班，于是这男孩不仅在学校里威胁，在校外他也趁着周围没有家长的时候继续恐吓我儿子。儿子很害怕，这样的日子过了十几天，他告诉我说"不敢去上学了"。

我不知道应该怎么办，是去找老师反映，还是自己去学校找那个男孩，或者让孩子自己解决？非常纠结。

后来，这位妈妈还是把情况告诉了班主任，由班主任出面，找到了一直威胁儿子的高年级同学，那位同学倒是也承认了自己威胁别人的事，并赔礼道歉，表示日后不再做这样的事。虽然事情告一段落，但妈妈内心还是很担忧，生怕孩子在学校继续被欺负。

校园里虽然全都是未成年的学生，但是受家庭教育和个人性格的影响，也会有人心生不轨之念，会有恃强凌弱的情况发生。像是这位妈妈的儿子所经历的，在校园中也并不少见。除了这种口头恐吓威胁，还有的人会变本加厉，借助恐吓威胁来勒索钱物、强迫被威胁人做一些他们并不愿做的事。

在校园中被同学恐吓、威胁，其原因大概有3种：

第一种，是你做了一件错事，以为没人注意，但却被某个人知道了，于是他为了一己私欲或者别的什么坏心思，便威胁你，"如果你不按照我说的做，我就把你做的坏事公布于众"。一般在这种情况下，很多人会选择妥协，但这就会给威胁者以可乘之机，他可能会得寸进尺，而你则可能会一直受他摆布。

第二种，是你因为某种原因而被别人盯上了，比如你有钱、你有能力、你取得了比赛晋级资格或者有其他出众的表现，有人因为嫉妒或看不惯而威胁你，让你掏钱交物或是满足他的条件，否则就"见你一次打一次"。

第三种，则是那些就是想要欺负人的人，他们也说不出来具体原因，就是"看你不顺眼"，完全一副"校霸"的样子。尤其是在欺负过后还要威胁一句，"敢告诉老师就继续打你""敢告诉父母你就死定了"……

不同情况下被威胁、被恐吓，需要采取不同的应对方式。

第一种情况，知错就改，不屈服于威胁。

这种情况被威胁时，很多人会害怕自己的事被公之于众，这就相当于用自己的钱不断地为别人的错买单。所以在这种情况下，我们要有敢于直视自我和拒绝继续犯错的勇气。

首先，不要回避自己的错误。世上没有不透风的墙，不要觉得自己做得很隐秘，说不准会被谁抓住把柄。所以，我们也要正视自己的问题，不论是什么样的错误，都要敢于承认，并及时更正，让错误带来的影响和损失降至最低。

其次，面对威胁不要退缩。为了遮掩错误而妥协，那你势必要付出比当初犯错应受的惩罚更大的代价。所以，从一开始被威胁时就不要轻易妥协，倒不如大方承认自己的问题，并说明自己已经改正的事实，适时提醒对方"你这样也是在犯错"。

最后，将被威胁的实情告知老师。要把这样的事交给更有能力处理这件事的人去解决，不要自己私下解决，以免引发更大的争端。

第二种情况，展示自我的同时也要注意保护自己。

因为某一方面超过了别人，而被心胸狭窄的人嫉妒或看不惯。如果在这种情况下被威胁，我们也要从纠正自我的角度来考虑。

面对威胁时，不要上来就拿自己的优势来交换"自由"，也就是不要自己直接对威胁者说，"我有钱，我给你钱，你放过我"，或者是，"我考了第一名，以后你的作业我帮你写，你放过我"，这样的话就是在给对方提供如何继续威胁你的筹码。这时，应该先保护好自己的安全，不过度反抗，听清对方到底为什么威胁恐吓，然后再根据他的要求，要么暂时应和下来先脱身，要么若是你自己有能力反抗，也可以试一试。当然不论怎么做，脱身之后都要尽快把自己被威胁这件事如实告知老师和父母，以便于彻底解决这件事。

而在平时，我们也要尽量保持低调，不要四处炫耀、吹嘘。同时也要和周围同学搞好关系，而不是因为自己的能力强就瞧不起谁，对于周围同学的求助也应该尽己所能，若是能帮助大家一起进步，可能会更让人愿意亲近，这样还有助于减少周围人不满情绪的出现。

第三种情况，学会躲避，学会求助。

这种情况下，被威胁或恐吓，纯粹属于无妄之灾。你可能会被要求拿钱，也可能会被要求去替他们做一件你不情愿的事，甚至是违法乱纪的事。遇到这样的威胁，我们可以这样来应对：

首先，不做无谓的反抗。那些威胁、恐吓的人，一般都会挑单独的、身材瘦小的、看起来没有什么攻击力的同学去实施行为，有时候还会是三五个人一起，所以除非你有一身很强的格斗本领或者有超快的反应能力，否则文斗武斗都不

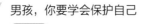
行的话，你也要"顺应"当下的形势，先保护好自己的人身安全。至少在明面上，表现出不反抗，暂时的顺从可能会帮你更快脱身。

其次，不贪财、不恋物，但也要机灵行事。对方如果要钱要物，你咬咬牙给出去就好；但如果对方让你替他去做不好的事，你就要头脑灵活一些了，有机会躲开或者求助时，一定要抓住机会，不要乖乖听话去做。

最后，如果侥幸躲过"一劫"，要及时把自己的经历告知老师或父母，这样你既有很大概率躲开下一次的威胁恐吓，也可以帮助其他人免受其害。

遇到拥堵、挤压、踩踏等情形，怎么办

　　2017年3月22日上午，河南省濮阳县某小学在通往二楼厕所的露天楼梯上发生一起踩踏事故。事故共造成22名学生受伤，其中1人在送往医院途中死亡，5人重伤。据新闻报道，踩踏事故发生在早读课下课时间，学生集中去厕所，为将在10分钟后的举行的月考做准备。

　　2015年11月9日，江苏省南京市某小学数十名6岁到8岁的儿童在手扶电梯上发生意外，其中16名孩子因受伤被送往医院治疗。据了解，孩子当时正外出秋游。

　　2014年9月26日，云南省昆明市某小学发生踩踏事故，造成学生6人死亡、26人受伤，其中两人重伤。据现场小学生称，当时午休刚结束，在午休室的楼道口有两个旧海绵垫，一、二年级的同学上前击打，棉花垫倒下压住了一些同学，其他赶着上课的同学在跑下楼时发生拥堵，许多学生被踩踏挤压。

　　2013年2月27日，湖北省老河口市某小学发生踩踏事故，近百名寄宿学生涌入一楼楼道口，而唯一通往外界的铁门此时尚未打开，事故造成4名学生死亡，另有14人受伤。

　　……

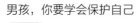
近些年来，一些学校出现过拥挤踩踏事故，且都有伤亡出现。可见这类事故也是校园安全问题中需要重点关注的内容。

我们先要了解一下，为什么校园中容易发生踩踏事故？

首先，校园中学生众多，上下课时间会有大量的同学上楼下楼、进出教室，同一时间人群进行同一项活动，就很容易形成拥挤。

其次，学生活泼好动且好奇心强，也没法好好掌控情绪。所以更容易扎堆，也容易凑在一起起哄、推搡，有较大的肢体行为碰撞，一旦有人躁动起来，也可能会出现拥挤踩踏事故。而像是地震、火灾等突发事件会让涉世未深的学生更容易惊慌，缺乏足够的应对能力也会导致他们更容易出现拥挤从而造成踩踏事故。

最后，学校的设施、设备可能存在一定的安全隐患，不足以支持或应对这么多学生同时活动，再加上老师的引导不力或者安排不周全，都可能导致不可控事件的发生。

那么一旦遇到拥挤、踩踏等情形，我们又该如何应对呢？

第一，尽量保持冷静，随大流而动。

身处拥挤人群中，不要慌张，不要被他人的情绪感染，而是要尽量稳定下来，快速判断人群方向，与大多数人保持行动一致，不要试图超越、逆行，掉了的东西不要急着低头寻找，待安全之后再考虑其他。

另外，若是发现拥挤人群快速向自己涌过来，在快速移动躲避的同时，要让自己尽量向人群边缘靠拢，也就是远离拥挤的中心，减轻被挤压、跌倒后踩踏的概率。若是周边有可躲避的空间也可以暂避一下。

第二，不要手舞足蹈，手脚也要放对位置。

身处拥挤的人群中，尽量把手放置在胸前，这样即便手里真有东西也能方便护在身前，同时还能随时做出推、防护、抵挡的动作。移动时脚下要敏捷，顺势而行。不论是被打还是被踩脚，此时都不是闹情绪的好时机，忍耐一下等待人群散去、保证自己安全才是关键。

第三，尽量做到眼观六路、耳听八方、随时出声。

如果发现自己面前有人摔倒，或者听到离不远处有人摔倒，要立刻大声呼喊，并让周围人一起向后传达，以免扩大伤害。若是自己被推倒，就要尽量蜷起身体以护住腹部和脆弱的下体部位，双手保护好脖颈、头部。如果有可能，也可以大声呼喊以提醒周围人。

第四，事故发生后也要灵活应对。

等待救援的过程中，若是处在拥挤人群边缘的，应该迅速散开，给中心部位的人群留出疏散的空间；若是处在拥挤人群中间，也要随时观察周边情况，看到有可疏散的可能就要赶紧行动起来；若是处在拥挤踩踏的中心位置，要判断好伤员的情况，若是自己受伤也要迅速判断并表明自己的伤情，不要擅自挪动伤员，自己也不要擅自行动。

另外，适当学一些急救知识，比如胸外按压、人工呼吸、简单伤口包扎等，为伤员或自己争取足够的救援时间。

总之，拥挤、踩踏是校园高发事件，我们要在学校里度过相当长的时间，对于这种危险的拥挤状态要懂得躲避，最好是大家一起养成良好的习惯，大家都有礼有节地相处，平安快乐地度过美好的校园时光。

参加学校劳动时，如何保证安全

9月的一天，14岁的小严与同学一起帮助老师劳动，将课堂内多余的四套课桌椅从二楼搬到底楼库房中。

但是人手安排有些不够，轮到小严搬的时候，就只有自己一人，一张桌子重约10千克，小严一个人搬运很不方便，一个不小心右大腿碰到了桌子角。这一碰，竟使得小严两条腿不仅不能走路，连站都站不起来了。

后经医生诊断，小严因为胸段脊椎血管畸形而导致瘫痪。

经司法部司法鉴定中心鉴定，小严的情况属于在原有胸段脊椎血管畸形的基础上，因外力诱发急性血管出血最终导致瘫痪。

一次劳动，换来了小严终身不能自理的结局，真的非常令人遗憾。虽然不排除小严本身的疾病，但若是能够再小心谨慎一些，后续发展可能就不会是这个样子。小严的遭遇也是在提醒我们，参与学校的劳动也要注意安全。

现阶段的学校劳动分为两种，一种是学校里组织的劳动活动，比如集体大扫除、搬运东西等；另一种则是劳动课，

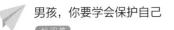
由学校根据地方特色和教育要求来安排的劳动。不论哪一种劳动，都可能需要我们全身都动起来，使出力气，还可能会使用到工具。

就现在的我们来说，有积极劳动意识和良好劳动习惯的人并不多，所以这些劳动内容中就可能隐藏着种种危险，一个用力不当或者工具使用疏忽，就有可能让我们受伤。

所以，只要是参加学校的劳动，我们就要打起精神，在安全这件事上多投入一些注意力。

第一，积极参与，遵守指令，量力而行。

学校劳动也是一种集体活动，而劳动课也是需要我们积极对待的一门课程。但是在劳动过程中，要严格按照老师的要求去做，不要擅自打闹玩乐，否则就很容易出危险。

同时，我们也要牢记量力而行。案例中小严就是在做超出自己能力的事。如果我们也遇到这样的情况，就要及时向老师说明，要么等人配合帮忙，要么请老师分配其他适合我们能力的事情去做。男孩在这方面可能会有想要逞强的意思，这时候应该以安全为先，不要总想着挑战自己。

第二，劳动内容不同，安全注意事项也要不同。

校园劳动一般来说包括整理杂物、清洁卫生、种植养育、装扮布置等内容，不论是哪种内容的劳动都要心细，并能合理运用各种工具来规避危险。

整理杂物——要分门别类有序整理，搬运、叠放的时候，要看好脚下的地面和叠放的台面是否平整，每一步、每一次搬动都要保证安全再行动，如有问题要及时询问求助。在使用梯子、架子、箱子的时候，也要注意求稳。

清洁卫生——做好分内工作，使用工具前要认真检查，扫帚、拖把、抹布都要确定没有尖锐物，不会突然折断或撕裂，上面也没有属性不明的液体；在工具使用过程中，要发挥它们的作用，不要用蛮力，懂得借力，也不要把它们当玩具。

种植养育——严格按照老师的要求做，如需戴手套，就要两只手都戴好；埋土、浇水、施肥要按照步骤要求去做，不随便把植物放进嘴里品尝。养育动物时，也要遵从卫生要求，触碰动物前后都要洗手，处理动物粪便或打扫动物的窝舍时也要注意做好卫生防护。

装扮布置——高处悬挂时要注意借助稳固的攀爬工具，如果是桌子、椅子叠放，除了要叠放平稳，最好叫上两三个同学在下面保护。要使用安全环保的材料，如果有异样味道，最好确定其材质后再有动作。若是有对特殊材料的特殊操作，就需要戴上口罩手套。

第三，团结协作，认真专注，拒绝玩笑打闹。

劳动作为一种集体活动，需要我们具有团结协作的精神。很多男生会把劳动看成是另类的游戏，要么挥舞工具，

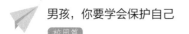
要么登高爬低，要么闹得尘土飞扬，实际上这都有可能把自己以及其他同学拖入危险之中。

在劳动过程中，我们首先要记住先完成自己该做的事，和同学做好配合，先完成好任务。而完成任务后，也不要觉得放松下来、好好收拾干净就可以了，不要随手就拿起工具打闹起来。而如果周围有其他同学打闹，我们可以先加以劝说，若是劝说不听甚至已波及自己，我们要及时远离这些同学，或者寻求班委和老师的帮助。

集会、集体活动时，怎样进行安全防范

案例一：

2013年11月22日，湖南省汉寿县某小学在一次运动会上举办了一次拔河比赛，六年级男生小肖作为比赛选手和同学一起与邻班进行淘汰赛。哪知道就在所有孩子都铆足了劲拽绳子的时候，用来拔河的绳子突然断了，孩子们纷纷摔倒，有的摔在地上，有的则是直接倒在别的同学身上，小肖一个跟头直接倒地，重重地摔在了地上，人事不省。老师们发现后赶紧把小肖送去了医院，可惜还是因为头部遭受重创，致使大面积出血，最终抢救无效死亡。

案例二：

8岁男孩小昌读二年级，在学校举行运动会时，激动围观的他只专注于看正在比赛的同学，并没注意旁边一样激动围观的其他同学。就在小昌聚精会神观看的时候，忽然有人向前一挤一推，操场周围插旗子的旗杆被碰倒了，直接砸在了小昌的脸上，当时就血流如注，后来伤好后，小昌的脸上也留下了难看的疤痕。

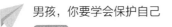
集会、集体活动，由于人多，就很可能出危险。案例一中的男孩是在参与集体活动时出的问题，而案例二中的男孩则是在围观集体活动时出了问题。这也就是说，集体活动时，不论是参与者还是围观者都应该注意安全。

具体来说，我们需要做到这样几点：

第一，明确集体活动的内容、性质及自己的角色。

学校组织了集体活动，我们不能只因为"可以不用上课了"就过于兴奋，要冷静地听老师讲解这个集体活动是什么主题、要求我们在其中做什么事情，也就是我们要明确即将参与的集体活动到底是什么内容、什么性质，是需要我们跑跳运动起来，还是只需要我们围观欣赏？是要我们分工合作，还是需要我们各自独立完成然后来进行综合比较？是要让我们自由组合来选择任务，还是由老师划好分区来进行区间对抗？……

不同的内容和性质，决定了我们要如何安排自己在集体活动中的角色。如果强调个体活动，那么我们就要专注自身的安全，在活动过程中要更关注自己的行为；如果是强调合作，那就要与同伴一起，互相保障彼此的安全。

第二，尽量按照安排好的事情去做，不擅自行动。

集体活动因为涉及多人活动，肯定要事先安排好，只有安排妥当才可能行事妥当。所以，当老师或者班委在宣布安排的时候，我们一是要认真听，保证不漏掉安排中的每一个环节和细节；二是要思考，想想看这样安排对自己、对团队、对集体都是不是合适，如果有不合适的就要在事前提出来，以方便安排者及时进行调整。

而一旦事情定好了，我们就要按照安排好的去做，不要擅自行动，尤其是不要耍小聪明，擅自改变行动的计划或者时间，这都可能给整个集体带来麻烦。

第三，与同学友好相处，不在集体中起冲突。

集体活动肯定需要集体的力量，所以我们也要与同学友好相处，像案例二中那样的推搡行为，其实也是不顾及同学的一种体现。在集体活动中，我们要学会控制情绪，不要动不动就和他人起冲突。我们是男生，在这方面就更要多注意一些，要收敛自己的坏脾气，即便是被撞两下、踩两脚，在对方不是故意的情况下，也没必要斤斤计较。

校园也会有诈骗，如何做才能不上当

　　某天下午，有一位高中生小金在睡得迷迷糊糊时收到了朋友发来的QQ消息，想要小金帮忙转点钱，他要给表妹看病，但表妹在医院没带卡需要微信支付。

　　小金虽然有些怀疑，因为没带卡和微信支付并不冲突，但他还是加了朋友表妹的微信。朋友说会转钱还他，但是因为跨行转钱所以要24小时才能到账。小金一时嘴快就说："那我先垫着吧！"接着，就把钱转给了朋友的表妹。

　　看着对方发来的建行跨行转账界面，小金也没犹豫，一边转钱还一边热情询问对方够不够，结果小金前后共转了8 500元。

　　但刚转完钱没半个小时，小金就看到有人发QQ空间动态提醒说，有骗子用这样的方式进行诈骗。他忽然想起来自己的经历，连忙登录建行官网，看到了官方的转账界面，和朋友发来的完全不一样。而那个朋友也被证实是QQ被盗号了。

　　小金连忙去派出所报警，作为一个高中生来说，那8 500元钱真的是很重要，就这样被骗走了，小金觉得自己遭受了巨大的打击。

　　谁能想到校园中也会有这样的欺骗行为呢？小金对朋友的善心，完全被骗子利用了，最终换来的却是他自己大笔钱财的丢失，且对自己的内心也带来了沉重打击，这样的打击对他日后的学习和生活都将带来严重的影响。而且，被诈骗后，金钱的追讨多半都是漫长的过程，这个过程耗时又耗精力，不论钱财能否追回来，我们都将因为这件事而产生沉重的心理负担。

　　所以，为了让我们不再背负这样的负担，最好能从源头就有所防范，也就是尽量做到不上当，能够凭借自己的安全意识躲过诈骗。

　　具体来说，我们可以这样做：

第一，不论对方是谁、说了什么，都不要轻信。

　　校园诈骗一般会用各种各样的理由，比如就有像小金经历的那样，冒充朋友的身份和语气；还有，虽然是陌生人但讲话很正式，要求似乎也很正式。而不论哪一种要求，我们最开始都不要直接相信，而是要确认一下发布这些信息的到底是谁，如果是官方发布的，那我们就要去跟班主任老师来确认；如果是朋友发布的，也要和朋友本人去确认看是不是他本人在求助。

　　尤其是官方发布的内容，我们一定要反复确认，因为骗子有时候也会模仿官方。曾经有一位妈妈就收到班级群"老师"的一则消息，提醒她让孩子参加学校的课后延时班，由老师看管孩子写作业，可以比平时晚一个小时再接孩子，费用是一学期3 700元。这位妈妈觉得还不错，马上准备转钱给"老师"，正好班主任老师在群里发言，这位妈妈临时多了一句嘴，截了个图去私信班主任，结果班主任老师却说这并不是她发的，学校从来没做过这样的事，这位妈妈这才意识到自己受骗了，还好没有转钱过去。如果我们也收到这样的消息，一定要去确认一下官方消息，必须问清楚才能再继续行动。

第二，不贪图不义之财，也不滥发善良之心。

校园诈骗会利用我们的欲望，一种是想要得到什么的欲望，另一种则是想要表现什么的欲望。所以，有些人会因为一则中奖信息而误以为自己中大奖，便兴高采烈地去交所谓的"邮费""税费"；另一些人则会因为一则求助信息就大发善心，就像案例中的小金那样，毫不犹豫地就按照对方的指示去操作。

我们应该学会控制自己的欲望，不贪图天上掉下来的馅饼，要想到前后因果关系，自己没有做什么是不可能得到额外之财的。对钱财有清醒的认识，就能避免被不义之财冲昏头脑，同时也不要滥发善心，面对求助信息也要有求证的意识，或者可以换个方式，给对方提供相关的救助电话、救助人员，这样既帮了忙，也避免自己在钱物方面的损失。

第三，凡是提及与金钱有关的内容，都要提高警惕。

诈骗无非都是骗子要为自己谋取一定的利益，所以但凡对方向你提及与金钱有关的内容，我们都应该立刻提高警惕，多问问、多想想，不要立刻就做任何决定，多方查证去确定真伪后，再行动也不晚。尽管前面案例中小金也有所怀疑，但却没有阻止他被骗的脚步。其实，案例中有一个大疑点，就是那个"朋友"为什么不直接用微信给他表妹转钱呢？为什么还要让小金费周折呢？凭这一点，就知道这是个骗局。但小金的警惕心还是太不够了。

另外，你要意识到，一般学生都没有经济来源，也没有多余精力，所以向学生发起的求助也好、中奖信息也好，其实都并不合理，那么对于这样的内容你都要在心里加一道防线，提醒自己"务必小心"，以免自己上当受骗。

校园贷骗局，怎样避免成为"牺牲品"

2019年3月，广东省东莞市第二人民法院依法公开对一些人组织、领导、参加黑社会性质组织、敲诈勒索等犯罪一案进行宣判。

这个组织依托高利放贷，通过多种方式恶意叠加债务，其中就有面对校园的"套路贷"，与多名高中生、大学生签订高额的借贷合同，这些被害学生因为无力偿还贷款，整日生活在极度恐惧之中，有的被迫辍学，有的则离家出走。

其中，东莞一名还在读书的高中生，想要自主创业却没有资金，便向这个组织的贷款公司借款3 000元，可是没想到最后他连本带息，竟然要赔上爸爸的一套房才能还清贷款。

有人认为校园贷对女生的伤害比较大，因为放贷方会胁迫女生用裸照、身份信息来进行借贷，增加了她们信息、隐私泄露的危险，但实际上校园贷对男生，或者说对所有学生都有极大的伤害。看看案例中的犯罪组织，他们利用校园套路贷，给学生造成了人身伤害和财产损失。对于这种骗局，我们也要格外注意。

我们先了解一下校园贷这种骗局到底是怎么一回事。

首先，校园贷会强调"低利息"，但是协议中却会提到服务费、违约金、咨询费等一系列内容，且有时候还会设置烦琐的提前还款条件，但逾期又故意不提醒，结果就会导致学生支付额外费用，而逾期还款还会产生高额滞纳金。

其次，校园贷过于"便捷"，只提供个人简单信息就可以审核通过并放款，但看似简单的程序却充满了可乘之机。比如曾经有同学就把自己的身份证借出去替别人贷款，这种行为有极高的风险，一旦借贷人无力还款，就要由"被"办理人独自承担债务。

再次，校园贷虽然是零担保，可却会没完没了地采取各种方式催款，一旦还不上，不仅自己遭殃，自己的父母、亲友、老师都会被骚扰，要么"大字报"、要么群发消息，要么电话骚扰，还有甚者会上门堵截和威胁恐吓。

最后，为了吸引学生，校园贷的方式多种多样，诱导学生习惯"提前消费"，并养成贪得无厌的坏习惯。

鉴于这样的危害，我们理应积极防范，以免自己掉进"校园贷"的旋涡之中。

第一，建立正确的消费观念。

很多校园贷受害者起初都不过是想要满足自己的消费欲望，所以我们需要建立正确的消费观念。

作为学生来说，至少衣食住行方面是不需要我们操心的，而学习用品方面，父母也基本上帮我们提前准备好了，

所以严格来说，我们理应没有那么强烈的消费需求。而很多
校园贷的受害者都不过是因为想要的太多，且尝过提前消费
的"甜头"之后就容易变得一发不可收拾。

我们应该跟父母多谈谈关于消费方面的问题，学会理性
看待消费，减少非必要消费，就算有想要的东西也可以和父
母商量后再买，并学会合理规划自己手中的钱，培养自己勤
俭节约的好习惯，不让自己陷入金钱危机中。

第二，不要轻易相信任何借贷广告。

很多借贷广告都充满诱惑性、误导性甚至欺骗性，所
以，不要轻信任何网络借贷平台以及校园广告中提供的借贷
方式。如果真有需求，可以去向老师、学校申请帮助，或者
在父母的帮助下向正规银行求助，总之只有这些正规的借贷
才不会给我们带来伤害。

第三，保护好自己的所有信息。

借贷需要提供自己的身份信息，有时候我们可以做到自
己不去借校园贷，但却挡不住熟人、朋友或同学的求助。所
以，不要轻易将自己的个人身份信息借给他人借款或购物，
哪怕再好的朋友都不行。

如果发现自己的身份信息已经被不法之徒利用了，那就
要及时向老师反映，尽早报警解决。若是遭遇暴力催款等威
胁，就更要及时报警，用法律武器来保护自己的权益。

第四，适当地学习一些金融常识。

向父母了解或自己自学一些金融方面的知识，了解借贷到底是怎么回事，有怎样的操作流程，做到心中有数。同时也要减少自己的贪欲，做到不攀比、不炫耀，不仇富、不虚荣，不强求高于自己经济能力的东西，将注意力集中在学习和提升自我综合素养上。

减少攻击性，不要游走在犯罪的边缘

案例一：

一年级男生小孔，尽管刚入学不久却已经在全校出名了。他自控能力非常差，生性好动、好斗，几乎每天都有学生来老师办公室告状说"被小孔欺负了"。而由于小孔充满了攻击性，所以同学们都对他敬而远之，没人理他也不愿意和他一起玩，还会有学生家长来找他算账。而老师们也发现，小孔上课的时候也不老实，经常离开座位，打同学、剪同学头发、随手扔东西，一旦老师想要管教，他就立刻跑远，或者不服气地瞪着老师。

案例二：

一个男孩读小学三年级。自从开学以来，老师就频繁给男孩父母打电话，几乎都在说他总喜欢招惹同学，动手动脚捏别人的脸，破坏他人的东西，在同学衣服上画画，随口就骂人，课堂上因为睡觉被老师叫起来还会骂老师，老师想要带他去办公室却挨了他一巴掌。

案例三：

海南省海口市某中学初一男生小陈，两次丢纸团都没砸准目标同学，都很巧地砸在了旁边的小吴身上，小吴因此很生气，用鞋子丢小陈，两人拳脚相加一番，好在被同学拉开了。但事情到此并没有结束。后来一天下午，小陈刚走进教室，小吴看了他一眼出去之后，再回来就带了五六个初二的男生，他们一起冲进教室关上门，接着就对小陈一顿群殴，有的拿着扫把打，有的则拿着椅子砸，几分钟之后他们才离开。小陈疼得直哭……

这几个案例中，从小学到初中，每个年龄段的男孩似乎都会在某一时刻产生暴力倾向，具有某种攻击性。这使得我们不得不认清一个事实：男孩可能更容易卷入暴力和犯罪之中。曾有学者将未成年人犯罪列为环境污染、吸毒贩毒之后的"第三大世界公害"。

男孩为什么会有如此高的攻击性呢？

首先，从生理上来看，男孩体内的睾丸激素会促使他变得冲动，随着一路成长，睾丸激素会在他的胎儿期、婴儿期、幼儿期、少年期、青年期等几乎每个人生阶段都会出现高峰期，这个高峰期就会导致他有大量亟须发泄的精力，很容易冲动，从而选择暴力解决问题。

其次，从心理上来看，男孩的攻击倾向很强。很多专家对儿童攻击行为的观察研究都得出结论，男女儿童的攻击行为发生频率有很大差异，男孩的攻击性明显要高于女孩。

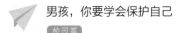
但显然我们不能凭着这些原因就放任这种攻击性，为了让自己远离犯罪，让自己能够和谐地融入周围环境中，我们自己也要减少攻击性。

第一，远离一切与暴力有关的内容。

武侠小说、格斗影视剧、热血动漫、杀人游戏……这些内容中的暴力因素都会成为促使我们产生强烈攻击性的诱因。所以最简单直接的处理应该是远离，在还不能好好控制自己的情绪和冲动时，坚决不看这类内容。

有时间的话，不妨多看看知识类、科学类的内容，通过满足自己正常的好奇心来充实大脑；或者走到户外，多一些正常的游戏和运动，让身体动起来，从而释放精力。也就是让自己的身心都得到放松，以减少接触暴力引导的可能。

第二，学会控制情绪，合理发泄情绪。

有的男孩情绪激动时，要么打人骂人，要么搞破坏，这明显都是暴力表现。要防止出现这样的暴力行为，首先就要学习控制情绪，不要遇事先炸，比如像前文第三个案例中的男孩，只是因为两次被不小心扔了纸团，不仅自己暴力攻击，还带着一群人继续发泄情绪，这就是不能掌控情绪的表现。

我们可以学着深呼吸来平复情绪，平时多接触可以让心灵平静的文字和影视内容，学会控制冲动，比如，当坏情绪上来时，先提醒自己，"我不能冲动"，"深呼吸，1——2——3——"，多做几次，养成自我控制的习惯。

如果遇到了难以忍受的事情，可以选择合理的方式发泄情绪。就像前面提到的正常的游戏、运动，比如滑板、单车、滑旱冰、球类运动、游泳、登山……这些能让全身都动起来的游戏或运动都可以帮助你把精力释放出去，从而让情绪得以平复。

第三，选择合适的倾听者加强沟通。

有时候自己一个人可能没法很好地纾解情绪，如果有倾听者，他就会变成你情绪的倾泻口，帮助你疏通堵在一起的情绪，可能你就没有那么容易因为情绪积压而变得暴力。

我们周围最好的倾听者首选父母，他们了解我们生活中的很多事，而且也一路看着我们成长起来，对我们的心理多少有所了解，所以对着父母倾诉也会让我们更放松。除了父母，学校的心理老师也可以成为我们的倾听者，真的和我们志同道合的朋友也可以。把自己的烦恼倾诉出来，会减少因内心压抑而引发的暴力倾向。

另外，有时候也可以在网络上找一个"树洞"去倾诉，就是要让自己内心积压的乱七八糟的东西有出口可以释放出去，但要注意保护好自己的个人信息，以免被别有用心的人利用。

第五章
Chapter 5

面对校园各种霸凌行为，
勇敢说"不"

　　校园霸凌一直长期存在于校园中，尤其是中小学校园，霸凌现象屡见不鲜，似乎已经成为一种校园"顽疾"。不少的男孩都经历过不同程度的校园霸凌。各种各样的霸凌行为给被霸凌的人带来了严重的身心伤害，有的被霸凌者甚至会付出生命的代价。如果我们遇到、经历了校园霸凌，要勇敢说"不"，学会保护好自己。

霸凌，可能就在身边的某个角落

2020年12月15日晚上，吉林某地一所学校内，学生小纪正在宿舍里休息，忽然有3个人闯进了宿舍，抓住小纪就开始打他，轮番殴打期间，其中一个人还强迫小纪跪在地上，边打边要求他喊"大哥"。

小纪一开始还想反抗，但对方是3个身高体壮的人，他不得不屈从，按照他们说的做。不仅如此，其中一个人又拿出了手机，把殴打的画面也拍了下来，以此作为炫耀的资本。

被打后的小纪觉得又委屈又冤枉，之后便报了警。警方迅速展开调查取证，并找到了3名打人者。在警方询问过程中，小纪表示自己平时也不惹事，不知道为什么就被打还被拍视频，他很是想不通。可是打人的3人却坚持说，是小纪冒犯到了他们中的一人，所以他们才决定打他一顿解恨。

小纪的经历可以算是被欺负，但如果他没有报警，谁也不知道他经历过这一次之后会不会还继续被欺负，若是他人继续变本加厉，小纪的遭遇很可能就会从一次偶然的"被没事找事"日渐转变为被持续霸凌。所以，我们可以给小纪的遭遇归类为"霸凌的开始"。

说到这里，可能有人会问了，什么是霸凌呢？

英文中有一个单词"bully"，做名词时，它的意思是"仗势欺人者，横行霸道者"，而做动词时，它的意思则是"恐吓，伤害，胁迫"。中文的"霸凌"一词，便是英文bullying（bully的现在分词、动名词）的音译，相当于"欺凌"的意思。我们较常所接受的"霸凌"的定义，是由挪威学者Dan Olweus在1970年所定义的，他认为霸凌就是"一个学生长时间并重复地暴露于一个或多个学生主导的负面行为之下"。

从这个定义我们可以看出，霸凌是一种长期且多次发生的事件，表现形式也多种多样，有像小纪经历的这种行为霸凌，还有言语霸凌、社交霸凌、网络霸凌等很多形式，在后面的内容中我们会更详细地了解。

那么现在，我们首先应该明确一点，如果霸凌就存在于身边，我们应该以一种客观的态度来看待它。

第一，你要意识到，霸凌这件事是真实存在的。

通过小纪的经历，我们应该意识到，霸凌这件事，说不准从什么时候、以什么形式开头，你也不知道他人或者自己会因为怎样的原因而陷入霸凌。

可能很多男生都会觉得"我是男生，不应该有人欺负我"，或者干脆就觉得"霸凌这件事离我还很远"，但实际上，小纪的遭遇便是一个最直接的例证，看似小概率，实则一旦发生，对于遭遇霸凌的人来说就变成了"灾难"，所以与其靠着侥幸来度日，还不如先在内心提高警惕，为自己建好防护线，以备不时之需。

霸凌这种行为真实存在于我们生活的任何一个角落，尤其是校园之中，你身边的某个同学可能就隐藏着被霸凌的秘密。只有意识到它的存在，你才可能对它提起警惕，这也是在为你自己建立起自我保护的基础。

第二，透过现象看本质，要了解霸凌为什么会发生。

实际上霸凌并不是近年来才突然冒头的，它一直都存在，只不过之前信息闭塞，人们难以察觉。

校园中的霸凌多半与"不平衡"有关，身高、长相、成绩、某方面的优势、情感发展等，都可能会引发霸凌，甚至有的人随便找个什么由头就可以对某个人展开霸凌。而很多霸凌者本身也存在一些心理问题，亲情的缺失、爱的缺失，不懂情绪控制，性格方面有缺陷……这些原因都会引发他向外释放戾气。

而相反的，被霸凌的人也会因为不敢反抗、不能反抗而成为更"合适"的施暴对象。这样的人自卑、自责，不知道求助，自认倒霉，使得霸凌者越发肆无忌惮。

从某个角度说，霸凌这一行为的长期出现，是霸凌者与被霸凌者之间的"合作"所推动的。

第三，摆正心态，不给自己制造恐慌情绪。

霸凌虽然就在我们身边，但我们却不能因此而变得惶惶不可终日。既要认识到霸凌的存在，也要理性看待霸凌的发生，要学会未雨绸缪，比如提前在心中预想好自己应该怎么做来避免招惹是非，假如不幸遭遇了是非自己又该怎么做，可以向谁求助，试着想好退路。也就是说，要对霸凌这个现象做到心中有数，然后努力做好自己，努力和周围人建立良好的关系，努力提升自己各方面的能力，尤其是身体素质和头脑灵活度，以顺利度过校园生活。

哪些情形属于校园霸凌

2020年12月16日，一段视频在网络上热传。这段视频显示的是江苏淮安涟水县某中学的一次校园霸凌事件：一名13岁左右的男孩被多名男孩辱骂、殴打，男孩被摔倒在地，还多次被甩巴掌扇脸，还有人连续用脚踢踹已经倒在地上的男孩，更有人双脚起跳重重踩向他的腹部。被打的男孩因为受不了而大声痛哭起来，但就在他哭的时候，又有人对着他的后背一连踢了好几脚。

而事件的起因也很荒唐，只因为这个男孩没有向打人的几个孩子交所谓的"保护费"，所以便遭到了殴打。经医院诊断，被打男孩出现左肺下叶挫伤。但据男孩的父母说，他从来没有对家人提过这件事情，只是在洗澡的时候看到了他身上的伤痕，父母多次询问他才讲了实情。也许是因为视频流传出来造成了影响，学校才知道这件事，几名施暴的孩子已经被停课，后续处理还在继续。

因为没交"保护费"，男孩遭到了肆无忌惮的殴打。但实际上，校园霸凌远不止这一种形式，不论哪一种形式，都会给受害者造成不同程度的伤害。

具体来说，以下几种表现形式都可以被归类为校园霸凌：

第一，暴力霸凌。

这是最常见的一种类型，这种表现形式非常明显且容易辨别，有的是直接作用在肉体上的霸凌行为，拳打脚踢、辱骂威胁；有的是对受害者施加各种恶劣行为，如在衣服上洒墨水、泼脏水，用各种物品丢到受害者身上；还有的是把受害者的书包或里面的东西丢进垃圾桶、丢出窗外，弄坏他坐过的课桌椅，在他的书包或桌斗中放垃圾；等等。这些行为表现都是外在的，可以让人通过眼看、耳听就能很明确知道受害者遭遇了霸凌。

第二，流言霸凌。

这类霸凌基本上不靠武力侵犯，但流言蜚语却被称为"看不见的利剑"，这把剑虽然不扎在身上，可却会深深扎进受害者的心里。

流言蜚语类的霸凌，有的是用恶毒的语言进行辱骂、嘲讽，有的是肆意编造谎言进行恶意中伤，还有的是故意在众人中间散播或真或假的消息，这样的霸凌损害了受害者的名誉，相比较于暴力霸凌，它对受害者带来的心理伤害更严重且影响也更久远。

第三，社交霸凌。

人是社会性生物，绝大多数人都必须要身处团体之中才能生存下去并体现人生价值，而社交霸凌的切入点就是将受害者排除在团体之外，将其孤立起来。

比如，在进行集体活动时，煽动各个团体不接纳受害者；需要组队或配对时，借助各种手段引导所有人故意绕开受害者；与流言霸凌相结合，败坏受害者名誉，促使受害者无法融入各个团体；如果谁与受害者建立联系，便对建立联系者进行威胁或者施加同等程度的霸凌；等等。

网络上流行一个名词叫"社会性死亡"，也经常被简称为"社死"，意思是在公众面前出丑，已经丢脸到没脸见人，只想地上有条缝能钻进去的程度，而社交霸凌对受害者造成的伤害，其最终结果往往就是"社会性死亡"。

第四，网络霸凌。

随着科技的飞速发展，网络逐渐联通世界，于是霸凌便从线下发展到了线上。学生也开始使用电脑、手机、网络，建立虚拟社交圈，这也就给网络霸凌提供了"场地"。

网络霸凌是通过网络信息来向霸凌对象进行攻击、威胁、恐吓的方式，有的是把受害者遭受霸凌的录音、录像散布到网络，致使受害者受到二次伤害；有的是对受害者的照片、视频进行二次加工，或是移花接木，或是进行血腥、恐怖的改造；有的则是利用文字、图片、绘画创作等方式来对受害者进行造谣、毁谤；也有的是把受害者的信息进行散播，以使更多的人知晓受害者及发生在他身上的事情；还有人会冒充受害者对一些谣言、传闻进行冒领，以进一步对受害者的名誉产生侵害；更有的人不仅会骚扰受害者，对受害者周围的亲人、朋友也一并进行骚扰，出现"连坐"现象，对所有与受害人有关的人也一并进行霸凌。

网络霸凌可以被看成是传统霸凌的"电子版"，同时又是流言霸凌和社交霸凌的"合体升级版"，其所造成的伤害可能会是前几种霸凌的数倍。网络霸凌所形成的"社会性死亡"程度更甚，因为很多网友会受到不良信息的蛊惑，往往并不认识当事人，只凭只言片语便跟着起哄、咒骂，不只是对受害者造成巨大伤害，更会在社会上形成恶劣影响，这种"公开处刑"的霸凌方式也是导致诸多受害者抑郁甚至结束生命的最主要原因。

被霸凌，其实并不是你的错

有人在网络上匿名讲述了自己的经历：

我并不是坏孩子，就是胆小怕事、性格软弱，以前上学的时候总是被人欺负，被人说坏话、被挤兑，但每次都顶多和人争吵两句，并不敢把事情闹大，人家一横起来我就怂了，就觉得自己挺弱的，总觉得别人会看不起我、嘲笑我、欺负我。我很害怕别人提起我受欺负、被排挤这件事，就怕看见别人围着说悄悄话，更怕有人会笑我是孬种。

后来毕业了，本来已经慢慢地从之前被欺负的阴影中走出来了，可是有一次又碰到了之前曾经欺负过我的人。那人看我的眼神依然和过去一模一样，还是对我冷嘲热讽，我当时就逃跑了。

现在我也有了新朋友，可和新朋友在一起的时候我总是小心翼翼的，不论说什么都没有自信，也怕他们会问我以前的事，更不愿意从自己口中说起以前的自己，生怕他们看不起我。而这次和以前欺负过我的人相遇，也让我又一次回忆起了从前，又想起了曾经懦弱的自己。

被霸凌的人原本是受害者，可是有很多受害者和这位匿名讲述者一样，反而觉得被霸凌的自己有了莫大的过错，自己的经历不可说、不能为人说、不能为人知，就像是个人生禁忌。而这种认为自己有错的想法，也成为很多受害者内心的枷锁和包袱。

日本推理小说作家东野圭吾的小说《恶意》中有一句话说："就好像某天突然被贴上恶魔的符咒一样，校园霸凌事件就这么开始了。"而对于校园霸凌受害者来说，就好像某天突然被贴上了"罪人"的标签一样，这标签如此醒目，令自己如此无地自容。

2014年，英国国家儿童发展机构对7771名童年遭受霸凌的孩子进行了长达50年的追踪，结果发现，那些经常被霸凌的孩子在45岁时会有更大的抑郁、焦虑和自杀风险。该研究证明，霸凌行为对孩子的伤害不仅十分严重，而且很可能会持续一生，哪怕经历再久的时间都无法抚平心中的伤痛。

2015年11月，在第三届青少年社会工作理论与实践研讨会中，中华女子学院发布了《初中生校园欺凌现象研究》，这份调查研究中的数据显示，遭遇欺凌后，有48.9%的学生不曾选择求助，在这群选择不求助的学生中，又有52.6%的人给出的主要原因就是"怕丢脸面，在同学中抬不起头"。

美国社会心理学家乔治·赫伯特·米德认为，一个人的行为意义由他人来决定，也就是个体的自我意识在很大程度上取决于他人的看法。这也可以被看成很多人都把被霸凌的过错归咎在了自己身上的原因，而不得不说，这种归因方式也在无形中提升了自己继续受到霸凌或者遭受新的霸凌的概率。

遭受校园霸凌的人都是受害者，我们不能让自己陷入"受害者有错论"之中无法自拔。而是要意识到，"被霸凌，并不是我的错"。

所以，我们不妨从以下几点来纠正自己的认知：

第一，可以有缺点，但不要频繁自责。

从心理学上来看，拥有健康自我意识的人，可以实现自尊自爱，为人善良积极，不会自我膨胀，也不会自我轻贱。我们应该建立良好的自我意识，也就是对自己的存在状态要有良好的认知。

人人都有缺点，但有缺点也无须自责的，我们需要做的是不断发现自己、认识自己并完善自己。可能那些霸凌者所说的内容的确是真的，我们也的确有这样那样的问题，但这并不是"错"，更何况，他们的霸凌行为才是错，我们不要因为他们表现得盛气凌人也跟着混淆了对错，更不需要自责。

正确的做法是，正视自己，将注意力放在自己身上，而不是别人的说法上，有缺点就寻求相应的方法去弥补，或是找老师，或是和父母谈谈，或是向真正优秀的榜样学习，尽自己的努力来尽快弥补缺点，用实际行动来"堵"住旁人的嘴，改变旁人对我们的看法。

另外，我们还应该努力让自己变得强大起来，让他人无法忽视我们，不能轻视我们，从而不会轻易动"欺负"我们的心思，这就需要我们更加努力地去完善自我，通过锻炼身体、磨炼意志、培养好习惯来改变过去的颓势，同时提升包括学习、生活、与人交往等在内的各方面能力。随着我们各方面能力的提高，被霸凌的概率自然会变小。

总之，希望经历过被霸凌的同学，可以不再责怪自己，要相信自己没有那么差劲，尽量多看看自己的优点，以积极正向的态度来面对自己的未来。

第二，可以不惹事，但也要不怕事。

被霸凌的人有时候会觉得"是不是我闯了祸"，这种想法明显是把被霸凌的原因归结为自己出了问题。这种想法应该纠正过来，绝大多数被霸凌的人并没有做错任何事，且也不是能惹事的人。

我们可以继续延续"不惹事"这一做法，但若是因为任何原因麻烦找到了我们头上，也应该"不怕事"。要尽快明白事情的发生是一个怎样的过程，尽量在第一时间去寻求解决方法，如果能自己解决的就要坚定一些，自己去努力一下；如果感觉自己暂时做不到，也要立刻向父母、老师寻求帮助，总之就是不要害怕事情的发生，先想办法解决才是最关键的。

第三，可以与同学友好相处，但不要事事顺从。

每个人都是有个性的，在与同学相处时应该保持彼此平等的关系，通过交流、付出来建立并维系友谊。但有的人会表现为"有求必应"，认为只有这样才能和同学友好相处，这样就很容易变得弱势，并被别有用心的人钻空子，真正的友好相处应该是彼此尊重，而不是"一方强势，一方赔笑"。

我们应该建立自己的底线，并在外人面前明确自己的底线，也就是让众人知道你是有原则的。对于一些明显欺负的行为，比如无理由要求你跑腿、使唤你等行为，你可以在第一次时就表现出反对来，强硬的态度会让人知道你并不是可以被随意愚弄的对象。

当然，这种强硬态度也要灵活一些，要学会审时度势，不能一味强硬，如果遇到那种极度蛮横的人，适度"顺从"先保全自己，然后再想别的合理方法让自己脱身。

不能以暴制暴地去应对校园霸凌

2019年9月16日，广西壮族自治区都安县一所中学发生了一件令人惊恐的事情，九年级学生小轩将八年级学生小韦从教学楼四楼扔了下去。

小韦在班里是小霸王，经常欺负人。而小轩则是班里的好学生，乐于助人，与同学相处融洽。不知道什么原因，小韦经常带着一帮人堵住小轩并挑衅他。小轩曾经对小韦说，谁再惹我我就把谁扔下楼，但小韦却不以为然。这一次，小轩终于忍无可忍，将小韦举起来从四楼走廊丢了下去。

小韦很快被送往医院，这一扔导致他全身多处骨折、脏器严重受损，被送进重症监护室救治。好在小韦最终神志清醒，可是小轩却因为这一事件而被刑事拘留。

总是欺负人的人，原本应该是要受到教育的，但他却最终成了受害者；而经常被欺负的人，却因为冲冠一怒做出了冲动举动，反倒成了犯罪嫌疑人。小轩面对欺负，选择了"以暴制暴"，可是这结局却不能不令人唏嘘。

美国有一部名为《大象》的电影，讲述的就是两名男生因为长期在学校受到欺负，后来偶然在互联网上买到了枪支，他们便回到学校进行枪击扫射，导致数人死亡，最终两人也以自杀"谢幕"。这部片子展示了"以暴制暴"可能造成的一种摧毁性的、惨烈的后果——血的代价。

被霸凌会让人难以忍受，男孩本就会受到体内激素的影响产生攻击性，因此会很容易出现"被欺负了就欺负回去"的想法。但是以暴制暴最终换来了什么呢？案例中的乖学生，最终还是因为自己的"以暴制暴"而受到了法律的制裁，由受害者变成了加害者。

这足以引起我们的反思。面对校园霸凌，我们的确有保护自身安全的需求，但同时，我们也要为自己日后尽量长久的安全考虑周全，不要为了一时的"冲动"而选择以暴制暴，其实还有其他更合理的方法可以选择。

不妨试试下面这些步骤：

第一步，在被霸凌的情况下，学会自保与自救。

在被霸凌的过程中，我们可能会遭遇身体和内心的伤害。在遭受身体伤害时，要护住头、胸部、腹部、下体等重要部位，蜷缩好身体，尽最大可能降低伤害；而对于内心伤害，可以选择不听、不看，也许做不到完全不理会，但也要给自己打气，不要放弃自己。

如果觉得难以忍受，也可以找个地方发泄，比如寻找一个安静的、安全的地方，大声喊叫一下，找些柔软的东西捶打几下，让内心的郁闷发泄出来。

第二步，寻求合适的帮助者，正当求助。

面对被霸凌，求助是最好的方法。我们要寻找合适的可提供帮助的人，老师和父母是离我们最近也最合适的帮助者，当然如果遇到紧急情况，我们也可以直接选择报警，警方的帮助会更有权威性。

而关于校园霸凌，国家已经开始出手进行治理。早在2016年，教育部就已经联合多个部委印发了《关于防治中小学生欺凌和暴力的指导意见》，其中强调，"对实施欺凌和暴力的中小学生必须依法依规采取适当的矫治措施予以教育惩戒，对屡教不改、多次实施欺凌和暴力的学生，应登记在案并将其表现记入学生综合素质评价，必要时转入专门学校就读。对构成违法犯罪的学生，根据有关法律法规予以处置，区别不同情况，责令家长或者监护人严加管教，必要时可由政府收容教养，或者给予相应的行政、刑事处罚，特别是对犯罪性质和情节恶劣、手段残忍、后果严重的，必须坚决依法惩处"。

反霸凌有了法律可依据，只要求助得当，我们就能得到国家法律的支持，更快、更有权威地解决这一问题。

第三步，摆正自己的形象，不卑不亢。

有的被霸凌者在霸凌这件事过去之后，会表现得非常委屈，变成"你们都欠我"的样子；而有的被霸凌者，则可能因为霸凌者被处理，而突然有了"翻身做主人"的感觉，反倒显得豪横起来。

这都是不合适的，这两种表现都很极端，其实却也恰恰反映出被霸凌者内心的不安，前者是在博同情，后者则是在自我安慰。

正确的做法应该是：让自己的内心有所成长，把这段经历当成是一段过去的苦难。苦难无法抹去，它必定会成为记忆，也必定是内心的一道伤口，但它终究是过去时，我们眼下、未来还有更长的路要走，与其在过去中难过痛苦，不如学着包扎伤口，然后负重前行，投入不断的自我提升之中，让生活逐渐恢复平静。

即使落了把柄，也不任其摆布

在某网站问答板块页面上，有这样两个关于被霸凌的所谓"把柄"问题：

第一个提问者说："我遭遇了校园霸凌，但是自己有把柄落在对方的手上，而且这个把柄分量很重，如果他们说出去了，我可能就被学校劝退了。他们握着我的把柄，整日随意欺负我，我不能反抗也不敢反抗，而他们也已经不把我当一个人来看了，越发肆无忌惮。我就想知道我到底该怎么摆脱这种局面？"

第二个提问者说："有一次考试，我无意间看见对面班级有人作弊，而作弊那个人也知道我看见他了。考完试之后他就威胁我说，如果我敢说出去他就找人打我。结果从那以后，我好像就成了被他欺负的对象，可我不敢反抗，因为看他经常和混社会的人在一起。我也说了不会说出去，可是他好像一直都把我看得死死的。"

从这两个提问来看，虽然都有"把柄"，但性质却有明显不同，第一个人是自己做了错事，被人发现了，这件错事成了把柄，自己受尽威胁；第二个人则是别人做了错事被自己看见了，结果这件事反倒成了自己的把柄，并因此被欺负。可见不论是怎样的把柄，只要被抓住，似乎都不会有好结果。

但本身抓别人把柄的行为就并不算道德，若再因为把柄而欺负人，当然就更是不道德的行为了。所以从原则上来讲，被抓把柄的人也可以算是受害者，反倒应该强硬一些，不要轻易就受他人的摆布。

具体来说我们可以试试这样做：

第一，不要把"把柄"看得过于重要。

从案例中也可以看得出来，把柄无非两种：一种是自己的问题，另一种是你知晓了别人的问题。如果你把"把柄"看得过于重要，那么你就会被这个把柄所拖累；若是你能放平心态，不过分看重它，那么你也就不会受它困扰。

换个角度来想想，如果是自己的问题，那就应该想办法去解决自己的问题，不论是犯了错误还是有缺点，找原因、想方法，改正错误、弥补缺点就好。可能也有人像第一个案例中的人想的，"我的问题很严重"，但这并不是说你藏起来不让人知道这个问题就不存在了，与其想办法遮掩，还不如暴露出来尽早解决，这样也能减少被抓到把柄的情况再出现；如果是对方的问题，如果你不能妥善处理，建议去找更权威的人来帮忙解决，不要自己一人承担，否则很容易出更大的问题。

第二，学会忍耐，不因惊慌失措而被摆布。

很多被霸凌者之所以被人摆布，可能都源于在被抓住把柄那一刻的惊慌。慌乱造成了大脑一时间"短路"，不知道要怎么反应，也就只能被对方牵着鼻子走了。

其实我们可以这样来想，当自己的秘密被发现时，不过是"提前天亮了"而已，如果说我们把秘密放在内心深处让它一直处在"天黑"的状态，这不过是一种自我安慰，现在被发现了，那就干脆"天亮"好了。

这种心态一出，我们应该就不会感觉太过紧张了。此时就可以忍耐下来，不因为自己的秘密被发现而变得惊慌，而是可以稍微平静一下，至少能够去思考，可以"抵挡"对方发出来的威胁话语，也可以思考怎么样去保证自己的利益不会损失太大。

第三，将情况如实反映给老师和父母，并表明自己的态度。

说到底，我们还是要依靠老师、父母这样的"靠山"，他们毕竟是成年人，会有比我们更周全的思考，也会有更深层次的考量。尤其是这种涉及"把柄"的问题，不要害怕自己的错误被他们知道。毫不夸张地说，他们可能是这个世界上为数不多的不会因为你的错误而弃你于不顾的人了，所以趁此机会去解决"把柄"问题也是个好时机。

同时，你还要表明自己的态度，你是妥协了，还是反抗了；妥协了换来了什么，反抗了又换来了什么。你要明明白白地讲清楚自己当下的情况，才更方便老师和父母来判断事态到底发展到了一个怎样的程度，才更有利于后续的操作。

面对霸凌，不做"无辜"的旁观者

2017年11月初，一段视频在网络上引发了众人的关注。

视频内容显示：在某学校男生宿舍中，一名短发蓝衣黑裤的少年正被多名学生围住，强迫喝一瓶饮料。在整个过程中，有几名男生不停哄笑，同时对这名少年不时踢打责骂。少年也在认错求饶，并躲闪他们的踢打，但包围他的几名同学却依旧大笑责骂，并夹杂着踢打。周围的其他学生也跟着哄笑，最后少年不得不蜷缩到墙边，低头捂脸哭了起来。

很快，这则视频内容被确认发生在江苏省启东市的一所学校，正是围观者拍摄了这段内容。而其原因本是同学之间发生的琐事，却因为几名学生不理智的冲动行为变成了一起霸凌事件，对学生和学校都带来了不好的影响。

被霸凌本就是难过的事，但更让被霸凌者难过的是围观人群的态度，他们不仅没有上前阻止，反而还一起哄笑，并以"欣赏"的态度来看待这场霸凌，甚至拍下视频，将其传播到网络上供众人观看。这种围观行为的恶劣程度几乎与霸凌行为相差无几。

霸凌事件，很多都是被网络视频曝光的，网络上的围观者满是愤怒的声音，可现实的围观者却要么沉默、要么嬉笑，令人唏嘘。要明白，对霸凌事件的围观，其实在某种程度上意味着围观者也变成了霸凌者。

霸凌者分为两种类型，其一是主动型，也就是那些主动实施霸凌行为的人；其二则是被动型，也就是对主动实施霸凌的人予以协助、附和，或者是对受害者嘲笑、无视的人。

而被动型的霸凌者有一些是因为自己懦弱，本身就不敢反抗；有一些是看热闹不嫌事大，煽风点火只为自己开心；有一些则是羡慕"强大"，想要通过支持霸凌者来获得保护；也有一些是内心潜意识也想霸凌，但又不敢真的实施；当然还有一些是纯粹置身事外、纯粹冷漠的人。

但不论哪一种，其实都给受害者施加了伤害，不论是其目光还是其笑声，与施暴者打在身上的疼痛一样，都令受害者感到痛苦。

在互联网时代，线上的围观也成了另一类不可忽视的群体，线上围观者的以偏概全、光速传播或者是胡编乱造，又增加了受害者所受伤害的广度和深度。

可以这样说，围观群体的态度和行为，其实是可以影响霸凌事件的氛围发展与最终走向的，如果围观者冷漠，那么受害者所受伤害更深；但相反的，若是围观者能正义而为，也许事件走向就会变得乐观起来。

所以，不要做围观者，不要成为霸凌的帮凶。

第一，凡确定是霸凌事件，就可以理直气壮去"告状"。

2020年12月26日，《刑法修正案（十一）》通过，法定最低刑事责任年龄降至12周岁，已满12周岁不满14周岁的人，犯故意杀人、故意伤害罪，致人死亡或者以特别残忍手段致人重伤造成严重残疾，情节恶劣，经最高人民检察院核准追诉的，应当负刑事责任。该修正案于2021年3月1日施行。

2021年1月1日起施行的《中华人民共和国民法典》明确规定，"任何组织或者个人不得以侮辱、诽谤等方式侵害他人的名誉权"；"任何组织或者个人需要获取他人个人信息的，应当依法取得并确保信息安全，不得非法收集、使用、加工、传输他人个人信息"。

有了法律的约束，看见霸凌事件而又能确定其性质或者亲身经历霸凌事件时，我们就可以理直气壮地诉诸正当途径。霸凌所带来的伤害，不是私下和解就能解决的，对于这种事件越是公正透明地处理，越能让受害者内心感觉受到支持。像那些让受害者"社会性死亡"的做法，在法律面前是站不住脚的。

我们也要相信法律，相信"邪不压正"，当人人都以正义来谴责不义时，那么这些霸凌事件也就没有了可立足之地，自然会得到遏制。

第二，最好不要"单打独斗"，务必要求助合适的力量。

有的男孩想要给被霸凌者提供帮助，就自己直接冲上去施以援手，但是霸凌者人多势众，可能这种"单打独斗"是无效的。

所以，要帮助被霸凌者，我们不仅要发挥自己男子汉的勇气、能力，更要调动智慧，最好能召集到更多的人，比如可以去找老师、找保安，召集路过的热心人，或者与同伴、朋友们一起上前阻止霸凌继续。毕竟人多力量大，当我们的人数与霸凌者相当甚至是超过他们时，这种威慑的力量也会促使他们放弃不正当的行为。

人多的情况下还有另一个好处，就是因为人多，霸凌者便不容易"锁定"目标，本身霸凌行为其实也并不正义，看见被多人反对时，他们多半也会心虚逃走，至于说谁来制止也就顾不上注意，这对我们也是一种间接的自我保护，避免招惹上不必要的麻烦。

第三，不要放弃自己的良心，与人为善，与己为善。

不论你以什么原因而选择做了围观者，最好都反思一下自己，你内心是否还有良善存在。大自然的生存法则其实也遵循因果，"积善之家必有余庆，积不善之家必有余殃"，"勿以善小而不为，勿以恶小而为之"，这些古训我们理应牢记。今日你伸手帮的一个小忙，也许日后会成为帮你摆脱重大危机的关键所在。

所以，我们还是应该提升自己的德行，记得"与人为善，与己为善"，"赠人玫瑰，手有余香"，很多举手之劳也是在为自己的未来而打下光明的基础。

如何避免遭遇校园霸凌

> 2019年4月23日中午，甘肃省陇西县某中学初二学生小凯上学路上被同校的几个人围堵到了学校后面的巷子里，他们认为小凯最近"皮犟得很"，所以要"教育"一下他。
>
> 其中一个人问小凯有没有拿另一个人的耳机，小凯表示"没有"之后，一人的拳头直接落在了小凯的太阳穴位置，接着就是对他持续的殴打。
>
> 直到快上课时，殴打才结束。小凯很快出现了呕吐、头晕的症状，老师赶紧带他去了医院，但最终抢救无效。经法医鉴定，小凯系颅脑严重损伤而死亡，年仅14岁。

只是因为被认为"皮犟得很"，只是因为莫须有的"是不是拿了别人的耳机"，一个14岁的男孩就被殴打致死。

小凯的经历堪称"无妄之灾"，霸凌者只是看谁"不顺眼"就直接动手，好像拥有对人随意处置的权利。那么面对校园霸凌，我们是真的避无可避吗？面对突如其来的殴打以及各种方式的侮辱，我们只能默默忍受吗？当然不是。

虽然并不提倡以暴制暴地反抗，但我们却要学会自保，以避开校园霸凌。

可以从这样几个方面来入手：

第一，努力做好自己。

要通过持续不断的努力，让自己展现出一种"强大"的状态，让周围人意识到"这个人是不可侵犯"的。而要实现这一点，我们需要"内外兼修"。

内在表现，是指认真学习。多读书、读好书，积极参与各种校内外公益活动，提升做人、做事、学习、交往等各方面的能力，培养良好的德行，多接触积极正向的事物，养成良好的个人习惯。这是支撑我们整个人越变越好的核心动力。

外在表现，指拥有强健的体魄。多加锻炼，让自己拥有健康的身体、挺拔的身姿，显得有力量、有精神；保持衣物整洁，说话做事诚信稳重，与人和善且有原则，尊重他人、乐于助人，遇事有态度，讲原则，不轻易妥协。外在良好的表现会让周围的人敬重你。

另外，要努力成为一个独立的人，不要依附任何人，也不要盲目成为任何人的依赖。能独立解决问题，也能给人以帮助，同时也会合理求助，不骄不馁，不卑不亢，这些表现是你在群体中可以立足的重要保障。

第二，结交合适的朋友。

最容易被霸凌者找上的人就是"孤独"的人，因为这样的人很容易下手。相反，若是一个人拥有众多很好的朋友，或者人缘非常好，就不容易被盯上。所以，我们应该提升社交能力，结交合适的朋友，让自己融入集体，减少因为落单而遭受霸凌的机会。

要结交朋友，我们自己先要给人留一个好印象，与周围人和谐相处，表现出自信、乐观、友好来，对他人尊重有加，有分寸，有原则，在他人需要时能伸出援手，有男子汉的包容豁达、勇敢坚定，这些都会让人产生愿意亲近的想法。

另外也要选择合适的朋友，尽量选择与自己志同道合的益友，这样的朋友可以与我们在生活和学习上互帮互助，要远离那些虚伪、带你做坏事的损友。

第三，巧妙躲避和化解风险。

要实现前面讲的两点内容可能需要一定的时间，在我们不断塑造更好的自己的过程中，也要学习一些可帮我们及时躲开霸凌的方法。

一是远离可能发生霸凌事件的地方。像是卫生间、器材室这样的地方，快去快回，若是能结伴而行最好，还有就是校园中一些监控拍不到的地方，角落里、背阴处、幽暗地，最好不去，以免给自己找麻烦。

二是牢记"走为上策"，有些同学一看就来者不善，那就赶紧远离，没必要非得"正面遭遇"，遇到自己单枪匹马面对霸凌事件时，能跑先跑，到达暂时的安全之地后再想办法或求助。

三是行事光明磊落，养成及时整理记录的好习惯，不给他人落下造谣的把柄。

　　四是有时间的话积极锻炼身体，可以去学习一些防身招数，以备不时之需。

　　躲避校园霸凌不是向"恶势力"妥协，如果人人都能做好自己，那么这些想要霸凌他人的人也就无计可施。我们这样做是因为"防人之心不可无"，而只有能够更好地保护好自己，才可能有余力去给被霸凌的人以力所能及的帮助。

再"强大"，也不要做霸凌者

案例一：

2019年11月23日，江西省鄱阳县某中学"出名"了。对当地人而言，这所学校隔三岔五曝光出来的"校园霸凌"事件已经让他们有些麻木了。据了解，那几天，当地人朋友圈疯传三段视频，均来自该中学，每一段都让人愤怒不已！

第一段视频：在校园内，一群人（男学生）在扇一名男孩嘴巴，男孩不敢反抗只能默默受着。可那群人并未良心发现放过他，反而是越打越开心，甚至开始点烟庆祝，最后还有人直接把男孩踹倒在地。

第二段视频：霸凌发生在一间教室里，一群人将一名男孩挤到教室角落，随后将他团团围住进行殴打，男孩吓得直往墙角缩，但也没躲得过这场暴揍。

第三段视频：这次霸凌发生在宿舍里，一名男孩被两名男学生按在地上，随后二人合力一边殴打一边脱掉男孩裤子，随后对准男孩隐私部位狠踢！男孩扛不住了，疼得整个身子蜷缩在地上，那两名男学生又狠狠地踢他的屁股。

2019年11月24日下午，该中学发布通报称，校方无力处置这些霸凌事件的实施者，他们多数是因"保学控辍"工作需要而由学校"劝返"回校就读的学生，他们并非因贫辍学，多为厌学的学生，少数为品行不端、严重违纪的学生。霸凌事件发生后，虽然学校加强监管，也报过警，但打架、偷盗、敲诈、暴力霸凌等事件依然经常发生。

更令人震惊的是，这帮坏学生不仅霸凌同学，还公然威胁老师，疯狂拿铁棍强闯校园，并嚣张地将暴力视频传播。学校实在没办法，不得已通过媒体继续曝光此事，并希望政府、司法机构等部门重视此事，严惩霸凌者，依法维护校园稳定。

案例二：

有一个男孩，因为身材一直比同龄人要矮小，所以他总是受到周围同学的嘲笑和辱骂，有一些更过分的同学还时不时地找茬扇他耳光，打他的头或者掐他的脖子。

这种情况从小学一直延续到了初中，随着年龄增长，那群欺负男孩的人手段也变多了，变得更令人难以忍受。男孩被欺负得狠了也向老师去求助，但是老师出于综合考虑，只能对参与欺负他的同学进行口头批评而没有更有效的制止方式。结果，因为"告老师"，男孩遭受了这群同学更大的反击与报复，他被揍得更狠了。

已经16岁的男孩，实在退无可退、忍无可忍，抄起弹簧刀，杀死了霸凌他的人。结果这个被霸凌了长达7年之久的"受害者"，反倒因为杀人，而被判入狱10年。

案例一中，无论那些霸凌者多么"强大"，无论学校再怎么"无力解决"，相信这都是暂时的，因为他们再"强大"也不会"强"过法律，这些霸凌者终将受到法律的严惩（目前法定最低刑责年龄已降至12周岁）。在法律面前，没有特殊公民，任何人都不享有超越法律之上的特权。

案例二中的男孩在经历了7年的痛苦和绝望后，又将因为自己的冲动而度过漫长的10年的"铁窗生活"。想想看，自诩强大的霸凌者，只是一己私欲，唤醒了被霸凌者内心的"猛兽"。一场霸凌，最终两败俱伤，霸凌者失去了性命，被霸凌者失去了自由。

我们可以用"因果关系"来解释这类事件，如果之前曾种下一个不好的因，未来就会经受由这个因而引发的不好的果。虽然我们唏嘘被霸凌者"以暴制暴"的不合适，但同时也要意识到，哪怕再强大的人，只要成为霸凌者，其后果一定不会好——被霸凌者因反抗而"反杀"，或霸凌者被法律严惩。

英国布鲁内尔大学教育专家伊恩·里弗斯（Ian Rivers）在对霸凌心理学研究中发现，很多霸凌者因为对自身不够满意，对自己的不足之处其实相当敏感，便想要通过对自己眼中的"弱势者"进行霸凌来让自己感到舒服。所以，从某种角度来说，霸凌者其实也是在对自我进行强烈的否定与逃避，是一种反向角度的受害者，既是唾弃自我的人，也是被潜在危险盯上的人。

所以, 我们若是承认自身的"强大", 就要好好利用这份"强大", 而不要将其应用到不合理的地方, 更不要变成霸凌者。

第一, 正视自己, 建立自身的安全感。

有些人因为自身缺乏安全感, 总觉得他人有意在和自己过不去, 所以会选择欺负人来寻找存在感。这种不安全感与内心不够强大有关, 但这样的证明是虚幻的, 霸凌他人让自己陷入错误之中, 而被霸凌的人一旦反抗也会对霸凌者形成"反杀", 所以并不划算。

正确的做法是: 我们要正视自己, 不要害怕自己有问题、有缺点, 让自己有安全感的第一要素, 就是努力完善自己, 改变自己总比强迫别人改变要容易得多。所以, 有时间去挑别人的刺, 还不如把时间还给自己, 多读书、多学习, 挖掘一些积极健康的兴趣爱好, 多运动, 多结交朋友, 让自己的生活充实起来, 赋予自己更强的安全感。

第二, 要看到霸凌事件对霸凌者同样也有伤害。

在霸凌事件中, 人们更关注被霸凌的人受到的伤害, 殊不知, 这对霸凌者来说也是一个悲剧。

曾有行为实验表明, 霸凌者从霸凌行为中并不会获益, 相反, 他却会因为霸凌过程中体会到的强烈的愤怒、羞愧、罪恶感增加而患上抑郁、焦虑性情绪障碍的风险。不仅如此，年少时就有霸凌行为的人，在成年后参与到暴力事件、酗酒、吸毒以及犯罪的概率会更大。

而实际上，霸凌行为与犯罪其实也不过就是一念之间，说得直白一些，但凡霸凌行为暴力一些，导致受害者身心受伤乃至于失去生命，那么霸凌行为就会瞬间成为犯罪行为。

我们应该看到这些危害，并明白它可能会给自己带来的不良后果，多为自己的人生思考一下，帮自己摆脱可能存在的"霸凌他人"的念头。

第三，用合理的方式来证明自己。

霸凌者欺负他人时除了感觉自己的强大，更希望他人能承认自己的强大。但是这样的"强大"相当于是抢来的，并非由他人心甘情愿地承认。

要证明自己强大还有很多别的渠道，只有通过正常渠道表现的强大，为他人所感受到的正向的强大，才是真的强大。比如，你有很强的学习能力，有很强的业务能力；在他人需要的时候，你能及时给出有效的帮助；不论遇到什么问题你都能冷静，且可以自我思考，不会慌乱和推卸责任；等等。

这样的强大就如亮光，会吸引人去看、去接近，想要真的闪耀，还是要回归到对自我的完善上来。所以，要证明自己需得先磨炼自己，这样的强大也会让你越来越有自信。

第六章
Chapter 6

坏朋友是个"坑"，
不要被他们骗惨了

　　随着年龄的增长，与人交往会在我们的生活中占据越来越重要的位置。"近朱者赤，近墨者黑"，交朋友也是门学问，交益友，我们会和他们一起进步；交损友，我们就会与他们一起退步。要知道，一个坏朋友对人的负面影响是三个好朋友的正面影响都弥补不过来的，因为坏朋友就是个"坑"，一不小心就会被他们骗惨。所以，务必小心小心再小心。

有个坏朋友，对男孩影响有多大

有人在网上问了这样一个问题：

我是一个15岁男孩，初一刚进学校时，为了合群就结交了一大帮朋友，什么样的朋友都有。结果初一一整年加上初二上半年，我都跟着朋友一起逃课，一起去酒吧瞎玩。

直到初二下学期，我觉得总这样不行，就下定决心要好好学习，不再让父母失望。但是我发现现实和我想的一点都不一样，我上课认真听讲了，回家却不知道怎么做作业，感觉听不懂，想要认真也无从下手，就拿写作文来说，我自己说话都结结巴巴，更别提写文章了。

我就只是和朋友瞎混了一年，难道就再也跟不上学习了吗？

虽然很难说这位求助的同学到底是因为什么而跟不上学习，但不可否认的是，他跟着坏朋友过惯了懒散颓废的生活，一下子恢复到认认真真的学习状态的确很难。而且，初中一年级是初中学习打基础的时间，而后续的学习进度也的确非常快，基础没有打好，再继续学习当然就很吃力了，从这个角度来说，他是被坏朋友耽误了。

而且，一个人如果不能识别朋友的性质，不小心交到了坏朋友，受到的影响也许还不只是学习方面，整个人在很多方面可能都将出各种问题。

结交了坏朋友，将会对一个人产生如下影响：

第一，会改变你的好习惯。

一般正常的家庭都会帮助孩子养成较为正常的生活习惯，在老师的帮助下也会为养成良好的学习习惯。但父母和老师所做的努力而却都抵不过"坏朋友"的影响。

比如，你原来是有回家先写作业然后再做其他事情的好习惯的，但当周围有朋友告诉你："写什么作业，回家先玩，作业想写再写，想不起来第二天就跟老师说'忘了'，你看我，经常这么干，老师不也没说啥。"这时，你会从他轻松的表情和所描述的这种"轻松的状态"中心生羡慕，会认为，"怎么他就能这么干？"也会好奇，"这样真的很轻松吗？"接着你就会想要尝试，而只要经历过一次，你的好习惯也许就会难以为继。

不仅如此，很多你还没有养成的好习惯，也会因为接触了坏朋友而再也没有机会去养成，因为坏朋友会让你直接接触到坏习惯。

第二，让你变得是非不分。

坏朋友会有很多"自以为是"的错误观点，这些并不正确，只是他们自认为"合理"的歪理邪说。尤其是未成年的男孩，本身就处在建立和巩固规则秩序的关键阶段，若是此时接触到了坏朋友，那就很容易变得是非不分。

同时，坏朋友还会教你学会如何掩饰错误，你将从他们那里学到如何说谎，如何造假，如何栽赃，如何逃避责任……当然也会有如何包庇，如何体现江湖哥们儿义气……就这样，你最基本的做人底线会被一点一点地降低，甚至于游走在犯罪的边缘。

第三，让你变得浑身戾气。

因为坏习惯、无原则，坏朋友本身在行为上就会变得很具有攻击性，稍有不顺心便对周围看不顺眼的人非打即骂，这种戾气颇具有传染性，若是你和这样的朋友走得太近，你自身也会沾染上戾气，变得暴躁，容易乱发脾气，甚至还会出现一些过激行为。

"没有规矩，不成方圆"，为了让自己变得更好，我们都在学着约束自我。但坏朋友却并不会对自我有任何约束，他们用一种看似很让自己舒服的自由来向你展示，"我这样才是最快乐的"。而实际上，这也相当于坏朋友对你思想上的一种浸染，很多坏朋友自己也知道自己的做法是不为人所接受的，可他已经养成了习惯，也会很乐意看到一个本来表现还不错的人受到他的负面影响，甚至很希望看到好学生被他从高高的地方拉低到与他齐平的样子。

如果你不能识别坏朋友的心思，只顾着去体验所谓的

"不一样的新鲜"，只顾着去体会坏朋友口中的快乐，那么你很快就会与他们没有任何区别。

所以，远离坏朋友对我们非常重要，交朋友并不是在凑人数，也要宁缺毋滥，不要为了让自己显得合群就放弃原则底线。

千万不要中了"哥们儿义气"的流毒

2015年5月6日晚，海南省昌江县某学校高中一年级学生小李得知自己有一个朋友小王被人无故殴打，瞬间热血上涌，决定要为自己的好哥们儿报仇。

小李先是联系了朋友小陈，又去另一个朋友家拿了10余把砍刀，在与小陈和其他被叫来的朋友集合后，他们一起找到了殴打小王的人。接着，小李和一大帮朋友拿着砍刀就冲了上去，一顿乱砍，把对方砍得遍体鳞伤，随后一群人迅速逃走。

然而法网恢恢，小李一伙人还是被抓了回来，因为致一人轻伤，小李的行为已构成故意伤害罪，因其尚属未成年人，依法从轻处罚，最终被判处有期徒刑7个月，缓刑1年。

小李为了哥们儿义气，不仅伤人，自己还被判刑，可见这哥们儿义气的确"有毒"。这里要再说几句，2020年12月26日《中华人民共和国刑法修正案（十一）》通过，法定最低刑事责任年龄已从14周岁降至12周岁，所以千万不要再不计后果地作恶了。

其实，哥们儿义气并不是我们所理解的那种简单的"为了好兄弟而伸手帮忙"，哥们儿义气往往都是从维护小团体的利益出发的，只对自己小团体内部的人讲所谓的"感情"，但对他人、对其他团体的利益毫不在意，动不动就是"复仇"，最终结果只能是害人又害己。而且哥们儿义气有时候就像狗皮膏药，有的人已经意识到这样是不对的，但不好驳所谓"哥们儿"的面子，更重要的是这样的小团体对于"背叛者"会有严重的报复心理，所以，也就不得不继续待在团体中难以脱身。

哥们儿义气不是真正的友谊，所以，从一开始我们就要尽量远离有这种风气的"小团伙"，更不要自己建立起这样扭曲的朋友关系。

第一，明白什么才是真正的"义气"。

有些人之所以会崇尚哥们儿义气，其实源自他对"义气"的错误理解，并没有明白真正的"义气"到底是怎样的。

所谓"义气"，是为情谊而甘愿替别人承担风险或做自我牺牲的气度，但这种牺牲是有原则的，不会违反法律与社会公德。真正的义气，对朋友付出的是源自真心的帮助和关心，是想要把朋友带离错误的边缘，会真心想要让朋友越变越好。

如果你拥有一份友谊，在你遇到困难和危险时，朋友可以无私地帮助你；当你有了烦恼与苦闷，朋友也能开导你积极面对；当你犯错时，朋友会想方设法帮你改正错误，甚至比你还着急，这样的朋友才是真正讲义气的朋友。

而那些每日只惦记着你兜里的钱，让你掏钱请吃喝玩乐，一遇到打架的事就肯定先想到你的"朋友"，他们的这些表现根本不是义气，尽管他们张口闭口都在提醒你"要讲义气"，可实际上他们最在乎的还是自己，只关心自己的利益，是假托"义气"之名，行"自私自利"之实，对这样的人一定要远离。

第二，找出自己对"哥们儿义气"感兴趣的原因。

哥们儿义气，与我们自身的成长有关。随着成长，我们会越来越想要交朋友。同时，在成长过程中，我们也会遇到越来越多的问题，但越长大，我们就越急于想要被认同，有时就会"慌不择路"，再加上正确的价值观尚未确立，而定力又不够，判断力也有欠缺，所以就很容易受到周围同龄男孩的影响，由此也就很容易"滋生"哥们儿义气。

另外，男孩本身就有英雄情结，好面子，喜欢耍耍威风，而哥们儿义气就可以给我们提供这样的表现机会。比如，看到谁有困难，不论是对方来求助还是我们主动给予帮助，我们的虚荣心都会得到满足；尤其是说一句"有事就找我，我罩着你"，看到周围人崇拜又依赖的目光，更是赚足了面子。

正是这样的外在风光表现，让很多男孩对哥们儿义气产生了错误的理解，只顾着为朋友出头，却没去想朋友做的事是不是正确合理的、合规合法的；只顾着帮助朋友，却没想到会伤害到他人，甚至触犯法律；为了哥们儿义气，不知道让父母操了多少心……

这样一想，我们是不是要重新认识哥们儿义气了呢？

第三，始终维护内心的原则，以理智驾驭情感。

哥们儿义气的流毒最常表现在"让人冲动"上，很多男孩可能都曾有过这样的懊悔：一听说哥们儿被欺负，或者哥们儿受了委屈，就只想着要冲上去为哥们儿讨个公道，其他什么都顾不得了。

遇事冲动，本就是很多男孩的特点，男孩受体内荷尔蒙的影响有强烈的攻击性，但头脑一热就做出的事情，很多都不是正确的。所以，这也就要求我们，学会自我冷静，学会用理智驾驭情感，不要让冲动冲破了内心的原则底线。

为此，我们要不断加强内心的底线，比如强化原则，什么事能做、什么事不能做要在头脑中反复权衡，争取达到下意识的程度，这就要求我们在平时冷静时，对很多事要多思考、多分析，努力提升德行素养，及时察觉某件事是否逾越了自己的底线。

脏话连篇、作弊、奇装异服——坏朋友的熏染

> 有一位妈妈带着上小学的儿子在外就餐，吃饭途中，妈妈让儿子品尝一道他以前没吃过的菜。儿子刚把菜放进嘴里，接着就吐了出来，大喊道："卧槽！太他妈辣了！你这是想要辣死我啊！"
>
> 妈妈震惊了，责骂道："小孩子不可以说脏话！你这都从哪儿学的？我们在家可从来不这样说话！"
>
> 儿子不以为然地说："怎么了？我同学、我朋友都这么说，我们在一起全这么说。他们可以说，为什么我就不能说？"
>
> 妈妈劝说："小孩子总是说脏话，以后没人会喜欢你。"
>
> 儿子依旧不以为然，反而觉得自己这样说话很酷。

我们在某一个地方待久了，就会受到当地语言的发音、表达的感染，这就是环境对于语言的影响。而说脏话也是同样的道理，如果我们周围有总是说脏话的同学或朋友在，如果我们经常跟"出口成脏"的朋友在一起，我们也会像这个男孩一样，不自觉地沾染上说脏话的恶习。

好的朋友并不会说脏话，这一点毋庸置疑，能够约束自

我的人，在语言表达方面会更有涵养；只有毫无自我约束力的坏朋友才会满口脏话，并毫不在意地"传染"给你，甚至还可能会特意教你说。这就是坏朋友对你的熏染。

显然，坏朋友对你的熏染可不只是说脏话这一点，他还会在言谈举止、外在形象这些方面也对你造成非常深的影响。

举个例子，我们时常会在一群人中一眼认出来哪些人有极大可能是一伙的，因为他们的穿着打扮、说话方式、行为方式都很接近。所以，如果一群不好好穿校服，或是把校服"改得"乱七八糟的男生满口脏话地笑闹，讨论的还是"今天考试我抄了几道题""那破作业我根本就不屑去写"等类似的话题，那么他们肯定就是经常凑在一起的"朋友"。

所以，为了不受熏染，我们应该远离这些坏朋友，与他们的言行举止——满口脏话、考试作弊、穿奇装异服等——保持距离。

第一，不要尝试开口说脏话，守住话语底线。

说脏话这件事可以看成是一个"零和无限"的选择，也就是要么你一句都不说，可一旦开口说了第一句，后续就可能停不下来了，并很快养成坏毛病。

有人觉得说脏话很好玩，听见别人说就会去模仿，但你要注意，自己家里的人有没有经常说？你看的动画片或影视剧中有没有经常说？你看的书里面有没有经常说？如果都没有，那其实就证明了这类话语内容是不合适的，那些脏话终究是登不得大雅之堂的，所以，你也可以直接将其归类为"不可说"的内容中，并将其设定为自己的话语底线。

可能你也会像案例中的男孩那样想："为什么别人能说我不能说？"这其实也是一种自我约束，别人怎么说是别人的事，如果你没有能力去改变别人，那至少也要先做好自己。你好好表现，总会有与你志同道合的真正朋友与你结交。

第二，坚持做认真的自我，不受作弊的诱惑。

作弊，有时候会被某些坏朋友看成是"检验友情是否真挚"的一种方法，也就是"如果你跟着我一起作弊、帮我作弊，才证明你的确是我的好哥们儿"。当然，坏朋友也会让你看到作弊的"好处"，比如他根本不学习，但通过作弊却考得比认真学习的你还好。意志不够坚定的人，就会觉得自己的认真努力是一种"浪费"，也就随之堕落了。

但你要明白，作弊是为了获得好分数，可你学习却并不只是为了获得好成绩，学习是为了提升自我，你抄一个100分，该不会的内容其实还不会。也就是说，不要羡慕作弊得来的"好成绩"，因为那是给自己的脸上"贴假金"。如果你想要提升自我，就不要只看到作弊的外在"好处"，也要意识到它的实际弊端。

这其实还是我们对自己的一种约束——对学习要有清醒的认识，坚持做认真的自己，不轻易被作弊的虚假结果所迷惑。

第三，远离奇装异服，远离错误的"潮流"。

从某种角度来说，奇装异服也同样是受坏朋友影响的结果。这其实也与男孩到一定年龄后开始关注外在形象的心理特点有关。

到了一定年龄，男孩总会想要寻找一些特立独行的方式来彰显自己，有的是开始打扮自己，有的甚至希望借助奇装异服来让自己显得与众不同或者引人注意。

但坏朋友的奇装异服却有些另类，他们可能会破坏衣服，比如直接剪坏校服裤子，给校服增加不合适的装饰；还可能会穿很夸张的衣服；或者在衣服上装饰不合适的文字或图案；等等。这都不符合学生身份，甚至可能会触及道德底线。

所以，不要去赶不合适的潮流。首先从学生的身份出发，当下并非"打扮"的时机；再有就是应该学习积极正向的审美，而不是追求错误的个性；最后，我们也要想到旁人的观感，你终究在社会中生活，为了不被周围人诟病，要注意着装的得体大方。

总之，坏朋友在言谈举止方面的影响其实并非不可控，不要尝试去学习他们的这些外在表现，坚守自己的内心底线，至少能从外在方面把自己与他们隔离开，当认识到彼此没有共同语言时，你也就不会有想要与对方交往的心思了。

逃课、打游戏、夜不归宿——坏朋友的怂恿

有个男孩读小学的时候还是个品学兼优的孩子，上了初中之后，男孩染上了网瘾，在网上结识了一群品行不佳的朋友。

这群朋友并不会和他讨论学习问题，而是经常带他"尝试"各种好玩的事，比如逃课，比如夜不归宿。于是在这群朋友的怂恿下，男孩尝试了一次逃课，因为没有被抓还感觉良好，朋友们都夸他"牛"，于是他便经常逃课去网吧打游戏，也大着胆子开始夜不归宿。

不仅如此，这群朋友还给男孩示范了如何吸食"K粉"，让他染上了毒瘾。因为没钱，男孩为了获得毒品就经常持刀勒索低年级同学的钱和物。

后来在一次争执中，男孩用随身携带的匕首将对方捅成重伤，后因抢救无效死亡。男孩此时刚满16岁，被依法予以刑事制裁。

原本一个品学兼优的孩子，却因为结交了不良朋友，又因为意志不够坚定受到了怂恿和蛊惑，就一步步走上了犯罪的道路。这个男孩的经历给我们敲响了警钟。

所谓"怂恿"，就是鼓动、撺掇他人去做某事。怂恿他人的心理可能是多种多样的，比如，有的人是想要"找个人给自己做伴"，有的人则是想要"让某人变得和我一样坏"，有的人就是想要看看"他是不是听我的话"，还有的人直接"就是想带着你学坏"。

一般来说，被怂恿做的事情都不是什么好事，坏朋友的怂恿更是如此，他会鼓动我们逃课，撺掇我们跟着他去打游戏，甚至会不停"劝说"我们和他一样夜不归宿。如果我们不能坚定地坚持自我，就很容易被鼓动着做出不合时宜的事情来。

我们不只是要做到不逃课、不疯狂打游戏、不夜不归宿，还要做到不靠近坏朋友，不在坏朋友的怂恿下去做这些事。

第一，分清"为什么做坏事"的责任。

有的人逃了课，可是被问及此事时，多半都会辩解一句"不是我自己要去的，是××鼓动我去的"，这句话的意思就是要把自己的责任推出去，责任全在怂恿他的人那里，自己似乎是没有错的。言外之意也是，"如果他不怂恿，我不会去"。

但是你要明白，怂恿者的确是坏朋友，但要不要去的决定权却是掌握在你自己手中。所以，如果你被怂恿着去做了任何坏事，这个责任都要分开来看，的确是有坏朋友的责任，他在你本该好好学习的时候怂恿你，这是不对的；但于你自己来说，你没有禁受得住鼓动，被对方的描述所吸引，做出了错误的选择，这就是你的问题了。

面对已经犯了的错误，正确的做法是承认错误，负起责任，积极改正。

第二，要能辨别并抵挡对方的怂恿。

一般想要让你去做什么事的时候，对方多半都会描述那件事有多么好，那件事对你会有怎样的好处，并会向你许诺你做了那件事不会有什么严重的后果，或者就算有他也能帮你"摆平"。

当你听到这样的话时，如果你真信了，你就上当了。所以，对此，你的内心就要拉响警铃，就要意识到，"这是对方在怂恿我"。这时候你可以想办法抵挡一下，不如问一问："为什么一定要拉着我去做？为什么一定要让我去做？"这时对方可能会对你吹捧不已，但你还是要保持定力，不要被他的花言巧语所迷惑。

比如，有人怂恿你逃课，怂恿你一起半夜出去玩，你可以回一句："我考虑一下。"告诉他："我现在先好好上课！""我正在努力写作业！""等有时间再考虑！"……也就是说，你也可以委婉地表达自己的态度，让对方意识到你是"凡事以学习为先"，而你的"考虑"也没有把事情说死，这就不会引起太大的矛盾。

男孩，你要学会保护自己

校园篇

第三，列出被怂恿做坏事的消极后果，及时止步。

不论是逃课、打游戏，还是因为做这些事或其他事而夜不归宿，被怂恿着去做这样的事情，不要只听见了对方说的"好处"。

如果有人这样说："我们逃课去吧，这可比听这么没意思的课好玩多了。"那你就要想想："我是真的也想逃课吗？""我是真的觉得这课程没意思吗？""我逃了课得到了什么？""我有必须要这样做的理由吗？"……如果得出的结论都是否定的，或者你心存疑虑，那就意味着你明白逃课是不对的，是可以遵从自己的内心加以拒绝的。

同样的道理，对于打游戏、夜不归宿这样的怂恿，我们也可以问问自己："我必须要这样做吗？""我喜欢这样做吗？""做了这些能证明什么？"……想想对方怂恿你做的这些事是不是会给你带来不良后果，是不是还有什么其他负面影响。一旦你能想到这些消极后果，你也就能更坚定地拒绝对方的怂恿，及时阻止自己堕落。

178

泡吧、喝酒、吸烟、吸毒——坏朋友的诱惑

2015年4月17日，北京市公安局朝阳公安分局缉毒队接到群众举报说某小区有人聚众吸毒。侦查员迅速赶到该小区的一栋别墅中，找到了4名高中生模样的男孩。其中一对双胞胎的父亲正是这栋别墅的主人，听见警察进入家中，父亲连忙下楼询问情况，被告知"4个孩子吸食大麻"时，父亲和闻讯下楼的母亲都惊呆了，母亲忍不住坐在楼梯上号啕大哭起来。父亲一开始还想要给孩子们解释一下，他生怕他们是被蒙在鼓里才做了错事，但却被侦查员告知"他们4个人心里都很清楚"。

原来，这对刚满18周岁的孪生兄弟早就开始偷偷吸食大麻了，父母不在家时他们还会约同学来家里一起"过瘾"。当天下午，兄弟俩从一个姓肖的人手中买了大麻，然后又约了另外两名同学来家里一起吸食。

根据兄弟俩提供的线索，侦查员将肖某抓获。而肖某也不过是一名刚满20岁的大二学生，因为毒瘾大、钱不够，这才走上以贩养吸的道路，而且他不仅自己吸食，还经常引诱一些高中生跟着他一起吸。

这对双胞胎因涉嫌容留他人吸毒、肖某因涉嫌贩毒而被刑事拘留。

如果说被坏朋友怂恿着逃课、打游戏、夜不归宿，这样的错误还勉强可控，若是你坚定一些，有耐性一些，可以尽早更正错误；但若是被诱惑着去泡吧、喝酒、吸烟、吸毒，就像案例中的那些高中生一样，轻易就钻进了毒品的"怀抱"，那可就是完全拿自己的人生在赌了，因为这些事情可能会给你带来一时的内心愉悦，但却并非长久之计，它们会对你的身心造成严重的伤害。

坏朋友会把这些事情描述得"天花乱坠"，把泡吧说成是"感受内心的成长"，把吸烟喝酒说成是"成熟男人的魅力"，把吸毒描绘成"快乐的灵丹妙药"……对于迫切想要让自己成长，想要感受新奇世界的男孩来说，这些诱惑也许都无法抗拒。于是，一些男孩就"上当"了，他们出入酒吧、KTV，肆无忌惮地叼着烟、喝着酒，神秘地描述"吸粉"的乐趣……

不要觉得这是朋友在"有福同享"，这样的"福气"是在拿生命、人生做赌注，没人赌得起。所以，对于这样的事情，我们要能抵挡得住诱惑。

第一，把"不碰烟酒毒"当作底线，坚决不突破。

随着慢慢长大，你会认识越来越多的事物，但有些事物在你这里应该被设定为禁忌。比如说"烟酒毒"，从健康角度来说，这些物品的摄入都对身体没有什么益处，所以从一开始你就要把"不碰烟酒毒"当成自己做人行事的底线，坚决不触碰。

这样一来，当周围有人向你提及"烟酒毒"的话题时，你内心的警报就已经拉响了，既然不能碰，也就不需要过多关注。如果你能坚持底线，也就不容易被诱惑。

第二，坚持原则，不轻信别人所言的"快乐"。

别人说的"快乐"不一定是真的快乐，毕竟并不是自己的体会。你要有主见，有原则，所以如果有人告诉你"抽烟让人快乐""泡吧喝酒让人更快乐""吸一口'快乐粉'让人无比快乐"时，你要牢记自己的原则底线，不要因为一时好奇就去体验"别人的快乐"。

有的男孩可能认为："不是说要亲自尝试了才知道是不是真的快乐吗？他说了，我也只是尝试一下而已。"要知道，不是所有的事都能尝试的，"烟酒毒"只要尝试了，就很容易上瘾，尤其是毒品，有太多人成为"瘾君子"的原因，都不过是"我就吸一口尝尝"。

我们未来的人生还很长，可以让我们感受到的快乐有许多，多做一些积极正向的活动，用真正的"阳光式"快乐来装点生活，人生才会更美好。

第三，对接触"烟酒毒"的同龄人，务必远离。

"他人挺好的，就是抽烟（喝酒、吸毒）而已"，这个结论的逻辑是有问题的，有这样癖好的男孩，多半都会想要把周围的朋友也拉进去和自己一同感受"快乐"，如果你定力不足，那就不要与这样的同龄人过多接触，哪怕他再"好"。

就现在的我们来说，小小年纪就接触"烟酒毒"，人又能"好"到哪里去呢？如果你有自己的原则，那么这些所谓的"朋友"就根本达不到你选择朋友的标准线。所以，一旦你知道他们有这样的"喜好"，从一开始就务必远离。

另外，你也要多听听父母的话，因为有的男孩可能自己定力不够，但父母多半都会替我们做出理性判断。所以，若是父母严格禁止我们与沾染"烟酒毒"的人来往，也不妨听听他们的理由，并接受这种建立在道德原则上的引导和限制。

打架斗殴、偷盗、抢夺、抢劫——坏朋友的教唆

　　某年12月的一天，山东省诸城市的一个小区中，保安通过监控发现在小区车棚里有一个男孩正在拆卸一辆山地自行车上的配件。保安迅速赶到车棚，把男孩逮了个正着，并搜出了他已经拆下的山地车配件。

　　保安随后报了警，在民警询问中得知，男孩刚上六年级，之所以来偷山地车配件，是因为他的朋友，也就是另一个与他年龄相仿的学生说"这样干能赚钱"，对方诱惑他，"拧一个配件给一块钱"，他这才铤而走险。

　　民警对男孩的行为进行了严厉的批评，并与其父亲取得了联系。鉴于男孩年龄小、物品价格较低，民警希望男孩父亲能对孩子严加管教。

　　坏朋友之所以"坏"，是因为他在很多时候都把自己想做的坏事通过某种方式来诱骗教唆他人帮他做，而自己却并不主动去做，可最终受害的却都是被教唆的人。不知道这个六年级的男孩是不是能通过这件事体会到"不要随意听朋友的教唆"这个道理。

　　由于睾丸激素的作用，男孩本身就很容易冲动，如果再

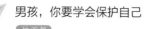
有人去教唆，就更容易激起男孩马上行动的愿望。而冲动的男孩往往考虑问题不会周到，所以教唆者想要他做什么，他就会去做什么，这就很危险了。

我们可能也在身边听说过很多类似的例子，除了被教唆偷东西，也有被教唆打架斗殴的，还有因为一句"你是不是好汉"而被教唆去抢夺和打劫的，更有男孩被教唆去做各种严重触犯法律的事情。最终，这些被教唆者也会受到严厉的惩罚。

那么如何避免被坏朋友教唆呢？

第一，有主见，不要别人让干什么就干什么。

最容易被教唆的一种人就是没有主见的人，这样的人很容易对他人言听计从，这非常危险，因为你永远不知道别人让你干的事到底有怎样的危险。比如，曾经有人教唆他人帮自己运毒，而我国《刑法》第三百四十七条规定："走私、贩卖、运输、制造毒品，无论数量多少，都应当追究刑事责任，予以刑事处罚。"而"听话"帮忙贩运毒品的人也同样会受到刑事处罚。所以，我们要有主见，凡事自己做主，而不是听从于他人的安排。

第二，要对他人让你做的事有基本的判断力。

除了自己做主，我们还要知道自己要做哪些主，也就是要对行事有基本的判断，知道什么事可以做、什么事不该做。尤其是当有朋友过来撺掇你做一些事时，你要凭借你听到的信息和自己的认知、原则来判断这件事能不能做。

比如，朋友说："有人欺负我们班的人，这能忍吗？强壮的你就是我们的支柱，还不跟他们干一场？你要是不干那可就真不够朋友了！"这段话的潜台词其实就是："你要帮我们去打架！"但打架斗殴明显是错误的，你只要知道这件事不能做，就能免于被教唆。

所以，关键还是要培养判断力，能够明辨是非，理清前因后果，让底线原则来约束自己的行为。尤其是涉及犯罪的事，像是偷盗、抢夺、抢劫等，已经触碰法律和道德底线，就要更加警惕，要让良好的判断能力在关键时刻发挥作用。

第三，明白男子汉应做什么，培养一身正气。

很多教唆者会使用花言巧语或者威逼利诱等方式来要求他人就范，所以，当你听到"你是男子汉，你可以做到"等类似的话时，不要错误地认为这是在夸奖你，恰恰相反，这是利诱你去犯错甚至犯罪。真正的"男子汉"有很多证明方式，但显然不是偷盗、打斗、抢劫……

实际上，我们也可以通过自身的良好表现，来培养自身的正气，比如培养自己积极向上、正直友善、助人奉献、正义公平等品质。一般来说，当你正气凛然的时候，就会从气势上压倒那些心怀不轨的人，他可能压根儿就不会也不敢来教唆你去做坏事。

链状效应——不要去模仿坏朋友

有一位父亲无意间看到儿子的手指上有烟熏痕迹，有时也会闻到他身上有烟味，再三追问之下，儿子才告诉父亲，他最近交了一个新朋友，那个朋友会抽烟，也经常和其他会抽烟的人在一起聊天抽烟，他们看上去关系很亲密，还显得很酷。为了和朋友更亲近一些，他便也跟着模仿起来，一开始还只是自己偷偷模仿，后来就是跟着朋友学，直到完全学会。而自从学会以后，他也开始整日吞云吐雾起来。

父亲提醒儿子，不要与这样的朋友走得太近，他正在学坏。但哪怕父亲多次讲解吸烟的危害，甚至不惜动用"武力"，儿子也并不以为然，依旧我行我素。

俗话说，"近朱者赤，近墨者黑"，在心理学上，这种现象被称为是"链状效应"，是指人在成长过程中的相互影响，以及环境对人的影响。

美国社会心理学家西奥多·纽科姆（Theodore M. Newcomb）曾在密歇根大学做过一项实验：选择17名大学生，为他们免费提供住宿4个月，交换条件是对他们进行定期谈话和测验。在被试入住前，先测定他们对政治、经济、审美、社会福利等的态度和价值观，以及他们的人格特征。然后，将那些态度、价值观和人格特征相似和不相似的学生混合安排在几个房间里。4个月后，定期测验他们对一些问题的看法与态度，并对室友进行评价，说出自己喜欢谁不喜欢谁。结果表明，尽管最初，他们因为空间距离邻近而相互吸引，但后期却发生了转变，那些态度和价值观越相似的学生，彼此吸引力越强，而且只要对方态度和价值观与自己相似，哪怕其他方面存在某种缺陷，照样有吸引力。由此可见，在交往过程中，学生容易受到态度与价值观（无论好坏）相似的人的吸引，而不太注重其他方面。

这个实验也应验了一句名言："对一个尚未成熟的少年来讲，坏的伙伴比好的老师起的作用要大得多。"而中国古老的《颜氏家训》也指出："人在年少，神情未定，所与款狎，熏渍陶染，言笑举动，无心于学，潜移暗化，自然似之。"这也可以理解为坏朋友对一个人成长的影响。

为了免受不良影响，我们可以从最基本的一点开始做起，即"不去模仿"。具体来说可以这样来做：

第一，明确坏朋友的哪些行为是"坏"的。

很多男孩的模仿可能最初没有恶意，他就是觉得好玩，或者像案例中的男孩那样，自我感觉不到有什么问题，不知道那是坏的行为，才盲目模仿。

我们至少先要在内心明确，坏朋友的哪些行为是有问

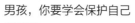
题的，这样也能帮助我们提前"避雷"。前面几节中提到的内容，其实就给我们总结了这些问题。在不断学习的过程中，我们要记住这些需要躲开的"雷区"，对已经明确是坏的内容不好奇，坚决不沾染。

第二，学会透过现象看本质。

有时候，有的坏朋友会向你描述某些"坏"行为有多好，可以帮你实现怎样的愿望，定力不够的男孩就很容易被蛊惑。

我们应该学会透过现象看本质，就像前面提到的作弊，看似能得到好看的成绩，但也就只能得到"看着成绩好看"这一个结果了，对于个人不会有什么知识上的提升。学习，明显有更深层次的意义，他们怂恿你做的都只是在"帮"你堕落。要知道，大型考试作弊是违纪违法的，如中考作弊是违纪的，高考、考研、公务员考试等作弊是违法的。

这就提醒我们，一方面要看清楚对方让我们做的事到底会给自己带来怎样的后果，另一方面也要看清楚对方的目的是什么，他想通过诱惑你获得什么。当我们明了这些时，就会变得更谨慎，而不再轻易、盲目模仿他人。

第三，拓宽自己的眼界，提升内外层次。

有些模仿源自我们自己的见识不够多，所以会有新鲜感，进而想要学学看；而有些模仿则因为我们自身素养不够高，所以肤浅的东西就能牵动内心。

而若想不被坏朋友"吸引"而去模仿，我们就要从努力提升自我开始，通过多方面的学习来提升自己的眼界，借助更高层次的学习来让自己的整体素养有所提高，从而跳出"低层次"的模仿。

加入"小团伙"，害人的同时更是害己

> 2015年4月的一天凌晨，广西壮族自治区南宁市某处停车场发生了一起重大盗窃案，停车场内的14辆轿车被砸破车窗，车内贵重物品及现金财物被盗。
>
> 经过调查，警方迅速掌握了犯罪嫌疑人的信息，这是一起未成年人盗窃团伙砸车盗窃案。该团伙一共有5人，最大的17岁，最小的才12岁，其中3人还是在读学生，但却经常迟到早退、旷课，还有过连续半个月不上学的经历。
>
> 这5个人因为在同一家网吧上网玩游戏而认识，爱好相同，经常同来同往集体行动，俨然就是一个小团体。但平时因上网玩游戏加上其他消费花销很大，5人商量后便萌生了通过砸车窗盗窃车内财物来获取钱财的想法，并付诸实施。

5个未成年人凑在一起，一拍即合，做出了违法的行为。由此可见，小团伙不可随意乱加入，可谓是"一损俱损"，害人又害己。

随着年龄的增长，很多男孩会产生更强烈的交友要求，有时候也会迫切想要进入一个团体，以增强自己与他人的联系，并证明自己是合群的，是可以融入集体的，以免自己显

得另类。但也有的男孩会因为想要被认同的心理太过强烈就盲目加入一些"小团体"，甚至不惜拉帮结派，结果就误入了性质不明的"小团体"（即非正式群体或非正式团体，是人与人在交往的过程中，根据自己的兴趣、爱好以及情感自发产生的，它的权利基础是由下而上形成的，成员之间的相互关系带有明显的感情色彩，或积极正面，或消极负面，并以此作为行为的依据。本节所指的"小团体"或"小团伙"，感情色彩偏向消极负面），从而被迫做一些自己不喜欢的事，可要是退出又觉得可惜，生怕自己因此受到排挤，也就不得不勉强身处其中。

其实完全没必要如此，交友是一项需要认真且严肃对待的事，要找志同道合的团体加入，坚决避免加入以"小团体"形式存在的专做坏事的各种"小团伙"，同时也避免受其笼络。具体来说应该怎么做呢？

第一，明确正常的交友意义。

为什么要交朋友？朋友对自己有什么意义？我们在迫切想要交友之前就要搞清楚这些问题。交朋友不只是为了让自己显得"不孤单"，而是为了能获得美好的友谊。真正好的朋友，会真心待你，可以帮你改错、提升，会和你一起进步，会在你有需要的时候提供最有效的帮助，会和你做到真正的"有福同享，有难同当"。

所以在交朋友时，我们就要从这些积极层面去考虑，而不只是单纯地为了交朋友而去交朋友。尤其是有些人会觉得，小团体人多，如果能融入进去，就相当于交了一群朋友。这样想就错了，小团体是复杂的，在不了解详情的情况下，擅自进入就很可能让自己进退两难。遇到小团体，可以观望，可以思考，但不要盲目加入。

第二，与各类小团体保持一定距离。

我们平时与各类小团体的关系可能会有两种，一种是想要加入其中，一种是被某个小团体盛情邀请。不过，这里给出的建议是，我们最好能与各类"小团体"保持一定的距离，也就是不过分亲近，也不完全断绝联系。

不过分亲近的意思是，不要试图去融入任何一个小团体，因为每个团体都可能有自己的规则，很多规则可能只有团体内的人才知道，硬要融入进去，很可能会导致自己的某些原则被破坏，而且有的团体也的确不是什么好团体，比如动不动就欺负同学，动不动就一起捣乱，这样的团体明显是在消耗你积极向上的精气神，远离才是最合适的。另外，如果有小团体很想要拉你进入，你也不要觉得自己"很受欢迎"，你要想到他们很可能图的是你某方面的利益，如果贸然加入你很可能会被利用，这就得不偿失了。

不完全断绝联系的意思是，你不需要义愤填膺地表示，"你们都是坏人，我不会和你们同流合污"，对他们应该有基本的尊重，一些简单的沟通也可以有，但再深入的交流和探究就不需要了。这也算是不惹事（但也不怕事）的另一种表现方式。

第三，不参与各种"拉帮结派"活动。

有些人看到，自己怎么也融不进已有的小团体，就想要"拉帮结派"自己搞一个小团体。这样的事情也不要做，正常的交友不需要被限定在某个圈子里，当你努力提升自己，努力让自己博学多才、博识多闻时，你接触到的优秀的人就会越来越多，你的友谊建立方式也会多种多样，这些都不是靠"小帮派""小团体""小团伙"能解决的。

而且，"拉帮结派"很容易形成攻守同盟，哪怕是做了错事，也可能会彼此包庇，这并不是真诚发展友谊的表现。所以，从一开始交友就不要带着这样的心思，要真诚表现自我，寻找人生旅途中的益友。

被坏朋友"出卖"了，务必冷静以对

2016年6月，四川省剑阁县的小杨在刚高考完后不久便接到了儿时好友小强的电话，小强盛情邀请他去江油市玩。考完试就没事干的小杨欣然答应，也没跟家人打招呼就去了江油。

小强接到小杨后，先把他安顿在了宾馆。但第二天一早，小强就带着小杨去了一处偏僻的小区，并提醒他"好好学习"，可以迅速致富，院子里还有一些陌生人也劝说他要安心学习。到这时，小杨才意识到自己被好友"出卖"，被骗进了传销组织中。

后来，小杨一方面保持冷静，一方面"积极"配合传销组织提出的各种要求，直到监视他的人放松了警惕，他才找机会拿回手机拨通了姐姐的电话，及时求救，最终在警方的帮助下，小杨被顺利救出。

所谓的"好"朋友，有的也不过是"知人知面不知心"，你以为自己可以和他友谊长存，但他总会在某些时候背后"插你一刀"，将你"出卖"。

被好朋友"出卖"，可能会有这样的3种情况：第一种是像小杨这样，被朋友因为某种利益"卖"给了一些非法组织，像是传销组织、黑劳工组织等；第二种则是把某个"黑锅"推给你来背；第三种情况就是把你的一些秘密讲给别人听，让你陷入某种困境。

有些坏朋友一面打着友谊的幌子，一面却利用你，出卖你，不论哪种情况，被"出卖"都并不是舒服的事。但是只顾着伤心难过和害怕显然是不管用的，小杨给我们做了一个很好的示范——迅速冷静下来，想办法逃离"魔窟"。

我们也要学会冷静应对类似情况，不妨尝试这样做：

第一，先冷静解决眼前的情况。

被"出卖"后，你可能会经历一些不太愉快的情况，比如有像小杨这样深陷不法组织中，人身安全都受到威胁；也有自己一个人背"黑锅"，面对众人的指责，可却又百口莫辩；还有就是自己的秘密被大肆宣扬，令自己感到无法面对大众……

此时不要只顾着跟"出卖"你的人生气，而是要先冷静解决眼前的这些情况，能够求助的就要尽早求助，想办法为自己澄清，找证据帮自己摆脱不利言论。待这些问题解决后，再进一步思考其他的问题。

第二，理智"了断"这段"友情"。

再面对"出卖"你的人时，你同样要保持冷静。跟这样的人去理论你可能会吃亏，他既然想要"出卖"你，想必是已经想好了对策，所以，你一定要了解一下这个人的目的到底是什么，也方便你更好地理顺自己被"出卖"这件事，以寻找更合适的解决方法，然后也可以总结一下经验教训，再遇到类似的人，及时远离就好。

此时，你要坚强一些，断掉一段不合适的所谓"友谊"，看清了一个坏人，至少在未来你可以避免遇到更多的问题。

第三，努力过好自己接下来的生活。

虽然被"出卖"，但你必须冷静理智地解决问题，未来的美好生活还是要继续追求的。所以，你还要继续努力做好自己，不断提升自我，争取做出好成绩来，让过去这段被"出卖"的生活尽早"翻篇"。

同时，也要提升自己交友的能力，通过这一次经历吸取教训，学会甄别朋友，远离这一类人，不再被这样的"朋友"欺骗。

网上交友要慎重，警惕被坏人诱惑

有一位医生讲了这样一个病例：

一个13岁的男孩在父母的陪伴下来医院治疗肛门的尖锐湿疣，但在检查过程中发现，他还是艾滋病毒携带者。医生疑惑，这么小的年纪怎么会感染上这种病毒。

原来这个男孩的父母平时工作繁忙，没时间顾及他，他学会了上网后整天在网上与人聊天，便认识了一个有钱的叔叔。这个叔叔和男孩相处很愉快，还经常带他出去玩，请他吃好吃的。后来，男孩被对方引诱，发生了性行为，随后就发现感染了尖锐湿疣和艾滋病毒。

得知男孩的病情之后，全家都很崩溃，但也悔之晚矣。

随着科技发展，网上交友成为社交的另一种主要方式。虽然网上交友避免了面对面的尴尬，可以借助文字随心所欲地畅谈，但同时也正因为彼此不得见面，也就不能进一步了解对方，于是很多不法分子便伪装在网络ID之后，借助交友之名，行不轨之事。

案例中医生讲述的这个男孩的遭遇，虽然值得同情，却也不得不说如果他能慎重对待网上的朋友，不那么盲目地

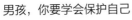
信任对方，不轻易受对方的引诱，也就不会出现这么严重的后果。

所以，涉及网络交友，需要注意这样几点内容：

第一，不要在网络上随意透露与自己有关的任何信息。

很多人相当没有警惕性，别人问什么就直接说什么。尤其有些人还"知无不言，言无不尽"，表现出绝对的真诚。殊不知，这样的真诚就是在给自己挖坑，到头来受伤害的只能是自己。

日常只要上网，都要格外注意保护自己的个人信息，这些信息包括自己的姓名、性别、手机号以及其他可联系的号码、家庭住址、家庭成员信息、学校信息以及涉及自己的各种喜好、兴趣、秘密等内容。

尤其是在交友过程中，不要主动向对方透露自己的信息，比如有的男孩为了拉近关系可能随手就打出自己家的地址，说出自己就读的学校，这就很可能给对方留下可乘之机。如果对方主动询问，也要留一个心眼，不要着急地就说出对方想知道的内容，换个话题绕开他的提问也是可以的。

第二，不与网络上的朋友有任何经济往来。

网络交友，除了不透露自己的个人信息之外，自己的经济信息也要好好保护。有些网络交友打着交友的幌子实施金钱诈骗，三两句话就骗你说出家里人的银行账户，或者骗走你的零花钱。

这一点要牢记：但凡有人提及经济（涉及金钱）话题，一律不予理会，不给对方任何可能接近你经济信息的机会。如果是朋友，也不要立刻相信他的"我现在借钱，马上还你"的说辞。毕竟我们现在都还是学生，并没有大额消费的需求，也没有频繁花钱的必要，如此，就不需要随身携带较大数额的金钱。所以，也就不需要与网络上的朋友有任何经济往来。

第三，不要对网友投入过多的情感与期待。

虽然不排除有些人在网络交友时的确会投入真感情，但也有相当多的人在网络交友时就如同玩一场游戏，因为无法面对面，很多信息就可能是假的，一些人会借助网络来掩盖自己身上的缺点，并针对你的喜好来进行调整。为了能迅速与你建立友谊，他甚至可以假意投你所好，一旦你真的被吸引，他的"钓鱼"目的也就实现了。

所以，对于网络上对方展现出来的种种信息，要抱有怀疑态度，不要全相信。同时，也要尽量控制好自己的情感，以免过度投入，一旦发现事实真相与自我预期相差太远时，身心就会深受其害，这是得不偿失的。

第四，不要盲目与网络上的朋友在现实中接触。

为什么会有与网络上的朋友在现实中见面的要求？其实还是因为我们对朋友有期待，希望能够实现面对面的交流，网络用语叫"奔现"（指在网络中认识的两个人由虚拟走向现实发展），但盲目"奔现"更危险。案例中男孩的经历就是一个例证，不了解的人彼此见面，再加上你涉世未深，就很容易被对方诱骗。

如果有网友（尤其是所谓"女网友"——可能是男人假扮的）跟你说："我们见一面吧！"你首先要在内心拉响警铃，提醒自己不要轻易答应这样的要求。有的男生觉得自己是男孩，应该没事，但这与性别无关，如果对方想要害你，总能有办法。要杜绝这种可能，避免受到不明人士的伤害，只能是从我们主观意识上就拒绝这种要求。

第五，不只在网上交友，还要在现实中交友。

有的人习惯了在网上交友，认为网络交友比现实交友更容易，但实际上这也反映了我们自己交友中存在的问题。网络交友可以"造假"，可以伪装，可以夸大吹嘘，但现实交友却需要你实打实地展现自我，这才是对你真正的交际能力的考验。

所以，如果从培养自己良好的交际能力出发，建议你还是多接触现实中的人比较好，通过在现实中的交友来发现问题、改正问题，提升交际能力。除非特殊情况，否则网络交友只能是你交友的一种辅助方式，现实交友才会让你体会到更真实的友谊。

当然，不论是哪种交友，我们都要有一定的警惕性和自我保护意识，这样才可能建立真正的友谊。

第七章
Chapter 7

尊重女性，是对她们
也是对自己的保护

　　男孩对自己的保护，还源自对女性的尊重。实际上，男孩最好的教养就是尊重女性。尊重女性，既是对她们也是对男孩自己的保护。试想，一个不懂得尊重女性的男孩、一个想去算计甚至伤害女性的男孩，离"渣男"还有多远？离犯罪还有多远？所以，当男孩学会尊重女性，能够妥善处理与女性的关系时，就相当于给自己穿上了"铠甲"。

学会尊重母亲——男孩的第一堂人生课

2020年11月12日，江苏省南京市某中学高三学生小李晚上下课回家后，本来在写作业的他，却因为一些琐事被母亲不停地说教、辱骂。情绪激动之下，小李举起菜刀将母亲残忍杀害。之后，小李竟然完全不顾倒在血泊中的母亲，而是"冷静"且漠然地换下衣服，出门去同学家借宿了一夜。直到第二天上学，小李才将这件事告诉了班主任，并在老师的劝说下打电话报了警。可等到警方赶到现场时，小李的母亲早已死去多时。

2020年12月13日，江苏省阜宁县公安110接到报警，某小区有居民死于家中。警方经调查发现，12日上午，读高三的小杨和陪读的母亲发生争执，母子两人吵架过程中，身强力壮的小杨与母亲发生了肢体冲突，结果导致母亲死亡。而在杀死自己亲生母亲后，小杨畏罪潜逃，不过最终还是被警方抓获。

接连两起儿子杀害母亲的案件，不能不令人感到心痛，到底是怎样的仇恨，使得这两个男孩如此冷漠，不仅伤害母亲的性命，而且之后也都毫无悔改之意，居然还能到同学家

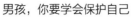
借宿或是潜逃，这是连"人"都不想做了。无论何种原因，杀害生养自己的母亲，都是非人的行为。

作为一个人来说，我们为人当孝敬，"百善孝为先"，孝敬父母是做人的底线；而作为一名男性来说，我们要尊重女性，就应当首先从尊重自己的母亲开始，这是我们人生的第一堂课。

那么，我们应该怎么上好这堂课呢？

第一，在内心接纳并认可母亲的形象。

一般人对待他人和事物的态度，取决于内心对这个人和事物是否接纳、认同，如果能够接纳和认同，那么态度就要好很多，但凡有一丝不接纳、一点不认同，也会从内心对其轻视起来。有的人对待母亲，可能也不例外。

生活中，的确会有男孩因为受到多方面因素的影响，对母亲的形象产生了错误的认知，比如认为母亲就是保姆，认为母亲什么都不懂，就是个没用的人；认为母亲太唠叨，就是个令人讨厌的人；等等。错误的认知必然导致对母亲的不尊重，也就很容易在日后出问题。这是非常遗憾的，更是极度危险的。

所以，我们要重新认真去观察母亲，站在客观的角度去看待母亲为这个家、为了你所做的一切，接纳这个给你生命、辛苦养育你长大的人，认可她的操劳与不易，这样你对母亲的态度就会有所改观，就会把她放在一个非常重要的位置上，所谓"孝敬父母如敬天"，不论做什么事，你都会考虑到她的感受，都愿意为她着想，懂得感恩，从而让自己更具孝心。

第二，尊重母亲的所有付出。

母亲为我们的生活辛勤付出、无私奉献。做家务是为了家人生活得更舒服，和我们沟通交流是为了更好地帮助我们成长，努力工作也是为了全家生活能有保障，哪怕不工作，也是在努力维护家庭的和谐稳定。但有的人却日渐对母亲的付出习以为常，并觉得这样的付出理所当然，一旦有了这样的态度，就会对母亲的付出熟视无睹，甚至还会挑刺。

尊重母亲也包括要尊重母亲的付出，要看得到母亲的辛苦，意识到她有时候唠叨几句也不过是几句牢骚而已，如果她的付出能够获得家人的尊重，她也会从中感受到快乐。

尊重母亲的付出不是只说一句"您辛苦了"就完了，你要保护好母亲的劳动成果，比如她扫干净的地你尽可能不去弄脏，她做好的饭你认真地吃完，她说的话你至少能安静地听完，她帮你做的很多事你要体谅她的苦心，等等。

当然，随着成长，你可能变得越发独立，母亲的某些付出可能就变成了你眼中的"干涉"，这时也不要抱怨，你可以和母亲谈一谈，告诉她你需要独立的空间，理智地讲清楚自己的需求，同时感谢母亲的付出，她可能会更愿意接受你的意见。

第三，学着为母亲做些事。

如前所说，尊重母亲不只是嘴上说两句好听的就完了，我们要付诸行动，最好能学着为母亲做一些事。比如，帮助母亲做做家务，如果能固定几项家务，彻底减轻母亲在这几项家务中的辛劳更好；主动为母亲做顿饭，在母亲吩咐前把家里的一些事做好；在节假日或者你觉得合适的时间里给母亲准备一些小礼物，感谢她的辛苦；在父亲面前维护母亲的形象，在他人面前不嫌弃母亲的平凡；等等。

母亲不一定要求你必须做什么，但是你主动去做这些事，会让她内心感觉到舒心和快乐。"亲所好，力为具"，父母亲所喜好的东西，做子女的应尽力准备齐全（包括学习在内，取得好成绩，其实也是对"亲所好，力为具"的一种回应、一种践行，也是一种孝行）。在行动中表现出来的孝，才是真的有意义的孝。

男孩最好的教养，就是尊重女性

2019年10月20日下午3点多，辽宁省大连市沙河口区一名13岁的男孩蔡某在路上堵住了一个11岁小女孩，他以需要获得帮助为由，把刚从美术班补课下课回家的女孩骗到了自己家里。蔡某原想对女孩搂搂抱抱，还想要与她发生性关系，但女孩百般拒绝，死命不从，蔡某便开始殴打女孩的头面部，还将她按倒在地掐她的脖子。很快女孩没有了抵抗力，然而蔡某担心她会把自己的行为说出去，便用刀在她身上刺了六七次。确定对方死亡后，蔡某又把女孩的尸体遗弃在住处对面的灌木丛中，并将作案用的刀也装在垃圾袋中一并遗弃。

事情发生后，蔡某在同学面前假装自己是旁观者，想要自导自演摆脱嫌疑，但当被警方锁定嫌疑人后，他还在同学群里回复自己"虚岁14"，意在表示"按照当时的法律，未满14岁不予追究刑事责任"。不仅如此，案发后他还很淡定地与毫不知情的受害人家属搭讪。

实际上，年仅13岁的蔡某早就有种种前科，曾有女生指认被他跟踪，不仅询问她是否一个人在家，还去她家上厕所；也有女生指认，说自己被他多次跟踪；还有小区居民表示，自己曾经看到蔡某掀一位姑娘的裙子，事后姑娘去评理，却反被蔡某的父亲骂了一顿。

　　这个案件曾经轰动一时，人们纷纷为这个11岁的女孩感到惋惜，又对这个13岁的男孩感到无比痛恨，而且依照当时的法律，不满14岁的他最终只是被收容教养，也的确变成了人们的"意难平"。

　　但冷静下来想一想，这个男孩犯案并不是偶然，他之前对女性的不尊重已经让他变得肆无忌惮，再加上家人的"支持"，对他错误行为的不理会，这就使他变得更加无法无天。所以他才会从容淡定地杀人，又不露声色地"自导自演"。

　　我们不能变成这样的恶魔，而要避免出现这样变化的一个比较有效的方法，就是让自己有好的教养，尤其是在对待异性方面，我们要有最起码的尊重。这种尊重会让我们在内心划定一条界线——对女性要以礼相待。

　　再次强调：2020年12月26日通过、2021年3月1日起施行的《中华人民共和国刑法修正案（十一）》，将《刑法》第十七条修改为："已满十六周岁的人犯罪，应当负刑事责任。已满十四周岁不满十六周岁的人，犯故意杀人、故意伤害致人重伤或者死亡、强奸、抢劫、贩卖毒品、放火、爆炸、投放危险物质罪的，应当负刑事责任。已满十二周岁不满十四周岁的人，犯故意杀人、故意伤害罪，致人死亡或者以特别残忍手段致人重伤造成严重残疾，情节恶劣，经最高人民检察院核准追诉的，应当负刑事责任。"也就是说，年龄不再是所谓的"保护伞"，法律的约束理应提醒我们对自己的行为要多加注意，以免给自己、他人和更多的人带去无法弥补的损失。

我们需要遵守法律，同时也要学会真正地尊重女性：

第一，以平等的态度看待女性。

很多男孩对女性不够尊重，源自他们思想深处就认定了"女性不如男性"，比如他们认为女性"动不动就哭"是柔弱，"力气太小"没什么用，"能力不强"就是什么都做不成，甚至还有更过分的认知，"女性就是为了生养后代而存在的"……

这些认知都表明，这些男孩没有以平等的态度来看待女性，才出现了误解。所以，要站在客观的角度去看待女性。比如，女性在很多方面有优势，她们的语言表达和思维能力很强，她们认真细心又专注，她们也有耐力、毅力，她们充满自信，她们有能力决定自己的许多事，她们为这个社会贡献了贤淑、温婉、慈良、贞静的特质……当然，没有女性，就没有母亲，也就不会有人类世界，正所谓"推动世界的手是摇摇篮的手"。

所以，千万不要戴着有色眼镜去看待女性，要更多地去发现她们的优点，多看到她们身上积极向上、闪光伟大的一面。

第二，有为女生考虑的心思。

有一位姑娘讲了一个尊重女性的男生的故事。这位男生是学生会主席，有一次学生会聚餐，因为男生较多，席间有男生毫无顾忌地讲起了荤段子，结果主席立刻打断说："在座的还有女生，你们收敛一点。"最后所有男生都没再继续发表不当言论。

虽然事情很小，但这却体现出这个男生有为女生考虑的心思，他能站在女孩的角度去感受女孩在当时场景中的不自在，并主动改变环境。男孩若是有这样的举动，不仅能换来女孩的好感，也能让人内心感到温暖，同时还能获得女孩对他的尊重。

所以，我们也需要具备这样的换位思考能力，不要只想着自己开心，也要想想在场的女性是不是因为异性的言行有不舒适的感觉。平时与女性正常交往时，你也要多注意观察对方的变化，以了解异性都在哪些方面比较在意，或者从自己的妈妈以及其他女性亲戚那里了解自己都要注意些什么，从而培养自己成为善解人意的人。

就此，再多说两句。面对女性，如何避免让自己犯错？这里有一个非常简单而又实用的方法：把同龄的女生当成自己的姐妹看，把年长的女性当成自己的母亲看待，把年老的女性当成自己的奶奶、外婆看，你还忍心去伤害她们吗？保护她们，其实就是保护自己！

第三，学会承担起责任来。

曾经有位妈妈这样提醒她的儿子："将来你的另一半，她也是千娇万宠的一个孩子，她也是自己爸爸妈妈的心肝宝贝。为什么她要跟你受委屈呢？为什么她要承担全部的家务？她要工作，她也要学习，她还要带孩子。你现在做家务，就会培养起责任感，将来，你会对你的家人负起责任。作为男孩，你长得很帅，但是你将来如果能进得了书房，下得了厨房，能担当、有责任，那么你的未来一定很幸福，跟你在一起的人也一定会很幸福。无论你有多大的学问，你会说几门语言，这都不重要，我希望你能做一个有责任、有担当的纯爷们儿。"

这位妈妈说得非常对，我们身为男性，本身在很多方面占有优势，但这些优势并不是用来炫耀和对女孩颐指气使的，恰恰相反，这些优势就是为了能够创造幸福而存在的。我们未来也要组建家庭，也要和女性共事，那么我们就应该承担起自己身为丈夫、父亲的责任，承担起自己作为同事、领导的责任，和女性一起为幸福生活而努力奋斗。

任何情况下，都不要去欺负女孩

案例一：

2018年9月21日16时许，浙江省瑞安市警方接到报警，在某小学三楼的一间厕所里，有男孩受伤且伤势严重。

民警迅速赶到现场，经调查发现，原来是一位父亲刺伤了一个叫作小叶的10岁男孩。这位父亲的女儿小林两天前在学校与男孩小叶因为某些事情发生口角，小叶可能一时情绪激动挥手打到了小林的眼睛，小林当时感觉眼睛很疼（伤势轻，未就医，正常上学）。可得知小林遭遇的父亲却心生了怨气，所以在21日下午就带着水果刀去了学校，并刺伤了小叶，小叶伤势过重，经全力抢救无效死亡。

2019年3月1日，温州市中级人民法院以故意杀人罪判处被告人林某死刑，剥夺政治权利终身。

案例二：

2019年5月10日，江西省上饶市公安局信州分局接到报警，某小学内发生了持刀伤人案件。

经警方查明，嫌疑人是学校一名女孩的父亲王某，被伤的10岁男孩是这名女孩的同桌。有消息称，男孩经常打女孩，女孩多次告诉父母，女孩父母也和男孩交涉过多次，但男孩还是打女孩，即便女孩父母找到了老师、男孩的父母也无济于事。后来，女孩的父亲忍无可忍，便冲进教室刺伤了男孩，而男孩送医院经全力抢救无效死亡。

2019年11月29日，上饶市中级人民法院以故意杀人罪判处被告人王某死刑，剥夺政治权利终身。

两位父亲，都因为男生对自己女儿的不当举动而一时怒火攻心，做出了难以挽回的事情，导致两个家庭都陷入莫大的悲伤之中。

也许有人会说："成年人又何必与孩子多计较？"但是换个角度来看，没有哪个女孩的父母会愿意看到自己的女儿被男孩"欺负"。

而实际上，有的男孩也的确相当过分，比如，曾经有3个男孩往一个7岁女孩的眼睛里强塞纸片，这并不能说他们没有恶意，毕竟，单纯的玩耍都是令人感到愉快的，但他们明显已经实施了伤害女孩的行为，令女孩感到了不适，这又哪里是玩呢？分明就是欺负。

这也是在提醒我们，在任何情况下都不要欺负女孩，尊重女孩其实就是对我们自己"最大"的保护。

第一，可以强壮，但不可以强横。

相比较女孩，男孩往往都会更强壮一些，而有的男孩就把强壮当成了自己的资本，处处表现得都很强横。即便是对待女孩，也是一副蛮横不讲理的样子，遇到不顺遂自己心意的事情，就想要以"武力"解决。

也许有的男孩并非有意，可能有的男孩就是想要发脾气，但不论怎样，都应该有底线。男性与女性有着天然的体型、气力的差别，所以几乎全世界都公认"男人不要打女人"。我们强健的体魄是用来在重要时刻发挥作用的，比如对付坏人、保家卫国等，而不要强横地对待女同学，未来也不要强横地对待女性。

第二，要与女孩正常相处，不要试图征服对方。

也有一些男孩在和女孩相处时，带有一种征服欲，总想着要事事赢过女孩，并希望女孩能够听从自己。这种带着征服欲望的相处，势必会换来女孩的反感，毕竟没有人愿意被他人强迫、被他人支配。

我们和女孩相处时，正常相处就好，有礼貌，有距离感，以平等的态度来对待她们。如果自己的确在某些方面比她们强，不需要骄傲，更不能得意忘形甚至反讽她们，而是要利用自己的优势来帮助她们；而如果自己在某些方面不如她们，也不要气馁或气愤，而是要谦虚地向她们请教，这并不丢人，这恰恰是你好学上进的表现，是值得被肯定的。

第三，合理发泄情绪，杜绝以暴力对待女孩。

很多男孩都比较容易冲动，有的男孩会将情绪发泄在弱者身上，而有些女孩的弱者形象就让男孩变得肆无忌惮，他们会选择以暴力对待女孩。

这是绝对不行的。看看前面两个案例，男孩对女孩的"不良行为"，导致了两位父亲的暴怒回击，最终两败俱伤。必须要说明的是，事已至此，我们不对这样的案例做任何价值判断，我们的立场是中立的。但却不能不从中汲取教训。

换位思考一下，如果是你自己的心爱之物或心爱之人被破坏或受委屈，你是不是也会暴躁呢？所以，请不要将自己的情绪发泄在女孩身上，你完全可以选择其他更合适的方式，如果不知道，就去问问妈妈，问问爸爸，请他们帮你解决情绪问题。

女孩拒绝了你的邀请，就不要再去打扰

2018年11月19日，四川省巴中市某中学年仅17岁的女生小李，在自己的宿舍被同班男生袁某捅伤致死。

小李和袁某是同一个复读班的同学，袁某因为长期接触而对小李有好感，便多次向她表白。但小李一心扑在学业上并不想恋爱，便拒绝了袁某。然而袁某却频频威胁小李，还曾当着她的面割破自己的手腕。班主任得知这件事后也曾经对袁某进行教育开导，还请来了他的父亲帮忙一起开导，但他表面上表示知错认错，却在之后对小李痛下毒手。

案发当天夜里，由于小李就住在学校宿舍一楼，袁某趁机割断窗户外面的护栏，进屋将小李残忍杀害。事后，袁某自杀未遂，被送往医院救治。

针对此案，巴中市中级人民法院一审以故意杀人罪判处袁某死刑，剥夺政治权利终身。

很多男孩并不懂得接受拒绝，在情感这件事上尤为突出。袁某的这种表现，可以说是一种强迫行为，很不理智，也很没有道德。把自己的性命押在情感之上，用自己的性命强迫女性，而最终因为被拒，竟然萌生杀意，这不仅是对女性的不尊

重，更是对自己的不尊重，也反映了他内心的叛逆、偏执。

一些男孩进入青春期后情感开始萌发，希望与异性交往。但感情的事情勉强不来，不是你想跟谁交往就能跟谁交往的。不仅是感情的事，异性相处本就需要双方都保持理智，即便是普通的男女相处，彼此之间也要互相尊重，男孩也要尊重女孩的选择权。

要明白一点，当女孩拒绝了你的邀请，就不要再去打扰，也就是要学会接受拒绝。

第一，理智看待"拒绝"。

拒绝是主动行为，也是每个人的权利。当不喜欢某件事，不愿意做某件事时，表达拒绝是正常的事情。但是有些人也许是性格原因，也许是家庭教育原因，导致不能接受拒绝，被拒绝在他看来是非常痛苦的事。

但这种痛苦源自我们自己，而非他人的拒绝，所以，不能抱怨"凭什么她要拒绝我"，而是要考虑"我被拒绝了应该怎么办"，就是要从自己的角度考虑，因为什么而被拒绝，自己哪些方面表现还不够好，哪些方面没有得到他人的认可……也就是被拒绝后你可以启动"自查"，这会让你把注意力重新聚焦到自己身上，而不至于总纠结他人的态度。

第二，不要胡搅蛮缠。

曾有一位姑姑这样教育十几岁的侄子：侄子告诉她，他

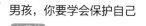

约了一个女孩出去，被女孩拒绝了。姑姑问："你知道该怎么做了，对吗？"侄子说："我知道，我不会放弃的。"姑姑说："不对，你不应该再去打扰她，因为她已经拒绝了你。"侄子很震惊，因为从没有人教过他要尊重女生的意愿。由此，她希望，要好好教育男孩！

这位姑姑，的确非常明智理性。当然，被拒绝并不是一个愉悦的体验，所以，有些男孩会想方设法地纠缠对方，以证明对方拒绝自己是一个错误。但所谓的"不放弃"其实与胡搅蛮缠差不多，只能换来对方更大的反感，从而让彼此的关系变得更加紧张。

被拒绝是有原因的：一是对方可能并不想过早谈及情感问题，这并不代表你不好，只是时机不合适而已；二是你的条件（包括性格、价值观等）的确没有达到对方的要求，对方不认为你是那个"对的人"（Mr. Right）。举例子来说，你想要把方形积木塞进圆桶里，积木没问题，圆桶也没问题，但二者明显不合适，圆桶拒绝方形积木当然合情合理。

所以，不要固执地非要女孩答应你，非要和女孩建立紧密联系，适配度不高的两个人，强拉硬拽势必没有好结果。

第三，不因被拒绝而怨恨对方。

被拒绝虽然令人难过，但却并不是什么深仇大恨，因被拒绝而感到伤心是正常的，但这只能是一时的情绪，不能因此就怀恨对方，甚至做出傻事。而且，怨恨也会给自己带来伤害，会让内心变得狭隘，严重影响身心发展、学习与生活等。

人生中不可能都是顺风顺水的事，被拒绝也是人生常事，我们也要培养大度的胸怀，提升忍耐力和接纳力。如果觉得内心暂时无法接受被拒绝的现实，那就暂时远离这个女孩，或者与她恢复陌生人的相处模式，千万不要为此大发雷霆甚至想去伤害对方。

在女孩面前不要帅，也不装酷

　　浙江省江山市少年涛涛自从上初中后，就结识了一批不良朋友，他们经常凑在一起看古惑仔系列的电影，一起结伴打游戏。因为看了电影，涛涛觉得"古惑仔身上的文身很酷很帅"，再加上他的这些不良朋友身上也都有文身，于是他也决定尝试文身。

　　从2016年开始，当时还不满13岁的涛涛就开始文身。第一次文身后，他觉得很疼，但周围朋友都夸他酷，于是他便开始在前胸后背文身。父母一开始都没察觉，直到2016年年底才无意间发现他背部的文身，母亲不停地唠叨，父亲则狠狠揍了他一顿，结果刚好处在青春叛逆期的涛涛觉得"他们越打我我越想文身"，于是一而再再而三地在身上文了各种图案。

　　后来，涛涛身上的龙、麒麟、鬼面等各种图案文身已经占据了上半身一半左右的面积。很快，学校对他下发了休学通知，学校的建议是"学生对校容校貌有较大影响"，建议对全身文身进行清洗，如果无法做到全身清洗，应对裸露在外的文身进行清洗。结果2017年9月1日，还不满14岁的涛涛不得不因为文身而暂时休学。

不仅休学，涛涛还要清洗文身，除了清洗时要经历刻骨铭心的疼痛，涛涛的父母还要为此付出巨额的清洗费用。而大面积的文身，也会让涛涛丧失参军、考公务员等诸多选拔机会，以后的生活中他还可能会因为文身遇到诸多不可预测的烦恼。

年轻的男孩总觉得自己应该要酷一些，但是不知道应该怎么做的时候就去盲目模仿装酷。涛涛的装酷，不只有模仿，还有他的叛逆，这让他付出了难以估量的代价。

而实际上，很多男孩的装酷还不仅仅是像涛涛这样只为了让自己看起来酷一些，他们会想方设法地在女性面前装酷，希望通过这样的方式来获得女性的好感或青睐。比如，曾经有一个人在网络上匿名吐槽自己说："总在年轻女孩面前装酷、耍帅，装着智商高、有风度，可实际上自己根本没有那个实力，真要在女孩面前还是很拘谨，到头来也没得到哪个女孩的喜欢，不过是自己伪装自己想要吸引异性关注罢了。"耍出来的"帅"，装出来的"酷"，都是虚假的，外在的表演终究不真实，一旦被看穿，纠结郁闷的还是自己。

而在女孩眼中，装酷的男性就真的吸引人吗？并不是。在女孩看来，装酷的男性是幼稚的，她们从旁观者的角度来看装酷的男性，会觉得无奈又可笑。

所以，不要只顾着搞"花架子"，要专心致志提升自我。

第一，别错误定义"帅"和"酷"，不要盲目模仿。

到底什么是真正的"帅"和"酷"？很多男孩内心并不清楚，所以，他们就从影视剧中，或者从旁人的表现中得出莫名其妙的结论，然后就去模仿。就像案例中的涛涛，模仿古惑仔文身，这种表面形式上的"酷"才是真的害人。

哪里有真正的"帅"和"酷"呢？在"大阅兵"时，我们都会称赞中国军人说"又帅又酷"；在有人见义勇为时，我们也会夸赞一句"又帅又酷"；在尽职尽责做好本职工作时，我们还是会说这样的人"又帅又酷"……你看，真正的帅和酷并不必须要与外在形象挂钩，或者说，外在形象只是一种附加内容，有更好，没有也并不代表不帅不酷。

真正的帅和酷，是发自内心地去努力，实现自己的价值，让自己做到俯仰无愧。我们要看得到"帅"和"酷"这两个字的内在含义，而不要只拘泥于其外在形象。

第二，在什么年龄做什么事，努力充实自我。

有些人对帅和酷的理解是，"去做成年人的事，表现得像大人一样"，可实际上每个成年人也是经历了足够的成长才有了如今的表现，所以，单纯地去做成年人该做的事，相当于你跳级去做超越自己能力的事，其结果可想而知。

接纳现在的自己，在自己当下的年龄里，做自己应该做的事，在这个最好的时间里去认真学习，认真发掘自身潜能，一点点积累，才有可能让自己在未来表现得又帅又酷。

第三，不要为了"吸引女孩"去做任何事。

有些男孩之所以会耍帅耍酷，可能也与其进入青春期产生想要吸引异性的心理有关。为了吸引女孩，男孩做出一些自认为很酷的事，比如"遇到事了就想着去打架，试图通过打架来证明自己的所谓的'实力'"，这样的想法、做法，其实还是很幼稚的。

我们做很多事的目的，是让自己成长得更好，而不是吸引女孩来关注自己。俗语说，"酒香不怕巷子深"，如果你自身做人、做事、学习、生活等各方面表现都很好，自然不会缺少人缘。所以，不要放错了关注重点，安心提升自己才是"王道"。

男孩，你要学会
保护自己

身体篇

周舒予 著

北京理工大学出版社

BEIJING INSTITUTE OF TECHNOLOGY PRESS

图书在版编目（CIP）数据

男孩，你要学会保护自己.身体篇/周舒予著.--
北京：北京理工大学出版社，2022.5（2022.8重印）

ISBN 978-7-5763-0935-5

Ⅰ.①男… Ⅱ.①周… Ⅲ.①男性-安全教育-青少
年读物 Ⅳ.①X956-49

中国版本图书馆CIP数据核字（2022）第023836号

出版发行 / 北京理工大学出版社有限责任公司

社　　址 / 北京市海淀区中关村南大街5号

邮　　编 / 100081

电　　话 / （010）68914775（总编室）

　　　　　（010）82562903（教材售后服务热线）

　　　　　（010）68944723（其他图书服务热线）

网　　址 / http://www.bitpress.com.cn

经　　销 / 全国各地新华书店

印　　刷 / 唐山富达印务有限公司

开　　本 / 880毫米×1230毫米 1/32

印　　张 / 30　　　　　　　　　　　　　　责任编辑/李慧智

字　　数 / 545千字　　　　　　　　　　　文案编辑/李慧智

版　　次 / 2022年5月第1版　2022年8月第4次印刷　责任校对/刘亚男

定　　价 / 152.00元（全4册）　　　　　　责任印制/施胜娟

图书出现印装质量问题，请拨打售后服务热线，本社负责调换

前言

谨慎能捕千秋蝉，小心驶得万年船。

人要成事，要多些谨慎，多加小心，保证自己不陷入任何一种危险，才可能将更多的心思投入要做的事情中，才可能获得成功；但凡人身安全有受到威胁的可能，都不得不分出一丝心思去提防，就会影响"成事"。

我们人生中要做的很多事其实都是财富，不论是学习、工作方面的，还是生活、休闲方面的，每件事都可以标注为0，而居于首位的安全就是1，有安全在，我们的人生财富就是10000000……（不可限量）；而如果安全这个1不在了，再多的0，也都不过是虚无。

这就是安全对于我们的重要性。

但并不是所有人都能理解这一点，尤其是男孩对安全问题的关注可能都会少一些。因为大部分男孩都认为，"我很勇敢""我是了不起的男子汉""我什么都不怕"……体内的激素也促使男孩表现得更易冲动，这会让男孩误以为：自己可以应对各种事，不会有什么危险，所以不用特意关注安全；即便遇到了危险，自己也有能

力战胜它。

可实际上，危险并不会因为你是男孩就对你"礼让三分"，也不会因为你自认为"勇敢""了不起""不怕"而真的对你"退避三舍"，更不会调整自己的"级别"。

危险面前人人"平等"，如果你没有足够的安全意识，缺乏足够的应对危险的能力，不懂得趋利避害，不会保护自己，那么危险可能就会毫不犹豫地"光顾"你。

所以，先学会保护自己，顾好自己的安全，牢牢抓住这个1，然后才有机会去实现人生财富的那些0。

安全问题涉及我们生活、学习的方方面面，甚至与我们的一举一动都息息相关。具体来说，和我们密切相连的安全问题，包括身体安全、心理安全、校园安全、社会安全，这也正是这套书所对应的几个主题。

身体安全——

其实说到安全问题，身体安全可谓"最最重要"，这是"革命的本钱"。保证了身体安全，我们的人生才有多姿多彩的可能。

保护好身体，可谓男孩的"安全第一课"。如何保护？比如，要懂点生理常识，别让错误的知识害了自己；面对各种性信息，坚决不受其误导与干扰；青春期有禁忌，没熟的"涩苹果"不能吃；男孩也需要注意防范性侵害；改掉坏习惯，拯救男孩的体质危机；善待生命，这是男孩对身体的"最高级"保护……对身体的保护，再重视都不为过。

对男孩而言，千万不要仗着自己身强体壮就放松对身体的

保护，不仅要从思想意识上重视起来，更要从方式方法上行动起来！

心理安全——

男孩的自我保护，外在的身体安全固然重要，但内在的安全也不能忽视，很多时候，内在的不安全反而比外在的不安全对男孩的威胁更大。这里所说的内在安全，其实就是心理的安全。

所谓"心理安全"，就是保护心理不受威胁与伤害的一种预先或适时应对性的心理机制。只有保证心理的安全与自由，才能最终实现自身与他人、社会及世界的和谐统一。

心理安全，也可以称为心理健康。对男孩而言，心理健康非常重要，千万不要让心灵受伤。不妨从以下几方面做起：远离"早恋"的烦恼与冲动，让青春更美好；拒绝网络诱惑，不要试图让游戏填补心灵的空虚；学会安抚失控的情绪，让自己做个阳光少年；青春叛逆要不得，要多与父母沟通交流；学习的压力，并非跨不过去的"坎"，要学会化解；走出心理阴霾，从容应对常见的各种问题……越重视，越安心。

心理安全，是一种更深层次的自我保护。健康从心开始，心理健康，才有机会让生命精彩绽放。

校园安全——

校园作为一个由众多人参与的公共场所，虽然有各种涉及安全的规章制度，也有老师和其他工作人员反复监督强调安全

问题，但关键还是要我们自己具备足够的安全意识，积极配合学校的安全教育，才能保证我们安全度过校园生活，让父母放心。

校园安全包罗万象，如课上课下、教室内外、校园情感、各种意外、劳动运动、男女相处、结交朋友等方面的安全，还有被重点关注的校园霸凌问题。如果没有足够的安全意识，没有强大的自我保护能力，即便身体健壮也恐怕没有用武之地。

我们要好好了解校园安全问题，学习与安全有关的各种内容，懂得如何应对不同的危险……每个问题、每项细节都值得认真对待。

社会安全——

虽然我们现在还是学生，但当下在校园所学其实都是在为未来顺利进入社会打基础。况且，即便是我们当下的生活，也离不开社会。所以，我们也必须重视社会安全。

社会涉及更广泛的交际，所以，社会安全不可小视，做好防范才能远离隐患：要擦亮眼睛，识别形形色色的坏人；远离网络背后的各种诱惑和骗局；拒绝烟酒、黄赌毒，坚决不沾染恶习；不加入各种"小团体"，也不要试图"混社会"；上学放学路上，要小心各种圈套与陷阱；学会正确自助与求助……这些都是需要我们重点关注的。

实际上，社会安全不仅在当下对我们很重要，其中涉及的很多内容对我们未来的社会生活也有很大的警示作用。所以我们要通过学习这些内容，养成良好的社会安全习惯，提升自我

保护的能力，从而保证我们当下及未来参与社会生活时，最大限度地保障自己的安全。

安全问题无小事，安全防范无止境。关于安全，远不止这套书中提到的身体、心理、校园、社会等方面内容。作为男孩，我们去了解、学习这部分内容，为的是能让自己从中受到启发，通过这些文字意识到安全问题不容忽视，必须时刻牢记心间，必须主动培养安全意识，必须积极提升自我保护能力，将其化为一种"习惯成自然"的自身素养。

希望这些文字可以帮你为自身的安全筑起一道"防火墙"，助你穿上一套保护自我的铠甲，从而成长为一名带着理性与智慧勇闯天涯的真正勇士。加油！男孩们！

目 录

Contents

保护好身体——男孩的"安全第一课"

身体是做一切事情的本钱，保护自身的安全，其实在很大程度上就是要求我们要保护好自己的身体。当我们能够做到保证营养均衡、身强体壮、免于意外伤害，保证从外在身体到内在心理都能处于一个良好的状态时，我们才能说自己是一个健康的人，是一个有"资本"去做各种事情的人。所以，我们也要上好这"安全第一课"，坚决保护好自己的身体。

第二章

懂点生理常识，别让错误的知识害了自己

　　在青春期时，我们的身体会因为成长发育而发生一些变化。有些男孩甚至感觉自己在经历"巨变"。面对这样的"巨变"，有点恐慌也是很正常的，但我们千万不要因为恐慌而慌不择路，不要凭借道听途说或者片面的消息就给自己的身体变化下任何"定论"。我们应该通过科学的途径来学习了解正确的生理常识，借助科学知识来帮助自己顺利度过青春期。

各种性信息——坚决不受其误导与干扰

　　我们生活的世界里充满了各种各样的信息，性信息自然也在其中。但是，对于青春期的男孩来说，任何一条性信息都可能会引发我们的性冲动，如果不能及时躲避，不能加以控制，我们很可能会由此而做出错误的甚至是后果严重以至于无法挽回的事情来。所以，要正确认识这些性信息，做到坚决不受其误导与干扰，将更多注意力放在重要的事情上。

第 四 章

青春期有禁忌，没熟的"涩苹果"不能吃

青春期后果最严重的问题之一可能就是过早地有了性经历，在身体发育不成熟、没有担当能力的时候发生性行为，就相当于你摘下了"涩苹果"。青春期是成长的关键时期，不可以被随意挥霍。所以，不要在这个时期留下以后难以弥补的遗憾。要坚守原则，学会等待，耐心等待身心的健康发育，等待苹果真正成熟的时候再去品尝。

第 五 章

男孩也需要注意防范性侵害

说到性侵害，更多的人第一反应是女孩的经历。的确，女孩相对来说要柔弱一些，遭遇性侵害的概率可能会更高。可是，这并不代表性侵害只在女孩身上发生，很多男孩其实也可能会深受其害，而且因为大众对男孩的固有认知，对男孩被性侵的重视程度不高。那么，我们自己就要注意，要懂得防范他人对自己的性侵害，并在这方面保护好自己。

改掉坏习惯，拯救男孩的体质危机

现在的男孩正在遭遇前所未有的体质危机，本应该是身体强壮的小伙子，却动不动就出问题，有的是跑不动，有的是跑几步就晕倒，有的是不能剧烈运动，还有的是体育测试总也不达标，要么就是过于肥胖。男孩本该有健康强健的体魄，我们不能任由柔弱、多病、肥胖、懒惰等问题纠缠自己，是时候改掉坏习惯，拯救一下我们的体质危机了。

第 七 章

善待生命——男孩对身体"最高级"的保护

在保护自我安全这件事上，善待生命就是我们对身体的"最高级"的保护，更是"终极"的保护。拥有健康、有活力的生命，是我们不断学习、成长，以及获得更大成功、取得更大成就的最基本保障。每个人的生命都是有限的，只有一次，所以，我们更要善待生命，始终铭记"生命第一"，用全方位的保护让生命绽放耀眼的光彩。

第一章
Chapter 1

保护好身体——
男孩的"安全第一课"

　　身体是做一切事情的本钱，保护自身的安全，其实在很大程度上就是要求我们要保护好自己的身体。当我们能够做到保证营养均衡、身强体壮、免于意外伤害，保证从外在身体到内在心理都能处于一个良好的状态时，我们才能说自己是一个健康的人，是一个有"资本"去做各种事情的人。所以，我们也要上好这"安全第一课"，坚决保护好自己的身体。

男孩，请做好保护自己身体的准备

2020 年 3 月 1 日早上，广西壮族自治区南宁市的 15 岁男孩小斌忽然晕倒。在被紧急送到医院经 CT 检查之后，医生发现小斌脑梗了，父母又连忙将他转到了南宁市大一些的医院做进一步的检查。

医生发现小斌的左手拇指张不开，手臂也抬不起来，同时肩关节向内旋转，而这些都是中风（学名"脑卒中"）的症状。但 15 岁的男孩就中风这很奇怪，经过医生了解发现，之所以会得这种病，跟小斌疯玩手机游戏有很大关系。

小斌上初三，新冠肺炎疫情期间在家里上网课，妈妈给他留了一部手机方便上课用。父母每天都是一大早出门上班，晚上 6 点多才下班回家，小斌整日一个人在家，妈妈给留的饭菜也不吃，饿了就吃零食、喝饮料，晚上以"没听完课"为由，反锁房门继续玩手机，每天最多只睡两个小时的觉。这种状态一直持续了大概一个月，他的身体逐渐不堪重负。

医生说，脑卒中这个病重在预防，要说经过治疗能够恢复到以前，基本上是不可能的，只能是介入时间越早恢复越快。经过一个疗程的康复训练，小斌手臂已经可以抬起，拇指也能轻微张开，说明他正在恢复中。

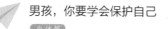
小斌的行为属于完全放任自我，对自身的健康完全没有一丝照护的意识，结果只能自己遭罪。

大部分男孩生来精力旺盛，喜欢爬上爬下，喜欢惊险刺激，为了满足自己的好奇心而表现得"无所畏惧"，同时对很多新鲜事物往往沉迷其中，再加上自制力不够强，有时候还存在侥幸心理，很容易遭遇来自各方面的危险。尤其是进入青春期之后，男孩总觉得自己有了一定的"自主权"，一旦自我放松，遭遇危险的可能性也会大大增加。

所以作为男孩，我们对自己身体的保护更应做好充足的准备，一来是避免自己真的遇到像小斌这种难以应对的危险情况；二来则是做好防范，如果真的危险到来，我们知道怎么去应对，将危险带来的不良影响降至最低。

具体来说，我们需要做的准备包括这样几个方面：

第一，意识方面。

我们应该意识到自己的身体并不是"永动机"，也不是可随意使用的"工具"，它是脆弱的，很容易出现损伤和疾病，从而影响正常的学习与生活。只有身体保持健康，我们才可能有机会、有能力去做更多的事。

所以，好好保护身体非常重要。这一点，我们可以从父母对我们身体健康的重视程度了解到。我们要在这方面多听听父母的嘱咐。另外，也可以从书本、各种音频及视频课程等其他方面学习了解关于保持身体健康的知识，引发自己对身体保护的足够关注。

第二，行动方面。

行动方面包括两个部分，一是积极主动的行动，二是积极主动的防御。

积极主动的行动，包括好好吃饭、规律作息、及时补充营养、锻炼身体等这些积极向上的行动，也就是通过内补外练的方式来保证身体健康需求。

积极主动的防御，则是要我们能够意识到哪些行为是不可做的，比如不可以只吃零食、喝饮料而不吃正餐，不可以只顾眼前的快乐而放任身体"接受"烟酒甚至毒品，不可以为了玩乐而减少甚至放弃睡眠，不可以有病"硬扛"，不可以随意毁伤身体，等等。

第三，应对方面。

这个"应对"，就是万一遇到问题、遭遇危险应该采取什么样的措施。但是这个"应对"并不意味着我们一定会遭遇这些不好的事情，只是需要做到未雨绸缪、防患于未然。

比如，提前学一点简单的急救和自救知识，在遇到危险时能保全自己；如果已经被父母、老师指出过有伤害身体的举动，要知错就改；对于别人自我伤害身体的事情，要从中获得警示；等等。

这些准备具体怎么做、做到什么程度，可能不同的人会有不同的标准，不同的人有不同的准备项目，但一个基本核心就是，我们需要对自己的身体有一定的重视，要有好好保护自己身体的意识。在自我保护这方面，既要有理性，也要有方法，只有准备充分，才可能提升自身安全系数，尽可能地远离、规避危险。

认识到保护身体的重要性，提升自我保护意识

由于父母工作忙碌，湖北省武汉市的 17 岁男生小陈，从小学六年级开始，每天的早饭、中饭都要在外面吃。陈涛从小就喜欢吃零食，早饭、中饭他也经常用甜食、点心代替，有时候晚饭回家也不吃正餐，依旧吃零食。

就这样持续了五六年，高二时的一天，同桌闻到小陈口中飘出一股淡淡的苹果味，一周之后，淡苹果味又变成了烂苹果味。之后不久的一天晚上，正在做作业的小陈忽然觉得全身疼痛，腰尤其疼，在床上躺了一会儿不仅没有缓解反而越来越疼。一个多小时后，陈涛疼得几乎丧失了神志，家人赶紧将他送进了医院。

经过检查，医生诊断小陈为糖尿病酮症酸中毒，经过一系列对症治疗，才控制住了他的血糖，病情也有了好转。

对于小陈 17 岁患糖尿病的原因，医生认为，其直系亲属中没有糖尿病史，所以与遗传无关，那么他患病的原因就是长期把点心、零食当正餐，过量食用高糖高脂食品导致胰岛功能障碍，从而患上了糖尿病。

保护身体这件事，我们自己是主动"执行者"，就像小陈这样，如果自己不注意，一味放任，身体健康势必受到影响。所以，保护自己的身体并不是可以随意应付的事，我们应提升自我保护意识，认识到保护身体的重要性，并真的努力做到好好保护才行。

那么，为什么必须保护好身体呢？保护身体到底有怎样的重要性呢？

首先，健康的身体是美好生活的保障。

看看小陈，没有得病时，他可以随意吃自己想吃的东西，可是得了糖尿病，他原本喜欢吃的东西，尤其是含有大量糖分的东西，再也不能放开肚皮随意吃了。不仅如此，疾病所带来的种种并发症还会在他身体里埋下隐形炸弹，说不准什么时候就爆发，让他的身体再次陷入危机。

所以，从最简单实际的需求来看，如果我们想要"吃到好吃的""做自己想做的事情""感受生活中的快乐""发现生活的美好"，那么最起码需要有一个健康的身体，这样我们才能放心去品尝、去享受。也就是说，不要只图一时的快乐，我们的眼光要放得长远一些，要为了未来能够持久享受美好生活，从现在开始就好好保护自己的身体。

其次，良好的身体状况是做一切事情的基础。

想要学习？想要运动？想要玩耍？想要旅行？想要为了

自己的目标奋斗？这些都离不开一个好身体。健康的身体会
让你有力气、有耐力、有思考的精力、有足够的承受力，不
论是动手、动脑，还是运动、做其他事，抛开其他条件先不
说，只要你拥有一个良好的身体状态，那么你就有了做这一
切事情的基础。反之，则难上加难。

再次，保护好自己的身体也是对父母的一种孝心。

古人说："身体发肤，受之父母，不敢毁伤，孝之始
也。"人都是由父精母血孕育而成，父母对孩子最基本的希
望就是"身体健康"。当我们能够保护好自己的身体，努力
做到不生病、不受伤，不因自己学习、生活受挫想不开而毁
伤身体、放弃生命，就是对父母的一种孝心。

也就是说，我们保护自己的身体，其实也不完全是为
了自己，也是为了让父母放心，这也是有孝心的一种重要
体现。

最后，拥有好身体也是为社会做贡献。

看到这里，可能有的男孩不太理解，说："我自己有一
个好身体，这和社会有什么关系呢？"

我们再回去看看小陈，他如果身体健康，那么就有能力
好好学习，学得一身本领，最终总可以为社会做些贡献；但
他生病了，为了治病，他就要接受治疗，为了身体康复，还
要不断进行各种检查，这些都需要消耗大量的社会资源。

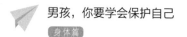
简单来讲，拥有一个好身体，可以不给社会添麻烦。而好身体会帮助我们有更多的能力做更多的事，从而为社会做出自己力所能及的贡献，最终实现我们的人生价值。

掌握保护身体的方法与技巧

这是一位妈妈关于带儿子运动的分享：

儿子5岁半时，我让他学习打网球，结果这成为他最喜欢也投入最多的运动。虽然学习很忙，但儿子坚持每周进行3次训练，没有训练的时候就在家里进行练习：用绳梯练习步伐，或者在小区里对着墙壁打球熟悉球感。儿子通过这样的练习来训练自己的手眼协调能力、步伐的灵活度、良好的体能以及爆发力。

通过努力付出，他的身心发展出现了很大变化：

抗病能力提高了，不再动不动就生病。

不再拖延。以前都是要在后面催，现在因为每天训练时间紧迫，他学会了合理高效利用时间。球场上一小时，需要一边思考一边回球；回家后到睡觉也就两小时时间，若想早点做完作业多一点自由时间就要合理安排时间；后来他还能给自己设定闹钟，知道自由调整时间。

每天都很快乐。儿子总是一脸阳光，即便受到批评、训斥也并不太在意，而是能快速进入下一个环节。每天都笑眯眯地起床、开开心心地去上学和训练。临睡前还会告诉我："醒着有那么多开心的事可以做，真不想睡觉。但是我闭上眼睛想想明天又可以做的开心事，我就睡着了。"

儿子也有了梦想，想要成为了不起的网球运动员。为了儿子的这个梦想，我们全家都累并快乐着。

这位妈妈的话语间满是欣慰和满足，而从她的描述来看，儿子在这个过程中也是收获颇丰：身体增强了抗病能力，改掉了拖延的毛病，生活变得充实而快乐，也拥有了积极健康的心理。从某种角度来说，这个男孩给自己的身体加上了相当不错的防护，他的方法就是积极的运动，技巧就是认真对待运动。

在保护身体这方面，选择合适的运动并坚持下去是一个不错的方法，但并不是唯一的方法，我们应该根据自己身体的状况、需求，来选择更适合自己的方法，并掌握技巧。

可以试试基于以下原则来选择合适的方法与技巧。

第一，尊重自然生长规律。

青少年正是长身体的关键时期，我们应该不违背生长规律，不超出承受能力范围，科学安排运动方法，这样我们的身体才会真正获得锻炼并提高自我保护能力，不会因为胡乱选择方法反而伤害了身体。

同时，这个"自然生长规律"还包括另一个方面——我们的正常生活需求、生活作息。比如，要保证充足的睡眠、合理的营养搭配，不能总是熬夜或者睡懒觉，也不能总是胡吃海塞或者只吃零食不吃正餐。也就是说，我们不能一边"弥补身体"，一边又"祸害身体"。

　　所以，我们要尊重身体成长的自然规律，及时满足身体正常合理的需求，让身体处在一种健康运行的规律中，这样我们的身体才能得到有效的保护。

　　第二，选择合理且合适的方法。

　　首先我们选择的方法要合理，不论是锻炼也好、学习也好、合理调养也好，这个方法应该在我们的能力范围内，可接纳、可承受并具有一定的可操作性，不会给我们的身体和心理带来任何负担。但这个方法不要低于我们的能力水平，不要表面做做样子。比如说运动，并不是说随便动动就可以了，要有一定的难度，要付出足够的汗水，这样才可能出效果，不论怎样的方法都不可以简单应付了事。

　　除了"合理"之外，还要保证方法是"合适"的，要适合自己的年龄，自己也能接受，若是能感兴趣那就再好不过了。

　　第三，要有努力坚持的耐力和信心。

　　案例中的男孩为什么能收获那么大？他的坚持与自信起到了很大的作用。不论我们选择怎样的方法、挖掘出怎样的技巧，都需要耐心坚持下去，而不能做两天就废掉了。保护身体也要养成习惯，这就需要坚持。同时，我们还要相信自己是可以做到好好保护自己的，并在这种自信心的带动影响下去努力做自己可以做、应该做的事情。

第四，积极学习与保护身体有关的各项技能。

保护身体不受伤害、不受病痛折磨，我们也要掌握一定的处理方法。比如，可以学习简单的伤口处理方法，学习一些简单疾病的应急处理，通过锻炼来让身体有足够的爆发力，学习在危险时刻简单的逃生技巧，学习基本的辨方向、找水源等生存知识，等等。

虽然看来这些内容很杂，但多学一点、多掌握一点，说不准什么时候就能派上用场。我们应该一直保持较强的安全意识，一有机会就"加固"对身体的防护。

总体来说，保护身体的方法和技巧其实就是让身体动起来、壮实起来，并尽量实现身心协调发展，还有就是根据实际情况来学习相应的保护措施。掌握以上几个原则，我们就能根据喜好和需求来选择更适合自己的方法和技巧。

起居有常，健康常在

　　15 岁男孩君君以优异的成绩考取了当地最好的高中。开学两个月，君君整体学习情况还可以，但因为高一是 9 门课程，他明显感觉压力巨大。为了能够提高成绩，每天除了完成老师布置的作业，君君还不断给自己的学习加码，每天疯狂刷题到深夜，开学两个月来每天基本都凌晨 1 点多才睡觉。

　　但之后的几天，君君发现自己每次熬夜之后早起都很累，做什么都没精神。妈妈以为他是缺营养，开始给他补充大量的高营养食物。而对于这种劳累，君君和家人都没有重视。

　　直到有一天早上，妈妈发现以往 6 点 40 分就起床的君君，7 点了还没有从卧室出来，她以为孩子是晚上熬得太累，也就没有在意。做好早饭后，妈妈发现君君还是没有起床，感觉不太对劲，到君君的卧室一看，才发现君君趴在写字台上，已经没有了呼吸。

　　经过法医鉴定，君君是因为过度熬夜导致心血管破裂大出血而猝死。

2019 年 3 月 17 日，《2019 年中国青少年儿童睡眠健康白皮书》发布，其中数据显示，有 62.9% 的青少年睡眠不足 8 小时，其中 13 ～ 17 周岁青少年睡眠时间被严重缩短，高达 81.2% 的青少年睡眠时长低于 6 小时。影响青少年睡眠的第一因素就是繁重的课业压力，占比高达 67.3%，同时 3C 产品（计算机类、通信类和消费类电子产品三者的统称）、睡眠环境、家长睡眠习惯也成为影响青少年儿童睡眠的重要原因。

通过这组数据我们再来看君君的遭遇，正是繁重的课业让他不断给自己施压，他选择压缩自己的睡眠时间来应对，最终身体不堪重负。

这种靠牺牲身体健康来换取所谓的成绩的做法是最不可取的，只有身体健康了，我们才有可能在学业上、在其他方面做出成绩。而要保持身体健康的一个最基本的要求，就是要生活有规律，保证起居有常，让身体足以维持基本的功能。

要实现正常规律的起居，需要注意以下几点：

第一，学会合理安排课业。

关于合理安排课业的问题，很多人觉得这不是自己能决定的，学校的课程多、作业多，自己又不能不做。冯梦龙在《东周列国志》中讲，"事在人为耳"，意思是在一定条件下，事情结果如何要看人的主观努力如何。那么，如何在现有条件下尽量保证自己的时间安排得合理呢？这其实是需要好好计划的。

有些男孩将所有作业都留在回家之后才做，就像君君这样的高中生，9门课程，作业若是都留到六七点钟回家之后再做，满打满算也没有多少时间，只能压榨睡眠时间。但如果我们灵活调整一下，试试利用一下白天的某些时间。比如，有自习课的时候，先集中完成一部分作业，有一些背诵、记忆的内容，课间休息或放学路上试试能不能做，等等。

我们可能时常看到有的男生放学后闲逛，或者自习课的时候不好好学习，很多时间都被浪费了，自然不得不拿晚上睡眠时间去补，这是不妥的。我们也不要总抱怨课业太重，要学会更积极地去应对，适当调整增加可利用的时间，如零碎时间等，以最大限度地减少睡眠的压力。

第二，建立规律的起居作息，不要熬夜。

很多男孩的睡眠不够规律，时间完全不固定，上学的时候认为写作业就要晚睡，假期了不用那么忙，就会玩手机到深夜，还有的人会坐在电脑前玩通宵，然后白天睡觉。时间久了，这种要么睡眠时间不足，要么昼夜颠倒的作息方式，势必会打乱身体的正常运转节奏，最终使身体出现问题。

所以，我们的作息时间最好是相对固定的、有规律的。比如，每天晚上9点或10点睡，早上6点起，无论平时上

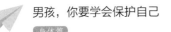
学还是假期，都要尽量保持这样的规律，让身体适应这个节奏。

还要重点注意——不要熬夜。青少年总是仗着自己身体好，认为熬夜无所谓，可实际上，青少年因熬夜而猝死的新闻屡见不鲜，而且我们正处在长身体的关键阶段，很需要良好的睡眠，熬夜则严重损害身体健康。所以，我们要明白规律作息的重要性。

第三，发现并保持适合自己的生活规律。

生活规律并不是"统一"的，我们不能去复制别人的生活规律，而是要寻找适合自己健康合理的生活规律。比如，大部分人会在晚上学习，但也有的人习惯早睡早起，在早上起床后学习，这当然也是可行的。

所以，我们要根据自己的身体条件，根据自己的行动能力，来决定怎样的做法才是适合自己的生活规律。我们应该清楚那些保证身体健康的基本原则，比如睡眠充足、营养均衡、适当运动等，在这些基础上，再结合自己的实际情况，发现并保持适合自己的生活规律。

坚决远离各种垃圾食品，防止病从口入

案例一：

湖北省武汉市的 16 岁男孩小张，在一次常规体检中发现自己的血压高达 150/90 毫米汞柱，后来医生进一步检查发现，小张的父母都没有高血压疾病，排除了家族史。而小张本人体重高达 90 千克，达到了严重肥胖的程度，腰围严重超标。检查结果显示，除了血压高，小张的尿酸、血脂指数都偏高，还有脂肪肝等问题。

据小张妈妈介绍，小张从小就喜欢吃汉堡、炸鸡，喝可乐，非常喜欢油辣食品，而平日也很少运动。上初中之后，小张的学习压力明显增大，每天睡得晚不说，还存在明显偏食、挑食的问题，所以 3 年时间他的体重就增长了 15 千克。小张的高血压与他的肥胖密切相关。

案例二：

湖南省长沙市一名 15 岁的男生小章原本长得清秀帅气，但自从上初中之后，他的乳房就像同龄女孩一样也开始发育起来。因为害怕旁人取笑自己，小章对于诸如打篮球、游泳等一切会"露胸"的体育活动都不敢参加。因为对自己胸部的焦虑，他甚至出现了社交障碍，整日以抽烟来麻醉自己。

后来父母带着小章去医院检查，确诊小章患上了"男性乳腺发育症"，最终医生通过手术帮助他摆脱了困境。

而究其患病原因，医生认为，正处于青春期的小章从小爱喝碳酸饮料、爱吃速食快餐，这些不良生活习惯导致他体内的雌激素增多。而要预防该病，就要养成良好的饮食习惯，加强体育锻炼，避免摄入影响激素水平的药物，以及预防肥胖、禁止饮酒。

两名十五六岁的青少年，都因为垃圾食品导致自己的身体出现损伤，心理也背上了沉重的压力。所以他们这算是吃出来的疾病，自然也要从吃的角度来解决问题。

关于吃，很多家庭都有能满足吃喝的经济条件，父母出于爱护、心疼，也会乐于满足我们的"口腹之欲"。而商家也更愿意迎合我们的口味，甜的、辣的、油的、烫的，这些能刺激味蕾的食物也随时可见、随处可吃。但看看小张和小章，他们因为"口无遮拦"而承受了病痛的惩罚，我们应该引以为戒。

想要好好保护身体，也需要控制好入口的食物，不论吃什么、怎么吃，都应以健康为主，我们应该做到控得住手、管得住嘴。那么，应该怎么吃呢？

第一，保证正常的三餐饮食。

所谓"正常的三餐饮食"，首先指的是吃饭时间正常，不要省略早餐，不要早餐午餐合并，也不要半夜才吃晚餐，而是要在合适的时间里保证三餐的摄入，这个时间的设置其实与我们的日常生活作息习惯也有一定的关系。如果你有良好的作息习惯，那么你的三餐时间也会相对固定。

其次，还指吃饭的"内容"正常，尽量实现合理的食物搭配，包括粗细（粗粮细粮）搭配、荤素搭配、酸碱搭配等。还有就是吃的过程正常，也就是不要挑食、偏食，尽量什么都吃。

第二，选择健康的零食。

零食也分健康的和不健康的，不健康的零食自然是指那些路边摊、快餐、奶茶、炸串等高油、高糖、高热量的食物或饮品，经常吃会对身体有损伤；而健康的零食则包括水果、坚果、低糖低脂饼干，或者自己家做的小蛋糕、小饼干、饮料等食物或饮品。

我们应该减少在外随意购买零食的次数，尽量多吃正规厂家的、干净卫生的零食。最好选择在两餐之间，以补充能量或者以休闲解压为目的简单吃一点就可以了。

第三，不论吃什么都应该有"度"。

其实垃圾食品之所以说它"垃圾"，并不是说你吃一次就中毒了，垃圾食品的"垃圾"之处，在于它所产生的废物或影响会持续累积，如果你不懂得控制，毒性会不断累积，最终你的身体就会因为"食之无度"而遭殃。

而且就算是健康的食物，也不能总是频繁地、没有限制地一直吃，营养搭配均衡、适当调整、不时换换口味，才能保证身体对营养的吸收也是均衡的。所以，我们应该控制的是自己吃喝的度，不暴饮暴食，最好能合理摄入各种营养。

在言语上不贬损自己和他人的身体

　　一位单亲妈妈有一个上小学五年级的儿子晓晨，一段时间里，晓晨每天情绪都很低落，早上上学没精神，放学回家就躲进自己房间。一开始妈妈以为晓晨是马上要期末考试了心理压力大，进屋关门也是为了更安静地学习。

　　直到有一天，晓晨放学后又回了自己的房间关上门，妈妈看他学习这么辛苦就想给他送点水果进去。一推开门，妈妈就看见晓晨悬吊在半空中，她赶紧冲上去解救。后来晓晨说，自己是想要通过悬吊的方式来拉高自己的身高。

　　原来，已经上五年级的晓晨身高只有 1.29 米，是班里最矮的一个。为此班里的同学都笑话他，因为常年都坐在第一排，班里同学给他取外号叫"一排长"。有一次，妈妈去接晓晨放学，还看见他被高个子同学逼着钻胯，但妈妈却认为是男孩子调皮，也就没有放在心上。

　　妈妈一直很忙碌，很难有更多时间关注晓晨，哪知道晓晨却因为身高越来越自卑，甚至做出了把自己吊起来想要拉高的荒唐行为。妈妈无奈之下只得向媒体求助，希望能获得有效帮助。

晓晨本就对自己身高感到自卑，同学给他取外号、嘲笑他，就更加刺激他去做傻事。语言具有特殊的能力，就如隐形的刀剑，会在人的内心留下伤口，这些伤口看不到、摸不着，却令人备感痛苦。

　　生活中，很多男孩都会不假思索地说出对自己或他人身体的贬损之语。如果是贬损自己的身体，表明他对自己的身体不满，从而导致自卑；如果是贬损他人的身体，意味着他完全没有同情心，甚至是无德。所以，不论是对自己还是对他人，我们都应该心存善意。

　　先说对自己。

　　对自己好一点，这是我们每个人都应该做到的事情。如果你都不接纳自己，那也就不要指望旁人能接纳你。对自己，我们可以这样做：

　　第一，理性看待自己的身体。

　　不论怎样，你已经成长成现如今这个样子，可能的确个子不够高或者个子太高，可能的确太瘦了或者太胖了，可能就是身材不那么合适，看着就是不匀称，但它终究是你自己的身体，是属于你的财富。

　　先接受这样的身体，让自己内心不再过于纠结，然后再在现在身体的基础上去想办法调节、改善。当然，我们也可以把更多精力放在好好学习、好好生活上，让自己取得好成绩、有健康的身体，以弥补身材的不完美带给自己的遗憾。

第二，不以自嘲的方式来取悦他人。

有的人为了让自己显得合群，就顺从他人嘲笑的内容，也照样子贬损自己。但是你要知道，你的自嘲并不会换来他人的认同，他们只会觉得，"看吧，他自己都这样说自己，我们为什么不能随便说"。

所以，我们应该先尊重自己，不要应和他人的嘲笑。如果有人嘲笑，你可以从一开始就很正式地表示自己不愿意听这样的话："我不喜欢被说成这样""我们应该彼此尊重"。如果你一开始就很坚定地维护自己，也就不会给他人留下你好欺负的印象。

第三，通过合理的方式来改善身体状态。

身体在某些方面不是很令自己满意，也可以通过一些合理的方式来改善自己的身体状态，既能让自己变得更健康，也可能会有奇迹出现。

比如积极锻炼，不论是身材过矮还是过胖，又或者是身材瘦弱、体型不好，积极锻炼都会让身体机能运转得更合理，一些有针对性的锻炼说不准还能帮助我们增高、减肥、强壮体魄，让自己的身体变得更健康。

当然，如果有些很严重的身体问题，我们也要遵循父母、老师和医生的意见，并在正规的医院对身体进行合理的医治。

再说对他人。

儒家蒙学经典《弟子规》说，"凡是人，皆须爱"，同学之间更是应该同心同德、互帮互助、互敬互爱，我们没有理由去欺侮他人，对他人的语言贬损并不能体现出你有多么灵活的头脑、优越的条件，反而只能让你因为这些伤人的话语而显得无德。你对他人身体的贬损，伤害的不仅是他人的内心，还有自己的德行、人格，损人不利己。所以对待他人，我们应该这样做：

第一，不去过分关注他人身体的状态。

别人身体怎样与我们是没有太大关系的，毕竟我们非亲非故，总是过度关注他人的"与众不同"也是不尊重他人的表现。

就算是对他人有所关注，也要做到"透过现象看本质"，不能以貌取人，不要因为外貌的原因而否定任何人，多看对方的优点，看对方身上值得自己学习的地方；同时也要看到对方的问题，也算是对自己的一种警醒。

第二，以平等友爱的态度对待他人。

有的人以貌取人的方式是，对身材正常的人就可以好好说话，也可以好好相处；而对于身材"非正常"的人，就冷嘲热讽。

我们不能做这样的"两面派"，而是要平等友爱。对他人的身体不过分关注，只关注对方的人品、能力、性格，就事论事，不参与评论别人身体如何，不讲与身材有关的话题，以正常的态度来对待所有的同学。

第三，试着多释放自己的善意。

在一档综艺节目中，同学们轮流上台说出自己的心里话。一位高三女生走上台鼓起勇气感谢自己的男同桌，她说自己因为身材微胖，受到了很多男生的欺负，但她的男同桌从来不嘲笑她，还会倾听她的烦恼。女生祝福男同桌以后变得更优秀，而男同桌则回复她，"如果你在上大学之后，还有男同学欺负你的话，就给我打电话"。

这是一个温暖的瞬间，男生不经意间释放的善意，足以安慰被欺负的人。我们也应该向这位男生学习，试着向周围多释放自己的善意，多关心他人，在自己能帮忙的时候伸出援手。比如，帮着个子矮的同学拿高处的东西，帮助行动不便的同学出入，适当照顾身体瘦弱的同学，等等。与人为善，与己为善，这才是我们成长中所需要的最宝贵的东西。

第二章
Chapter 2

懂点生理常识，别让错误的知识害了自己

　　在青春期时，我们的身体会因为成长发育而发生一些变化。有些男孩甚至感觉自己在经历"巨变"。面对这样的"巨变"，有点恐慌也是很正常的，但我们千万不要因为恐慌而慌不择路，不要凭借道听途说或者片面的消息就给自己的身体变化下任何"定论"。我们应该通过科学的途径来学习了解正确的生理常识，借助科学知识来帮助自己顺利度过青春期。

不要慌，这是青春期的体貌特征

> 曾经有一名初中男生在某问答网站匿名提问：
>
> 我是一个初中生，但自从进入了青春期，我就开始长胡子，而且长得还特别多、特别重。我自认为自己还是挺帅的，可是长了这么多胡子我就觉得特别难看。我不会用爸爸的剃须刀，也不敢，生怕被他发现。我也想用剪刀剪掉胡子，又不知道这个胡子剪了是好还是不好。我现在每天都感觉好纠结，早起看见镜子里的"胡子脸"就不想去上学。

　　进入青春期后，我们的身体样貌好像忽然就发生了很大的变化，胡子也算是其中一个典型的表现。白白净净的脸上忽然多了一圈黑绒毛，本来看着还算顺眼的脸有了胡子就怎么看都不顺眼。这样的变化的确是很容易让人陷入焦虑中。

　　但不得不说，不论我们怎么感觉不顺眼，这都是身体发育成长的必然经历，几乎所有的男孩都会经历这个样貌大改变的阶段。这就是青春期的体貌特征，是我们成长发育的标志，代表着我们离成熟又近了一大步。

　　为了避免过度恐慌，我们不妨来认识一下男孩青春期的体貌特征。

　　青春期的启动，源自激素的变化。人体内有"促性腺激素"——促进雌雄两种性腺的发育、促进性激素生成和分泌的糖蛋白激素。在它的调控下，性激素及相关激素分泌的增加引发第二性征的发育，促进生殖功能和性功能的发展。

一般标志男孩发育期开始的变化发生在 9 岁左右，随着时代发展，这个年龄可能会发生变化，不过典型的发育过程需要 3～4 年。

这个发育过程可以分为两个阶段。第一阶段是肾上腺机能出现，肾上腺开始分泌越来越多的雄性激素，促使身体发育加快，皮脂分泌增多，体味逐渐出现，同时还会促进阴毛、腋毛、胡须的生长。第二阶段，性腺开始成熟，雄性激素分泌达到成人水平，性腺功能初现。对于男性来说，就是睾丸分泌的雄性激素，尤其是睾酮逐渐增多，刺激男性性器官的生长和成熟，肌肉此时也开始迅速发育，并长出体毛。男孩性成熟的主要标志就是产生精子，精子初现的平均年龄大概是 13 岁。

可以用一个表格来看看男孩青春期生理变化的一般进程。

男孩青春期生理变化的一般进程

男性特征	第一次出现的年龄
睾丸或阴囊生长	9～13.5 岁
阴毛生长	12～16 岁
身体急速发育	10.5～16 岁
阴茎、前列腺、精囊的生长	11～14.5 岁
变声	阴茎生长的同时

男性特征	第一次出现的年龄
遗精	阴茎生长之后一年
胡须和腋毛的出现	阴毛出现两年之后
皮脂腺分泌的油和汗增多（导致痤疮）	与腋毛出现的时间相同

男孩的第二性征，则包括阴毛、腋毛的出现，肌肉开始发育，出现胡须，开始变声，皮肤发生变化，等等。在此时，男孩在体形上也会有变化，比如肩膀逐渐变宽；相对于躯干，腿会更长；相对于上臂，前臂和身高也会变长，男孩在青春期的生长几乎是全方位的。

有的男孩可能会发现，其他人都有了变化，而自己没有变化，对青春期的体貌特征产生一种"反向焦虑"，有的人焦虑自己忽然发生的变化，有的人反倒焦虑："怎么我还没有变化？"比如，有的男孩抱怨说，班上的同学都变声了，声音都变低沉了，只有自己还是尖细的童音，听起来没有"男人味儿"；也有的男孩对同学的腿毛很羡慕，觉得是男性特征的体现，自己不长腿毛就显得很弱。

从某种角度来说，从众心理会促使我们更愿意"与众相同"，一旦与众不同，我们就会觉得内心发慌。其实也不需要这么慌张，青春期会存在早熟和晚熟的情况，每个人都可能有自己独特的成熟进展，就算真有问题，也可以去找医生咨询。如果觉得内心实在不舒服，不如去跟父母、老师聊一聊，缓解下内心的压力，让自己能够正确地面对成长。

身上长出了毛毛——正在长大的标志

一位爸爸向网络医生求助：

我有一个15岁的儿子，以前一起洗澡的时候，他还能让我帮他搓搓背，有时候看他自己哪儿洗不干净，我也搭把手。但是最近不行了，他总是要求自己洗，不需要我帮助；而且不愿意在我面前脱衣服，一问他他还无比害羞。

后来我发现，他到了青春期之后，开始长体毛，对于这些毛毛他觉得很不好意思，甚至连面对爸爸都放不开。我就想知道，我到底应该怎么让他正视自己身体的这些变化呢？

身体上的毛毛，可能是让很多男孩非常不能接受的一个变化，而男孩自己的烦恼可能也会变成家人的烦恼。

但是，身体上的毛发变得旺盛，正是青春期身体发育的特征之一，不只是男孩，女孩也一样，这个变化是绝大多数孩子进入青春期后都必然要有的经历。但显然不论是脸上的胡须、腋下的腋毛，还是阴部的阴毛、腿上的腿毛，都会让男孩产生"我为什么要长这个东西"的疑惑。

那么，青春期时"冒"出来的这些毛毛到底是怎么回事？

进入青春期之后，男孩最明显的体毛变化就是出现阴毛、腋毛以及长出胡须。"长毛毛"是男孩第二性征的体现之一，也可以看成是男子汉的"标志"。

一般来说，男孩的阴毛、腋毛发育要比女孩晚一年，最先长出体毛的部位是阴部，然后是腋毛和胡须的出现。

阴毛是人类健康正常的体征，男孩的阴毛并不只局限于生殖器周围，它可以生长在阴茎根部、耻骨区、大腿内侧，分布形成三角。不过，每个男孩阴毛的有无和疏密，都与体内雄激素水平、阴部毛囊对雄激素的敏感程度有关，所以，不论是过多还是过少甚至没有，只要其他方面都正常，也就没什么问题。

阴毛可以对生殖器官起到保护作用，能够减少衣物摩擦，保持阴部通风，吸收这些部位分泌出来的汗和黏液并向周围发散，避免阴部过于潮湿。

腋毛出现的时间较阴毛晚 1～2 年，腋毛对身体的作用也是同样道理，一来可以缓解摩擦，手臂运动时，腋毛能够保证腋窝皮肤不被擦伤；二来是起遮挡保护的作用，保证腋窝不受外来细菌、灰尘的侵袭。

男孩的胡须，一般先出现在上唇两侧，然后扩展到上唇中部、颊部及下唇中部，最后扩展到下颌，其生长规律是从无到有、从少到多、从短到长、从稀疏到浓密。最开始的胡子是细软的茸毛，之后会逐渐变粗变黑。在雄性激素作用下，胡子会比头发长得快。

我们不能随意刮除这个时期的胡子，更不能连根拔，因为它的存在部位刚好是面部的危险三角区，操作不好容易引发感染，所以善待它比较好。

除了这 3 种体毛，男孩的身体还会长出汗毛，尤其是胳膊上、腿上，有的男孩汗毛偏重，整个胸背、腹部甚至脸上都会布满汗毛。排除其他疾病原因，汗毛的多少差异也是由种族和遗传所决定的，所以，也不需要对此太过纠结。

身上的这些毛毛，虽然未必美观，短时间内我们也发现不了它们存在的意义，但它们却是我们成长发育到一个阶段的明显标志之一，也是我们身体健康的一种证明。因此我们不需要为这些毛毛感到焦虑，任其自然生长，并保持清洁就可以了。

青春痘来了，就要"硬挤"吗

浙江省金华市初三男生小王，很不满意脸上时不时冒出来的青春痘，没事就挤一挤，试图保持自己脸部的平滑。

2018年1月中旬的一天，小王如往常一样挤痘痘，可是挤了没多久，他却出现了头痛、高热、眼部肿胀的症状，后来左眼竟然肿得完全没法闭合。当地医院治疗无效后，1月30日，小王被转入浙江大学医学院附属第一医院感染科进行治疗。

入院当天，小王就被医生下了病危通知书，当时他身体的很多指标都非常差，显示感染严重。经过细菌培养发现，小王感染了一种名为"耐甲氧西林"的金黄色葡萄球菌，这种细菌又被称为"超级细菌"，有极高的耐药力，若是不及时控制，病人可能会发生感染性休克、全身多脏器功能衰竭，最终死亡。小王身上的细菌通过血液侵犯到了他全身，导致了化脓性脑膜炎、脑脓肿、肺脓肿，所幸细菌并没有侵犯心脏导致感染性心内膜炎。

医生根据症状对小王进行抗菌治疗10多天，才将他的感染基本控制住。经历20多天的治疗后，他终于在2月23日出院。

但出院后小王也还要继续进行抗感染治疗，而由于颅内感染导致动眼神经和外展神经麻痹，他还出现了"斗鸡眼儿"的情况，需要根据病情发展转入眼科进行手术治疗。

根据医生介绍，小王之所以会感染，是因为他挤痘痘的位置位于左眼上方2厘米处，这里虽然并非"危险三角区"，但因为没有防止血液逆流的静脉瓣膜保护，再加上小王手上可能沾染了超级细菌，细菌就通过痘痘的创口进入了眼上静脉，并流向全身。

如常的一次"让自己保持帅气"的行为，却差点搭上自己的性命，小王也算是经历了一次生死威胁，可见随便挤脸上的青春痘也是很危险的。

说到"挤青春痘"这件事，很多青春期男孩都做过，但大多数人只知道"挤青春痘"可以消灭脸上这个突然冒出来的"丑东西"，却完全忽略了随手挤它可能带来的危险。案例中的小王应该也是这样的认知，但他显然受到了"惩罚"。

那么对于青春痘到底怎么办？

我们首先要来看看青春痘是怎么来的。

青春痘就是面部痤疮，是一种常见的慢性炎症性皮肤病，多发于青少年，青春期后往往能自然减轻或痊愈。青春痘以面部的粉刺、丘疹、脓疱、结节等多形性皮损为特点，其表现从轻到重是白头黑头粉刺、炎性丘疹和脓疱、囊肿和结节，发红和化脓的痘痘表明有细菌感染存在。

对于男孩来说，青春痘的产生原因包括这样几方面：

内因：一是生长发育。青春期雄性激素增加，刺激毛囊皮脂腺分泌，皮脂排出增多阻塞毛孔，面部出现青春痘，另外在皮肤较厚的背部等皮脂腺分泌发达的地方，也容易出现痤疮。二是遗传。如果父母双方曾有过青春痘，那么子女患病的概率也会增加。三是过度清洁，使得皮肤屏障受损，导致皮肤水油平衡被破坏。四是营养不良，细菌或真菌感染，胃幽门螺旋杆菌感染，等等。

外因：一是饮食不当。平时喜欢吃辛辣、油腻、高热量的食物，容易引发体内湿热加重从而促使青春痘的出现或加剧。二是生活不规律。熬夜会导致新陈代谢发生障碍、内分泌失调、皮肤水分流失，从而出现青春痘。三是化妆品使用不当。面部毛孔被化妆品堵塞就容易引发青春痘。四是清洁不当。男孩洗脸有时候会应付了事，尤其是现在使用电脑的时间增多了，面部毛孔也容易因为静电吸附而堵塞，需要增加清洁次数。

其他原因：过于紧张或忧虑会刺激肾上腺素产生，从而刺激油脂分泌；内分泌失调导致皮脂分泌过剩无法排出而阻塞毛囊；睡眠不足会导致新陈代谢失调，使皮肤由健康的弱酸性变成碱性从而丧失杀菌作用；不恰当的油性护肤品使得毛囊阻塞，皮肤油脂分泌难以排泄。

从这些原因来看，青春痘的出现与我们的成长发育和生活方式息息相关。那么青春痘出现之后，我们应该怎么做呢？

第一，进行合理的日常护理。

每日应该有一到两次温水洗脸对皮肤进行清洁，尤其是放学回家后，或者长时间看电脑屏幕后，最好都认真清洁一下脸部皮肤。不要挤压、搔抓痘痘，尤其是不要硬挤。不要使用油脂类、粉类的化妆品或者含有糖皮质激素的软膏、霜剂。

这里，我们要格外注意一个概念——危险三角区。从口角两侧到鼻根区的三角区，被称为是面部的"危险三角区"。这个区域的静脉动脉分布分别构成深浅两个网，深部静脉网与眼眶、颅腔海绵窦相通，面部静脉的静脉腔内没有瓣膜，无法防止血液回流，三角区部位的痘痘若是随便挤，细菌就可能逆行向颅腔内的海绵窦扩散，形成严重的脑部并发症，且发病急、病情重、危及生命。所以，不要随意挤脸上的青春痘。

第二，调整并建立良好的生活习惯。

饮食习惯——少食用脂肪、糖类、油炸食品，以及辣椒等刺激性食品，注意营养搭配，多吃水果蔬菜及含有丰富蛋白质的食物，多喝水，防止便秘与消化不良。

睡眠习惯——养成早睡早起的习惯，尽量少熬夜，如果能做到不熬夜最好。建立良好的作息习惯，会避免我们出现内分泌失调。

锻炼习惯——多运动，不要久坐或久卧，保持强健的体魄，提高免疫力。

积极乐观——时刻保持良好的心态，不因生活中的一些事情而背上沉重的心理负担，应积极寻求合适的解压方式，不因压力而引发内分泌失调以至于长痘痘。

第三，选择科学的治疗方法

对于青春痘是有科学治疗方法的，我们不要听信所谓偏方，也不要随便听谁说怎么办就选择试一试，而是要去找正规医院的医生，请他们对症为我们提供解决方法，不论是用药还是调理，医生的建议会帮我们更快、更有效地解决问题。

雄性激素——认识促进男孩生长的"秘密"

2017年寒假刚开始不久，哈尔滨医科大学附属第二医院儿外科便忙碌不已，每天都排满了做包皮手术的小患者。

其中有一位叫子博的13岁男孩，身高170厘米，体重90千克。子博因为发现自己的"小鸡鸡"比同龄孩子小很多而感到自卑，在学校也不敢和同学一起上厕所。妈妈便趁着假期带子博来医院检查，想要了解一下问题到底出现在哪里。

医生经过检查，发现子博是隐匿性阴茎，不过并没有安排他手术，而是提醒子博妈妈先带孩子回家减肥。原来子博是因为肥胖导致下腹部和耻骨周围大量脂肪堆积，将阴茎埋藏了起来，属于一种假性隐匿性阴茎。所以，医生建议孩子先减肥，等瘦下来再判断是否真的需要手术。

医生说，像子博这样的孩子，生殖器官本身并没有问题，但长时间的肥胖却会连累生殖器官出现发育不良。而且，肥胖会使内脏器官脂肪化，垂体的脂肪化就会导致促性腺激素分泌减少，影响雄性激素的分泌释放，血液中雄激素与雌激素比例失调就会出现内分泌紊乱，从而影响阴茎生长。所以医生建议家长，一定要控制住男孩的体重。

子博的问题是体重惹的祸，但其根本原因却是体重对雄性激素的影响，显然一旦雄性激素因为各种原因分泌失调，那么男孩的生长发育势必会受到影响，尤其是对体现男性性征方面的影响会更为严重。

雄性激素，主要是指由性腺也就是睾丸合成的一类内分泌激素，另外，肾上腺皮质、卵巢也能分泌少量的雄性激素。男孩进入青春期后，睾丸开始分泌雄性激素。

雄性激素的主要功能是刺激雄性副性器官发育成熟，并维持正常性欲，促进精子发育成熟，促进蛋白质的合成、骨骼肌的生长，以及促进肌肉发达；还可以抑制体内脂肪增加，刺激红细胞生成和长骨的生长，促进第二性征的形成。

可见，雄性激素的正常分泌，对于保持男性的青春活力，维持男性正常性功能十分重要。

雄性激素过高或过低都会带来不良影响，对于青春期男孩也是如此。

雄性激素过高：

可能会导致性早熟，第二性特征发育得太早；引发雄激素性脱发；性欲旺盛，容易产生性冲动，更容易出现手淫或其他不恰当的举动；导致前列腺长时间处于充血状态，更容易受到细菌的感染，增加出现前列腺炎、前列腺增生等的概率；促使体内双氢睾酮量增多，影响脸部皮脂腺分泌，使得油脂堵塞脸部毛囊，引发痤疮……

应对这情况，需要注意这样一些事项：

首先，多吃豆类食物，补充天然雌激素，控制雄激素的分泌调节。

其次，减少过多糖分、盐分的摄入，协调内分泌，保证雄性激素的分泌。

再次，远离辛辣刺激和生冷的食物，拒绝碳酸饮料，以免雄激素排出受阻。

最后，多吃富含纤维素的食物，帮助清除过量的雄激素。

雄性激素过低：

可能会导致生长发育受到影响，比如语言发育迟缓、变声期延后、迟迟不长胡子等；性欲降低、性功能低下，出现睾丸缩小或者变软，甚至出现胸部变大等女性特征；精力差、易疲劳、思维迟钝、注意力和记忆力差等；容易抑郁、烦躁，敏感、易怒；还会导致头发生长缓慢或脱发，新陈代谢变慢，骨密度降低易骨折，脂肪增多，有的人也会出现体毛脱落……

对于这种情况，我们可以尝试这样做：

首先，去正规医院进行体检，以确定雄性激素减少或过少的准确原因。如果是下丘脑和垂体发生病变造成的，且情况比较严重，可在医生的指导之下使用药物进行雄性激素的补充。

其次，及时补充富含锌的食物、含蛋白质的食物、动物内脏、含精氨酸的食物、富含维生素以及富含钙的食物。食补会对雄性激素的补充有一定的作用。

最后，加强运动，避免肥胖，规律作息，保证睡眠。

认识并照顾好自己的"隐秘地带"

2020年7月初的一天早晨，辽宁省大连市高一学生小何因为下体疼痛被惊醒，因为疼得很不寻常，小何便赶紧让父母带着来到了医院就诊。

面对医生，小何尽管羞涩，但还是详细地描述了具体位置，指出自己左侧睾丸剧痛，并牵扯着同侧的腹股沟疼痛。最终检查结果显示，小何出现了睾丸扭转，左睾丸血流信号完全消失。

睾丸扭转是急症，医生先是通过手法复位，接着又通过手术固定睾丸。最终手术成功。小何住院3天后顺利出院，解决了这个"隐秘的问题"。

据医生说，睾丸扭转多发于青少年，有遗传倾向，多在睡眠中发病，也有人在运动中发病。一般发作时会出现一侧睾丸剧烈疼痛，可能伴有下腹部疼痛，恶心、呕吐、发热，还会出现睾丸扭转的典型特征——抬举痛，即轻轻抬举睾丸疼痛加剧。

医生介绍，一般情况下，睾丸缺血2小时，不影响生育能力与内分泌功能；缺血不超过5小时，睾丸挽救率为83%；缺血超过10小时，睾丸挽救率只有20%。扭转时间过长，没能得到及时纠正的，会导致睾丸缺血性坏死。产生缺血性坏死的睾丸会继发睾丸萎缩，当然，只要对侧睾丸功能正常，不管是手术固定还是切除，一般不影响性功能。

小何对自己隐秘部位的疼痛没有隐瞒，而是立刻告知父母，并即刻到医院进行治疗，这才使得他逃过一劫，免受痛苦。

在新闻中，我们也经常看到类似的情况，可是大部分男孩都会因为下体出现问题而羞于启齿，不敢告诉父母和老师，自己藏着掖着忍着，反倒耽误了治疗、处理的最佳时机，最终导致自己的身体健康受损。

对于男孩来说，生殖器官是重要的身体器官，外生殖器官暴露于体外，其实非常脆弱，不论是磕碰还是它自己出现某些病变，都可能引发严重的后果。显然小何的做法值得肯定。所以，如果遇到生殖器官出现问题，一定不要隐瞒，此时就不要只顾着害羞了，还是要赶紧告诉父母或老师，及时采取相应的措施来解决问题。

那么关于这个隐秘地带，应该要注意些什么呢？

第一，好好认识一下自己的生殖器官。

男性的生殖系统包括内生殖器和外生殖器两部分，内生殖器由生殖腺（睾丸）、输精管道（附睾、输精管、射精管和尿道）和附属腺（精囊腺、前列腺、尿道球腺）组成，外生殖器则包括阴囊和阴茎。

内生殖器我们看不到，但外生殖器就暴露在外，它可能会遭遇不小心的磕碰，也可能会因为运动不当而出现问题，还有可能被他人恶意伤害。生殖器受伤不仅会疼痛难忍，严重者还可能影响其功能，给人带来一生都挥之不去的烦恼。

而且，我们也可以来一个反向理解，在女性防身术中，总会有"踢踹歹徒下体"这样的招式，严重者可以使对方昏迷甚至致死，足见下体受伤对于男性的伤害有多么严重。

所以，对于这个脆弱的地方，我们应该要有重点保护的意识。

第二，日常要进行合适的护理。

生活中，很多男孩并不那么在意自己下体的清洁问题。经常有男孩可能好久都不换内裤，基本上也不会特意对下体进行清洁。夏天因为出汗洗澡多，可能会有清洗，但也可能并不注意这里的清洁；冬天洗澡次数减少，就更不会在意了。

男孩的生殖器官也同样需要做好清洁工作，可以使用比较温和的香皂，特别注意要清洗包皮，要将其上的褶皱都进行仔细的清洗。洗的时候，应该连带将肛门、阴囊缝、大腿根部等这些靠近生殖器的部位一并洗干净，以免平时摩擦中将细菌和汗液带到外生殖器上。

内裤要选择合适的尺码，最好是一天一更换，换下来单独且及时清洗。在条件允许的情况下，最好 3 个月换一条全新的内裤，淘汰掉旧内裤。

第三，平时行动要有相应的防护。

在平时的行动中，手和其他物品尽量远离生殖器及附近部位，运动的时候要防止过度拉扯、碰撞，小心诸如球类、杆子等物品的磕碰；与同学运动或游戏时，除了要注意不被误伤，也要注意不玩可能会触碰下体的游戏，互相抓摸就更要避免；矛盾冲突时，也要格外注意保护下体的安全。

令人尴尬的自发性勃起——正确面对不慌张

　　一位妈妈带着读高三的儿子来医院就诊。妈妈说，儿子已经 17 岁了，马上就要参加高考，可是最近他却总是心不在焉，睡眠也不好，妈妈从缓解压力的角度去安慰他，而他却提出要来看医生。

　　后来儿子让妈妈回避，单独向医生谈起了自己的烦恼。原来两个星期前，因为学习压力大，他跟同学借了一本杂志来看，杂志里有一些关于性行为的细节描写，看的过程中他的阴茎就勃起了，还有一些黏液流出来。而在接下来的两周时间里，他控制不住地去想杂志里的那些性行为情节，可一想，他的阴茎立刻就勃起了，后来发展到一看到漂亮的女同学也会联想到性的方面，阴茎就随之勃起。尤其让他感觉恐慌的是，他的阴茎好像整夜都勃起，他也手淫射精了几次。到了最近这一周，他觉得自己的小腹和阴囊有些隐隐的胀痛，小便次数较以前增加了，他害怕经常勃起会造成阴茎的损害，这种恐慌给他带来了沉重的思想负担，生活学习也就都没有了精神。

青春期的男孩阴茎会异常敏感，就像案例中的男孩这样，看到、听到、想到与性有关的内容，甚至只是看了漂亮女孩一眼，都可能引发阴茎勃起；还有的男孩骑自行车、运动的时候因为摩擦也会导致阴茎勃起，这种情况的确会令男孩感到非常尴尬。

除了恐慌，有的男孩还会因此自责，觉得自己道德品质出了问题，以为自己是行为不端，这也让很多男孩产生了沉重的心理压力，以至于影响了学习和生活。

实际上，青春期的男孩在受到有关刺激而出现阴茎勃起的现象是正常的生理现象，排除病理原因，只要消除外来刺激，阴茎自然会迅速恢复到平常的状态。

为什么青春期时，男孩的阴茎如此容易勃起呢？

男性阴茎只有能够正常勃起，才可能在成年后的婚姻生活中发挥作用，满足生育的需求。而青少年时期，阴茎大概率会出现无意识勃起的现象。比如像案例中男孩所说的，"感觉整夜都勃起"，这其实是有一定的生理原因的。

我们先来看看什么是勃起。

从科学的角度来说，勃起是指动物或人的阴茎、阴蒂或乳头膨胀变硬的状态和过程。一般提到的勃起，都是指男性在受到相应刺激之后，阴茎在短时间内快速充血，血液灌注到海绵体内的静脉血管直到压力上升到一定程度停止，充满血液的阴茎海绵体就会将阴茎撑起，令阴茎变硬变长。

男孩阴茎勃起分为两种，心理性勃起和反射性勃起。

心理性勃起：因获得性信息的听觉、视觉、嗅觉以及思维、想象等刺激大脑皮层兴奋，信号通过脊髓的胸腰段勃起中枢传出，作用于阴茎海绵体就会勃起。

反射性勃起：外生殖器受到直接触摸或局部刺激或受到来自内部的对直肠、膀胱等的刺激，通过刺激脊髓中骶髓的低级勃起中枢激起性兴奋，实现反射性勃起。

人身体的内脏受到交感神经和副交感神经的支配，副交感神经兴奋，阴茎就会勃起；交感神经兴奋，阴茎就会恢复平常状态。白天的时候，我们受到外界环境的各种刺激，交感神经占主要优势；但晚上安静下来，尤其是睡觉时，副交感神经就会占优势，阴茎受其支配就会勃起。所以一般来说，夜间这种勃起也不是病态，并不需要治疗。

男孩青春期的阴茎勃起，是青春期性发育成熟的一种标志，不必过于焦虑。那么，应该怎么来应对呢？

第一，减少刺激。

远离含有性信息的内容，像是图片、文字、视频、游戏、影视剧等媒介中关于异性、裸体、性行为的描述，我们自己不主动去接触，不小心看到了要提醒自己尽快移开视线、合上书本、转换频道、关闭网页……

第二，正向"填充"。

要想把不合适的内容赶出大脑，就得用合适的内容来填充。所以，不妨多看看其他内容的图片、文字、视频、影视剧，像是知识类、科普类、赏析类、思考类等很多内容都能让我们将注意力转移到别处。而且，随着所学习的东西越来越多，我们的思想也会发生变化，就不会再局限于眼前身体的欲望上，而是能看得更远、想得更深，就能把关注点放到正向的学习上、健康的生活上。

第三，巧妙应对。

为了避免在他人面前突然勃起带来的尴尬，我们在青春期这个阶段里，尽量少穿紧身裤子，多选择宽松透气的裤子，另外也可以选择一些较为宽大的上衣，这样即便遇到尴尬情形，也能及时遮挡。

受精、怀孕和生育，是怎么回事

一名中学男生在网络上匿名提问：

我虽然是中学生，但已经谈了女朋友，还和女朋友发生了关系，可是因为没有注意，女朋友居然怀孕了。当初我们都没想到会发生这样的事情，现在看她怀孕了，她自己不知道应该怎么办才好，我也觉得有些害怕。

我就想知道，我应该去找谁说这个问题？谁能够帮助我解决这个问题？这事已经发生了，我应该怎么在尽量减少影响的情况下去补救？希望大家都帮帮我。

实际上，类似这样的提问在网络上比比皆是：

"一个男生和一个女生亲吻，会怀孕吗？"

"女生和男生睡觉，会怀孕吗？"

……

对于包括案例在内的这些问题，我们应该高度重视。青春期的到来并不意味着性行为也可以开启，若如此随便就进行性行为，其严重后果是青春期男孩女孩都难以承受的。

其实这些男孩都有同样的问题，那就是他们只看到了或者只听说、只感受到了性行为带来的一时快感，却忽略了不恰当的性行为可能带来的后续影响，更是不懂得怀孕、"创造生命"这个过程到底是怎么一回事，他们只是被无知的冲动冲昏了头脑。

所以，我们很有必要好好认识一下与生育有关的内容。

生育这个过程涉及受精、怀孕、生育 3 个步骤。

第一，受精。

受精就是精子和卵子结合成受精卵的过程。

男性在性高潮时会排出精子，性成熟女性的卵巢每月排出一个成熟的卵子，卵子排出 24 小时内，男性留在女性体内的精子就有极大的可能与卵子相遇，完成受精。

受精的方式分为体内受精和体外受精两种，人类的体内受精，是指男女经过性接触，精子从男性身体传递到女性生殖道，逐渐抵达子宫或输卵管等受精地点，在那里实现精子和卵子的相遇结合；体外受精则是将精子、卵子排出体外，利用一定手段方式实现精卵结合。

第二，怀孕。

男性每次射出的精液中含有数亿个精子，不过绝大多数精子在阴道的酸性环境中会失去活力或死亡，只有极少数精子可以克服阻力到达输卵管。精子从阴道到达输卵管的时间，最快数分钟，一般需要 1～1.5 小时。到达输卵管的精子，受孕能力可以保持 3 天。卵子在排出 24 小时内若在输卵管遇到精子，就会被一群精子包围，但最终只有一个精子能钻入卵子内使其受精。

受精后的卵子为受精卵，它会一边在输卵管内发育，一边逐渐向子宫腔移动，在受精后七八天的时间，受精卵就可以到达子宫腔并植入子宫内膜，接着就开始不断吸收营养逐渐发育成胎儿。

所以通俗来说，从受精到胎儿娩出这段时间里，女性都处于怀孕期。怀孕的时间一般是根据末次月经来推算的，整个孕期共为 280 天、10 个妊娠月（每个妊娠月为 28 天），所以人们也说母亲是"十月怀胎，一朝分娩"。

第三，生育。

对于女性来说，生育是一个痛苦的过程。一般来说，孕妇可能会出现一些临产症状，比如见红、腹部凸出、肚子阵痛等，之后便进入分娩期，也就是胎儿脱离母体成为独立存在的个体的这段时期和过程。

分娩分为自然分娩和剖宫产。自然分娩的全过程分为 3 期，也就是 3 个产程：第一产程是宫口扩张期，第二产程是胎儿娩出期，第三产程是胎盘娩出期。

自然分娩是指在胎儿发育正常，孕妇骨盆发育也正常，孕妇身体状况良好，同时有安全保障的前提下，通常不加以人工干预手段，让胎儿经阴道娩出的分娩方式。一般产程在 14 个小时左右，需要有足够的体力才能完成。正常足月分娩时，子宫收缩会引起阵痛，在胎儿即将出世时，由于会阴和外阴部的扩展，还会有烧灼感和强烈的疼痛。

剖宫产就是剖开腹壁及子宫取出胎儿，是骨盆狭小、胎盘异常、产道异常或破水过早、胎儿出现异常的孕妇，需要尽快结束分娩时常采取的分娩方式。剖宫产可以免除母体阵痛之苦，若腹腔内有其他疾病也可一并处理，但手术对产妇损伤较大，产后恢复较慢，还可能会有手术后遗症。

其实整个生育过程都伴随着一定的风险，女性从一开始怀孕，全身内脏系统都会受到不同程度的影响，怀孕过程中有可能患妊娠期高血压、妊娠期糖尿病，生产时可能会遭遇羊水栓塞，产后还可能会患产后抑郁症等。

显然，这个过程并不是未成年人所能承受的。所以，我们要控制自己的欲望，管好自己，不随便突破那道防线，这些后续的问题自然也就都不存在了。

理智认识性教育，才能更好地保护自己

2019 年 5 月 31 日，儿童发展与青春期家庭教育国际研讨会在上海召开，会上发布了《中国特大城市青少年发育状况及青春期教育对策报告》。

这份报告由上海社科院青少年研究所跟踪 20 多年，调查 6 000 份来自北京、上海、广州 3 地的初中生、高中生和大学生的样本，于 2018 年完成。

调查结果显示，男生的首次遗精平均年龄为 13.03 岁，女生的月经初潮平均年龄为 12.21 岁。与 2004 年相比，男生的平均初遗年龄提前了 0.44 岁，女生平均初潮年龄提前了 0.49 岁。中国青少年的性生理发育出现了明显的"前倾"趋势。

青少年对"性"一词的态度如数据显示：

青少年对"性"一词的态度

项目	完全认同 /%	说不清 /%	不太认同 /%	样本量
快乐	58.0	36.9	5.1	5 279
美好	58.2	36.2	5.5	5 276
轻率	18.6	45.4	36.0	5 240

续表

项目	完全认同 /%	说不清 /%	不太认同 /%	样本量
羞涩	51.1	38.3	10.6	5 253
麻烦	17.5	46.6	35.9	5 240
责任	64.3	28.7	6.9	5 270
减压	29.6	46.2	24.1	5 252
厌恶	8.5	37.9	53.6	5 247
肮脏	8.6	35.4	56.1	5 246

数据表明，对于性这件事，积极正面的性观念占据主流，但仍有部分青少年对性持有负面认知。

调查还发现，初中生有过恋爱经历的占 10.6%，高中生有过恋爱经历的占 42.3%，大学生中有过恋爱经历的占 56.3%。高中阶段，有 13.3% 的男生和 4.6% 的女生有过性交体验；大学阶段，有 19.5% 的男生和 8.7% 的女生有过性交体验。当出现性困惑时，23.6% 的青少年会通过包括社交软件在内的网络方式来寻求答案，14.3% 的青少年会通过学校课程解决问题，而有 12.6% 的青少年则是从朋友、同学那里得到答案。可见，在遇到性困惑时，自我摸索成为青少年的主要选择。

这份调查及其中的数据结果显示，青少年对于性明显不是懵懂无知了，可是他们过早开启的性经历却依旧令人担忧，解决性困惑的方式也还是不能令人满意。遇到性困惑时，大多数青少年都选择自我摸索，无法理性认识性，不能接受正规的性教育，势必会让他们对性产生误解，为将来埋下隐患。

我们要信任科学，要接受科学的性教育，借以帮助自己顺利解决性困惑，并学会理智看待性这件事。

那么关于性教育，我们应该怎么看待呢？

第一，对性教育有一个客观的态度。

很多男孩之所以会对性教育感兴趣，缘于他们的好奇，想知道其中有什么他们不知道的事情；相反，很多男孩对性教育不感兴趣，是由于他们存在错误认知，比如有的男孩认为"在性这方面，男孩不吃亏"，这种错误的认知导致很多男孩误以为自己总是在"占便宜"，反而忽略了对自身的保护。

性教育真正的目的，是让我们更好地认识自己的身体，了解异性的身体，认识性行为到底是怎么一回事，由性可能带来的生育、疾病等又是怎么一回事。也就是我们要通过对这些知识的了解，来帮助自己控制欲望，避免冲动地做傻事，也避免受到不良性行为的伤害。

第二，认真对待科学正规的性教育内容。

科学正规的性教育内容是严肃的，只要你以一种客观的、学习的态度去接触这些知识，是会有收获的。但有的男孩总是戴着有色眼镜看待性教育，认为这就是在"传播不健康内容"，这其实是对性教育的误解。

我们都应该接受正确的性教育，尤其是青春期，性教育就更是很重要的一项内容了，就像我们在幼儿园要接受适当的生活教育、上小学要接受规范的基础知识教育一样，我们需要依靠这些科学知识来引导规范自己的行为，让自己免于遭受与性欲有关的伤害。所以，对科学的性教育内容，不要排斥，也不要过分害羞，大方理智地从科学学习的角度去理解就可以了。

第三，向"靠谱"的老师、网站咨询有关问题。

我们最好向靠谱的老师或网站来咨询自己的问题，包括一些懂心理、医学方面知识的老师，或者心理咨询师和医生，以及科普网站。

第三章
Chapter 3

各种性信息——
坚决不受其误导与干扰

　　我们生活的世界里充满了各种各样的信息，性信息自然也在其中。但是，对于青春期的男孩来说，任何一条性信息都可能会引发我们的性冲动，如果不能及时躲避，不能加以控制，我们很可能会由此而做出错误的甚至是后果严重以至于无法挽回的事情来。所以，要正确认识这些性信息，做到坚决不受其误导与干扰，将更多注意力放在重要的事情上。

别被影视作品中的性信息诱惑

2015 年 9 月 23 日，四川省泸县居民到公安机关报案称，自家 8 岁的妹妹放学回家途中，被一名男子以刀胁迫带进树林中强暴了。

10 月 13 日，前述案件还在侦办过程中，警方又接到同一镇的另一居民报案，说是一名 13 岁女孩在放学回家路上，也被一名男子持刀捂住嘴强行拖入路边树林，好在这次有两名同学经过，反抗的女孩得以成功逃脱，不过也在反抗中受了伤。

泸县公安局民警迅速展开侦查，最终通过监控发现并抓获犯罪嫌疑人——年仅 15 岁的男孩王然。他说，除了前面这两起案件，他还分别在 2015 年 3 月、10 月，以同样的手段强暴了另外两名小女孩。

在调查中，公安机关得知，王然自小父母离异，父亲常年在外打工，母亲另嫁他人，因为从小被寄养在亲戚家里，缺少家庭关爱，他迷恋上了网络，就在犯案前一段时间，他看了很多色情电影，受到极坏影响，遂走上犯罪道路。

等待王然的，一定是法律的严惩。

相比杂志上的图片、文字，影视作品若是含有性信息，会对青少年产生更直接的视觉刺激，因为影视作品是动态的，具有很鲜明的行为"演示"，王然正是受到这种"演示"的刺激，才走上了犯罪的道路。

也许有人会说王然看的是"色情影片"，这样的影片势必会有很多不健康的内容，受影响也难免。但实际上，很多经过审批的"正经"影视作品中也会或多或少涉及性信息，如果我们不能加以分辨，不懂得及时回避或选择性忽视，也会受到影响。

也就是说，我们应该清楚影视剧中的哪些内容是不适合我们看的，知道自己应该怎么应对，而不只是以"色情"标签来加以区分，并认为"只要不是色情影片就都可以看"，否则我们依然会被突然出现的性信息所影响。

我们不妨这样来对待影视作品中的性信息：

第一，选择具有教育价值的影视作品观看。

要避免被影视作品中的性信息干扰，我们可以选择更贴合青少年需求的影视作品来观看，比如，弘扬中华优秀传统文化、革命文化、社会主义先进文化的，具有教育价值的、正能量的影视剧、纪录片等，这些作品才更有助于我们的身心成长。

第二，多关注影视作品的主题和意义。

每一个影视作品总会有一定的主题，会有其想要传达的意义。而所有的作品情节，都是为这个主题服务的。

所以，我们在观看影视作品时，应该去关注它到底讲了一件什么事，或者想要说明一个什么问题，通过这样的讲述，或者通过这件事，我们能从中得到怎样的启发，这是我们看影视作品的意义。

第三，最好能和父母一起观看，可边看边讨论。

有时候我们也不妨和父母一起看看这些影视作品，在看的过程中，如果出现了涉性的内容，父母可能会紧张，可能会换台、故意叫你起身做事或者是要求你闭眼，甚至还可能捂住你的眼睛，这时你要意识到，接下来的内容可能就不太适合看了。

但我们不可能每次观看影视作品都有父母跟着，所以倒不如趁着和父母一起观看的机会，来和他们讨论一下，影视作品中如果出现了这些镜头，我们应该怎么理解和看待。

你可以说出来自己的疑惑和想法，同时也听听父母的解释，了解真爱、情感与性行为之间的关系，学着用理性的眼光去看待影视作品中出现的与性有关的内容，一起就这个问题达成一致的认知。如此一来，日后再有看影视作品的机会，即便父母不在身旁，你也能知道自己应该如何把握、如何去做了。

第四，及时转移注意力，过滤掉涉性信息。

对于所有看过的涉及性的信息，我们都可以用转移注意力的方式来应对，比如，起身多运动、多关注窗外的风景、想想父母的不易，或者是看看书、做做题……总之，就是多做其他的事情，使这些涉性信息尽快在头脑中淡化直至消失，不留印象。

正确看待古今中外美术作品中的性信息

2012 年 7 月 9 日，中国国家博物馆迎来建馆 100 周年纪念日，博物馆推出了意大利文艺复兴名家名作展。当天中午的央视新闻报道播出时，提到了"文艺复兴三杰作品齐聚"，但在播出的新闻画面中，"三杰"之一的米开朗琪罗的雕像作品《大卫》与《阿波罗》的生殖器部位却被打上了马赛克。

这一举动引发了网友的争议，有人认为："既然这个新闻片段是专门做艺术品的，怎么能这么不尊重艺术品？谁在遮谁的丑？"也有人认为："古希腊文化和文艺复兴之后的主流审美观是以身体为美，但这不是中国的美学……在公共频道上公开播放大卫全裸雕像不妥。"后来，有某电视台某栏目的制片人介绍说："新闻打码的基本原则之一是编导认为播出内容可能影响美观、有伤风化或对观众造成严重的负面情绪。"

不过，新闻首播 3 个多小时后，央视做出了改变，在复播这条新闻时，《大卫》与《阿波罗》雕像身上的马赛克被去除。

电视台播报新闻，尚且还要考虑这些美术作品中可能存在的性信息，为了谨慎起见采取打码的方式来处理；那么作为青少年，在欣赏古今中外的艺术作品时，我们很大概率也会被其中的性信息所干扰，如何应对这样的性信息也是我们需要注意的事。

艺术的确会传递美，比如古今中外名家的画作、雕塑、书法、设计、建筑，都能带给人以美的感受。然而不能否认的是，人体、男女之爱等元素也会时不时出现在艺术作品中。

在艺术家或者懂得欣赏艺术的人眼中，这就是艺术，就是一种美，但对于刚接触艺术的青少年来说，可能一眼看不到它的美，好奇心会促使我们反而先注意到它的特殊之处，比如新闻里裸体雕塑被打码的部位。

欣赏艺术，我们既不能用低级趣味玷污它，也不能用狭隘的眼光来看待它，所以，如何应对艺术作品中的性信息，我们也要好好学习和思考。

第一，跟着老师或父母学习"欣赏艺术"。

想要更好地欣赏艺术，我们还是要跟着老师或父母好好学习一番。学校里的老师可能会提及一些艺术作品，关于这些作品要看什么、怎么看，是看色彩还是线条，是看手法还是立意，这些都要慢慢学。同时，父母可能也会欣赏艺术，那就不如多问问他们，他们眼中所看到的那些作品是一个什

么状态，他们是什么感觉，对于这些作品他们是从什么角度
去发现美的，又怎么判断它是一件好作品。

学会欣赏艺术，并不是一蹴而就的事，我们需要提升
自己的欣赏品位，增加欣赏技能，才可能培养自己发现美的
品位。

第二，全面了解所看到的作品，不断章取义。

真正的艺术应该是讲究整体性的，我们要欣赏一部作
品，显然不能只看一部分。这部作品的艺术价值在哪里，它
讲了一个什么意思，想要表达怎样的意义，它为什么要这样
来设计，这些都是我们要好好了解的内容。

对于任何一件艺术品，我们都应该用这种全面了解的
态度来欣赏它，不要只专注于它某个点是带有性信息的，比
如裸体，比如比较夸张的动作。当了解了这个作品的内涵之
后，你可能就不会觉得它的裸体、它的动作有什么不合适了。

就拿我们所熟知的《大卫》雕像来说，它刻画了一个
"赤身裸体、身材高大、肌肉健壮、发育很好的青年男性"，
大卫本身就是神话故事中的英雄，雕塑家在他身上寄托了人
民的希望和爱国者的理想，后世评价它是"一个外在和内在
都体现着全部男性美的理想化身"，而且这个作品推动了人
文主义思潮的发展。所以，当你把眼光放宽之后，你会发现
赤身裸体这一点在这个雕塑中并不龌龊，反而恰恰是美的
体现。

第三，尊重艺术，也尊重自己。

有一个关于苏东坡的小故事。

苏东坡和佛印禅师一起打坐。

苏轼问佛印："你看我坐禅的样子如何？"

佛印赞叹说："好一尊佛。"

苏东坡十分高兴，佛印随口问："那你看我的坐姿如何呢？"

苏东坡调侃道："好一堆牛粪啊！"

佛印没有动怒，只是莞尔一笑。

苏东坡认为自己赢了，可妹妹苏小妹知道之后却劝说他："赶紧收起你的话吧，你已经输了。禅师心中有佛，所以他看你像佛；而你心中有牛粪，所以看禅师才像牛粪。"苏东坡听后羞愧不已。

这个小故事提醒我们，心中所想便是眼中所见。所以，当你内心总是关注性信息时，你眼中的艺术作品也就失去了它的艺术性，你只会关注到那些与性有关的内容，其实这也是对你自己的不尊重，想想看，你岂不是也成了满心都是"性"的无聊之人了吗？

而且，艺术作品如何表现取决于艺术家的思想，我们不懂并不代表艺术作品就不好。不懂我们可以虚心求教，但不要只凭自己的想法去盲目判断一件艺术作品的优劣，更不能用低俗的眼光来评价它。尊重艺术，尊重自己，才能让我们更好地面对艺术。

不被网络中或显或隐的性信息迷惑

2016 年 1 月 14 日,《南方都市报》报道:广东省江门市一名 12 岁男孩浏览黄色网络内容,天天手淫,急坏了家长。

小武是江门市某小学六年级的一名男生,平时很听话,是爸爸妈妈眼里的乖乖仔,但是前不久父母发现,小武有了一个小变化:原本每天交由妈妈洗的内裤变成自己洗了。

原本以为是小武突然知道体谅妈妈了,但很快发现了问题的根源,原来是小武竟然躲在房间里偷偷上黄色网站,边看边手淫,内裤弄脏了怕被妈妈说,这才自己去洗。

知道真相的父母很是震惊,不想让孩子继续下去,但又不忍心责备孩子,怕孩子受伤害,更不知道如何教育、引导孩子。思前想后,他们决定带小武去求助心理老师。

心理老师指出,从现实中接触到的案例来看,网络上一些黄色小说、视频,对青春期的男孩有比较大的负面影响。他建议小武的爸爸和儿子讲一讲男孩成长过程中的性生理的变化,对儿子进行相关的教育和引导。

如今网络越来越发达,青少年“泡”在网上的时间也就越来越多。但网络世界中各类信息应有尽有,没有自控力的青少年就更容易看到不良信息。而青春期到来时，为了满足性好奇，为了解决性困惑，诸多青少年都选择通过网络解决，再加上自身的判断能力、自控能力都不算好，也就很容易被网络上的性信息所迷惑。就像小武这样，不知不觉就有了看黄色网络内容手淫的习惯，家人又不能给出更合适的引导，如果不加以控制，的确是会伤身又伤心。

所以，我们不能只觉得自己可以熟练畅游网络世界是什么了不起的本领，我们应该做到在熟练畅游网络世界的同时，掌握区分网络上或隐或显的性信息的能力，帮助自己逃脱网络性信息"伤身又伤心"的侵害。

第一，知道哪些网络内容要坚决回避。

我们国家其实一直都在打击清理网络不良信息，比如2021年2月4日，国家网信办便启动了2021"清朗·春节网络环境"专项行动，"围绕改善和保障广大网民上网体验，重点针对门户网站、搜索引擎、浏览导航、弹窗广告等信息入口和资讯推荐、生活服务、社交平台、论坛社区、直播、短视频等应用环节，对色情、暴力、赌博以及低俗、媚俗、庸俗等问题予以坚决治理，对影响群众生产生活的谣言和虚假信息予以坚决打击"。

这其实就是提醒我们，国家坚决打击的网络内容，就是我们要坚决回避的。所以，上网时不要去追求所谓的"刺激"，不要去满足自己不正常的欲望，那么多半就不会受到不良网络信息的影响。

第二，远离明显的网络性信息。

网页上很明显地出现美女裸露或半裸图片、动图或者小视频，这些都属于我们一眼就能分辨得出来的网络性信息。对于这样的信息，不要犹豫，坚决不看，直接关闭网页就好。

有时候同学之间可能会传播、推荐这类信息，我们也要懂得合理拒绝，不要觉得"大家都看，只有我不看是不是显得不合群"，我们内心要有坚定的原则，要有主动防御的意识，不轻易被这类明显的性信息所迷惑。

第三，小心网络上隐藏起来的性信息。

有些不良信息并不会直接就说明"我是不良信息"，而是会用一个掩饰身份。比如，有人在群里分享色情视频，但文件名却是"××科作业""学习资料"，让你在不知情的情况下就接收到了性信息。

还有的时候，性信息藏在你以为没问题的内容之中，比如你看一个正常的网络视频，但中间却插入一段露骨的色情视频；你看一些直播内容，主播却忽然做出一些不雅举动；等等。

对于这样的内容，我们除了使用绿色软件或者安装安全防火墙等措施之外，也要注意及时清理。不小心看到了，就及时删除，或者赶紧关闭，如果有可举报的途径，也可以在网络上举报这类不健康的内容。

艺术与色情有区别，保护好自己不要被色情伤害

　　2015 年 5 月 28 日，网上一则新闻引起了网民的热议。一名女模特以威严的故宫为背景，拍摄了一组裸体艺术照，照片被曝光后，网友纷纷声讨，认为在威严肃穆、气派壮观的故宫博物院拍摄这样的照片并不合适。

　　之后，照片的拍摄者在微博回应称，自己之所以选择在故宫创作人体艺术照片，是想要在作品中呈现历史和人体的强烈对比，并说"是色情还是艺术，你们可以找出政府的专家团对我进行审核，我问心无愧"。这组照片被他发布到了个人的摄影网站上，并称自己会对自己的行为与言论负责。

　　对于在公共场所裸露身体是否违法，曾有律师表示，在故宫全裸拍照，属于故意而非过失地在公共场所裸露身体。但摄影师若尽力注意不扰乱公共秩序，便也不会到达"情节恶劣"的程度，不应受到治安处罚；但若模特和摄影师无视他人感受，全裸出镜而对公共秩序造成影响，哪怕确实是在拍摄艺术作品，但模特和摄影师的行为都构成共同犯罪，应受到处罚。

是色情还是艺术，可能不同的人有不同的判断，不过案例中律师给我们提供的思路是，看"是否对公共秩序造成了影响"，这就涉及一个公共道德的问题。

1990 年 12 月 28 日，第七届全国人民代表大会常务委员会第十七次会议通过了《全国人民代表大会常务委员会关于惩治走私、制作、贩卖、传播淫秽物品的犯罪分子的决定》，其中对"淫秽物品"做了明确规定，"指具体描绘性行为或者露骨宣扬色情的诲淫性的书刊、影片、录像带、录音带、图片及其他淫秽物品"，并指出"有关人体生理、医学知识的科学著作不是淫秽物品；包含有色情内容的有艺术价值的文学、艺术作品不视为淫秽物品"。

不过在后续的管理工作中，淫秽信息主要指的是"在整体上宣扬淫秽行为、挑动人们性欲，导致普通人腐化、堕落，又没有艺术或者科学价值的信息内容"；而色情则指的是"整体上不是淫秽的，其中一部分与'淫秽'信息的界定有重合，对普通人，特别是未成年人的身心健康有毒害，缺乏艺术价值或者科学价值的信息内容"。

显然，淫秽色情的内容是有害的，而艺术是让人欣赏美、提升美感的。我们还需要通过不断学习和对自我的提升来增强自己的判断能力，不过就目前来说，为了不把色情当艺术，我们也还是要付出一些努力。

第一，有羞耻心，懂得最简单、最基本的公德。

我们可以从基本公德方面来进行一个简单的判断，如果有最简单、最基本的公德心，有羞耻心，那么我们都应该知道，"在没有清场的大庭广众之下裸露身体""大庭广众之下肆意搂抱、亲吻甚至有更过分的举动"都不是艺术；把裸照、不打马赛克的不雅照片公然传播，也同样是违反了公序良俗，令公众感到不满，同样也不是艺术。

也就是说，基本的道德是可以帮我们来回避那些令人不适的"非艺术"的色情内容的。懂得自尊自爱，懂得不污人眼球的基本道理，那些为了博眼球的不雅举动就可以被归类为色情了，我们一定要远离。

第二，不去自我界定艺术与色情。

在我们不具备足够的判断能力时，自我界定色情与艺术很危险。有的男孩说"我在欣赏艺术"，但实际上看的却是淫秽色情的画面，这种自欺欺人的做法最终只能让自己受到不良影响。

所以，在遇到可能引发我们内心欲望的裸露、过分亲密的形象时，远离总要好过贸然接近，不去看、不去想，就能远离不良影响；但若是带着不确定的心思去接近，就有可能误入禁区，反而让自己陷入色情的陷阱。

第三，跟着真正的艺术品去了解艺术。

真正的艺术价值、科学价值是有目共睹的，是能让人有积极正向的进步的。如果你不懂艺术，那就跟着真正的艺术品去做进一步的了解，而不是自己去摸索。那些已经被奉为艺术品、被人们认可了的东西，你可以学习认识它们为什么是艺术品，像是西方古典油画、雕塑中都有裸体形象，但它们的艺术价值是举世公认的。

当然，在这方面的学习我们还是要接受老师、父母的引导，最好不要自己随便去研究，有老师、父母帮我们把关，会让我们少走弯路，也能避免我们盲目欣赏，无法了解艺术品的价值。

重视性伦理道德，不崇尚所谓的"性自由"

2019 年 11 月—2020 年 2 月，中国计划生育协会、中国青年网络、清华大学公共健康研究中心共同发起并实施了"全国大学生性与生殖健康调查"。

调查中发现，"性行为发生情况的变化"，在进入大学时，男生发生性行为的比例高于女生。首次性行为的平均年龄在 18～19 周岁。

调查结果显示，5.31% 的男生在 16 周岁前就已经有了性行为，女生比例为 6.05%；16～17 周岁为 7.1%，超过了女生的 6.85%；17～18 周岁为 11.57%，同样超过了女生的 10.28%；而到了 18～19 周岁，比例骤增到 28.84%，超过了女生的 25.14%。

在发生过性行为的大学生中，有些人的性伴侣还有多名。

虽然这是一份关于大学生的调查，但从中我们不难发现，很多男生其实是在大学之前，也就是还在高中时期就已经有了性行为。

我们应该以怎样的态度来看待性？是可以"随意想发生就发生""想和谁发生就发生""发生得越多才越好"吗？这

是要慎重考虑的。如果缺少对这方面的考虑，很可能会被欲望支配，从而走向人生的深渊。所以，我们要重视性伦理道德，不崇尚所谓的"性自由"。

"性自由"的口号流行于 20 世纪 60 年代的西方，原本是从反对男女不平等的婚姻观念和性观念开始的，没想到走到了一个极端，抛弃了对性的社会制约，否定了性伦理道德的合理内容，使"性自由"成为一些人"性滥交"的借口。

所谓"性滥交"，是指合法婚姻以外的性关系，比如，婚前性行为，婚外性行为，与多个人性接触，卖淫、嫖娼、强奸等。"性滥交"不仅会损害青少年的身心健康，导致少女怀孕堕胎和未婚生育，还会破坏家庭稳定、感染性病。

"性自由"给西方社会带来了严重的危害：加速了离婚率的上升；很多家庭破裂，大量儿童生活在单亲家庭，失去了父亲或母亲的爱抚；未婚生育的母亲和孩子增多；青少年性犯罪率激增；性病、艾滋病肆虐。

然而，要消除"性自由"的严重危害，却不是短时间内就能达到的。比如，仅用了 20 多年的时间，西方"性自由"就给人类社会带来了艾滋病这类空前的灾难，而要制止艾滋病的蔓延，则不是二三十年就能做到的。

不幸的是，西方文化思潮涌入中国，一些年轻人盲目崇尚"性自由"观念，将性伦理道德抛在脑后。一些崇尚"性自由"的年轻人认为，爱情不仅是精神的，也应该是肉体的，而肉体是属于自己的，任何人都无权干涉自己和谁发生

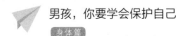

性关系；男女之间的性行为不一定要在结婚之后才可以进行，只要相爱，随时都可以发生性行为。

这是大错而特错的。

性关系必须建立在婚姻的基础之上，必须是合法的，是合乎伦理道德的。所以，我们要珍视两性关系的道德传统，坚决抵制"性自由"的思潮，用道德意志控制自己的性冲动。

第一，不盲信"性自由论"，坚守内心的原则。

青春期的男孩会对性有很强烈的好奇心，但同时也会因为判断力不足而容易走歪路，有时候周围有人宣扬"性自由论"，心性不定的男孩就很容易被带偏。比如，有人可能会告诉你，"多一些性经验是好事""及时行乐"，这都是错误的，我们一定要坚持正确的原则。

你内心要明白，盲目的自由是不可取的，别人说的不一定对。你从老师、书上所学到的与性有关的知识里，全都是劝你要先抓住大好时光好好提升自我，等待时机合适再开启全新生活的大门，所以，你要坚守这个原则，不受到他人的影响。

第二，学会理智看待情感与性之间的关系。

有一种很奇怪的说法，就是"要证明情感是不是好，就看对方是不是愿意和你发生性关系"，有的男孩对这种说法深信不疑。

但这种说法是不合理的，情感并不是靠性关系来维系或证明的，而是看你的情感发展是不是积极健康，是不是能让两人有志同道合、想要一起携手前行的感觉，是不是真的能促进彼此的进步与提升。性关系并不能成为决定情感好坏的因素，相反有些男性因为发生了性关系而变得对情感不再认真。

青少年各方面发展都不够成熟，还没有处理情感的精力和能力，不要过早操心不该操心的事情，应该抓紧时间充实自我，耐心等待情感的发育。

第三，成年与否与所谓性自由没有任何关系

有的男孩还会有一种奇怪的认识，认为"我现在不能性自由是因为未成年，等我以后成年了，就可以性自由了"。其实，你未成年不可以放纵，成年了也同样不可以。

我们应该在内心建立一个不可动摇的原则标准，不论到什么时候，这个标准都是适用的。那就是我们尊重自由，但也要尊重自己、尊重他人。我们不能自私地生活在这个世界上，我们没有权利去"自由"地跟他人发生性关系，哪怕是成年了，也没有人有这样的权利。

性自由是可怕的。纵欲伤身，除了前面讲到的，可能会染上性病、艾滋病之外，还会败德，被人所不齿。古人也常说，"天道祸淫最速"，意思是天道自然的规律会"最迅速"

地给那些淫乱的人、放纵的人带来灾祸。

想想看，你的性自由除了会让你体验短暂的快感之外，那些绵长的"余韵"几乎都是负面的，会对你的身心、德行造成极大的伤害，这样一来这种自由还值得吗？

只有建立在合法婚姻基础上的性关系才是被允许的，才是合乎伦理道德的，否则就是害人害己的行为。在性行为这件事上，务必尊重自己、尊重他人，严守基本的道德底线。这是对自己一生最大的保护。

要坚决戒掉手淫，千万不要心存侥幸

案例一：

有一位中医大夫接诊过一名 15 岁的初中男生，他本来是跟着父母来看青春痘的，但是大夫通过观察和把脉之后，便希望和男生单独聊聊。

大夫接着询问了男孩小便的情况，根据他"每节课下课都要小便""感觉尿不尽"的情况，提醒他"这是肾虚，主要是因为手淫太多导致的"。

男孩很惊讶，问大夫："书上不是说手淫对身体没有坏处吗？"

大夫告诉男孩，并不是书上说的就是对的，有时候恰恰相反。他提醒男孩，以后不要再看黄色网站，不要再手淫，否则肾气不足，记忆力不好，学习成绩下降，还容易发脾气。

男孩惊讶极了，因为这些症状他都有，大夫诊断男孩肾气极虚，是典型的伤精表现，在一番劝说之后给他开了药，并提醒父母看管好男孩，让他远离网络，早睡早起。

最终经过 3 个月的治疗，男孩不仅青春痘下去了，面色和脉象都好了很多，学习成绩也提高到了全班前 3 名。

案例二：

有人在网上讲述自己的"伤精历史"。这名男子 11 岁时因为无知染上了手淫的习惯，整日沉迷于其中，对这种快感无法自拔。最多的一天，手淫射精四次直到再也射不出来为止。一般每天都要有两次手淫，就这样持续了 8 年时间。

结果，本该正是青春能量满满的年纪，他却满身问题：18 岁的人，身高相貌体重和小学生一样，骨骼细小，骨关节萎缩变形，经常感觉酸软无力；手像鸡爪一样，经常抖，拿东西就抖；驼背，眼球突出干胀，头发干枯没有光泽，牙疼，嘴里经常有腥臭味；晚上经常做梦，还频繁遗精；头经常眩晕、迷糊，人显得痴呆，听力差，智力、记忆力更差，经常是学什么忘什么，尽管也吃过中药，但却没有任何效果。

社会上常出现"手淫无害""适度手淫是有益的"的观点和言论。当然，适度、偶尔、有节制的手淫，对身体不会造成太大的伤害，但绝不是有益的。

就好比说"适度吸烟"，又有几个人能真正做到适度呢？尤其是对于心智尚未成熟的青少年来说，一旦沾染上手淫，就很容易深陷其中，被手淫背后的色欲所控制而无法自拔，慢慢地损耗自己的储能。

　　有中医认为，手淫没有"适度"这一说，也就是一旦沾染，必然会上瘾。作为青少年来说，没有那么强的定力，不能实现自控，而且正处在长身体的关键期，更要远离这种欲望带来的伤害。

　　通过前面两个案例也可以发现，手淫一旦开了头，男孩几乎是没有自控力去控制的，只能是沉湎其中不能自已，最终会害了自己。也就是说，当只顾着追求或沉迷于快感时，就容易忽略其背后隐藏的危害，而等到终于发现伤害时，那伤害可能早就根深蒂固了。

　　有人可能会心存侥幸，认为自己不会这么惨。前面一节已经提到关于手淫的种种害处，身体的成长发育是遵循自然规律的，每个人的脏器在身体内发挥的作用都是一样的，所以手淫给身体带来的伤害，不会有例外。

　　懵懂无知的时候，我们无意间触碰生殖器，产生了某种快感，这是正常的生理反应，但不要沉迷其中，而是要明白获得这种快感是需要付出代价的，而这个代价我们显然支付不起。所以，不要有任何侥幸心理，如果你已经有了手淫的苗头，已经有了想要多次感受快感的需求，那就要及时悬崖勒马了。

　　第一，相信科学，明确"手淫是有害的"这一点。

　　前面对所谓的"手淫无害论"进行了解读分析，并简单分析了手淫对身体的危害，建议好好读一读。这里需要再次明确的是，手淫是有害的，下面再详细阐述一下，以帮助青少年彻底认清这件事，从而避免自我伤害。

（1）身体能量以三种形式存在，即精、气、神。"精"的主要部分是在肾脏小腹以下和睾丸生殖器等部位；"气"的主要部分是在胸腔和胃部；"神"的主要部分是在头脑里。手淫并不是"免费的午餐"，它所消费的就是"精"，也就是与骨髓、脑髓相同的肾所收藏的人体奉生之本、造血之源。如果过度手淫，就会导致骨髓空洞、脑髓不满，身体极度虚弱，甚至生命提前衰老。

（2）人体靠血气滋养，没有消耗的血气会在人体深度睡眠时转化为精，藏于肾中，封藏于骨内，以备不时之需。如果消耗得少，储蓄得多，就是长寿健康的保障；如果消耗得多，储蓄得少，就是衰老短命的前提。手淫、性行为都是以精的耗损为表现，如果耗损过多，就意味着生存质量降低、生命历程提前结束。

（3）手淫会提前透支人体的生发之气，使人体生育能力极大下降，即使种子尚未生气全失，将来生根、发芽、开花、结果之后，也不免枯萎不荣、缺乏生机。如果青少年在发育期就开始手淫，必将造成身体发育严重不良，甚至是停滞或畸形。因为手淫造成肾精、钙质大量流失，而肾是主骨生髓的，所以，根据手淫开始的年龄及频率，全身的骨头都会有不同程度的畸形，手淫开始的年龄越早、越频繁，就越有可能鸡胸驼背，极易早衰，在别人看来，就像一个颓废的

"小老头"一样。

（4）长期手淫还会损伤情志，令人精神萎靡、意志薄弱、狂躁暴戾、多疑、恐惧，遇事或莽撞或退缩，缺少耐心、恒心，缺乏必胜的信心、勇气。

（5）手淫会影响智力、智商。人的记忆力、思维力、理解力会被手淫严重地快速消耗，上课时也会出现无精打采、注意力不集中的现象，最明显的表现就是学习力不从心和学习成绩急速下降。这都是精虚不能化气、气虚不能化神的结果。

（6）长期手淫的人，生殖器官和系统的发育会受到严重阻碍，很可能患上慢性前列腺炎；泌尿系统出现问题，有时是想尿却尿不出来，有时却是尿频；性功能会被严重毁坏，甚至出现早泄、阳痿等症状。

这并非危言耸听，如果不相信，不妨在网上找一些手淫者的"忏悔录"，看看他们的经历，从而真正了解手淫，以及手淫带给他们的痛苦、摧残。你也可以从自己的身体感受来思考手淫给你带来的变化。

青少年时期，手淫没有一点好处，所以坚决不要沉迷其中，尽早戒除这个坏习惯才是对自己身体健康负责任的表现。

第二，培养广泛的兴趣爱好，转移注意力。

青少年正是对很多事物好奇的时期，不要只把兴趣放在自己的身体、欲望上，还有很多值得我们去关注的东西。

除了正常的学习内容，我们还可以发展更多的兴趣爱好，喜动的人可以选择各种运动，篮球、足球、跑步、游泳、骑行、滑板、轮滑、冰雪运动……只要保证安全，在身体可承受范围之内，我们都可以通过运动的方式发泄精力、锻炼身体、改善自己的生活状态；喜静的人也同样有多种选择，阅读、绘画、书法、下棋、做手工、魔方、乐高、编程……这些兴趣爱好也能帮助我们静心，让自己变得更专注。

总之，生活中还有很多美好的事物等着你去探索、去体验，所以，请不要透支身体、浪费生命，一定要善待自己。

第三，接受必要的医学咨询和辅助治疗。

如果已经养成了手淫的习惯，只凭借自己的毅力可能没有那么好的控制效果，因为有些人的身体也许已经出现了问题，这时就要寻求医生的医学咨询与辅助治疗了。在治疗过程中要遵守医生的嘱咐，并结合生活习惯的改变，来逐渐戒除手淫习惯。

这个过程可能不会很轻松，也需要一定的时间，可以配合医生制订治疗与生活计划，帮助自己摆脱坏习惯，让生活重新步入正轨。

克制与排解性冲动，是一种自我保护

2015 年 10 月 6 日早上，江苏省常州市某派出所接到 110 指挥中心转警称，辖区内有居民被捅成重伤。民警赶到现场发现被害人董某胸、颈部有多处刀伤，尽管被迅速送至医院，董某还是因多处致命伤抢救无效死亡。

警方立刻开始展开调查，在监控录像中发现了 3 名可疑男子，并于当天将 3 名嫌疑人范某、巢某、夏某抓获，3 人竟然都是 15 岁的少年。

范某等 3 人与被害人董某的女儿董平（化名）是初中同班同学，范某喜欢董平，但董平一心努力学习要考重点高中、上大学，对于范某的屡次献殷勤她只当成是同学友谊。中考后董平进入重点中学，而范某等 3 人进入职高就读，可范某对于董平的执念还在。

范某因为经常看黄色视频，有强烈的性冲动，他对巢某和夏某说，想要强暴董平，需要他们帮忙。巢、夏二人同意了，一来是因为好玩，二来他们竟然也打算跟着强暴董平"刺激"一下。3 人到董平家附近探查过地形，并定好了方案。

10 月 5 日晚上 9 点半，3 人来到董平家西边巷子里，翻墙上后发现董平的爸爸董某正躺在床上玩手机。范某想，不如把董平爸爸杀掉再去强暴。他爬进董平家里，待董平爸爸睡着之后连捅几刀，在听见楼梯上有脚步声时，他才逃出房间。

2016 年 12 月 23 日，常州市中级人民法院经不公开审理：被告人范某犯故意杀人罪、强奸罪（预备），数罪并罚，被判处无期徒刑，剥夺政治权利终身；被告人巢某犯故意杀人罪、强奸罪（预备），数罪并罚，被判处有期徒刑 4 年；被告人夏某犯强奸罪（预备），被判处有期徒刑 1 年 3 个月。

这是一件多么令人痛心的事，只因为自己难以压抑的性冲动，3 个少年就害死了一个无辜的人——一个家庭的顶梁柱，毁掉了一个幸福的家庭，而他们 3 人的人生也因此发生了"巨变"。

正常健康的人都会有性冲动，但理智的人会克制与排解，只有不够理智的人才会动歪脑筋；理智的人会合理地排解冲动，让自己恢复平静，不理智的人才会选择任性释放，甚至不惜伤害他人。

那么什么是性冲动呢？就是指在性激素和内外环境刺激的共同作用下，对性行为的渴望与冲动，常伴有生殖器官的充血以及心理上的激动和欣快，是生理和心理的综合反应。

进入青春期之后，青少年在性激素和内外环境刺激的共同作用下就会产生性冲动，对于男孩来说，视觉刺激更容易引发性冲动，如案例中范某所看的色情视频，就很容易引发男孩的性兴奋，只不过他"兴奋"过了头，犯下了不可饶恕的罪行。

我们应该成为理智的人，最好掌握一些克制和排解性冲动的方法。

第一，远离任何可能挑起更多冲动的因素。

案例中的范某频繁接触色情视频，让他原本就强烈的性冲动变得难以控制，所以远离那些可能挑起冲动的因素很重要。

比如，要远离色情视频、文字、图片，减少直接刺激；和自己喜欢的人保持一定的距离，暂时克制情感，以免自己冲动上来伤害到对方；远离那些会怂恿你的人，如起哄的人、看热闹的人、用自己的经验来给你"指导"的人，不要轻信他们的话，更不要被激将，保持自己内心的清明和原则就好。

第二，合理作息，丰富生活。

研究表明，早上和晚上是产生性冲动的高发期，那么对于青少年来说不论是早上赖床不起还是晚上熬夜不睡，都可能会刺激自己更容易做出与性有关的行为。所以合理作息，保证作息的规律性，显然能让我们在合适的时间做合适的事情，也就是既能让大脑在该休息的时候好好休息，又能免于胡思乱想。

在合理作息的前提下，也要有充实的生活，积极发现和发展自己的兴趣爱好，保证自己有丰富的业余生活，将大部分注意力都集中在成长、学习、健康生活上，这也能让旺盛的精力以另一种方式被释放出去。

另外，我们也要和周围同学正常交往，不论是同性还是异性，保持正常的心态，建立正常的友谊，消除对异性的神秘感与好奇心，让自己的内心也变得坦然，这也相当于是对性冲动的脱敏。

第三，树立远大的理想与人生目标。

一个有理想和目标的人，就会比较少受到自身欲望和外界的干扰。所以，我们也要为自己的人生好好思考一番，想想自己未来要做什么，有什么想法，有怎样的目标。有了理想和目标，我们就可以制订合理的生活与学习计划，然后一步步为了理想和目标奋斗。如此一来，我们的精力也就都放在了自己的目标上，从而可以克制内心的种种冲动。

不要上各种骗人的小广告的当

据媒体报道，2015 年 10 月，甘肃省兰州市西站敦煌路一带被张贴了好多"美女服务"的小广告，这些小广告上印着美女照片，还印有露骨的话语以及一个联系电话。因为整个广告被设计成彩色的，一眼看去格外吸引人。

可是，这一路段却有小学、中学，是很多学生上下学的必经之路。好奇的孩子们在上下学的路上对着这五颜六色的广告也会好奇不已，有的还围观留意上面的内容。

这类广告很快引起了学生家长的注意，他们很是不满，认为"这种'美女服务'的广告怎么可以贴在学校附近"，于是在接送孩子时，家长都动作迅速地带孩子赶紧离开，以免孩子对这些广告过于关注。

"美女服务"这种小广告的目的其实就是诱人做坏事的，或者通过引诱来骗人。而对于未经世事的青少年来说，这些小广告所带来的新奇感、刺激感可能会更大一些。

青春期的男孩也容易因此被激发出性冲动，万一真有受不了诱惑的，说不定就会上当受骗。所以，父母们想要把孩子快速带离的想法是合理的。

但是，只是带离并不能解决根本问题，曾经有成年人被这种"美女服务"的小广告骗走大额金钱，青少年若是在父母不知道的时候也被拉入骗局，可能会遭受更大的损失。

不能把躲开这类小广告的责任只留给父母，我们自己也要积极一些做点什么，帮助自己远离这些小广告。

第一，学会对美女"脱敏"。

很多小广告都会采用美女形象来刺激眼球，借以"引人注目"，一旦有人入套就开始实施骗术。对于正处在青春期的青少年来说，美女的形象可能是最容易引发冲动的形象了。有些男孩走在路上，可能都会对美女多看两眼，就算是美女的图片也不放过，这无疑增加了被骗的概率。

所以，我们要学会对美女"脱敏"，让自己不至于一看见美女就思路跑偏。比如学习欣赏美，将注意力放在美上而不去浮想联翩；和班里的女同学保持一种正常的交往状态，也就是利用正常的沟通、交流来消除自己对异性的好奇。

再就是要认识到，人都一样，吃喝拉撒睡，所谓的美女也不例外，没什么特别的。这样一想，面对美女也就没那么激动了。

第二，了解小广告的套路，避免上当。

所有陷阱都会有一个很吸引人的外壳，美女可能就是那个美丽的外壳，但内在却说不定有怎样的黑暗。

可以多了解下这类小广告的套路，在防诈骗内容中应该会有关于这类小广告的介绍，跟着老师或者防诈骗的课程来认识骗子可能使用怎样的招数，自己要有怎样的应对方法，在以后遇到类似情况时要积极实践、积极防范，保证自己不会轻易上当。

第三，专注学习与生活，远离广告。

有时候我们之所以会被广告所影响，可能与我们看了太多类似的小广告有关。虽然说这类广告说不准什么时候出现，但我们也要尽量远离。

我们本该有更多可以做的事情，学习、运动、发展兴趣爱好、帮家里做事……做这些事的时间还不够用，就不要把时间和精力浪费在关注广告上了。日常看见了就当没看见，路上看见的话就赶紧走过去，网上看见的话就赶紧关闭页面。我们要对小广告产生免疫力，专注于做该做的事情，心无旁骛。

第四章
Chapter 4

青春期有禁忌，没熟的
"涩苹果"不能吃

　　青春期后果最严重的问题之一可能就是过早地有了性经历，在身体发育不成熟、没有担当能力的时候发生性行为，就相当于你摘下了"涩苹果"。青春期是成长的关键时期，不可以被随意挥霍。所以，不要在这个时期留下以后难以弥补的遗憾。要坚守原则，学会等待，耐心等待身心的健康发育，等待苹果真正成熟的时候再去品尝。

一定要知道那些不能碰触的禁区

一名高三学生在网上发布了这样一段内容：

我是一名快要高考的高三学生，但是如今我却整日暗自痛苦，别人都忙碌地全身心投入备考，我内心那难以启齿的痛让我无法安心。

我读初二的时候，和一个初三的女生建立了恋爱关系，一时冲动我们偷尝了禁果。从那之后，我却像着了魔一样养成了手淫的习惯。一开始我是在觉得不开心的时候手淫，可是后来，却日渐发展到每天我都控制不住自己想要手淫。

手淫让我整个人变得不能专心学习，成绩从原来的班级前三名一天天降下来，中考时原本能考上重点高中，最终只考上了一所普通高中。

进入高中后，手淫让我的情况变得更加糟糕，每天都打不起精神，记忆力越发不好，思维也变得迟钝了，做什么事都没有信心。我变得越来越自卑，在他人面前总觉得抬不起头，低人一等的心理严重影响了我，我总是无法静心学习，成绩也始终排在全班最后一名。

我不知道自己该怎么办，就是从那一次冲动之后，我感觉整个人都好像换了一个"内芯"，眼看要高考了，我却痛苦不堪。

这个男孩在少不更事的年纪触碰了哪些禁区呢？首先是过早恋爱，一时好感就以为是在交流感情，在错误的时间做了不合适的事情，后果当然不会好；接着又是发生性关系，初中的孩子都不过十几岁，身体发育尚不完全，过早的性行为给身心都会带来压力；最后还形成了手淫的坏习惯，消耗了自己的精气神。

可以说，这个男孩之所以变成现在这个样子，其实都是最早时的一念之差，踏进禁区，结果自己受到了"惩罚"。

在青春期，有很多禁区都不可触碰，值得我们注意的地方有以下几方面：

首先，注意男女有别。这是青春期时我们最先要关注的内容，因为青春期是男孩女孩性萌发的关键时期，在这一时期大家好像都开始关注对方，但如果不知道彼此有分寸、保持距离，就容易混淆友情与爱情，导致犯错的概率增加。

其次，控制自身的性冲动。从未有过的性冲动会让很多男孩难以招架，在不能自控的情况下，再加上外界刺激，就容易做出错误的事情。

再次，避免过早发生性行为。好奇、想模仿，男孩就想要体验一下性行为，有了第一次又想第二次，这是既伤自身又伤别人的做法。

最后，不要被感情冲昏头脑。盲目体验感情，不知道如何辨别、如何做，一门心思只想着感情，却忘记了当下自己最应该做的事情是好好学习。

这些禁区往往并不是单独存在的，很多男孩都会同案例中那个求助的男孩一样，会连环踩禁区，而这些禁区给人带来的伤害往往是精神上的，看看案例中求助男孩的描述，他的现状其实也是给我们敲响了警钟。

所以，我们应该了解这些禁区，并知道如何绕开它们。

第一，客观看待禁区的存在。

我们要明白青春期是有这些禁区的，认识到这些禁区是什么性质的、可能会给我们带来怎样的影响，然后知道在平时学习生活过程中应该怎样躲避，不要对其过分在意，尤其是不要为了防禁区反而搞得自己整日提心吊胆，精神紧张。专注于自己的学习与日常生活，不去关注其他不相关的事情，可能更容易躲开禁区。

第二，明知不可，便真的不要为之。

青春期的男孩有极强的好奇心，冲动之下可能会选择"知其不可而为之"。这种叛逆心要不得，不要存在侥幸心理。

不能做的事坚决不做，比如，注意男女有别，就不要故意去和女生挨挨蹭蹭，要在言行举动上尊重对方；控制自己的性冲动，就要多锻炼、转移注意力，合理释放精力，减少对这方面的关注，尽量实现自我控制；不过早陷入恋情之中，要及时终止暧昧的关系，把美好纯真的情感藏于心底，专注做当下该做的事情；不冲动品尝"禁果"，要守得住自己的原则底线，不轻易受到诱惑，努力做到不越界；等等。

第三，坚守自己的原则，不受他人的怂恿。

在青春期时应该远离禁区不擅闯，这是原则，但总会有已经闯了禁区而不自知的人或者有闯了禁区还扬扬得意的人来怂恿你，告诉你禁区里是怎样一番"美景"，可能还会嘲笑你没有闯过禁区所以不够"爷们儿"。

不要因为这样的怂恿就做傻事，只要遵守父母、老师反复强调的原则，大概率都能保得自身安全。在什么年龄就做什么事，做了超越年龄的蠢事也不是值得炫耀的资本，你只要坚信自己的选择是正确的就可以了。

不把男女的亲昵交往视为儿戏

网上有人上传过一段视频，引发了网友的热烈讨论。

视频拍摄的是地铁中，两个初中模样的孩子，一个男孩和一个女孩，女孩躺在地铁座椅上，男孩捧着一本书压在了女孩身上，女孩不仅没有反抗，反而把手放在了自己头底下，任凭男孩做一些亲密的行为。

也许是感受到了周围乘客的注视，女孩有些羞涩地坐了起来，男孩随即看起了手里的书，可是女孩却顺势又把自己的双腿搭在了男孩的腿上，而男孩也腾出一只手把女孩揽进了怀里。

有网友认为，早恋本就不妥，在公共场合做如此亲密的举动，丝毫不顾及他人的感受，更是极为不文明的行为。

从公众的眼光来看，异性之间的相处越是得体越不会受人诟病，得体的相处体现的是两人的德行涵养，同时也能获得众人的尊重。相反，案例中两个初中生的表现，很明显不能为众人所接受。

"亲昵"这种状态应该是一种私密状态，多出现在家人、亲人或者成熟的情侣之间，它会让人感觉美好甜蜜。而

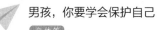

在青春期，少男少女之间若是有了"亲昵"表现并不正常，若是再展示给众人，那就更不恰当了。

而对于青春期的男孩来说，和异性完全没有距离感的接触，也容易给人留下猥琐、轻浮的印象，甚至还可能会被人骂"流氓"，为众人所不齿。

人与人之间相处本就需要距离感，男女相处更是如此。所以，我们不能只顾着满足自己的好奇心，自己觉得无所谓，也要尊重对方对距离的需求，尊重大众对公德的认知。

关于男女相处，我们应该注意这样几点：

第一，保持足够的距离，掌握一定的分寸。

这个距离和分寸包括言语和行为两方面。

言语方面，我们不能张口闭口就"姐姐妹妹""宝贝"之类的，和女孩讲话的时候要注意不能讲脏话，也不要随便开玩笑，尤其是开黄色玩笑更不行。对女孩要有足够的尊重，说话尽量委婉一些，不要颐指气使，也不要冷嘲热讽。

行为方面，在和女生相处时不论站还是坐，都要保持一定距离，避免出现肢体触碰，不论是说话做事，都不要有多余的动作，比如摸女生的头、扶女生的肩膀或胳膊、勾肩搭背等，至于拉女生的手、摸女生的腿，或者摸胸、碰臀等行为，就更不可以了。

异性之间相处应该保持足够的距离，有一定的分寸感，彼此尊重才好。

第二，不要因为"关系好"就觉得"亲昵"没问题。

很多男孩可能会说，"我们之间关系好着呢，怎么说、怎么闹都无所谓"，这其实是个误区。不论关系再怎么好，对方也是女生，男女有别，不论是看问题的角度、对很多事情的感受，男孩与女孩之间都存在一定的差异，这并不是说你觉得彼此关系好就能随便放开了任意折腾的。

我们可以这样来看待"关系好"这一事实，既然关系好，那么，你就要对女生有更多的了解，不仅要让女生了解你喜欢什么、讨厌什么，也同样要主动去发现或意识到女生的禁忌，知道对方可以接纳什么、不喜欢什么，然后做到彼此尊重，这才是真正关系好的表现。

第三，提醒父母也要注意在家中的言行举止。

有些男孩对女孩的过分亲昵并不只是青春期的好奇，还有一部分是在家中耳濡目染，是一种家中习惯行为的延续。有些父母在家中就经常有很亲昵的行为，搂抱、亲吻，彼此动手动脚，甚至一起打打闹闹，男孩看在眼里就会记在心上，就会误以为"我父母都这样相处，那和其他女孩这样相处应该也没有问题"。

所以有时候，我们也要看看自己家里的情况，如果父母也有这种毫不顾忌的亲昵举动，我们也可以和父母聊一聊，跟他们说一说自己与异性相处时的感受，聊一聊这样亲昵的行为在外是否合适。

父母都是通情达理的，也许也会自己主动注意到这个问题。那么我们也要明白，一定要和异性之间保持得体的距离，不能随意有亲昵举动。

苹果熟了才是甜的——早恋与延迟满足

有位妈妈有一个上初一的儿子，虽然只有 14 岁，但从外表看，已经是一个身高 170 厘米的大小伙子了。这个男孩从小比较懂事，学校里也有好人缘，成绩一直中上。但从初中一年级第一个学期后，妈妈发现他开始对自己的外表格外在意，每天早上都要收拾半天才出门，而令人奇怪的是，他的学习成绩也在短时间内下降了许多。

有一天，妈妈因为家里电子设备与自己的手机同步，看到了男孩的 QQ 聊天记录，原来他喜欢上了一个女孩，整日总是想着女孩，学习自然也就心不在焉了。

妈妈很是纠结，不知道应该怎么和儿子谈才不会伤害他。而班主任老师也曾经说过，有早恋苗头要通知老师，可是妈妈又怕老师的处理方法过于粗暴，让儿子反而更加不能好好学习，一时间妈妈陷入了两难的境地。

男孩自己偷偷恋爱，最终苦恼的却是妈妈。我们可能都有这样一位妈妈，她对我们的担忧和关怀其实一直都很温暖。那么，对于这样的温暖，我们是不是理应有所回报呢？在不合适的年纪，还是不要轻易触碰情感为好，青苹果不可能甜，注定是苦涩的。

过早开始的恋情，都是未成熟的果实，而想要吃到甜的果实，就得耐心等待它自己成熟。这段等待的时间是不能省的，所以，万一真的动了情感，也不要想着当下就得到满足，可以试试延迟满足，说不定你还会有新的收获。

青春期恋情与延迟满足，其中又有怎样的联系呢？

第一，不要急着表露好感，观察一下并不浪费时间。

在情感冲动之下，会对某个人产生强烈的好感，这种好感会促使男孩立刻去表白，有种"生怕晚了就赶不上了"的感觉。

不要那么着急，好好观察一下、思考一下：对面那个人为什么吸引你？有什么地方值得你喜欢？而你又有什么可以和对方匹配的地方？不妨在心动的时候把这些问题都列出来，然后一条一条去思考答案，如果有不确定的答案，那就再等等看。

你通过不断观察和思考，慢慢就会意识到，眼前这个人可能也没有那么突出。而且你自己也是在不断成长的，随着知识增多、眼界开阔和思想的不断发展，你会逐渐发现，对方也许不再那么吸引你，你的眼光会随之变得更高。这就是延迟满足带给你的好处，让你不至于鼠目寸光，让你看得更长远。

第二，不要只盯着眼前的一个"果子"，而是要耐心等待整个"果园"成熟。

青春期的恋情其实就是在一片还未成熟的"果园"中偶然发现了一个好像成熟的"果子"，你以为自己摘到了宝，但其实不过是其他"果子"还没到成熟的时候，你看到的可能是早熟的却不健康的"果子"。所以，要把目光从眼前的一个"果子"上移开，耐心等待整个"果园"的成熟。

也就是说，你现在眼中所见不过是自己的同班同学、同年级同学，但你日后还会遇到更多的同学，去更多的地方，见到更多的人。而这些经历都需要时间，你认真地一步步走过，情感发展也会自然走向成熟，到那时你可能才会遇到真正的爱情。

第三，不过早考虑成年人的事，基础牢，未来好。

很多青春期"小情侣"在十几岁的年纪就开始有成年人才会有的考虑，比如，以后的家安在哪儿，怎么做饭生活……

"美好"的幻想会占据大量的时间和精力，因为不需要付出什么，只要想象就够了，这也是很多男孩在开始青春期恋情后就无暇顾及学习的原因。不仅如此，有的男孩还会考虑到"我要保护好自己的人"，然后会和其他男孩争风吃醋、打架，也就更没有学习的心思了。这就是在不合适的年龄里做了不合适的事。

我们现在主要的任务是提升自我，还没有为感情、为爱人负责的能力，如果你连今天的作业都没做完，谈什么好好生活、柴米油盐呢？在哪个年龄就做哪个年龄该做的事情，人生有时候也需要按部就班，揠苗助长终将适得其反。

建立正确的性别观与性别意识

有一位初中班主任老师讲了班里一个男孩的事：

这个男孩叫小伟，家庭条件不错，身体健康，成绩也优秀。但是小伟比较反感班里的男生，有时候还会用手掐男生，反而很喜欢和女孩一起学习玩耍，还要和女孩当姐妹。

小伟性格敏感脆弱，稍有不顺就掉眼泪。而据他自己所说，从小学开始，他就发现自己和班里的女生有一样的兴趣爱好，喜欢和女生玩，喜欢折纸、编织、剪纸等活动，但却不愿意和男生交往，对男生的各种活动也不感兴趣。而上初中之后，他的这种倾向越发明显，性格爱好也越来越偏向女生，反而对男生越来越排斥。

曾经有同学反映说，小伟在家时父母总是打骂他，后来他妈妈生了妹妹，他觉得家人都更重视妹妹，就也想要像妹妹一样是个女孩。

班主任老师觉得小伟这种情况不太正常，便想和家长沟通一下关于小伟的性别认同问题，但是家长反应并不积极，也不愿意正面谈论这件事，最终班主任只能嘱咐家长提醒小伟"要多参加户外活动，多跟各种同学交朋友"。

从小伟的表现来看，他虽然是男孩，但是心里却把自己当成女孩，而且言行举动甚至思想都不断地向女孩靠拢，也开始排斥与自己同性别的男孩。出现这样的情况，一种原因就是如小伟同学所说，因为他有了妹妹，家人对妹妹态度和对他的态度不同，他产生了想改变性别的愿望；而另一种原因，则是小伟也可能真的从一开始就认为自己是女孩。

关于性别的问题，可能已经不能只是简单地用"男性和女性"来区分了。从科学角度来看，生物的性别可以根据不同视角、不同层次划分出 6 种：基因性别、染色体性别、性腺性别、生殖器性别、心理性别和社会性别。其中心理性别就是指动物对自己性别的认同，放在人类身上也就是人对自己性别的认同，这一方面与基因调控相关，受到遗传因素的影响，另一方面也与家庭教育和角色认定有关。

也就是说，有的人对自己性别的认知并不取决于生理外在的表现，就像小伟这样的，对自己的性别有别的认知，所以我们不能简单地从外表去判断并要求某些人必须遵循所谓的性别表现。

不过话说回来，心理性别的两方面因素，一方面是天生的，是源于遗传因素，这个我们恐怕没法调节；但另一方面是家庭教育和角色认定，那就意味着我们如果对自己的性别认同出了问题，可能就要找准原因来帮助自己纠正了。

所以，要建立正确的性别观和性别意识，还应同时关注生理性别和心理性别。

如果我们的生理性别和心理性别是统一的，那就这样做：

首先，明确男孩应该是什么样，也就是知道男孩要有男孩的气质，有阳刚之气，有朝气蓬勃的精气神，勤于锻炼身体，树立远大志向，遇到困难不退缩，遇到问题能思考。不扭捏、不逃避、不动不动就哭，也不会盲目依赖他人，有责任心。

其次，尊重他人，不论对方是男性还是女性，也不论其心理性别是否和生理性别表现一致。我们应该成为心胸宽广的男性，要以人品鉴人，而不是以性别鉴人。

最后，如果有因为其他原因而导致的性别表现差异，比如像小伟同学反映的那样，他是因为觉得像妹妹一样就能获得爱，所以才希望自己是女孩，我们应该多和父母或老师进行交流，或者找心理医生来帮助自己解除内心的困惑，让自己不再出现性别方面的异常认知和表现。

如果我们的生理性别和心理性别存在差异，那就这样做：

第一，要尊重自己的选择，不要看不起自己。

不论是跨性别还是性别倒错，这其中可能的确有很多原因，但如果事实已然如此，我们也要尊重自己的选择，不要自己先看不起自己。同时，自己也要保持积极健康的心态，并且努力做一个有原则的好人，也就是向大家展示，虽然生理性别和心理性别的认知存在差异，但自己还是一个积极向上的人。

第二，尊重他人的看法，忽略不和谐的声音。

既然生理性别与心理性别会存在差异，那么我们的外在表现就注定会有不同。不理解的人可能会对我们的异样表现投来异样目光，同时也可能会有嘲讽、讥笑甚至是谩骂等不和谐的声音出现。我们可以尊重他人的看法，自己则要学着坚强，不好的声音可能会一直存在，但坚定自己的原则信念，做个好人，做个坚持自我的人，认真努力学习生活，不轻易受外界影响，这也是我们成长过程中应该实现的目标。

第三，通过沟通、求助等，努力保护好自己。

曾经有心理性别是女孩的男孩，受到他人的欺凌侮辱以致抑郁自杀。这是我们不愿意看到的事实，所以，我们要尽最大努力保护好自己。

首先，最好是和父母做好沟通，也就是要让父母了解自己的情况，而不要自己一个人硬扛所有的事情。

其次，要及时和心理医生进行沟通，以弄清自己这个生理和心理在性别上的不统一是一个怎样的情况，是遗传还是后期导致的，只有明确情况才能合理处理。

最后，学会及时求助，受到伤害时要立刻报警，同时最好能结交一些真心相待的朋友，这样也可以多一些助力。

了解什么是性，学会化解性行为的困扰

2015 年 6 月，有记者就性教育问题，随机选取了山东省济南市的 3 所初高中学校，发放了"中学生青春期健康教育问卷调查表"，最终收回 198 份有效答案。其中，初中生74 名、高中生 124 名，女生占 53%、男生占 47%。

结果显示，有 12 名学生坦承有过性行为，第一次发生性行为的年龄平均在 16 岁，最小的在 15 岁以下，其中又有10 人对未成年人未婚先孕的现象认为"无所谓""没概念"。

对于"性"，有 164 名学生认为这是"人类的正常需求"，8 名学生认为"性是不正常的，难以启齿的"，24 人则"对性没有概念"。

186 名学生对于人类的生殖过程很了解，只有 12 人不知道自己是怎么来的；但却有 34 名学生表示，"父母并没有对自己进行过青春期两性方面的教育"。

这些中学生获取青春期性知识的主要渠道依次是网络、同学朋友间交流、学校课程、广播电视录像，17 人选择了家庭教育，9 人选择书刊。在学生能接受的性教育方式中，选择"父母当面直接告诉"的仅占两成，还有学生写下"我们懂的比家长多"，但也有部分学生依旧"了解很少"。

这是一个几年前的调查，当时调查的对象是"95后"中学生。从这个调查结果来看，青少年对于性已经有了自己的看法，会因为自己的了解渠道"广泛"而得出"自己比父母知道得多"的结论，可见，他们对性并非一无所知。

这其实也反映出青少年对于性的一种全新的态度，那就是随着了解知识的渠道越来越多，信息的传播速度越来越快，青少年关于很多问题的了解速度可能远超过成年人。时至今日，信息传递变得更加迅速便捷，我们可以随时搜索、查看与性有关的知识。

但我们不能因此就觉得自己"什么都知道了"，随着社会的进步，我们的思想发展可能的确比之前更灵活、更快了，但性依然是一个需要重视的问题，因为它不仅涉及生理上的内容，更多的可能是心理上的内容，还有思想上的、德行上的内容。所以，在当下更为方便快捷的信息社会，我们还是要对性有更为全面的了解，同时也要跟着合适的"老师"学习化解性带来的种种困扰，让自己从更深层次上来解决青春期的性问题。

第一，从科学角度来认识"性"。

性到底是什么？性，是生物界存在的普遍现象。大自然孕育了生物，生物进化出现了性。最早出现的生物机体结构非常简单，它们依赖最原始的生殖方式通过一分为二的自身分裂进行繁殖，慢慢地，在生物进化的过程中出现了性别，开始出现了雌雄两性。在动物界，通过雌雄两性的交配方式，两种异性生殖细胞结合在一起，产生了新的个体。

人类的性行为，是指为了满足自己性需要的性接触，包括拥抱、接吻、性交等种种行为。一般来说，身体发育健康的成年人，都会有性行为。性行为是人类生存和繁衍的需要。只要是人，就有性的归属、性的差异和性的活动。

人类的性行为是在长期生存和发展中形成的，具有两大意义：其一是生育后代；其二是满足人类生理、心理的需求。性行为不仅是生物本能的一种表现，还有别于动物，是生理、心理、思想、情感、伦理、精神及各种社会因素在内的一种结合。

性行为不但具有生物属性，还具有社会属性，受到法律、伦理道德、宗教信仰、传统风俗等的约束，只有在符合伦理道德的基础上，双方自愿的前提下，在受婚姻法保护的夫妻之间进行才是合法的，否则就是不健康的乱性行为。

我们一旦了解了有关性的丰富内容，并用以指导自己的行为，就会以成熟、健康的性意识克制青春期的生理躁动，而不会迷失方向。

第二，了解性行为的分类标准。

性科学研究按照性欲满足程度的分类标准，将人类性行为划分为 3 种类型：

核心性性行为，即同性或异性间的性交行为。

边缘性性行为，如以激发性欲为目的的接吻、拥抱、爱抚等，但有时表现也很隐晦，比如眼神、微笑或其他动作等。

类性行为，指类似性交以获得性快感、实现性满足的行为，比如自慰、性梦、性幻想、性感官刺激等。

在青春期的男孩身上，类性行为很常见，也就是因为难以控制的性冲动而出现的性幻想、性梦等。但性行为不是可以随心所欲的，而是一种社会行为，要接受法律和道德的制约。作为未踏入婚姻殿堂的青春期男孩，不要有婚前性行为，而要把它当成一件只有结婚后才可以拆开的礼物看待。

第三，不逃避性带来的困扰，越早解除越好。

性带来的生理上和心理上的快感都不会持续太久，经历过这些快感之后，可能相应的一些困扰也就来了。比如自慰、性幻想，可能都会让我们陷入苦恼，甚至会因为它们而出现寝食难安、无心学习的情况。

如果出现了困扰，我们最好不要逃避，遇到这类问题就先和父母说，如果觉得和妈妈说不好意思，那就和爸爸说，从爸爸那里获得对这些问题的经验教训。若是父母也无法给出明确答案，不要上网随便搜，可以先去找教生理卫生的老师或校医，如果还是觉得不稳妥，那就去医院寻求医生的帮助。

　　青春期出现性方面的困扰是一件很正常的事情，我们尽早解除了这些困扰，就不会因为身体的变化或某些反应而出现心理负担。

为什么会有性幻想与性梦、梦遗

案例一：

有个男孩在自己的日记中写道："我半夜时分忽然惊醒，发现自己肚子上一片湿，满是黏糊糊的东西。我当时想，自己是尿床了吗？都 13 岁了还尿床？可是几天之后，这种情况又发生了一次，这些湿乎乎的东西不是尿，是白的，还稠，就像洗涤剂或者奶油，我有些害怕，自己是不是得了什么病？"

案例二：

一位 20 岁的男青年在网上咨询医生：

我从 16 岁开始就手淫，那时候也不知道到底是怎么一回事，也不知道这样做有什么危害，不过两年之后就克服了这个不好的习惯。不过现在我又发现自己频繁遗精，有时候一周都不止一次。晚上还总是做性梦，就算白天不怎么乱想晚上也一样做性梦，梦醒后还会勃起很长时间，睡得深了就会出现遗精。这让我心理压力非常大，希望能得到好心医生的帮助。

　　两名男性虽然一个未成年一个刚成年，但他们的问题都是梦遗。其实，从青春期开始，绝大多数男孩都可能会出现梦遗的情况，还会有性梦、性幻想出现。但也正因为对这方面的了解不足，且这种事情似乎都很私密，难以向外人诉说，所以才会有很多男孩对于自己身体的这些变化充满困惑却又不知道该如何解决，进而产生巨大的心理压力。

　　关于性梦、梦遗，我们也要从科学的视角来了解一下。

第一，为什么会有性幻想？

　　性幻想俗称"意淫"，是人类常见的性现象，是一种自慰行为，指人在清醒状态下，对于不能实现的与性有关的事件的想象，是自编自导带有性色彩的"连续故事"，通过想象达到性兴奋。

　　青春期的性幻想大多不会伴有性行为，一般在入睡前、睡醒后卧床的时间里，以及闲暇时出现得较多。男孩的性幻想多是在头脑中预演自己所期望却又无法进行的性行为或类似的情节，有的人会因为性幻想出现性兴奋，有时还会伴有手淫行为。

　　这种幻想在青春期会大量存在，是正常的、自然的，所以我们不要有太大的心理负担，只不过我们需要防止自己沉迷于幻想中。

第二，性梦与梦遗是怎么回事？

　　性梦又叫春梦，指人在梦中与他人谈情说爱，甚至发生性关系。奥地利心理学家弗洛伊德认为，梦是有保护睡眠的功能的，人们睡着时会放松自我警惕，在清醒状态下被压抑的愿望（经常是性方面的）就会冲进意识打断睡眠，这些愿望被伪装成梦表达出来。从本质上来说，性梦是一种潜意识活动，不由人控制，也是人类正常的性思维之一。性梦可以满足性欲，是人体在自我检查和维护各种器官和系统功能。

青少年本就对性好奇，身边一切与性相关的事物，包括美女图片、色情文字或视频，甚至是看到两人之间的亲昵动作，都可能会对我们产生种种不同的影响。在清醒状态下，我们可以通过做别的事情以及自我控制能力来控制自己，但一旦熟睡，大脑的控制暂时消失，性的本能和欲望就会在梦中得到反映。所以，从这个角度来说，性梦大多是性刺激留下的痕迹所引起的一种自然表露。很多研究发现，性梦的发生与睡前身体上的刺激、心理上的兴奋以及情绪上的激发有关，主要和精囊中精液的存积量有关。

梦和现实有巨大的差别，不代表人的真正意愿，也与道德品质没有任何关系，性成熟可能是产生性梦重要的生理原因。

一般来说，男性的性梦经常会伴有射精，也就是梦遗。

梦遗是男子性成熟的标志之一，从生理上讲，精液积存过多就会引起遗精，也称为溢精。梦遗，顾名思义，也就是在睡梦中出现的一种无性活动的射精。曾有统计表明，80%以上的未婚男性都发生过遗精，一般每个月两三次，只要身心健康，一般都不会有不良影响。

对于性幻想、性梦、梦遗这些事，我们可以以积极的态度来应对：

首先，多学习科学知识，正确看待，从前面的介绍来看，这些情况的存在都是正常现象，所以，不要有沉重的心理负担。越是能放宽心，越是不会有压力；越是能从科学角度了解，越不会感到恐慌，反而更容易从容应对。

其次，及时转移注意力，远离各种可能引发性幻想的内容，将更多的精力放在日常学习生活上。如果受到了性刺激，产生了强烈的性渴望，那就看看别的书，看看外面的风景，和同学朋友聊聊其他话题，转移对性的关注。

再次，丰富自己的生活，找到更多可以做的事情，发展些兴趣爱好，进行体育锻炼，或者是帮着家里做些家务，总之让自己忙碌起来，对这些问题的关注就会自然减少。

最后，对于梦遗，也不要太紧张，弄脏了衣服和床单就清洗干净，可以和爸爸说个悄悄话，让爸爸知晓你的成长，也和爸爸聊聊自己的烦恼，没准儿会从爸爸那里获得来自成年人的 "这不是问题" 的安慰。

关于性，别按下"快进键"——难以承受之重

2015 年 3 月 29 日中午，河南省西平县某居民楼有居民报警称，楼道里有一个纸袋子装着一名死去的婴儿。

接警后，民警经过勘察和走访排查，很快锁定了嫌疑人是报警人对门住户的一个女孩。这个女孩是这户人家的外孙女，是一名 14 岁的辍学初中生，接受问话时显得很虚弱，最终她承认死婴是自己当天上午在外婆家的卫生间里生下后弄死的。

根据警方进一步调查了解到，女孩姓彭，2013 年秋天上初二时，与同班同学刘某谈起了恋爱。2014 年 5 月 17 日晚上，彭某给刘某补过生日，两人当晚便发生了性关系，而当时彭某还不满 14 周岁。

几个月后，一直没来月经的彭某意识到自己可能怀孕了，而同样未成年的刘某知道此事后也不知所措。两人不敢告诉家人，也怕引来父母的责骂，更怕学校知道。于是彭某便以考不上大学为由强行辍学，并找借口住进了外婆家。

2015 年 3 月 29 日上午，外婆出门后，彭某腹部坠疼，独自进入卫生间生下一名女婴，但怕婴儿的哭声被邻居听见，就用卫生纸塞进婴儿嘴里，还用手掐婴儿的脖子，致使婴儿死亡，随后她又将婴儿装进纸袋丢在了楼道里。

鉴于彭某作案时年满 14 周岁，已达到故意杀人犯罪负刑事责任的年龄；刘某明知彭某为不足 14 周岁的幼女，仍与其发生性关系，且刘某作案时已满 16 周岁，系完全负刑事责任年龄。最终检察机关分别以涉嫌故意杀人罪、强奸罪将二人同时批准逮捕。

16 岁的男孩和 14 岁的女孩，只想着性行为一时的快感，却没想到其 "附赠" 的怀孕、生子，更没想到的是，两人最终一个强奸幼女、一个故意杀人，双双走上了犯罪道路。从刘某和彭某的这段惨痛经历，我们要看到这样一个事实：如果在性这件事上按下了 "快进键"，在错误的时间产生错误的念头并付诸实施，最终会承受生命中难以承受之痛。

同样是青春期，同样是会有性冲动，产生欲望，出现性幻想，但很多男孩却能平安度过，虽然产生冲动，但并没有在关键问题上出差错，这也就是说，这个问题并非不可控。

那么，我们应该怎么做呢？

第一，看父母，就应知道生活不应按下 "快进键"。

要想知道真正的生活是什么样子的，看看父母就可以了。大多数父母都是到了合适的年龄，有了一定的经济基础和生活能力，或是自由恋爱，或是经人介绍，然后才走到一起，成家立业，生儿育女。

在这个过程中，肯定要有前期的经济、生活、心理准备，才可能有后续的恋爱、结婚、成家、养育后代。更何况，还有法律限定，与不满 14 周岁的女孩发生性关系，不论她是否自愿，男方都要负法律责任。所以于情于理，我们都不应该为了一时的享乐"快进"自己的生活。

第二，从新闻、身边的事例中得到启示，不要冲动。

网络的发达让我们可以快速获取更多的信息，那么青春期时，我们出于对性的关注，对与性相关的很多事往往也会更为敏感。所以，我们会更快地发现新闻中以及身边的人那些与性有关的真实事例。身边有人发生了性关系、出现了怎样的后果、受到了怎样的处理，我们可能都会在最短的时间内得到这些信息。而且你也会发现，这些事情的后果往往都不会好。

既然这些事真实发生在我们身边，那我们何不重视"警钟"的报警？既然知道"快进"会引发不良后果，我们何不引以为戒？不要犯别人已经犯过的错误，不要走明知走不通的道路，叛逆并不代表我们要明知故犯、知法犯法，不要心存侥幸，一定要懂得趋利避害。

第三，和自己也较较劲，学会自控也没那么难。

有的男孩说，"我就是控制不住"。这话并不对，你不是控制不住，你是内心就不想控制。我们如果希望自己成为顶天立地了不起的男子汉，那就跟自己较较劲，鼓励自己不要被欲望、冲动打倒，积极学习各种应对方法，认真听取老师和父母的建议，努力克制自己的冲动。

当然，这种较劲应该是健康的，不是说为了防止手淫就把自己捆起来，为了防止自己性幻想就刀扎针刺伤害自己，我们要锻炼自己的忍耐力和专注力，同时也要转换思想，通过更积极健康的方式来帮助自己远离对性的过度关注，让自己能自然走出性困扰。

第四，如果已经有了性行为，要努力将伤害降到最低。

虽然千防万防，但青春期男孩并不全都具备良好的自控力，如果万一真的没忍住发生了实质性的性行为，那么就要努力将伤害降到最低。比如，第一时间采取紧急避孕措施；好好反省，争取不再被欲望支配；整理思绪、组织语言，诚实向父母坦白你做过的事。

第五章
Chapter 5

男孩也需要注意
防范性侵害

　　说到性侵害，更多的人第一反应是女孩的经历。的确，女孩相对来说要柔弱一些，遭遇性侵害的概率可能会更高。可是，这并不代表性侵害只在女孩身上发生，很多男孩其实也可能会深受其害，而且因为大众对男孩的固有认知，对男孩被性侵的重视程度不高。那么，我们自己就要注意，要懂得防范他人对自己的性侵害，并在这方面保护好自己。

裸聊——任何时候都不要去尝试

2016 年 5 月的一天，广东省东莞市 14 岁男孩文仔上网聊天时，看见有"美女"弹窗出现约他进入一个聊天网站，出于好奇他点了进去，还免费注册了一个会员。接着他看到美女做出挑逗性动作的视频，可是看了十几秒视频就中断了。

文仔一时禁不住诱惑，便赶紧按照广告的指引，充值进入聊天室，和美女主播聊天。由于文仔平时就习惯用爸爸的信用卡消费，也知道密码，且用的是收验证码的手机，于是他便用爸爸罗先生的信用卡转账 300 元登记一年免费观看。之后主播说，只要转账 2000 元给网站做押金就可以裸聊。文仔便又转账 2000 元，可之后主播还说要继续转账，并说 72 小时后会返还。结果就这样断断续续，文仔不停地向对方转账 19000 多元。

但是充这么多钱，视频依旧是只看十几秒就中断，也没有开什么裸聊，文仔越想越不对劲，便要求对方退款，但对方拒绝了。

后来，文仔的爸爸罗先生知道了此事，立即报了警，并向银行客服人员咨询补救方法。但是因为这张卡是罗先生本人使用的，不论他将卡借给谁，这个风险只能由罗先生自己承担，钱款无法冻结，罗先生又气又无奈。

公安部门也借此提醒网民，大多不雅聊天网站属于钓鱼诈骗，遇到类似的聊天窗口，要保持健康心态，不要随意点击进入，以免遭受损失。

文仔因为好奇，被骗"投钱"，但从这个案件来看，裸聊背后往往都不是那么简单。

裸聊，犯罪分子往往用这样充满诱惑的字眼来引诱受害者，而青春期的男孩对性好奇又冲动，一个"裸"字就已经可以引发某种幻想，再加上涉世未深、单纯好骗，所以更容易进入陷阱。

文仔只是损失了钱财，还有的人因为观看裸聊视频或与主播裸聊而被对方录制互动过程，并以此要挟，要求被害人"花钱消灾"，否则就把这些视频散播出去。也有的人在点击与裸聊相关的链接时，被安装了木马程序，被对方盗取了个人信息，并被勒索敲诈。

既然明知道裸聊是错误的，那就不要明知故犯，尤其是在我们这个年纪，正是努力学习的关键时期，无论如何都不要被裸聊轻易诱惑。

第一，网上交友需谨慎，守好自己的秘密。

青少年的网上交友行为更为频繁，一两句话就可能建立网上友谊。青春期的男孩对于对方的一句"帅气的小哥哥"可能都没有太大的抵抗力，然后就会轻易与对方建立联系。

所以，在网上交友更要谨慎一些，不论对方说什么，我们都要给自己留几分警惕，当对方说，"我们不如开个视频聊天吧"，你也要小心，陌生人这么直白地要求面对面，多半都会有些企图，拒绝权掌握在我们自己手中，要把握好分寸。

另外，在和网友交流时，一定守好自己的秘密，包括姓名、地址、学校、家庭情况等种种信息都要守好。这也是我们最好不要开视频的原因，因为你打开视频之后，你的穿着、家庭情况等都可能会给对方提供一定的信息，这非常危险。尤其当对方提及金钱交易时，我们更要提高警惕，要及时从这样的联系中抽身，以免上当受骗。

第二，禁得住诱惑，不要轻易过界。

姣好的面容、美丽的身姿、甜美的声音、诱惑性的交谈内容，裸聊往往会用这样的几大"武器"来攻陷受害人。

这些诱惑对于有的男孩来说的确难以抵抗，会促使他们很快深陷其中难以自拔。有些裸聊可能会先施放诱饵，比如，案例中文仔事先看到的那十几秒视频其实就是诱饵（提前录制的或从别处截取的），若你禁不住这些诱惑，想要

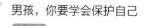

"欣赏"更多，就会上当。

可以这样来提醒自己："正经的女性不会轻易裸露身体给人看，也不会用这样不尊重自己的方式来说话，这种美色诱惑背后肯定有别的目的，我一定要小心谨慎不过界。"

第三，和女性朋友相处也要有界限。

除了这种来自犯罪者的裸聊，还有一种裸聊方式，有的男孩女孩出于彼此好奇，或者也认为彼此间建立了良好的"情感关系"，私下里偷偷裸聊。

首先，这种互相看身体的做法是对自己的不尊重，就算是真正的情侣，也不会用这样的方法来证明彼此的情感，这是很不合礼法的做法；其次，良好的情感并不是建立在对身体的欲望上，这种裸聊只是为了彼此满足性好奇，不应该提倡；最后，异性的裸体更容易刺激你的性幻想并产生性行为，更容易导致你出现过度手淫甚至其他满足欲望的行为，不利于身心健康。

和女性朋友交往要在尊重对方的前提下进行，只有不过界的交往才能将友谊维系下去，裸聊是超越友谊且不合礼法的行为，所以坚决不要尝试。

防"色狼"——男孩也会遇到性骚扰、性侵犯

2016 年 4 月的一天，辽宁省沈阳市一名 16 岁男生小伟的精神状态有些异样，父母赶紧带着他去医院就诊，医生发现小伟身体也有些异样。在家人的反复询问之下，小伟才说出自己多次遭受学校男教师的猥亵。

小伟就读于沈阳市某学校，学校一名姓潘的教师曾以谈学习为借口将他带回家，并以"不喝酒就是对老师不尊重"为由强迫小伟陪他喝酒。小伟不胜酒力醉倒后，潘某趁机留小伟在家中住宿。睡梦中，小伟感觉有人碰自己，但发现是老师后他也不敢反抗。

经过这一次之后，潘某便多次找小伟回家喝酒，迫于压力，小伟不得不顺从，他感觉这样不好，但又不知道应该怎么处理，精神压力巨大，以至于出现了问题。

得知小伟的遭遇，气愤的父母先是找学校理论，未果后又向公安机关报了警，之后潘某被依法刑事拘留。

经过警方调查，发现潘某在之前还以同样理由、同样方式侵害过其他同学。法院审理查明，从 2015 年 11 月到 2016 年 4 月，潘某先后多次猥亵过 3 名 16 岁男学生。

最终，潘某因强制猥亵罪被依法判处有期徒刑 3 年。

可能连小伟自己、小伟的父母都没意识到，男孩也会遭遇性侵犯。而面对老师的动手动脚，小伟不敢反抗，任由心理压力将自己压垮。

很多男孩对"性骚扰""性侵犯"的理解也都只局限于"发生在女生身上的事情"，比如，有的男孩坐地铁时遭遇"咸猪手"，他的想法也是"从来没想过作为男生会在地铁被人骚扰"。但是我们不得不承认，现在不论是男孩还是女孩，遭遇性侵犯的概率其实都差不多。

倒不如说，正因为是男孩，所以，对性侵害的了解少之又少，不知道怎么防，不知道要防什么，不知道为什么要防，这就使得很多男孩在遇到这样的伤害时几乎是全面的"被动遭遇"。

我们要对这个问题重视起来，男孩也会遇到"色狼"，也会遭遇性骚扰、性侵害，所以，我们要从更适合男孩的角度去学习如何防止被侵害。

第一，对触及下体隐私部位的触碰格外小心。

男孩之间玩耍的时候会有对对方下体触碰嬉闹的时候，这种行为我们要尽量避免，一来不雅观，二来下体脆弱需要保护，三来也是为了防止有人趁机施行骚扰。

除了同龄人，我们也要注意成年人对我们下体隐私部位的触碰，不论是老师，还是路上行人、车上乘客，他们对我们下体的过度接触、频繁碰触，都属于性骚扰。我们要及时躲开，如果对方还不罢休，可以抓住"咸猪手"报警。

第二，对来自老师的单独邀请也要提高警惕。

不论是男老师还是女老师，频繁邀请我们单独去办公室、去他（她）家里，这时我们也要提高警惕。对待男孩，男老师多会采取像案例中小伟经历的那样，灌醉之后，实施性侵；女老师则可能干脆直接就用容貌或身体的诱惑，女老师的这些举动对于容易性冲动的男孩来说更加危险。

所以，不论是男老师还是女老师的单独邀请，我们都可以谢绝。有的男孩可能羞于像女孩那样，三五结伴一起去，那么如果有老师邀请时，我们可以采取拖延的方式，找借口在公众场合拒绝。

如果老师因为我们的拒绝实施报复，一定要及时告知父母，也不要觉得自己被老师侵犯了就羞于开口，尤其是对于女老师的侵犯，我们也要及时求助，该报警时就报警。

第三，以符合学生身份的形象标准打扮自己。

男孩的打扮虽然不及女孩的样式多，但是如果你的打扮过于新潮，过于与众不同，那么可能也会引起某些人的关注。

作为中学生，我们每天的穿着都以校服为主，要规规矩矩穿好校服，不要擅自改动校服的穿着方式，比如不要故意截短裤腿，不要把上衣穿得敞胸露怀，对于校服里面的衣服，选择简单大方的样式就好，过于鲜亮的色彩或新潮的样式最好不要穿进校园。

发型也要注意，清清爽爽的发型就可以了，不需要别出心裁地去搞什么发型设计。男孩身上除非特殊需求，不要喷香水，不要佩戴项链、手链之类的配饰。

另外还有一点就是不要炫富，包括书包、笔、本之类的"装备"也尽量简洁大方，手机的使用也要谨慎。不炫富就不会太惹眼，不仅不会招来小偷惦记，也不会被别有用心的人关注。

第四，善于利用自己的体格优势。

相比较受到侵犯的女孩，男孩本是拥有一定的体格优势的。平时的积极锻炼，均衡的营养补充，都让我们更具有足以反抗和逃走的能力。

但这种反抗也要注意技巧，以免防卫过当，给自己带来麻烦。男孩在应对男性色狼时，也可以攻击对方的下体，尽量先脱身，反抗也要稳准狠。

逃脱之后并不代表事件完结，如果有可能要及时报警，在这方面我们也是有法律保护的。2020 年 12 月 26 日，刑法修正案（十一）将第二百三十七条第三款修改为："猥亵儿童的，处五年以下有期徒刑；有下列情形之一的，处五年以上有期徒刑：（一）猥亵儿童多人或者多次的；（二）聚众猥亵儿童的，或者在公共场所当众猥亵儿童，情节恶劣的；

（三）造成儿童伤害或者其他严重后果的；（四）猥亵手段恶劣或者有其他恶劣情节的。"其中，猥亵的对象已经扩大到"儿童"，也就是说，男童如果被侵害，也会得到法律的保护。所以不要觉得求助无门，要及时拿起法律武器保护自己。

男孩也要懂得自尊与自爱

有位爸爸很痛心地向记者反映过这样一件事：

有一天周末，上初中的儿子不上课，爸爸担心他偷偷去网吧上网，便去找他。可是没在网吧看见儿子，却看见他从离学校不远的一个红色的按摩房里走了出来。爸爸当时觉得脑子都炸了，他当然知道那个按摩房里是做什么的，那就是一个色情场所。

爸爸追问了儿子好久，他才承认自己与里面的人发生了性关系。爸爸觉得儿子只有 14 岁，虽然看上去高高的个子，但毕竟还是个孩子，真不知道如果他一直处于这样的环境中会成长成什么样子。

14 岁的男孩自己跑去按摩房接受色情服务，这样的事实不仅令他的爸爸痛心，相信很多人看了之后也会觉得难过。

自尊自爱应该是我们的本能，不能说女孩需要自尊自爱，男孩就可以任意放纵，每个人都应该做到自尊自爱。

如果男孩懂得自尊自爱，就不会擅自进入像按摩房这样可能提供色情服务的地方。那么具体到生活中，又该怎么做呢？

第一，尊重自己的身体，不挥霍，不放纵。

在不合适的年龄发生性行为，不仅不健康，更是对自己身体的不尊重。性行为需要展露自己的身体，在不成熟的年龄随意向他人展示身体，这显然是没把自己的身体当回事。

我们应该尊重自己的身体，重视它的健康，注重它的隐私保护，要经常进行锻炼保证它的各项功能正常，不要挥霍它，更不要在它还不成熟时去做不合适的事。当男孩能做到尊重自己的身体时，也就会对用身体享受欲望这件事有所考量，而不会自我放纵。

第二，用尊重的态度来看待性，不将其当成消遣。

有的男孩不知道是受了什么影响，错误地将性看成是消遣玩乐的行为，并不觉得这有什么错。这种看法就是把性看得太随便，把自己的身体和他人的身体当成了享乐的工具。

性应该是到了一定年龄之后，促进情感交流的一种方式，它应该是积极健康的，而不是在不合适的场合来随意消遣的。我们应该以尊重的态度来看待这种行为，以科学的态度来理解它存在的意义，学会自我控制。

第三，尊重女性，爱护自己，不把性经验当谈资。

有的男孩也许是受到错误的引导，对女性非常不尊重，认为女性就是让他满足欲望的"工具"，这样的想法会促使男孩觉得拥有丰富的性经验便是"了不起的男性"，于是也就越发不知道尊重对方、爱护自己，反而更加放纵。

我们要认识到，对女性的尊重也是对我们自身的爱护，自爱不放纵就不会让自己的身心过早承受负担，也不会"引火烧身"。另外，性经验并不是值得炫耀的事情，对于未成年人来说，有丰富的性经验反而是违反公共良俗、道德认知的事情，并不能为众人所接受。所以管好自己，学会控制欲望，将更多精力放在自己个人的进步上才是对的。

了解性病及其常见的传播途径

重庆市急救医疗中心的一位大夫遇到过这样一起病例：

一位父亲发现13岁的儿子屁股上有些异样，看上去像是尖锐湿疣的症状。当父亲带着儿子到医院皮肤科检查之后发现，他不仅感染了尖锐湿疣，同时还是艾滋病病毒携带者。

后来医生和父亲才了解到，平时因为父母工作忙碌，男孩没有得到太多的管教，没事的时候他自己就上网聊天，认识了一个有钱的叔叔。

一开始家人都没在意，只是知道男孩与一个叔叔相处愉快，而且这个叔叔还经常带着男孩出去玩，而他每次回家也没有什么异常表现。哪知道，男孩和这个叔叔还会有性接触，而这个叔叔其实是一个艾滋病人，这才导致年仅13岁的男孩感染了尖锐湿疣和艾滋病病毒。

年少的男孩在什么都不知道的情况下就被感染了终身难治的病毒，他在一次次的性接触过程中，甚至都不知道自己可能会经历什么，这是一个多么可怕的事实。

所以，在了解了性的相关知识之后，我们还需要了解一下性病。

性病指通过各种性接触、类似性行为以及间接接触传播的疾病，世界卫生组织将其统称为"性传播疾病"。就目前来说，性传播疾病包括至少50种致病微生物感染所致的疾病，其中包括梅毒、淋病、软下疳、性病性淋巴肉芽肿和腹股沟肉芽肿这传统的5种性病，以及非淋菌性尿道炎、尖锐湿疣、生殖器疱疹、艾滋病、细菌性阴道病、外阴阴道念珠菌病、阴道毛滴虫病、疥疮、阴虱、乙型肝炎等。

性病是在世界范围内广泛流行的一组常见传染病，且呈现出流行范围扩大、发病年龄降低、耐药菌株增多的趋势。就我国来说，目前要求重点防治的性传播疾病有梅毒、淋病、生殖道沙眼衣原体感染、尖锐湿疣、生殖器疱疹及艾滋病。

如此多种类的性病，有的容易治愈。这些可以治愈或容易治愈的性病通常是由细菌、衣原体、支原体、螺旋体等病原体引起的，比如淋病、非淋病性尿道炎、梅毒（早期）、软下疳等，只要使用合适的抗生素，都可以达到临床和病原学治愈；但有的就不容易治愈了，不可治愈或难以治愈的性病主要是由病毒感染引起的，比如生殖器疱疹、尖锐湿疣、艾滋病。

不可治愈或难以治愈的性病通过治疗虽然可以实现临床治愈，但在相当一段时间内达不到病原学治愈。目前的抗病毒药物对于引起性病的病毒一般只能起到抑制作用，短期内无法实现彻底清除。所以，很多感染性病的人虽然表面看是治愈了，但是病毒却可能潜伏在人体中，还有部分患者容易复发。虽然有些人对有些病毒也可以逐渐产生较强的免疫力，对病毒起到抑制作用，使其不再对人体具有危害性，但显然这一点并不具有普遍性，很多得了性病的人并没有在体内产生免疫力。所以，我们最应该注意的还是要预防性病，防止自己不小心沾染性病。

性传播疾病是可以在人群中传播的，提前了解传播途径，可以帮我们避免被传染。

性病的传播途径大致可以分为 3 种：性接触传播、母婴垂直传播、血液传播。

性接触传播，这是所有性病传播途径中最主要的一种方式。所以，从青春期开始，我们就要意识到不恰当的性接触是可能会致病的，以此来提醒自己要学习科学的性知识，建立良好的德行底线，不因为不恰当的性接触而给自己带来抱憾终身的可能。

母婴垂直传播，这是一种常见的母婴之间的疾病传播方式，即病原体由亲代传染给子代的方式。比如，通过胎盘传播肝炎病毒、水痘病毒、风疹病毒、巨细胞病毒，在分娩过程中通过产道传播淋病奈瑟菌，通过乳汁传播艾滋病病毒，等等。

血液传播，是经血液或血液制品传播病毒的方式，比如，输入含有病毒的血液或血液制品，以及类似情况下的骨髓和器官移植；使用了受病毒污染的针头及注射器或其他可

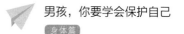
以刺伤皮肤的工具；共用医疗器械或生活用具也可能经皮肤破损处传染；救护流血的伤员时，救护者本身破损的皮肤接触伤员的血液；等等。

另外，有些性病还可以通过间接接触传播，比如尖锐湿疣，它主要是由人类乳头瘤病毒感染导致，通过间接接触物品也可以发生传播；阴虱则可以通过共用被褥、床单进行传染。

所以，我们一定要做到洁身自好，不可因为一时的冲动而给自己带来无穷的隐患。

预防艾滋病，珍爱自己

江苏省无锡市有一名中学男生，刚开学不久就持续高热，到医院一检查，医生发现男孩感染了艾滋病，这个检查结果令全家人十分震惊。

这名男孩学习成绩不错，其他方面表现也很优秀，平时也没什么不良嗜好，放学都按时回家，是众人眼中的好孩子。得知他被确诊为艾滋病后，父母完全想不通。后来经过医生了解，男孩才回忆起自己在暑假时和同学聚会，大家一起去了娱乐场所，然后他与他人发生了无保护措施的性关系。

面对这样的事实，男孩的母亲哭肿了双眼，但男孩却似乎无所谓，在他眼里甚至并不觉得艾滋病有多可怕。

一次高危性行为，让一个一直表现不错的男孩染上了终身难治愈的疾病，也许是因为岁数小，也许是因为对性病的了解不够多，又或者是他还远想不到这个病会给他的未来带来怎样的影响，所以他并不觉得害怕。

可是不得不说的是，我们对于艾滋病还是要有一些畏惧心的，因为到目前为止，虽然全世界众多医学研究人员付出了巨大的努力，但尚未研制出根治艾滋病的特效药物，也还没有可用于预防的有效疫苗，所以，艾滋病就是一朝得病，终生痛苦。

如此令人痛苦的疾病，感染现状也令人担忧。

2020年12月1日是第33个世界艾滋病日，11月30日，深圳市疾控中心公布了当地的艾滋病感染者数据："2020年1—10月，深圳市新增的艾滋病病毒感染者及艾滋病人共有1360例，其中男性占了91.2%，女性占了8.8%。"仅就这个数据来看，男性的感染率显著高于女性，这不得不引起我们的警惕。

那么，为什么男性性病的感染率会这么高呢？中国疾病预防控制中心流行病学首席专家吴尊友教授认为，主要原因有3点：

首先，很多未步入社会的学生，其艾滋病防治知识并没有有效地转换为防控行为。

其次，男男性行为导致男性感染率直线上升，因为男男性行为容易造成黏膜破损，感染的风险较高。

再次，相较于女性，男性在性行为方面要活跃得多，性伴侣多，再加上不能坚持使用安全套，感染的风险也就特别高。

我们不能等着成年以后再去了解这些事，而是应该尽早接受关于艾滋病的防控教育。

接下来，就先来了解一下什么是艾滋病。

艾滋病，由美国科学家于 1981 年首次发现并确认，医学全名为"获得性免疫缺陷综合征"（Acquired Immune Deficiency Syndrome），英文缩写为 AIDS，一般翻译为"艾滋病"，是由感染 HIV 病毒引起的一种危害性极大的传染病。HIV 是一种能攻击人体免疫系统的病毒，它通过破坏人体免疫系统中最重要的 CD4T 淋巴细胞，使人体丧失免疫功能，从而易于感染各种疾病，并可发生恶性肿瘤，病死率较高。

艾滋病病毒在医学上被称为 RNA 逆转录病毒，只能存活于人体活的免疫细胞当中，进入人体后，它会通过血液或免疫循环，进入人体的各个脏器，在血液免疫细胞、阴道分泌液、精液，以及炎症破损处渗出液中聚集。

艾滋病主要依靠性、母婴、血液、吸毒等几种途径来传播，HIV 在人体内的潜伏期平均为 8～9 年，所以，HIV 感染者会经过数年，甚至长达 10 年或更长的潜伏期之后才会发展成艾滋病病人。在艾滋病病毒潜伏期内，可以没有任何症状地生活和工作多年。然而一旦发展为艾滋病，病人就会因机体抵抗力极度下降出现多种感染，出现持续发烧、虚弱、盗汗，持续广泛性全身淋巴结肿大等一般症状，以及呼吸道、消化道、神经系统等症状，后期常常发生恶性肿瘤，并发生长期消耗，最终导致全身衰竭而死亡。

艾滋病因为其传染性和几乎不可治愈性，截至 2020 年 6 月，已经造成全世界超过 3200 万人死亡。所以，艾滋病是一种可怕的疾病，且就目前来说，没有预防它的有效疫苗，

我们要格外小心，尽早开始采取周密的预防措施。

第一，坚持洁身自好，远离高危性行为。

性传播是艾滋病病毒传播的最主要途径，坚持洁身自好，远离各种高危性行为，是帮助我们远离艾滋病的最佳途径。

青春期的性冲动可以有更合理的释放途径，不要因为好奇和欲望就去选择错误的方式，尤其是不要随便跟不明底细的人发生性行为，像是网友、色情场所服务人员都要坚决拒绝，凡是想要和你发生性关系的人，你都应该谨慎对待，最好是远离这些本就不懂洁身自好的人。

未来成年后，依旧要洁身自好，不要有不卫生的性行为，性行为中最好使用安全套，因为这是最有效的预防性病和艾滋病的措施之一。

第二，不要与他人共用某些个人物品。

随着年级的升高，有些男孩可能会住校，宿舍中的诸多物品有一些可以公用，但有一些是绝对不能与人共用的。比如，牙刷、剃须刀、毛巾等物品，最好是妥善保管放在稳妥的位置，只有自己一个人使用，不要一个宿舍的人混用。这方面的"洁癖"我们可以坚持一下原则，保护好自己的健康最重要。

第三，不吸毒，谨慎对待献血输血。

青春期的男孩爱寻求刺激，但吸毒万万不可，吸毒是伤身甚至害命的行为，同时也是传染艾滋病的一大途径，很多吸毒工具多人共用，非常容易传染。

另外，我们如果想要献血，最好是找正规的献血车，或者去医院献血，不要随便在什么地方就献血，共用针头导致的艾滋病病毒传播也令人防不胜防。同样道理，输血也是如此。

第四，避免直接与艾滋病病毒接触。

艾滋病病毒离开人体后，在外界的生存能力非常弱，在阳光下、空气中很快就会死亡。所以，日常与艾滋病病人的普通交往，谈话、乘车、乘船、共同办公、进餐、如厕等都不会被感染。但是，要注意自己和艾滋病病人的皮肤是否存在损伤、裂口、溃烂，以及湿疹等皮肤病，如果有就最好不要与对方握手或拥抱，同时，要避免接触艾滋病病人的精液、阴道分泌物、血液等。

同学之间平时打闹，严禁"攻击"隐私部位

2017 年 11 月 20 日下午，湖南省长沙市市民谢女士收到了学校发来的消息，称她的儿子朋朋与同学发生了肢体冲突并受了伤。

教室的监控视频显示，当天下午 1 点左右，坐在最后一排的朋朋刚刚睡醒，坐在他右侧的同学小宇与邻座的同学谈笑。突然，朋朋起身从身后圈住小宇的肩膀猛烈摇晃。小宇立即转身还击，两人打斗过程中，小宇的膝盖顶到了朋朋下体敏感部位，原本还能勉强抵抗的朋朋一下子失去了还手的能力，但小宇依然没有停止，直到将朋朋打出教室。

事发后 3 天，谢女士带着朋朋做了伤情鉴定，朋朋被诊断为阴茎系带损伤，龟头血肿，经公安局物证鉴定室鉴定为轻微伤。

12 月 6 日，学校对小宇进行了处理，给他记大过处分，并要求他在班内公开道歉；建议小宇家长承担相应的医药费用及适当经济补偿；并安排任课老师在朋朋治疗期间补课。

男孩之间可能会因为各种原因出现肢体接触，但一番打闹却给两个男孩都带来了烦恼，一个身体重要部位受伤，身体健康和学业都受了影响；另一个则背上了一个大过处分，好好的学生生涯留下了一个污点。

男孩本就容易冲动，青春期时这种冲动、易怒的表现更为明显，我们要特别注意克制，同时也要知道躲避和保护自己，既不要伤害他人，也不要让自己的身体遭受伤害。

平时与同学在一起活动时，要保护好自己的隐私部位，注意这样一些事项：

第一，玩一些更有意义的游戏，不要打闹。

要避免在打闹中伤及重要部位，最好的解决办法就是不玩打闹的游戏。大家在一起可以聊聊天，谈论下感兴趣的话题；做一些运动，跑跑跳跳也可以；或者如果想要安静一些，那就一起读读书也是不错的。

这里需要注意的是，打篮球、踢足球、爬杆之类的运动虽然也是有意义的，但是运动时也可能发生碰撞，要注意躲避冲撞，保护下体安全。

第二，如果有肢体接触，尽量巧妙快速地化解。

有时候同学们玩闹时，可能直接上手抓对方的下体，我们应该学会巧妙快速地避开这样的接触。

比如，绕开对方的手，并顺势开始聊天，转移他的注意力；可以明确告诉对方"我不喜欢玩这样的游戏""我们玩点别的吧"；如果有同学搞突然袭击，可以及时弯腰、双手

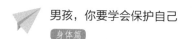

护住下体部位，然后扭身，躲开对方的手；如果对方抬腿，一定要立刻躲远。

第三，不轻易被激怒，用更合理的方式解决问题。

我们自己也要保持理智，不要轻易就被对方激怒引发肢体冲突。我们既然知道自己身体的弱点在哪里，那么在与同学相处时，也要注意不去触碰别人的下体。

如果发生了肢体冲突，我们要注意保护好下体，以免被对方伤害。当然最好是能理智应对矛盾，实在解决不了的也可以向老师或父母求助。

不跟别人透露关于自己身体的各种隐私

2019 年"五一"小长假结束后，河北省保定市某技工学校的李同学回到学校，发现两个男厕所内各安装了一个摄像头，拍摄方向正对着小便池。

李同学说："一走进厕所就看到这个摄像头正瞄着自己，心里觉得怪怪的。万一隐私被泄露，后果不堪设想。"不仅是李同学，很多其他男生也觉得很尴尬，都不太敢去厕所了。

后来，有记者针对这件事联系到了学校的负责人，负责人告诉记者，该校是一所中专学校，学生大多在 16～18 岁，男生经常在厕所里抽烟打架，老师也检查不过来。为了防止学生抽烟和校园暴力事件发生，起到震慑学生的效果，学校这才在 5 月初安装了摄像头，不过并没有通电也没有连接电脑，并没有监控画面，所以，不会侵犯学生的隐私权。

最终，当地相关部门责令该校无论连接电脑与否，都必须将厕所内安装的摄像头拆除。

类似这种厕所中安装摄像头的做法，还有很多学校也有过，从隐私角度来说，厕所中的摄像头的确有侵犯学生隐私权的可能性。而对于我们每个人来说，隐私权都是非常重要的，除非特殊必要，否则不要轻易向任何人透露包括身体在内的各种隐私。

关于身体隐私，男孩的关注度可能要比女孩的关注度低一些，觉得有时候自己袒胸露背也没什么，除非是像案例中学校的做法，涉及上厕所、裸露下体这样的事情，否则大部分男孩对身体隐私可能都是一种无所谓的态度。

但实际上，男孩也需要注意保护自己的身体隐私。一般来说，身体隐私包括两种：一种是隐私部位，比如生殖器部位；另一种则是自己身体特有的某种隐私，比如痣、痘痘、胎记，或者是身体隐疾以及身体的特殊表现，等等。

针对不同的隐私，我们需要采取相应的保护措施。

对于隐私部位，我们应该这样做：

首先，明确自己身体的支配权，也就是只有我们自己才有权利支配自己的身体，其他任何人都没有权利来要求看、摸我们的隐私部位，或者是要求我们去看、摸他人的隐私部位。

比如，上厕所的时候，如果有人一直盯着你的私处看，甚至想要上手，这都是不礼貌的，可以被归类为性骚扰行为。这时，我们可以迅速遮盖、扭身离开，如果对方依旧纠缠，在学校的话就去报告老师，在校外的话也可以尝试报警。

其次，不需要向他人"报备"自己的隐私部位怎么了。男孩之间有时候用隐私部位调侃对方，这是很不礼貌的，如果有人要求你说出自己的生殖器大小、样子，你完全可以拒绝，自己的隐私自己有权利隐藏。

最后，不要在自己手机中留存隐私部位的照片、视频，也不要拍给旁人看，否则万一手机丢失或被他人看到，这些内容被私自传播给自己也会带来烦恼。

对于特有的隐私，我们可以这样做：

首先，不论身体是什么样子的，我们都要喜欢自己的身体。你只有爱自己，才能更好地接纳自己的身体，坦然面对它本来的样子，并保护好隐私。

其次，对于类似于可能影响观感的印记之类的隐私，比如，不算好看的胎记或者疤痕，可以遮挡起来。不是说这是不能见人的东西，而是我们没有必要向外人展示这些，遮挡也能免于他人借此羞辱我们，不给自己惹麻烦最好。

最后，不要随口讲出自己身体的隐私问题，除了为自己治疗的医生和父母，不需要和旁人讲太多，哪怕是最好的朋友，有些秘密自己知道就可以了。

第六章
Chapter 6

改掉坏习惯，拯救
男孩的体质危机

现在的男孩正在遭遇前所未有的体质危机，本应该是身体强壮的小伙子，却动不动就出问题，有的是跑不动，有的是跑几步就晕倒，有的是不能剧烈运动，还有的是体育测试总也不达标，要么就是过于肥胖。男孩本该有健康强健的体魄，我们不能任由柔弱、多病、肥胖、懒惰等问题纠缠自己，是时候改掉坏习惯，拯救一下我们的体质危机了。

 ## 男孩体质危机——身体保护的隐形障碍

2021 年 3 月，全国"两会"召开期间，政协委员、江苏省锡山高级中学校长唐江澎在"委员通道"中讲道："学生没有分数就过不了今天的高考，但孩子只有分数，我看恐怕也赢不来未来的'大考'。

"2020 年开学高一新生报到，男生自报的身高，平均是 1.80 米，女生平均也要 1.66 米，现在的孩子发育很好，长势喜人，我去比了比，一半男生都比我高，但是测了一下引体向上，有 132 个男生一个也拉不上去，高一 893 个学生当中，有 774 个戴着眼镜……

"所以我们选择从练俯卧撑开始做起，天天加强锻炼，到 2021 年元旦，已经千人挑战 1 分钟 50 个俯卧撑成功。

"好的教育应该是培养终生运动者、责任担当者、问题解决者和优雅生活者，给孩子们健全而优秀的人格，赢得未来的幸福，造福国家社会。"

从唐校长的描述来看，男生在身体营养方面是跟得上的，但大部分人只长了身高，体质却没有跟着一起增长。

其实我们自己应该也注意到了，从外表来看，很多男生要么是瘦得一把抓，要么是胖得浑身颤，就算是身材匀称的，也并不显得活力四射。大部分男生站着的时候就弓腰驼背，只要坐下就会瘫在椅子上或沙发上，要不就是躺着，手机不离手，零食饮料不离口，整个人不管怎么看都显不出精气神来。一到运动的时候，也都很懒散，能偷懒就偷懒，能少运动一会儿是一会儿。

有的男孩可能会说，"我这是生活悠闲的表现"。但这可和悠闲挂不上钩，反倒是体现出我们的体质出了问题。如果没有强健的体魄，不论是学习还是运动，我们都将有心无力；如果体质差，我们的身体会更容易被疾病入侵，流感、运动损伤、过度劳累、营养失衡等问题都会找上门来。

其实，人身安全并不只限于能够躲避危险、在危险中保护自己全身而退，从增强体质入手来保障自己能够健康成长，也是保护自身安全的一道隐形屏障。

所以，我们也要意识到自己身体的真实现状，并积极提升身体素质。

第一，改变不良生活习惯。

男孩身体素质问题，有很大一部分原因就来源于不良的生活习惯。比如，熬夜或昼夜颠倒、暴饮暴食或只吃零食喝饮料、只玩手机电脑而不运动，所以，要改善身体素质，就得先从生活习惯开始纠正。

根据自己年龄段的睡眠时间要求，我们先要保证自己有足够的睡眠时间。可以根据每天早上的时间安排，来倒推每晚应该几点睡觉，然后合理安排每天下午放学后的时间，将有限的时间进行充分的利用，学会合理使用上下学路上等零散时间进行语文、英语的背诵或思考、观察等，在保证睡眠的基础上也保证学习和其他事不会被耽误。

要遵循父母在餐饮上的安排，保证荤素搭配、营养均衡，尽量少吃外面的食物，尤其是快餐油炸食品、饮料等。同时使用手机电脑要适度，改变久坐的习惯，多起来运动一下。

另外，这里所说的习惯，除了日常的作息习惯，还包括一些我们不怎么在意的小习惯。比如一旦坐下，有相当一部分男孩就摊开自己，歪着、靠着甚至干脆躺下，就没有好好坐着的时候；总是低头看手机，双手长时间保持打游戏或刷手机的姿势，耳朵里还要塞着耳机，声音震耳欲聋；可乐之类的饮料不离手，几乎不喝水；等等。

这些小习惯也要一点点改过来：规范自己的坐姿，减少玩手机的次数，多让自己的眼睛看看远方，多听听自然的声音而不是耳机里被放大的声音，准备一个质量好的水杯，经常喝些温水……提升身体素质其实就是先从这些基础做起，我们要先把根基稳固好。

第二，及时发现自己身体上的问题。

近视或听力下降、体重不达标或超标、营养不均衡、肺活量小、容易疲劳、睡眠质量不好……我们身上可能会出现

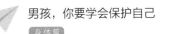
各种各样的问题，但很多男孩却并不认为这是问题，于是问题便越积累越多、越来越严重。

要改变这样的做法，身体不是很舒服的时候就要赶紧告诉父母，及时去医院检查，遵循医生给的建议，认真改正不良习惯，尽早解决各种小问题，阻止大问题的继续发展。

第三，真正在行动上实现"男儿当自强"。

要改变身体素质，不能总是嘴里唱着"男儿当自强""少年强则国强"，我们要真正在实际行动上表现出来。树立自强的目标，根据自己的身体情况和能力水平，制订改变身体素质的计划，从纠正不良习惯开始，循序渐进地开展运动，用自身的主动改变来让自己变强。

多多运动——努力把男孩的"雄魂"塑造起来

国防科技大学 2020 级新学员中有一名叫张天助的男孩。

张天助是家中的"独苗"，每日胡吃海喝，9 岁时体重就达到了 80 千克，还身患重度脂肪肝。到了高中，身高 181 厘米的他，体重更是达到了 152.5 千克。

2017 年，张天助看到了中国人民解放军朱日和阅兵，这让他有了军营梦，决心拼一次，考中国最好的军校，立志要保家卫国，当一名男子汉。

可是要进入军校，92 千克是体检规定的体重上限，他必须在一年时间里减去身上 60 千克肉。张天助开始给自己鼓劲，并开启了坚持运动的生活。

每天早上，同学们还在睡梦中，因为有固定的有氧训练，张天助就会早起一小时，在大街小巷跑步。尽管早上寒冷无比，尽管一开始跑几步就大喘气，但他从没放弃。每天晚上，他也会在健身房挥汗如雨。一旦锻炼结束，他就立刻投入学习中。午休、课余、周末时间，他不是在锻炼就是在埋头苦读。

不仅如此，张天助也改掉了胡吃海喝的坏习惯，每天吃饭都是水煮青菜，遇上红烧肉，他就只扒几口饭，然后立刻离开餐桌。

　　就这样，在锻炼、控制饮食、紧张学习的安排之下，张天助的体重飞速下降。经历500多个日夜后，他的体重从152.5千克减至88.5千克。并最终以651分的优异成绩考进了他梦寐以求的国防科技大学，圆了自己的军营梦。

　　相信很多人在看到阅兵这样的场景时，都会热血沸腾，而这就是军人们所展示出来的雄魂所带来的震撼。而张天助同学向我们展示的就是一个男孩的"雄魂"，为了自己"保家卫国，当一名男子汉"的志向，他能对重度肥胖的自己下狠心，并通过坚持不懈的运动，最终圆了自己的梦。这才是我们应该认真学习的好榜样。

　　男孩理应表现出积极阳光、充满精气神的状态，要实现这一点就要有良好的身体素质，而运动则是我们获得良好身体素质的最佳方式。

　　第一，改变对运动的偏见。

　　关于运动，很多男孩都有偏见。比如，有的男孩认为，"只有胖人才需要运动，因为他们要减肥"；也有的男孩认为，"只有身体不好的人才要运动，因为要让自己健康起来"；还有的男孩觉得，"运动就是浪费时间"，以至于学校里的体育课都不是很情愿上。

但实际上，为什么会胖？为什么身体那么不好？为什么体育成绩总不达标？很大一部分原因就是不运动。我们应该改变这种偏见，不要等着身体也变成了那个样子，才开始用运动来改善，而是最好从一开始就加强锻炼，通过运动强身健体，帮助身体远离种种疾病。

第二，不搞花架子，采取更踏实的运动方式。

有的男孩一说到运动，就会想到去健身房，要开始上器械，要跟着老师进行各种各样的练习。也有的男孩对于"雄魂"的理解是，从外表看来要有肌肉、有力量。

但是，运动可不是必须去健身房，也不是练出肌肉才算有"雄魂"了。真正的运动是为了让身体健康，让整个人看上去有精气神。

作为未成年人，我们的运动完全可以踏实一些，不需要花多少钱，就跟着学校安排，跑步、跳绳、打球、游泳都可以，像是张天助同学那样跑步锻炼，只要安排合理也一样能起到锻炼的作用。

第三，注意选择合适的运动，不要盲目跟风。

所谓合适的运动，就是适合青少年做、适合青少年身体承受能力的运动。

有的男孩会有跟风的倾向，看别的同学做了什么运动，自己便也跟着一起做，或者跟着网络上的健身达人、健身博主一起运动，但很多运动其实并不适合。

　　我们应该根据自己的身体情况来安排合适的运动项目，选择自己感兴趣也适合自己身体状态的运动，同时也要选择安全的运动，而不去追求冒险刺激。最好是循序渐进地进行运动，不要一上来就强度很大，否则容易伤害身体。运动也要有耐心和毅力，坚持不懈才能真正起到锻炼身体的作用。

加强锻炼，认真上好每一节体育课

2020 年 4 月 14 日，是浙江省温州市初、高三学生刚复课开学的第二天。当天下午 5 点左右，温州市某中学组织初三学生在大课间跑步，一名 16 岁的男生在跑完步之后晕倒，尽管被紧急送往医院，但最终还是抢救无效身亡。

当时初三的 11 个教学班近 500 人同时在操场跑步，这名男生在跑完之后就晕倒在地。等到有学生跑去向老师报告时，早就过了最佳抢救时间，待老师赶到时，男生已经没有了生命体征。

年纪轻轻、身体本该尚好的青少年，怎么运动几下就晕倒，甚至因此丧命呢？抛开客观因素，不得不说现在的很多青少年体质非常差，甚至连学校体育课的正常运动都承受不了，稍微动一动就给身体带来沉重的负担。

现在的学生学习的确很紧张，平时可能也是真的抽不出更多的时间来运动，学校里的体育课几乎是很多学生全天唯一的运动时间了。我们应该利用好体育课的时间，尽量让身体得到有效的锻炼。

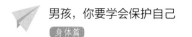
第一，课前，做好充分准备。

体育课需要全身运动，课前准备要做好。

首先是鞋子和衣服的准备，要在上体育课前换好合适的运动鞋，鞋要舒适且适合运动；衣服也是如此，要穿透气的、没有繁杂装饰、方便伸胳膊抬腿的衣服。

接下来是身上物品的整理，不要带尖锐物品、不要装太多东西在衣服兜里，以免运动过程中出现伤害。

另外，课前准备还包括对自己当时身体状态的判断。如果实在是感觉身体不舒服，就不要勉强去上课；如果身体有一些特殊情况，比如有些疾病是不允许剧烈运动的，也要和老师说清楚，以便老师合理安排。

第二，课上，紧跟老师安排走。

正式课程开始前，老师多半会安排热身运动，要跟着老师好好伸展身体，不要敷衍了事，只有把身体活动开，才不会出现拉伤等情况。

课程开始时，要认真听老师的讲解、仔细看老师的示范，要注意老师强调的一些细节和重点，保证自己在运动时不会出错。运动时不要打闹，不能对他人使绊、踢踹，或者猛推他人。

不要趁老师不注意就去做其他事，否则发生了问题老师不知道，也耽误急救。如果有什么突然情况要尽快告诉老师，以免出现案例中那样的悲剧。

第三，课后，及时调整身体状态。

体育课结束后，有的男孩就像突然解放了一样，依旧疯跑，精力好像总也释放不完。中间完全没有休息，结果到了下一节课，就产生了强烈的疲劳感，导致无法好好听讲。

所以，体育课后要有调整身体状态的过程，从操场慢慢走回教室，喝些水，让身体放松休息一下，不要再四处乱跑，准备迎接下一节课。

第四，尽量不找借口占用体育课。

有些男孩错误地认为，体育课不过就是运动一下，自己什么时候都可以运动，所以每到体育课能逃就逃，要么在教室或其他地方学习，要么干脆去玩。

虽然争取一切时间学习是好事，但体育课是正经应该好好上的，占用这样的时间来学习，表面看是比旁人多了一些学习时间，但实际上你牺牲的是自己锻炼身体的机会，牺牲的是自己的健康。

所以，不要占用体育课的时间，身体多运动才能强健，而运动也会使大脑更灵活。

保护好视力，让"心灵之窗"更加明亮

广东省东莞市有一个 5 岁的男孩乐乐，家人发现他看人总习惯皱着眉头、眯着眼睛，便带着他去医院眼科检查。

眼科医生做了散瞳验光检查后，发现乐乐右眼近视 975 度、散光 225 度，左眼近视 750 度、散光 300 度，而且裸眼视力只有 0.25，矫正后双眼才能达到 0.3。同时，乐乐的高度近视还诱发了双眼交替外斜视 15 度左右。不仅如此，乐乐的眼底照相显示已经是豹纹状眼底，容易引发严重并发症，危害视力，需要 3 个月复查一次，通过佩戴眼镜矫正视力。

医生详细问诊之下了解到，原来乐乐妈妈给孩子买了一个学习机，从乐乐 3 岁开始就让他接受早教启蒙学习。学习机里有很多小游戏和视频，乐乐非常喜欢这个玩具，每天一睡醒就要玩，甚至玩得一动都不动。父母觉得这些游戏针对的是科学启蒙和智力开发，认为对孩子很有益，便也放任他玩学习机，就这样乐乐每天玩学习机的时间竟然达到 6 小时以上。正是长期玩学习机，才使得乐乐的视力直线下降。

不仅如此，医生告诉乐乐父母，他的视力已经不可逆转，未来他的视力还可能会更差，无法恢复和改善。

乐乐的视力损伤，源于电子产品的过度使用。而他的遭遇并不是个例，随着年龄增长，孩子接触到的电子产品会越来越多，使用时间也会相应增加，近视的孩子也越来越多。到了青少年时期，我们的生活中几乎已经离不开电子产品了，不仅如此，日常的用眼时间也大大增加，再加上各种不良习惯，很多男孩的眼睛开始出现问题。

尤其是 2020 年，新冠肺炎疫情防控期间，大规模线上教学的开展，使得青少年近视率大幅增加。根据教育部对 9 省份 14 532 人的最新调研显示，与 2019 年年底相比，2020 半年来学生近视率增加了 11.7%，其中小学生近视率增加了 15.2%，初中生近视率增加了 8.2%，高中生近视率增加了 3.8%。2020 年 8 月 29 日，《2020 中国青少年近视防控大数据报告》(以下简称《报告》) 发布，《报告》中指出，青少年近视已成为中国视力损伤的主要原因。

眼睛是我们要使用一生的重要器官，虽然说大部分近视的人只要戴上眼镜也能看得清，但视力损伤却是不可逆的，哪怕有手术修复，却也并非百分之百还原。而且，近视也会给生活带来诸多不便，在未来考学就业中，很多学科专业和工作也会对视力有要求。

所以，我们应该重视对视力的保护，越早开始越好。

第一，控制用眼时长。

前面提到的《报告》数据显示："青少年平均每天用眼

时长在 4 小时以上，超过推荐值（<2 小时）的 2 倍有余。"

事实也的确如此，每天我们看书、看屏幕的时间，远大于让眼睛休息的时间。既然有用眼推荐时长，我们不如根据这个标准来适当调整一下对眼睛的使用。每天不论是看书还是看屏幕，根据内容分配好时间，最长不超过 2 小时，然后让眼睛休息一下，抬头看看绿树蓝天，或者向远处眺望。

第二，加强户外运动。

循证医学证明，保持每天 2 小时以上的户外活动，可以有效预防近视的发生。这是因为相比较室内光照强度，太阳光的光照强度要高出数百倍，光照越强，多巴胺的释放量越多，而多巴胺也有抑制近视发生发展的作用。另一方面，高强度的光照可以使得瞳孔缩小、景深增加、模糊减少，也起到抑制近视的作用。

而《报告》中提到，2020 年 1—7 月，"青少年平均每日户外有效暴露时长严重不足，仅为 32.3 分钟，尚未达到推荐值的三分之一"。

所以，我们要改变这个现状，设定好学习、锻炼时间，在天气合适的情况下走到户外，散步、远眺，或者跳绳、打球、跑步，让身体动起来，让眼睛在自然光线下得到充分的休息。

第三，注意用眼习惯。

良好的用眼习惯应该是，看书写字看屏幕时要在明亮的环境中，书本、屏幕不要离眼睛太近；用眼一段时间后最好做一做眼保健操，以缓解视疲劳；如果眼睛出现模糊、刺痛等情况，应及时告知父母，及时就医。

胖无力——可能导致缺乏竞争力

> 2019 年 8 月 17 日，湖南省长沙市的 15 岁男孩小熊回到学校长沙市某中专报到。但是刚开学第一天，小熊却被学校劝退了，原因竟然是他太胖了。
>
> 小熊的父母对此不能接受，认为校方这样做既不合理也伤害了孩子的自尊心。学校负责人表示，医院诊断证实小熊患有病态肥胖、呼吸睡眠暂停综合征等疾病，尽管医院诊断建议继续上学，但校方认为，出于安全考虑，暂时不要让他入学上课，怕他在学校出什么意外。
>
> 最终，学校和父母达成一致意见，由父母带着小熊再次进行全面身体检查，如果没有问题就同意他继续上学，并给他足够的呵护和关注。

从小熊的情况来看，肥胖不仅给他带来健康威胁，让他的生活充满不便，也连累他不能正常上学，可见肥胖的危害正在渗透我们人生的方方面面。

同近视一样，肥胖也不是个例，《中国居民营养与慢性病状况报告（2020 年）》显示，中国成年居民超重肥胖率超过 50%，6 ～ 17 岁的儿童青少年超重肥胖率接近 20%，6 岁以下的儿童超重肥胖率达到 10%。

肥胖除了影响身材、颜值，更严重的是会带来诸多慢性病，世界卫生组织（WHO）把肥胖定义成一种疾病，同时它也堪称"万病之源"，可引发诸多其他病症。医学界把与肥胖相关的冠心病、高血压、高脂血症、糖尿病和脑血管意外称为"死亡五重奏"。

肥胖让我们的身体健康不断亮红灯，而身体健康不再，我们又拿什么去竞争？又哪有足够的精力来应对种种挑战？

我们现在还年轻，处在青春期的男孩正是各方面都发生巨大变化的关键时期，所以，应该及时审视自己的身材，遏制肥胖的发生和发展，给自己一个好身体。

第一，均衡饮食，合理搭配膳食。

随着生活水平不断提高，在吃这方面可谓越来越丰富、越来越精细，但是吃得越来越好，身体健康却并未有所提升，反而是肥胖率直线上升。数据显示，中国居民"脂肪摄入量过多，平均膳食脂肪供能比超过 30%"，简单来说就是吃得太饱，且食物油脂、肉过多，盐过多，杂粮、水果太少。

要避免肥胖、抑制肥胖，我们就要先从吃入手：均衡饮食，减少总热量摄入；避免高热量零食，减少油炸食品、高糖食物；增加果蔬粗粮等富含膳食纤维的食物；不暴饮暴食，不挑食偏食，实现荤素搭配、粗细搭配。

同时也要注意，青少年正在长身体，如果过度节食，反而更容易出现其他健康问题，所以不应采取不恰当的节食减肥法，而应进行合理的膳食搭配，通过健康饮食来调节身体。

第二，积极运动，选择合适且正确的运动。

美国运动医学会曾推出"运动金字塔"理论，它将我们日常生活中的运动分为：生活形态的体能活动、伸展运动、有氧运动（休闲运动）、肌肉适能运动和静态活动。

我们可以根据自己的身体素质、能力范围来选择合适的运动，帮助身体消耗多余的脂肪，避免肥胖。但也要注意，一定要选择适合自己的运动，不要盲目认为"所有运动都有助于减肥"，比如，有人为了减肥跳绳，但因为体重过重，不仅没有减肥反而伤到了膝盖半月板。所以，运动减肥也要小心，如果不能确定该怎么办，那就去找医生去咨询，请他们根据你的身体情况给出合理的建议。

第三，不因肥胖自暴自弃，保持阳光心态。

肥胖会给我们带来诸多不便，也会让我们在外形看起来不那么帅气，我们应以积极的心态去改变，不能自暴自弃，甚至自卑到什么都不敢做。

　　我们要有自信心和积极阳光的心态，这样才能更有信心去应对肥胖。良好的心态会让我们不过度关注自己的身材，将更多的精力放在学习上。

向"伪娘"说不——找回男子汉的阳刚与气概

2021年1月28日，教育部发布了关于政协十三届全国委员会第三次会议第4404号（教育类410号）提案《关于防止男性青少年女性化的提案》答复的函，对涉及教育部的业务部分给予了答复。答复中提出了包括加强体育教师配备、加强学校体育制度顶层设计、深入开展健康教育及加强青少年心理健康教育等措施，全方位注重学生"阳刚之气"的培养。

全国人大代表、苏州大学校长熊思东认为，"不少男生表现出做事畏缩、依赖性强，个性喜静怕动、胆小无主张，缺乏冒险、勇敢和探索精神以及自信心不足等与传统'男子气概'相悖的气质特征，引发社会、家庭担忧"，所以，他准备向大会提交《关于在"五育并举"人才培养中注重性别差异化教育的建议》，认为在"五育（指德智体美劳）并举"中，应当充分考虑学生的性别差异，健全学生的人格品质，真正让"男孩更像男孩，女孩更像女孩"。

其实，《关于防止男性青少年女性化的提案》表达的是一种担忧，因为现如今"伪娘"的兴起，让很多孩子对男孩、女孩之间的区分产生了疑惑。

"伪娘"是一个新兴词汇，顾名思义，就是"伪装出来的姑娘"，也就是男性伪装成了女性的样子。"伪娘"的出现可以看成是一种客观的生态现象。出于不同的心理，有的男性会因为工作原因通过化妆、服饰使自己外表趋向于女性；有的男性则是生理性别为"男"而心理性别为"女"，所以会有女性化的装扮和表现；还有的男性有异装癖，喜欢将自己装扮成女性；当然还有一种男性，故意哗众取宠，以做作的方式来扮演女性，带有玩笑、嘲讽甚至是胡闹的意思。

有一些男性，对自己的生理性别不认同，表现得"伪娘"，这可能需要心理上的调节，同时也更需要社会的包容与关怀。而我们这里提到的"向'伪娘'说不"，意思是一些男生并没有这种特殊心理，却言行举止扭捏作态，表现得不够大度、宽容，尖酸刻薄，再加上举手投足要么兰花指，要么腰臀不正常地扭动，看上去毫无男子气概。对于这样一种不知美丑的表现，我们要格外注意，需要好好防范。

举个简单的例子，体育课需要认真锻炼，不论是跑步、球类还是跳高、跳远，老师的合理安排都应该认真执行，有的男生就假装柔弱，跑几步就喘，用各种借口逃避锻炼，甚至不惜模仿女生的生理期而告诉老师，"我来'大姨夫'了"。这样的男生表现出来的就是值得我们警惕的"伪娘"状态。

我们应该向这样的"伪娘"说不，要正视自己的心理状态，找回男子汉的阳刚之气。

第一，明确男性身份和心理，积极展现男性特点。

一般男孩都是从生理到心理认同自己男性身份的，所以，我们就要明确"我是男孩"这一点，要意识到"男性和女性的确存在种种差异"，并从言行上、心理上遵循男性的性别特点，展示自己作为一名男性所具备的不同于女性的特点。

比如，相较于女性的细腻敏感，男性更为粗犷包容；相较于女性爱以哭诉释放情绪，男性较多的是自我消化，坚强应对；相较于女性的力气小、体质稍弱，男性理应更强壮、更有气势；等等。也就是说，男性有独有的优势。当然男性也有自己的缺点，我们可以在认清自己身份的前提下来发挥优势、弥补缺点。

我们要认识到身为男性要在社会上发挥的作用，并了解女性所发挥的不同作用，以此来帮助自己确定前进的方向；同时还要意识到，男性女性是互补存在的，很多特质在不同性别的人身上会有不同的发挥和表现，我们应该追求各种良好特质的积极正向的发挥，而不要有性别偏见甚至是歧视。

第二，多关注爸爸或其他男性榜样，向他们靠拢。

有些男孩因为长期和妈妈或姐妹一起生活，对男性应该如何表现没有可参考的范本，所以，男性特质表现得就弱一些。随着成长，我们不能总做藏在妈妈羽翼下的"雏鸡"，而是要多看看爸爸是如何成为家庭顶梁柱的，看看爸爸在遇到各种事情时是怎么表现的，跟着爸爸学一学成熟男人为人处世的原则，也使自己变得坚强和敢于担当。

除了爸爸，社会上那些具有积极正能量的男性也是我们学习的好榜样，看看他们是怎么发挥男性优势特长来为社会做贡献的，我们也可以从中获得启发。

第三，培养是非判断力，建立正常的审美观。

有些男孩爱追星，但他们的偶像可能是浓妆艳抹的形象，这就使得有些男孩逐渐审美跑偏，误以为这样才是美。

浓妆艳抹是为了舞台效果，生活中，男性一般不会是这个状态，所以，他们的这种展现也仅限于舞台或杂志上，我们可以关注生活中的男性美是怎样的，有力量、积极阳光、健康、包容……要看到男性美的内在。

另外，我们也要看一看为众人所称道的男性都是怎样的，比如勇敢的军人、勤奋的劳动者、攻坚克难的科技工作者……他们所体现的美才是我们的榜样，值得我们好好学习。

第七章
Chapter 7

善待生命——男孩对身体
"最高级"的保护

在保护自我安全这件事上，善待生命就是我们对身体的"最高级"的保护，更是"终极"的保护。拥有健康、有活力的生命，是我们不断学习、成长，以及获得更大成功、取得更大成就的最基本保障。每个人的生命都是有限的，只有一次，所以，我们更要善待生命，始终铭记"生命第一"，用全方位的保护让生命绽放耀眼的光彩。

生命教育，给身体"砌"一道最好的"防火墙"

2019 年暑期，浙江省杭州市某中学学生小毅，由于中考成绩不错上了满意的高中，妈妈奖励了他一部手机。小毅很兴奋，每天睁开眼就玩手机，睡觉还要摸着手机。

一开始，妈妈觉得是他刚拿到手机比较新鲜，但后来发现，小毅自从有了手机，每天不再出门，原本规定的一天只玩一个小时也根本不能遵守，妈妈好几次发现他半夜在被窝里偷偷玩手机游戏。

于是妈妈断了家里的无线网络，并没收了小毅的手机，想让他认真学习，写暑假作业，可是小毅却因为被拿走了手机而任性起来，不写暑假作业，也依旧不出家门。一直僵持到开学前几天，妈妈和爸爸想要劝说小毅好好上学，但没等妈妈说完，小毅就不耐烦地说，"烦不烦"。爸爸被小毅的态度气坏了，便对着他好一顿数落。哪知道小毅却开口说："不玩手机可以啊，我去死好了！"

听了这轻生的话，妈妈吓坏了，害怕他因为手机瘾而失去心智，赶紧带着他去了浙江大学医学院附属第一医院精神卫生科，希望能得到医生的帮助。

能够说出这样的话来，说明小毅对生命是一种轻视的态度，在他眼中，生命甚至没有手机重要，不能玩手机就要放弃生命，这是多么荒谬的想法。

很多男孩也和小毅一样，在很多不能顺从自己意愿的时刻，便以生命相威胁，用生命与各种或大或小的事物做交换，完全没有意识到生命对于他人生的价值，我们是该好好接受"生命教育"了。

我们先来了解一下，什么是生命教育。

2012年5月，人力资源和社会保障部中国就业培训技术指导中心推出了职业培训课程"生命教育导师"，其中指出："生命教育，即是直面生命和人的生死问题的教育，其目标在于使人们学会尊重生命、理解生命的意义以及生命与天人物我之间的关系，学会积极地生存、健康地生活与独立地发展，并通过彼此间对生命的呵护、记录、感恩和分享，由此获得身心灵的和谐，事业成功，生活幸福，从而实现自我生命的最大价值。"

这个定义已经很明确地告诉我们应该如何看待生命，如果能以认真的态度来对待生命教育，相信我们就会明白怎样做才是对自己的生命最大的负责。

简单来说，我们要了解这几项与生命有关的内容：

第一，认识生命的唯一性。

生命，简单来说就是一种"存在"，且这种存在不可逆转。对于人类来说，每个生命都是经历过无数次危险才留存下来的，每个生命都是独一无二的。对于每个人来说，只有真真切切地活着，好好地活着，才有可能做更多的事，才有可能有思想、有需求、有追求，得到自己想要的，也才能为社会做贡献。显然，生命是我们做一切事情的基础，这个根基不可动摇，否则我们终将什么都得不到。

第二，活出生命的价值。

西汉史学家司马迁在《报任安书》中说："人固有一死，或重于泰山，或轻于鸿毛，用之所趋异也。"虽然说的是"死亡"，但其实他提到的却是一个人生命的价值。

生命的唯一性并不只是体现在你能活着，你不仅要存在，还要证明你的存在是有价值、有意义的。

怎么算有价值呢？就拿我们现在来说，青少年时期是我们学习的关键时期，那么我们的价值就体现在付出努力去认真学习，吸取知识、增长能力，培养德行、提升思想，从现在开始慢慢打好基础，将来能为社会做贡献，这是我们认识价值、实现价值的过程。

第三，理智看待死亡。

生命教育除了讲述生存，同时也讲述死亡。有的男孩觉得死亡离自己很遥远，但死亡其实就围绕在我们身边，它是与生相伴的。

死亡是不可逆转的，所以我们不要轻易就说"去死"，对死亡也要有敬畏心，好好活着比什么都重要。同时，我们也要理解死亡，对于每一个生命来说，死亡都是必然，有生便会有死，这是自然发展规律。所以，如果面对死亡，不要过分恐惧，也不要过分悲伤，要坦然面对，并从中去感受生命的宝贵。

第四，尊重除自我之外的生命。

除了自己的生命，我们也要尊重其他生命，包括他人的生命、植物的生命、动物的生命，以及其他意义上的"生命"。

我们要与周围人和谐相处，与周围的自然环境和谐相处，不随意践踏、破坏其他生命存在的权利。另外，事物的存在也是另一种意义上的"生命"，我们也要爱护与我们生命息息相关的事物，比如，学习用品、生活用品、交通工具等。只有尊重合理存在于这个世界上的一切，我们的生命才会得到足够的助力来积极健康地发展。

吸烟、酗酒害处大——远离它们就是对生命的保护

2019 年，按照国家卫生健康委员会的工作部署，中国疾病预防控制中心在各地卫生健康部门和教育部门的支持下，完成了全国中学生烟草调查。

调查结果显示，过去的 5 年，我国初中学生尝试吸卷烟和现在吸卷烟的比例明显下降，分别为 12.9% 和 3.9%，与 2014 年相比分别下降了 5% 和 2%；听说过电子烟和现在使用电子烟的比例显著上升，分别为 69.9% 和 2.7%，与 2014 年相比，分别上升了 24.9% 和 1.5%。

这次调查首次将全国高中学生吸烟情况纳入中学生烟草调查，结果发现高中学生的吸烟率远高于初中学生，职业学校的控烟情况相当严峻。

2019 年高中学生尝试吸卷烟、现在吸卷烟以及现在使用电子烟的比例分别为 24.5%、8.6% 和 3.0%，均高于初中学生。其中职业学校学生的比例又高于普通高中学生，分别为 30.3%、14.7% 和 4.5%，职业学校的男生更是高达 43.2%、23.3% 和 7.1%。

虽然学校的控烟健康教育工作取得了一定进展，但是中学生对吸烟成瘾认知水平亟待提升。调查中还发现，影响中学生吸烟的因素广泛存在，一是不向未成年人售烟的法律依然未得到有效落实，很多中学生买烟没有因为年龄而被拒绝；二是卷烟变得越来越"便宜"，中学生的零花钱也足够购买；三是烟草广告、促销和赞助活动依然广泛存在，学生会受到影响；四是影视剧中的吸烟镜头尚未得到有效控制，中学生会去模仿其中的行为。

这个调查报告中的数据是令人震惊的，如果没有这些数字，我们可能想象不到中学生竟然会与烟草如此"亲密"。

除了吸烟，饮酒也同样是青少年的一大问题。北京大学儿童青少年卫生研究所原所长季成叶曾经对北京地区中学生进行过一项调查，结果显示，男女初中学生饮酒行为发生率分别为 48.3% 和 37%，男女高中生饮酒行为发生率甚至飙升至 72.8% 和 56.3%。而中国疾控中心营养与食品安全所对北京、上海、广州 3 个城市的一项调查显示，52.5% 的中学生喝过酒，15.0% 的中学生喝醉过；在饮酒的学生中呈现低龄化现象，26.5% 的学生 10 岁之前就尝试过饮酒。

从保护生命的角度来看，青少年应该远离烟酒。

首先，青少年要远离烟草。

第一，不把吸烟当成"依靠"。

青少年吸烟一般是什么原因呢？有的认为"抽烟很酷"，尤其是手指拿烟的样子、吞云吐雾的样子，想想都很酷；有的认为，"遇到问题抽支烟，就能想到办法"；还有的是觉得长大就是要什么都尝试一下，这才叫体验人生。

吸烟除了会给我们的健康带来损害，其他什么好处都没有，不仅危害人体健康，还会对社会产生不良的影响。一般来说，吸烟对呼吸道危害最大，易引起喉头炎、气管炎、肺气肿等疾病。而对于男性来说，吸烟还会让男性丢失 Y 染色体，增加患癌风险。2017 年 10 月 27 日，世界卫生组织国际癌症研究机构公布的致癌物清单中，烟草属一类致癌物，足见其危害程度。

所以，吸烟是危害生命的源头之一，远离才是正道。

第二，不受他人蛊惑而吸烟。

有相当一部分男孩吸烟并不是源于自我主动，而是受他人的蛊惑、怂恿。比如有吸烟的朋友可能会对你说，"尝尝你就知道了"，也可能会告诉你，"我都吸了，你不吸就是不给我面子"，也有的会说，"不吸烟算什么男人"，对于这些说法我们都要警惕。

吸烟有害健康。在吸烟这件事上，我们应该坚持原则，也就是没得商量。真正的友谊没有靠烟草来维系的，如果有人这样劝你，你要及时躲开，如果有因为你不吸烟而抱怨你的，那算不上是朋友，远离损友，去结交真正的益友就好。

第三，远离"二手烟"的伤害。

"二手烟"的危害也不容小觑。

所谓"二手烟"也就是被动吸烟，又称为环境烟草烟雾，它是危害最广泛、最严重的室内空气污染源头，也是全球重大死亡原因之一。

曾经有研究发现，二手烟中有焦油、氨、尼古丁、悬浮微粒、PM2.5、钋 -210 等超过 4 000 种有害化学物质及数十种致癌物质，而且烟草燃烧过程中，很多化合物在二手烟中的释放率比一手烟还高。比如，二手烟的一氧化碳是一手烟的 5 倍，焦油和烟碱是一手烟的 3 倍，氨是一手烟的 46 倍，强烈致癌物亚硝胺是一手烟的 50 倍。

世界卫生组织的报告表明，吸烟主要导致哮喘、肺炎、肺癌、高血压、心脏病和生殖发育不良等危害。二手烟对被动吸烟者的危害也同样严重，特别是对少年儿童的危害尤其严重。

所以，当周围有人吸烟、有人劝你吸烟时，你一定要远离。如果是朋友、家人，能劝的就劝一劝，劝不了的就先保护好自己。比如，外出可以戴上口罩，看见有人吸烟就绕远些走，不要待在抽烟者的下风口。

其次，也要远离酒精。

第一，丢掉"喝酒助兴"的错误认知。

喝酒能助兴吗？也许能，毕竟喝了酒，人就会兴奋，兴奋状态下可能会做出一些大胆的事情，所谓"酒壮怂人胆"，但同时也可能让人做出一些错误的事情，可见，喝酒误事。

对于青少年来说，身体发育还不完善，酒精本来就对身体健康有损害，未发育完善的身体对酒精更是难以承受。而作为男性，长期饮酒容易导致慢性酒精中毒，进而患者会出现睾丸萎缩、精液质量下降，长期饮酒也是男性不育的原因之一。

再者，《弟子规》也指出："年方少，勿饮酒。饮酒醉，最为丑。"

所以，不论是聚会还是其他场合，若是有人提议"喝点酒"，你应该拒绝。

第二，有多烦心的事也不要喝酒。

总有人喜欢"借酒消愁"，企图用酒来浇灭郁积在心中的气愤或愁闷。影视剧中也有类似的画面出现，生活中也有类似的场景，于是有的男孩就误以为喝酒可以抛却一切烦恼。

但这是不可能的，2018 年 8 月，世界顶级医学期刊《柳

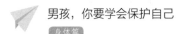
叶刀》刊文指出：喝酒直接导致了全球 280 万人的死亡，最安全的饮酒量为 0，即不饮酒才对健康有益。

显然，喝酒带来的可能是比你眼下遇到的烦心事更令人烦躁的健康问题。不饮酒至少可以保证你头脑清醒，你可以更快地想到解决问题的方法。所以，不要相信"借酒消愁"的作用，只有自己健康，才可能解决一切问题。

第三，礼貌拒绝成年人的"劝酒"。

家庭聚会或者一些吃饭的场合，席间可能会有成年人劝说男孩喝酒，有些成年人认为，男孩迟早都要喝酒的，不会喝酒不是男人。但我们要牢记，未成年人不能饮酒。

所以，当再有人劝你时，你可以从健康的角度来礼貌拒绝，讲清楚自己为什么不能喝酒，不要因为抹不开面子就勉为其难。也可以提前和父母商量好，必要时，请父母出面来帮我们挡下这不该喝的酒。

吸毒——无论如何都不要好奇尝试"第一口"

据新华网报道，2014 年，全国新发现吸毒人员 46.3 万名，其中 18 岁以下吸毒人员达 1.8 万名。云南省第一强制隔离戒毒所未成年人大队在对该所 200 多名未成年戒毒人员开展的调查显示，有 55% 的人因交友不慎、33% 的人因好奇而开始吸毒。

2019 年 6 月，国家禁毒办发布《2018 中国毒品形势报告》指出，中国吸毒人数占全国人口总数的 0.18%，首次出现下降，毒品滥用人数增速减缓但规模依旧较大，新增吸毒人员有所减少。截至 2018 年年底，全国有吸毒人员 240.4 万名，其中 35 岁以上 114.5 万名，占 47.6%；18～35 岁 125 万名，占 52%；18 岁以下 1 万名，占 0.4%。2018 年新发现吸毒人员同比减少 26.6%，其中 35 岁以下人员同比下降 31%，有 30 个省（区、市）涉毒违法犯罪人员中未成年人所占比例下降，青少年毒品预防教育成效继续得到巩固。

从 2014 年到 2018 年，我国吸毒人员的比例在下降，这是好事，但是从中我们发现还是有 18 岁以下未成年人的身影。

不少青少年是被损友蛊惑，出于好奇的心理才开始接触毒品，因为好奇而尝试了"第一口"，接下来便再也停不下来了。就吸毒而言，从来都是 0 和 1 的关系，要么是从来不吸，要么是沾染上便极不容易戒掉。青少年自控能力不强，应该意识到这件事的严重性，所以，无论如何都不要因为好奇而迈出这一步。

第一，认真接受预防吸毒的教育。

青少年有极强的好奇心，再加上现在的毒品外观越来越向"零食"靠拢，对青少年也就有了更大的诱惑力。青少年在好奇心的驱使下一旦尝试，就会走上不归路。

所以，当有关于预防吸毒的教育时，我们应该认真去看、去听，并好好思考，牢牢记住。尤其是在每年的 6 月 26 日，也就是国际禁毒日这一天，我们会看到更多关于吸毒有害的介绍，对于这些内容我们要认真阅读，了解毒品的特性和危害，了解新型毒品是什么样子的，去看看一些青少年是怎样沾染上毒品的。只有认真学习才能让自己更全面地意识到毒品的危害，进而时刻保持警惕，远离毒品。

第二，要人格独立，三观正确，坚持原则。

很多男孩其实也是明知道吸毒有害，但是一旦被怂恿，就会有极大的好奇心；或者是因为感觉忧愁、郁闷、烦躁的时候，有人一说"只要吸一口你就不烦恼了"，就很容易尝试"第一口"。

我们一定要有自己独立的人格，有自己的主见，也要有正确的"三观"，知道什么事绝对不可以做，这样就会有一个坚定的底线，帮助我们克服对毒品的好奇心。

第三，慎重交友，远离带你学坏的损友。

青少年时期同时也是渴望交友的时期，男孩之间的哥们儿义气在此时格外盛行，同辈群体在青少年社会化过程中会发挥重要作用，同伴的价值观、行为方式、理想追求，都可能会给青少年带来影响。另外，怕被排斥的心理也会促使我们更不愿意"与众不同"，这就让我们很容易受到损友的蛊惑。

所以，我们要慎重交友，拒绝身边可能会带我们吸毒的朋友，远离毒品诱惑，离开这些损友，保护自己的健康和人身安全。

明理护身——正确认识"生"与"死"

2017 年 10 月的一天，四川省成都市某学校的 54 名初一学生体验了一场"集体葬礼"，感受"死亡"的滋味。

在学校的体育馆里放着悲伤的音乐，学生们蒙住了双眼，静静地躺在地板上，放慢呼吸……20 分钟后，音乐停止，所有人体验过"死亡"之后又经历重生，当再次"面临"这世界时，很多学生都流下了眼泪，述说对"前世"的后悔，感悟对生命的敬畏，感叹要活在当下。学生们还提笔写下了自己的墓志铭，回忆着短暂"一生"的不足，为未实现的梦想而遗憾，为曾经与父母的争执而愧疚，还有学生坦言生命的厚重，"要活着，要活在当下，要好好地活在当下"。

让学生体验"死亡"，并写下墓志铭，是该校德育大课堂的一项内容，课程以"向死而生"为主题，通过对生命的阐释，让学生从中领悟到生命的真谛，"生命没有早知道，活在当下，珍惜当下"。

关于生死的话题总是沉重的，但这却是我们每个人人生都不得不面对的话题，如果不能深刻了解生死，人生也会活得浑浑噩噩。这个"死亡"体验给学生带来的事关生死的思考是有意义的，正因为明了生、明了死，才能意识到"活在当下"是多么重要，也才能对死亡拥有敬畏之心。

每个人都必然经历死亡，不能等到了真的面对死亡时，才去考虑什么是生、为什么要死，我们应该主动地去了解生与死，才会对生死有更深刻的理解，才能意识到"活着"对于每一个人所具有的重要意义。

所以，我们应该正确认识生死。

关于生：

第一，每一个生命都来之不易。

作为男孩，你可能认为，自己提供了精子，女性就会怀孕。但你要知道，你提供的精子数量庞大，它们前仆后继，最终只有一个突破重重阻碍与卵子结合；受精卵的旅程也不是一帆风顺的，它可能去错地方，只要不是在子宫安家，其他任何地方都等于受孕失败；就算成功进入了子宫，但胎儿的发育也充满重重风险。你可以问问妈妈在怀孕时到底做过多少检查，每一次检查都可能是一个风险，胎儿都面临着随时被放弃或者失去生命的可能；生产的时候还可能遭遇难产，也许最后一刻的不顺利会使他不能见到这个世界；待到出生之后，一路成长，孩子又可能遭遇疾病、意外，风险重重。所以，每一位母亲在得知自己怀孕后都会有一个本能的祝愿，那就是"希望我的孩子能健康成长"。

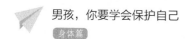

每一个生命都可谓来之不易，所以，你的出生和成长也并不容易。这一点，你可以和妈妈好好聊一聊，当你知道其中的艰辛后，也许会对"活着"有不一样的理解。

第二，生命中有诸多"不可回头"。

生命成长是一条单行线，你不可能说觉得这段时间没长好，时间倒流回去重新来。所以，你以为自己只不过是草草过了一天，但实际上，你这一天已经无可挽回也不可改变了，不论是你说了什么、做了什么，又有怎样的后果，都已经是既定的事实。所以，对每个人来说，只能做到亡羊补牢，并不可能从头再来。

而这也正是生命的宝贵之处，因为它不可重复。我们要意识到生命的这个特点，而这也就是在提醒我们，走每一步都要好好考虑，都不可恣意妄为，否则没有"后悔药"。

第三，要努力不浪费生命中的每一分钟。

活着的意义是什么？其实就是要让你的生命能够发光发热，可以留下自己曾经来过的痕迹。要实现这一点，我们就要努力不浪费生命中的每一分钟。从现在开始，做好每天该做的事情，好好吃饭，好好睡觉，好好锻炼，好好学习，好好交友，好好做自己应该做的事情。

其实，人活在这个世界上，就应该尽己所能，做出一番事业，即所谓"建功立业"，为社会贡献自己的力量。正如

《孝经》所言,"立身行道,扬名于后世,以显父母,孝之终也"。也就是说,如果我们能以自己的德行、智慧、成就彰显父母的成功教育,从而显扬父母的名声,就是孝的终极体现。

成长就是一路的积累,虽然越早开始越好,但如果你现在才幡然醒悟也并不晚,只要你认真努力,不虚度光阴,就总能找到自己的兴趣,也能实现自己的价值。

关于死:

第一,生命的尽头就是死亡。

每一个生命都要经历从生到死的过程,只不过是这个过程的长短不同而已。所以,既然是每个人都要经历的,那么,我们就不如坦然面对,消除对死亡的恐惧。

认识死亡的目的,其实也是让我们能够提升对自我保护的关注度。既然知道生命必然会死亡,就要尽量好好保护自己,让自己远离死亡威胁,不去做可能危害到生命的事情,不去靠近可能会给生命带来危险的事或人。同时,万一遭遇死亡威胁时,也不至于因为过分怕死而让自己丧失逃生勇气以及逃生能力。

第二,死亡可能突然,但最好不要人为提前。

有一句话叫,"死亡和明天,不知道哪个会先到来",意思就是总有一些死亡是突然发生的、不可预料的,意想不到也不可避免。不过我们也不是不可以"操控"死亡,那就是不要因为一些莫名其妙的原因就想不开、走极端，生命才是最珍贵的。

所以，我们要善待生命，只要活着就一切皆有可能，痛苦可能只是暂时的，总归会比死亡带来的"一了百了"更能让你看到希望。所以，不要动不动就"想死"，尽量想办法要好过放弃，如果觉得自己内心的烦恼无法解脱，那就去找合适的人来帮你解开内心的疙瘩，向心理医生求助并不是什么丢人的事情，遇到可能涉及你"想死"的问题，最好先去找医生帮帮忙。

第三，凡事趁早，不要给自己留下遗憾。

既然死亡会突然降临，既然生命是不可逆的，那么我们就要抓紧时间，不给有限的生命留下遗憾。

就现在来说，我们都还是未成年人，还有不可预测的未来等着我们去奋斗，那就不如从现在开始好好努力，不要等以后再后悔；我们现在还能与父母、亲人、朋友在一起，那就珍惜当下，好好孝敬父母，好好与亲友相处，不要等着日后父母不在、亲友消失的时候再感到失魂落魄；我们现在还拥有健康的身体，一定要好好锻炼、好好保养，不要等着身体亮红灯了才感到遗憾。

死亡虽然会不期而至，可我们却可以在它还未到来的时候掌控自己的人生，所以，永远不要放弃做自己生命的主人。

珍爱生命，不模仿任何"刺激性游戏"

案例一：

早在前几年，浙江省杭州市第七人民医院就开设了物质依赖门诊，专门收治酒精、赌博、游戏成瘾患者。该门诊曾经收治过一名高三学生小瑞。

小瑞原本品学兼优，家里对他寄予厚望，只要他学习成绩好就对他百依百顺。高三下学期，小瑞迷上了一款通关手游。为了能成为通关王者，他每天"废寝忘食"，不再刻苦学习。父母先是劝，后来还帮他通关，只为他能收心，哪知道游戏不断升级，小瑞依旧沉溺其中。

后来，小瑞的爸爸决定禁止他玩游戏，父子俩大吵起来。冲突中，小瑞想到了游戏中的情节"面对侵略，拿出刀剑反抗"，于是他抄起水果刀砍掉了爸爸的一根手指。

案例二：

曾经有一位女士向媒体反映，说自己想要起诉一家游戏公司，因为自己的儿子整日沉迷于该游戏公司开发的一款游戏，每天放学回家第一件事就是拿手机玩游戏。最开始，妈妈并没当回事，认为只要不影响学习，适当玩会游戏也无所谓。

哪知道，有一天男孩在客厅玩游戏时，一起玩游戏的人通过语音怂恿他翻窗，说在游戏里跳楼只会掉一点血，就算死了队友也能给他扶起来。男孩竟然毫不犹豫地从自家窗户翻了下去，一条年轻的生命瞬间消失。这位妈妈提出，要把游戏公司告破产。

我们很难说游戏会给我们带来什么，但在生命教育这方面，很多游戏可能却在唱"反调"。

比如，游戏中的"拿出刀剑反抗""死后重生"，还有一些飙车游戏哪怕翻车也无所谓。这些只存在于游戏中的内容，明显违背了生死规律，可游戏是虚拟的，实际不会有任何损失。但对于判断能力不足的青少年来说，这些内容就很危险了，很多男孩只顾着玩，甚至因为成瘾、成习惯，而把玩的内容带入了现实中。

偏偏男孩玩的游戏往往充满了刺激，所以，才会有案例中这样的事情发生，刺激性的虚拟游戏带来的却是对真实生命的威胁。

我们在尽情享受游戏带来的刺激性的同时，也应该保持理智，这种理智是与生命相关的，不要为了追求刺激而拿生命开玩笑。

第一，清楚游戏和现实的界限。

虽然并不提倡玩太多的电子游戏、网络游戏，但在现如今，玩游戏也已经成了一种很普遍的事，我们显然不能"一刀切"。

我们要把游戏仅限定在"玩"的范围，也就是它只是为了让我们放松娱乐的。可以通过限定游戏时间来防止自己陷入游戏太深，也可以在玩游戏之前提醒自己，"这只是玩，而非现实"，当然相对较好的处理是，少玩或不玩过于刺激的游戏，不妨选择一些益智游戏来消遣。

不过不管怎样，我们都要把游戏只留在游戏世界，不要把游戏中的思维、认知、理念带入现实中。

第二，哪怕玩游戏，也可以试试珍惜其中的生命。

这其实也涉及我们对游戏的看法，有些人认为"游戏就是无限循环"，总是想着死了还能活，玩起来可能只会抱怨"怎么我又死了"，而不会觉得这样浪费一条生命其实也是一种死亡。

所以，不妨换个角度来看待游戏中的生命，试试把它也当成是一条真正的生命，玩的时候小心一些，多思考一些，可以磨炼游戏技巧，让生命活得久一些。当这一条生命消失时，能够认识到它存在的不易，而不是毫不犹豫地认为"反正还有下一条生命"。

如果将"珍惜生命"的理念从现实带入虚拟世界中，

也就是把现实中对生命的尊重体现在游戏里，也许我们反而会有不同的感受。比如，你试试这样来想，"游戏里有可以重来的生命，但现实没有，现实中的生命真是更显得宝贵了"，这样一来，你可能也就不会对生命毫无感觉了。

第三，理智看待刺激性游戏中的"刺激"。

刺激性游戏之所以让人感觉刺激，源于它有诸多在现实生活中可能永远无法实现的内容，比如，暴力杀敌、飞天遁地、开车狂奔等。男孩本就爱冲动，本就渴望自己可以大杀四方，也希望自己能够变成拥有这些能力的英雄，所以，能够亲自操控角色来完成这些行为其实也会调动我们的肾上腺素，让我们倍感刺激。

但是，这些刺激终究是只存在于游戏中的，现实生活中不能随意伤人性命，不能无视法规法律。所以，这些刺激只能用来体验，而不能用来实践。

另外，尤其是在青春期，我们还是应该少一些这样的刺激，此时我们的学习其实更需要静心，所以，不要让这种刺激性游戏成为我们娱乐的主要内容，在生活中偶尔感受一下就可以了，切勿沉迷。

面对各种逆境，无论如何都不要"走极端"

　　2021 年 1 月，河北省邯郸市一所中学里，一名 15 岁中学生小东跳楼自杀。

　　小东之所以会跳楼，是因为在超市偷东西时被发现，老师找他来询问，问他为何偷东西以及偷东西的细节。小东的父母认为是老师将孩子逼上了绝路，要求老师和学校赔偿150 万元。

　　但后来警方在调查过程中，发现小东生前留下了一封遗书，遗书中说明自己早有轻生的想法，这次事件与老师没有关系。警方后续调查结果显示，"小东系自杀身亡，跟他人没有任何关系"。

　　一个人的人生原本有那么长，可是小东的人生却如此早地画上了句号，想想看这是多么悲哀的事情。他也许是遇到了什么难事，也许是有了不好的经历，但逆境当前时，难道只有如此极端的一条路可以走吗？

　　以死解脱其实什么都没解决，原有的问题还留在那里，但却永远都没有结果了，但只要活着，就总能想到应对的方法，哪怕只有一点点改变，未来也可能大不相同。人生之不如意十有八九，可显然并不是所有人都用放弃生命这样的方式来逃避问题，还是有那么多人能够勇敢面对逆境，勇敢迎接挑战，勇敢战胜困难。

所以，我们应该成为勇敢的那一部分人，要把自己人生的路越走越宽，要能做到不论遇到什么情况都不会感觉被逼入了绝境，不会走入极端。

要实现这一点，我们需要这样做：

第一，打好基础，从现实层面增强逆境抵抗力。

有的男孩觉得自己总是在经历逆境，但原因并不是逆境太多，其实只是个人能力不足。如果你在很多方面都不具备能力，也就是可用来抵抗、解决问题的能力不够，那么当然做什么都不会成功。

我们还是要回归到提升自我上来，认真对待学习，好好培养各种能力，不仅是学习方面的能力，生活、交际、才艺等各方面的能力都不要放过，只要有时间就多学一学、练一练自己的能力。你会的越多，你可走的路就越多，遇到问题时你能想到的方法也就越多，能做的就越多，很多问题也就没有那么难对付了。而当你能用能力解决各种问题时，你的成就感和安全感会直线上升，也就能远离那些极端想法了。

第二，积极看待问题，从心理层面提升抗压性。

事物都有其两面性，很多问题也是如此，一件事要怎么发展、会发展到怎样的地步，往往取决于你是怎么看它的。所以，培养自己积极的心理是很重要的，遇到问题，不要先想"我做不了"，也不要抱怨"怎么又是我倒霉了"，而是告诉自己，"挑战来了""证明自己能力的时刻到了"，可能内心要舒服得多。

作为男孩，我们理应拥有更豁达的心胸，斤斤计较只是自己在跟自己较劲，所以，我们要学会理性思考。但同时，也要控制住盲目冲动，不太过暴躁，凡事多看积极的一面，多从积极的角度来思考眼下的问题，多动手动脑，少钻牛角尖，很多问题也并不是不可解决。

另外，也要理性看待各种失败，成功与失败的概率各占一半，不可能总成功，也不可能一直失败。而且，我们也应该不断努力，也就是不断地提升自己，让自己的能力水平超越问题难度，自然也就能更好地应对问题了。

第三，为人着想，从亲情层面对世界产生留恋。

有的男孩其实更多地只想到了自己，自己觉得难过，觉得解决不了问题，可是我们每个人并不是独立生存在这个世界上的，我们都会与很多人发生联系，尤其是与父母更有无比亲密的联系。

所以，我们不能自私地认为自己"以死解脱"，也要想想自己的离世会给父母带来怎样的伤害。父母尚且在身边，他们一直在想办法帮我们成长，我们又怎么能这么轻易放弃呢？不仅是父母，我们也会有其他的亲人、朋友，对于任何人来说，在这个世界上其实并不那么孤单，所以，不要放弃自己，好好看看周围的人，也让我们能对这世界产生留恋。

第四，接纳自己本来的样子，来给自己加加油。

很多人不能正确看待自己，要么是期待过高，一旦失败就备受打击，从而走极端；要么则是把自己看得太低，自卑心理严重，从来不觉得自己能做好什么事情。

我们应该接纳自己本来的样子，就是看看自己到底是个怎样的人，学习达到了什么水平，能力在什么范围、什么层次，可以做到哪些、不能做到哪些，然后在自己的水平范围内去提升、发展，慢慢地一点点扩大可承受的范围。

你完全可以从自己的现状来给自己加油，不要过高期待，也不要自我贬低，用现实告诉自己，"我就是这样一个不完美的人"，正因为不完美所以才要努力。这样一来，你的每一次进步都会是一个惊喜，每一次失败也都不过是自己能力暂时不足而已，那就继续努力。这样，你就能始终充满希望。

遭遇再大委屈和困难都不自残，也不去残害他人

2017年5月11日凌晨4点左右，福建省泉州市一名14岁的初二男生在割腕自残后从小区的17楼跳下，当场身亡。

这名男生在市区某中学读初中二年级，成绩一直名列前茅。事发前一天，他因为上课玩手机，受到了老师和家长的批评。当天晚上，男孩就有了割腕自残的行为。11日凌晨，家人听到有开门的声音，出来一看发现男孩乘电梯上了楼，家人马上追上去却没找到人，又赶紧下楼，可就在这几分钟的时间里，男孩从楼上一跃而下。

在委屈、困难面前，有些人选择"惩罚"自己，比如像案例中的这个男孩，他就用割腕、跳楼的方式来寻求所谓的"自我解脱"；也有些人选择"惩罚"别人，也就是将怨气撒在别人身上，比如，有的人可能会因为自己做事失败而迁怒于别人，找个由头就跟别人找碴，借此发泄，导致别人受到无辜伤害。

说到底，这些都是自欺欺人、害人害己的事，并不能真正解决问题，反而会带来更多新的问题。而且，伤害自己造成身体的损伤还需要我们耗费更多的精气神去恢复，而伤害

他人带来的纠纷甚至是刑事案件，又需要我们耗费心力、时间、金钱去解决，完全是得不偿失。

所以，不论遇到怎样的问题，都不是自我伤害或伤害他人的借口，换个角度想想看，说不定会有解决的可能。

第一，选择合理的发泄方式来"泄愤"。

遇到委屈、困难，内心感觉憋闷，觉得不能忍受，想要发泄一下，这是很正常的心理反应。只不过我们没必要拿自己的身体和他人的身体来当发泄的靶子，还是有很多更合理的方式能让我们发泄的。

比如，出去跑跑步，做一些比较剧烈的运动，让这股劲头在运动中释放出去，有助于缓解内心压力，也让情绪不会太压抑；或者也可以准备一些抗摔打的物品，像抱枕，找个不影响他人的角落，使劲捶打、摔打几下，也可以找个没人的地方大吼几声，喊出胸中的闷气，但这只能偶尔使用，而不要养成习惯，因为长期下来，这样的发泄方式并不能够真正疏解郁闷，反而会进一步增加郁闷情绪。

总之，就是不要把气撒在自己和别人身上，要以合理的方式把不良情绪释放出去，使之不会在内心郁结。

第二，学着好好爱自己，才可能好好开发自己。

遇到不顺心就伤害自己，其实意味着你在内心也不是很喜欢自己，所以，你才能毫不爱惜自己的身体。这是很可

216

怕的。如果你自己都不喜欢自己，不能爱惜自己，当然也就无法发现自己并努力开发自己的潜能，那么问题将会越积越多，你也会越来越烦躁。

所以，我们应该少抱怨，先好好盘点下自己，数数自己的优点，想想自己曾经的成功，然后，树立起信心，用欣赏的目光来看待自己。之后，再根据当下的需求来开发自己的能力。我们要相信自己可以有进步，可以摆脱当下的困境，目标确定后，按部就班、坚定前行就好。

第三，不要用其他生命来给自己的问题埋单。

用其他生命，如他人、小动物、植物的生命来给自己的问题埋单，这是极为不负责任的表现，自己的事情理应由自己来思考应对，别人或者别的生命没有义务来承受你的怒火。

我们如果感觉不快乐，那就从自己身上找原因，自己想办法解决自己的事情，不要迁怒于其他的人或事物，就事论事才能更快地解决问题。

避免与他人"结怨"，安全护身更有保障

2020 年 10 月 29 日，陕西省兴平市 15 岁中学生袁某被多人殴打致死并掩埋。

袁某在兴平市某职中就读，殴打他的有 6 个人，都是他的同学。在殴打事件发生前，这 6 人就已经和袁某结怨，并多次对他进行殴打，这让袁某很害怕，不敢再去学校。袁某想要休学，却并没有告诉父亲原因，父亲最终还是为他办理了休学手续，安排他去西安打工。

但那 6 个人依然没有放过他，其中一个人和他关系稍好一些，就哄骗他回到了兴平市，先是向他索要钱财，被拒绝后 6 人便对他实施殴打，被殴打昏迷后，6 人又把他拉入一个宾馆的房间内继续殴打。直到 30 日凌晨，袁某没有了呼吸和脉搏。6 人便在当晚将尸体转移到农田里进行掩埋。

后来，有学生知道了这件事报警，警察迅速赶往事发地，并找到了袁某的遗体，涉案的学生遂被警方控制。

每个人都与其他人有千丝万缕的联系，所以，搞好人际关系对于我们健康安全地生活、成长很重要。否则，但凡你与他人结怨，就会给自己的人身安全埋下隐患。

就像袁某这样，自从与人结怨后，就再也没有了平静日子，最终搭上了自己的性命。若想要保护自身安全，避免与他人结怨也很重要。

第一，做好自己，不随便招惹人，保持平和低调。

人和人之所以会结怨，无非是因为或大或小的事情而产生了矛盾。要避免结怨，我们就要本本分分做好自己，不去找别人的茬，也不打扰别人，尤其是不能因为自己表现好就去挑衅他人或者嘲笑他人。

另外，这里所说的"招惹"，还有另一个意思，那就是风头太盛，以至于引人怨恨。有时候，你可能觉得自己没有惹别人，但却引来他人的嫉妒、怨恨。古老的《运命论》讲，"木秀于林，风必摧之；堆出于岸，流必湍之；行高于人，众必非之"，所以才能或品行出众的人，容易受到嫉妒、责难。这也就提醒我们，要懂得"藏巧于拙"，保持一种平和低调的处世态度，与周围人和谐相处，乐于助人，不要让自己的优秀成为他人伤害自己的原因。

第二，培养包容的胸怀，不斤斤计较。

结怨，有时候是自己主动与对方结怨，有时候则是对方主动与自己结怨。如果双方都不退让，势必会引发矛盾，甚至是暴力冲突。

所以，我们要学会避让这种冲突，着力培养自己宽广的胸怀，这同样是男孩理应具备的优良品质。也就是说，对于那些上门来找碴的，不是多么重要的事，不需要过多解释，退一步也损失不了什么。如果你觉得不是很舒服可以表达自己的不满，但不要硬碰硬，若是觉得无法解决，最好找老师或父母来协助解决。

第三，尝试化解怨气，或者适时躲避。

俗话说，"冤家宜解不宜结"，如果真的有怨气，也可以试着去化解。比如，和对方好好谈谈，如果觉得自己没有把握，也可以求助于第三方，找自己的朋友帮忙，通过和谈的方式来解决问题。

当然，有些事可能就是对方故意找碴，这种情况不能只私下处理，因为对方摆明了就是要找你麻烦，所以，要采取一些更有效的方法。如果是对方频繁骚扰，也可以报警处理，千万不能以暴制暴，否则怨恨不但不会解开，反而会越发严重。

人之本分——保护身体不受毁伤，坚决对自己负责

　　湖北省武汉市某中学高二男生小斌喜欢追剧，有一次，他被网剧男主角可以随温度变化的文身吸引，自己便也想要文身。于是，他去了一家文身店挑选了一幅"凤凰展翅"的模板，文到自己左手的手背上。

　　但文过之后，小斌发现手背上的图案怎么看都像一只燕子，就是不像凤凰，回家后他越发后悔。

　　半个月后，他又去了那家文身店，打算把手背上的文身图案洗掉。可是不知道怎么回事，却洗不掉。不仅如此，后来手背上的"燕子"轮廓还变得更加明显。

　　最后，小斌只得向母亲求助，母亲带着他去了医院，经过医生确诊他是疤痕增生，只得先为他注射疤痕针，软化平复疤痕增生组织，后期再用激光把剩余的色素文身彻底清除。

　　爱护自己的身体，是每个人的本分，因为《孝经》说，"身体发肤，受之父母，不敢毁伤，孝之始也"，这是古人留下来的古训，今天依然适用，如果随意毁伤自己的身体，你可能都不知道会遭遇什么，看看小斌，一时的冲动给自己手

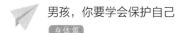

上留下了难以平复的疤痕，不仅自己难受，父母也很难受。

只有照顾好身体，我们才能在健康状态下去做更多的事，父母也才不会因为我们身体的变化而心生担忧、操心费神。同时，好好保护自己的身体也是我们每个人应尽的责任，因为没有人会替我们的身体健康平安负责，只有我们自己才能做到这一点。

第一，不论做什么事，都把安全放在第一位。

我们每天出门前，父母可能都会嘱咐一句"注意安全"，这其实就是父母对我们的最直接也最朴素的希望。

我们也应该满足他们这样的希望，不论做什么事，都应该把安全放在第一位。上下学路上要注意车来车往，不闯红灯、不追车、不在车道上打闹；在校园里小心行走、运动，不过度追逐打闹，小心磕碰，不与同学发生肢体冲突；小心各种意外伤害，走在路上也要眼观六路、耳听八方，在危险来临前注意躲避。

"小心驶得万年船"，这并不是胆小的表现，我们不需要用莽撞和冒险来证明自己的勇敢，安全才最重要。

第二，不随意破坏身体的"原生态"状态。

小斌的行为就是在破坏自己身体的"原生态"状态。很多男孩为了所谓的帅、酷，也会有类似的做法，比如，简单的有染发、文身，复杂的还有整容。但我们的身体本就是一个完整的系统，这种胡乱折腾相当于破坏了身体的平衡。

我们应该爱惜自己的身体，原本什么样就坦然接受它什么样，我们也要把对身体外在的关注转移到关注做人的内涵上来，好好提升自己的内在更重要。这就要多读书，因为读书可以改变气质，"腹有诗书气自华"。

当然，有的人身体可能因为一些病态改变而影响到了健康，这就要在父母的帮助、医生的建议下去对身体进行调理、修复，千万不要自己贸然行事。

第三，身体生病或受伤，要认真照顾。

说到对自己身体负责，也包括好好照顾身体，认真对待生病受伤等情况。

有些男孩生病了却并不在意，依旧任意折腾，要么硬扛，以致身体损耗更大，这就是对自己身体不负责的表现。

有的男孩可能会自己吃药或者自己处理，这也是不妥当的。未成年人最好不要随意用药，万一出了问题，就是对身体的再次伤害。想用药，就要找医生对症下药。

所以，如果身体出了问题，第一时间告诉父母或找医生来解决。

我们不要讳疾忌医，不论是普通的感冒，还是身体私处有什么问题，都不要拖延，越早看医生就能越早解决问题，这也是对身体的保护。